Ulrich Dilthey

Schweißtechnische Fertigungsverfahren 1

Ulrich Dilthey

Schweißtechnische Fertigungsverfahren 1

Schweiß- und Schneidtechnologien

3., bearbeitete Auflage
mit 221 Abbildungen

Professor Dr.-Ing. Ulrich Dilthey
RWTH Aachen
Fachbereich 4
Institut Schweißtechnik und Fügetechnik
Pontstraße 49
52062 Aachen
di@isf.rwth-aachen.de

Bibliografische Information der Deutschen Bibliothek
Die Deutsche Bibliothek verzeichnet diese Publikation in der Deutschen Nationalbibliografie; detaillierte bibliografische Daten sind im Internet über http://dnb.ddb.de abrufbar.

ISBN-10 3-540-21673-1 Berlin Heidelberg New York
ISBN-13 978-3-540-21673-5 Berlin Heidelberg New York

Springer ist ein Unternehmen von Springer Science+Business Media
springer.de

Printed in Germany

Umschlaggestaltung: medionet AG, Berlin
Satz: Marianne Schillinger-Dietrich, Berlin

Gedruckt auf säurefreiem Papier 68/3020/m - 5 4 3 2 1 0

Vorwort zum Kompendium

Schweißtechnische Fertigungsverfahren sind in nahezu allen Bereichen der metallverarbeitenden Industrie und darüber hinaus unverzichtbar, um aus Einzelteilen Produkte zu fertigen. Dabei stellt die Schweißtechnik eine echte Querschnittsdisziplin dar. Neben Maschinenbau, Elektrotechnik und Elektronik sind Werkstoffwissenschaften, Konstruktion und Berechnung von großer Bedeutung.

Im Kompendium wird das Gesamtgebiet der Schweißtechnischen Fertigungsverfahren in drei Teilaspekte untergliedert: Technologie, Werkstofftechnik und Konstruktion. Der Inhalt der drei Bände lehnt sich eng an die Inhalte der Vorlesung Schweißtechnische Fertigungsverfahren an der Rheinisch Westfälischen Technischen Hochschule Aachen an:

Band 1 „Schweiß- und Schneidtechnologien“,
Band 2 „Verhalten der Werkstoffe beim Schweißen“,
Band 3 „Gestaltung und Festigkeit von Schweißkonstruktionen“.

Die in dieser Buchreihe erschienenen drei Bände wenden sich zum einen an die Studierenden der Fachrichtungen Fertigungstechnik, Konstruktionstechnik, Werkstofftechnik, Verkehrstechnik und Ingenieurbau, um ihnen ein Nacharbeiten und eine Vertiefung der Vorlesungsinhalte zu erleichtern, zum anderen an den Fertigungsingenieur, den Konstrukteur und den Arbeitsvorbereiter in der Praxis, um ihm einen komprimierten Überblick über eine komplexer werdende Vielfalt von Technologien und Einrichtungen zu geben. Dabei wurde bewusst zu Gunsten eines allgemein verständlichen Überblicks über das breite Querschnittsgebiet auf Details verzichtet.

Aachen, im September 2005 *Ulrich Dilthey*

Vorwort zum Band 1, 3. Auflage

Schweiß- und Schneidtechnologien haben eine zentrale Bedeutung in der Fertigungstechnik, beim Fügen durch Stoffverbindungen und beim thermischen Oberflächenbeschichten.

Seit Erscheinen der 2. Auflage vor 10 Jahren wurde eine Vielzahl der heute die Fertigung beherrschenden Schweiß- und Schneidtechnologien neu- und weiterentwickelt. Aus diesem Grunde war eine gründliche Überarbeitung und Ergänzung des Bandes 1 „Schweiß- und Schneidtechnologien“ notwendig.

Der vorliegende Band will sowohl den Studierenden der Fertigungstechnik und Konstruktionstechnik, als auch dem Ingenieur in der Praxis einen Überblick über die Vielzahl der Schweiß- und Schneidtechnologien, ihre Funktionsweisen, die benötigten Einrichtungen und ihre Einsatzgebiete geben. Dabei werden sowohl die klassischen in der industriellen Praxis eingeführten Technologien als auch die neuen Technologien beschrieben, die zur Zeit zwischen Labor und industrieller Anwendung stehen. Schon auf Grund seines begrenzten Umfanges kann der vorliegende Band nur einen komprimierten Überblick geben. Für die detaillierte Beschäftigung mit bestimmten Themenfeldern wird auf die einschlägige Fachliteratur verwiesen.

Verwendete und vertiefende Literatur zu den jeweiligen Abschnitten ist im Literaturverzeichnis am Ende des Buches zusammengestellt.

Die deutsche, europäische und internationale Normung auf dem Gebiet der Schweißtechnik hat sich in den letzten 10 Jahren rasant weiterentwickelt, deshalb ist im Kapitel 2 eine Übersicht über die europäische und internationale Normung auf dem Gebiet der Schweißzusätze gegeben.

Mein besonderer Dank gilt Herrn Dr.-Ing. Klaus Woeste für die tatkräftige Unterstützung bei der Überarbeitung dieses Bandes, aber auch den Institutsmitarbeiterinnen und -mitarbeitern, die bei der Abfassung des Manuskriptes und der Erstellung der Bilder, Skizzen und Diagramme beteiligt waren.

Aachen, im September 2005 *Ulrich Dilthey*

Inhaltsverzeichnis

1 Gasschmelzschweißen

1.1 Verfahrensprinzip

Das Gasschmelzschweißen gehört zu den ältesten Schweißverfahren. Trotz ihrer relativ geringen Leistungsfähigkeit wird diese Technik aufgrund ihrer hohen Flexibilität und Mobilität in Industrie und Handwerk weitverbreitet eingesetzt, z.B. im Rohrleitungs-, Karosserie- und Kesselbau. Die Energie zum Aufschmelzen des Fügebereiches der zu verbindenden Werkstoffe wird durch die Verbrennung eines Gases mit Sauerstoff gewonnen, so dass unabhängig von elektrischer Energie geschweißt werden kann. Die Gase können dabei in Flaschen mitgeführt oder aus stationären Anlagen entnommen werden. Weitere Vorteile dieses Schweißverfahrens sind die getrennte Zuführung von Wärme und Schweißzusatzwerkstoff und die daraus resultierende gute Eignung für Zwangslagenschweißungen, die gute Zugänglichkeit an beengten Schweißstellen sowie eine gute Spaltüberbrückbarkeit. Bei den üblicherweise niedrigen Schweißgeschwindigkeiten werden in der Regel nur kleine Schweißeigenspannungen induziert und die Aufhärtungsneigung ist gering. Allerdings ist mit starker Kornvergröberung und starkem Verzug zu rechnen.

1.2 Eingesetzte Gase

1.2.1 Sauerstoff

Sauerstoff wird durch fraktionierte Destillation von flüssiger Luft gewonnen und in Stahlflaschen abgefüllt. Eine Normalflasche mit 40 l Inhalt enthält bei einem Druck von 15 MPa (150 bar) 6 m^3 O_2 (in drucklosem Zustand). Weiterhin werden Flaschen mit geringerem Inhalt sowie 40-Liter-Leichtstahlflaschen mit erhöhtem Fülldruck von 20 MPa gehandelt. In den Fertigungsbetrieben werden in der Regel mehrere Flaschen eines Flaschenbündels an eine zentrale Versorgungsleitung angeschlossen. Beträgt der Verbrauch pro Monat mehr als ca. 3000 m^3, kann eine flüssige Lagerung und Kaltvergasung des Sauerstoffs wirtschaftlicher sein.

Das Manometer der Gasarmatur wird nach der allgemeinen Gasgleichung ($p*V = const.$) zur Berechnung des Gasvolumens und des Gasverbrauchs herangezogen . Die Armaturen und Anschlussgewinde dürfen nicht gefettet werden, da der komprimierte Sauerstoff Öl und Fett infolge Molekularreibung entzünden kann.

1.2.2 Brenngase

Als Brenngase kommen im Prinzip alle brennbaren Gase wie z.B. Acetylen, Methan, Propan, Wasserstoff, Erdgas usw. in Frage. Den höchsten Heizwert dieser Gase weist dabei Propan auf. Zum Gas schweißen wird jedoch praktisch ausschließlich Acetylen (C_2H_2) eingesetzt, da es die höchste Flammleistung als Produkt aus Heizwert und Zündgeschwindigkeit sowie die höchste Flammtemperatur erreicht (Abb. 1-1).

Acetylen wird in Acetylenentwicklern durch eine exotherme Umsetzung von Kalziumkarbid mit Wasser gewonnen. Beim Umgang mit Acetylen müssen einige Sicherheitsaspekte berücksichtigt werden, da C_2H_2 unter Temperatur- und Druckeinfluss explosionsartig zerfällt. Die Gasflaschen sind vor direkter Wärmestrahlung zu schützen und ein Gasdruck von 0,2 MPa darf nicht überschritten werden. Um dennoch C_2H_2 wirtschaftlich speichern zu können, wird das Acetylen in Aceton gelöst (1 l Aceton löst ca. 24 l C_2H_2 bei 0,1 MPa).

Der Fülldruck der Flasche wird damit vom Acetonzerfallsdruck begrenzt und darf 1,8 MPa nicht überschreiten. Eine Normalflasche enthält ca. 16 l Aceton bei einem Fülldruck von maximal 1,6 MPa und damit wie die Sauerstoffflasche ebenfalls etwa 6 m^3 Gas. Die Flaschen sind mit Kieselgur gefüllt, in deren Kapillaren Aceton und Acetylen gespeichert wer-

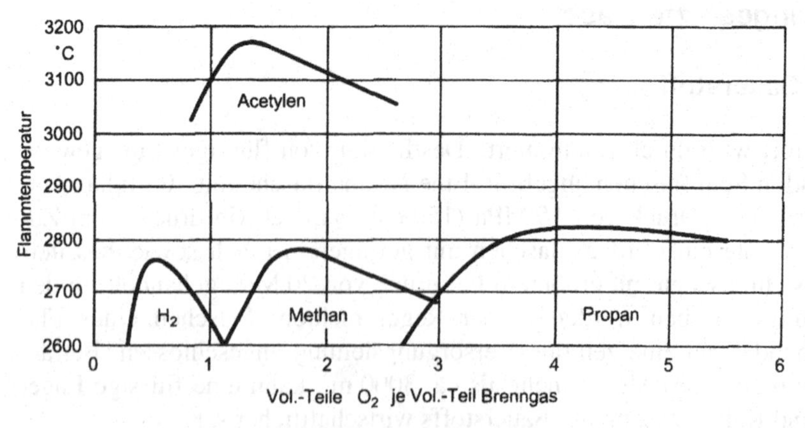

Abb. 1-1 Flammtemperaturen verschiedener Brenngase

den. Die große Oberfläche der porösen Füllmasse ermöglicht einen schnellen Gasaustausch bis zu einer Entnahmemenge von ca. 600 l/h, kurzzeitig auch bis zu 1000 l/h. Zur Entnahme größerer Mengen müssen die Acetylenflaschen zu Flaschenbündeln zusammengeschaltet werden.

Die Verbrauchsmessung kann bei Acetylen nicht anhand der Manometeranzeige durchgeführt werden, weil der Gasdruck des Acetylens konstant bleibt. Der Verbrauch muss aus dem Gewichtsunterschied der Gasflasche vor und nach den Schweißarbeiten berechnet werden.

1.2.3 Flaschenkennung

Die Gasflaschen sind durch mehrere Merkmale eindeutig gekennzeichnet, um Verwechslungen auszuschließen. Atmosphärische Gase, Acetylen und sonstige Brenngase können anhand der Flaschenfarbe und des Gasarmaturenanschlusses unterschieden werden (Tabelle 1-1).

Tabelle 1-1 Kennzeichnung von Gasflaschen

DIN EN 1089		DIN EN 1089	
Sauerstoff techn.	N; weiß; blau (grau)	**Helium**	braun; grau
Acetylen	N; kastanienbraun; kastanienbraun (schwarz-gelb)	**Wasserstoff**	rot; rot
Argon	N; dunkelgrün; grau (dunkelgrün)	**Gemisch Argon/ Kohlendioxid**	N; leuchtendgrün; grau
Stickstoff	N; schwarz; grau (dunkelgrün, schwarz)	**Kohlendioxid**	grau; grau

1.3 Schweißausrüstung

1.3.1 Druckminderer

Druckminderer reduzieren den Flaschendruck auf den gewünschten Arbeitsdruck und sind nach DIN E 8546 (Normentwurf) bzw. DIN 8546 genormt. Bei geringem Flaschendruck und geringen Druckschwankungen (z.B. bei Acetylenflaschen) werden einstufige, bei hohen Flaschen drücken in der Regel zweistufige Druckminderer eingesetzt (Abb. 1-2). Zum Gasschmelzschweißen werden Arbeitsdrücke von etwa 0,2 bis 0,3 MPa (2 bis 3 bar) für Sauerstoff und 0,02 bis 0,05 MPa (0,2 bis 0,5 bar) für Acetylen eingestellt.

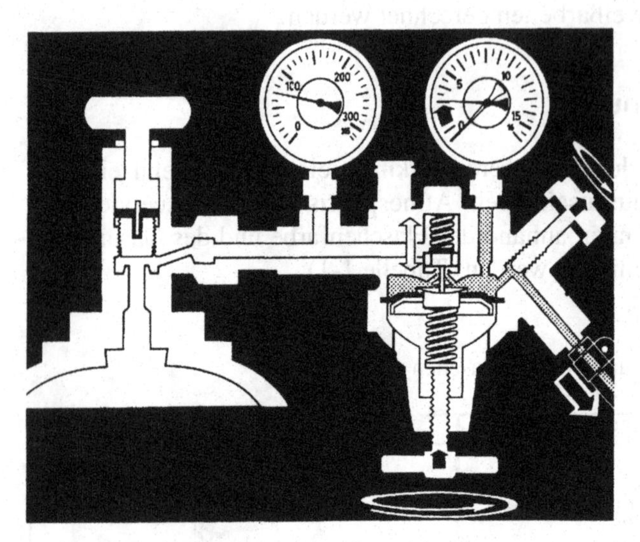

Abb. 1-2 Druckminderer zum Gasschweißen

1.3.2 Schweißbrenner

Der Schweißbrenner soll eine konstante Mischung der Gase und eine Anpassung der Wärmemenge an die gestellte Schweißaufgabe ermöglichen. Die heute verwendeten Injektorbrenner bestehen aus einem Griffstück mit Anschlüssen und Ventilen sowie dem Schweißeinsatz. Im Injektor tritt Sauerstoff mit hoher Strömungsgeschwindigkeit aus und erzeugt nach dem Venturi-Prinzip in der Brenngasleitung einen Unterdruck. Durch das Ansaugen und Mitreißen des Acetylens kann ein Druckaufbau des Acetylens bis zum kritischen Zerfallsdruck sicher ausgeschlossen werden. Die Gase verwirbeln im Mischraum und treten aus dem Brennermundstück aus (Abb. 1-3).

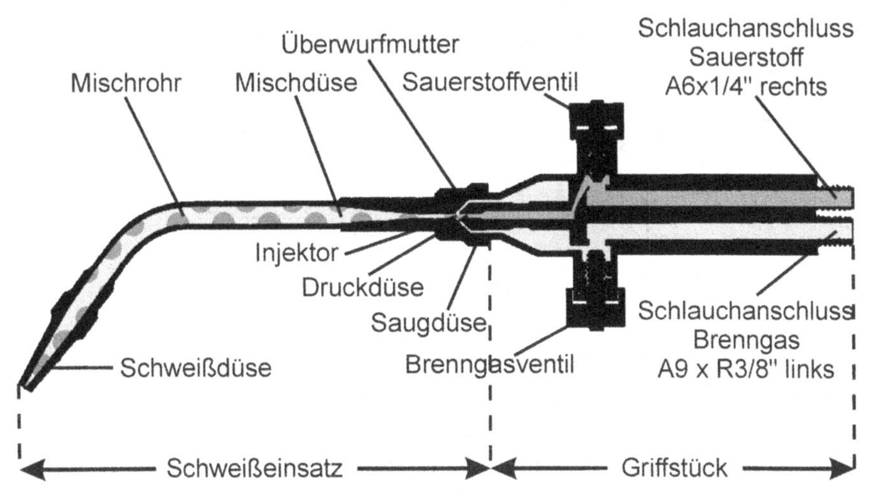

Abb. 1-3 Aufbau eines Injektorbrenners

1.4 Flammbildung

1.4.1 Ausbildung der Schweißflamme

Die vollständige Verbrennung des Acetylens erfolgt in zwei Stufen. Einer unvollständigen Oxidation mit dem Flaschensauerstoff folgt eine zweite Reaktionsstufe bis zur vollständigen Verbrennung mit dem Sauerstoff aus der Umgebungsluft. Im Bereich der ersten Verbrennungsstufe, etwa 2 bis 5 mm vor der Spitze des leuchtenden Flammkegels, befindet sich die Stelle höchster Flammtemperatur, die für die Schweißarbeiten genutzt wird.

Im Einzelnen lassen sich vier Zonen der Schweißflamme unterscheiden (Abb. 1-4):

Relativ dunkler Flammkern des unbeeinflussten Gasgemischs.

Hell leuchtender Flammkegel des exothermen Acetylenzerfalls:

$C_2H_2 \rightarrow 2C + H_2$.

Erste Verbrennungsstufe mit dem Flaschensauerstoff:

$2C + H_2 + O_2 \rightarrow 2CO + H_2$.

Zweite Verbrennungsstufe mit der Umgebungsluft:

$4CO + 2H_2 + O_2 \rightarrow 4CO_2 + 2H_2O$

Die Gleichung der vollständigen Verbrennung lautet demnach:

$$2C_2H_2 + 5O_2 \rightarrow 4CO_2 + 2H_2O$$

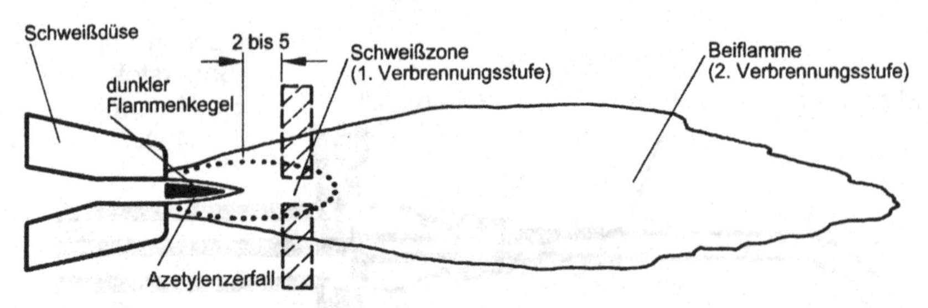

Abb. 1-4 Ausbildung der Schweißflamme

Davon werden 3 Volumenanteile Sauerstoff aus der Umgebungsluft entnommen. Auf eine gute Belüftung des Schweißbereiches ist daher zu achten.

Eine unvollständige Verbrennung z.B. infolge von unzureichender Sauerstoffzufuhr aus der Umgebung hat dagegen bei neutraler Flammeneinstellung eine reduzierende Wirkung auf die Schweißstelle. Weiterhin wird die Schweißung gegenüber der Umgebungsluft abgeschirmt.

1.4.2 Brenngas-/Sauerstoff-Mischungsverhältnis

Das Mischungsverhältnis kennzeichnet die Volumenanteile von Acetylen zu Sauerstoff aus den Flaschen. In der Regel wird eine „neutrale" Flamme eingestellt, d.h. der Volumenanteil von C_2H_2 zu O_2 beträgt 1 : 1. Durch Änderung dieses Mischungsverhältnisses können bestimmte Werkstoffeigenschaften erzielt bzw. berücksichtigt werden.

Bei einer Sauerstoffüberschussflamme erfolgt die Reaktion der ersten Verbrennungsstufe auf kürzerer Strecke (Mischungsverhältnis bis 1 : 1,1), so dass als Folge höherer Flammtemperatur die Schweißgeschwindigkeit erhöht werden kann. Bei Stahl besteht jedoch die Gefahr, dass der überschüssige Sauerstoff in das Schmelzbad gelangt und zu Oxideinschlüssen führt. Ein Sauerstoffüberschuss wird daher nur zum Schweißen von Sonderstählen eingesetzt um ein Aufkohlen sicher zu vermeiden. Nichteisenmetalle dürfen in der Regel wegen der hohen Löslichkeit von O_2 in der Schmelze nicht mit Sauerstoffüberschuss geschweißt werden. Eine Ausnahme bildet hierbei das Messing, wo ein Sauerstoffüberschuss eingestellt wird, um ein Ausdampfen des Zinks zu vermeiden.

Bei einer Acetylenüberschussflamme erfolgt die Reaktion der ersten Verbrennungsstufe auf längerer Strecke. Kohlenstoff kann von der Schmelze aufgenommen werden und bei Stählen eine Festigkeits- und Härtesteigerung, aber auch einen steigenden Versprödungsgrad verursachen. Gusseisen wird mit Acetylenüberschuss geschweißt, um einer Entkohlung vorzubeugen.

1.4.3 Anpassung der Flammleistung

Die zum Schweißen notwendig Wärmemenge und Wärmeeinbringung kann durch geeignete Wahl des Schweißeinsatzes, der Ausströmgeschwindigkeit und der Arbeitstechnik an die Schweißaufgabe angepasst werden.

Die Schweißeinsätze werden nach den Größen unterschieden, die für unterschiedliche Blechdicken beim Stahlschweißen eingesetzt werden, z.B. Größe 1 für Blechdicken von 0,5 bis 1 mm oder Größe 6 für 9 bis 14 mm usw. Ist der geeignete Schweißeinsatz ausgewählt, kann mit Hilfe der Ausströmgeschwindigkeit der Schweißgase eine weitere Anpassung der Wärmemenge an die Blechdicke erfolgen, da zum Schweißen eines 9 mm dicken Bleches mit dem Schweißeinsatz Größe 6 weniger Energie benötigt wird als zum Schweißen eines 14 mm Bleches. Bei „weicher" Flamme ist die Gasaustrittsgeschwindigkeit klein (80 bis 100 m/s) und die Wärmemenge vergleichsweise gering, bei „harter" Flamme sind Geschwindigkeit (130 bis 160 m/s) und Wärmemenge groß. Eine Gasgeschwindigkeit von 100 bis 130 m/s ergibt eine „mittlere" Flamme.

Zum Schweißen von Werkstoffen mit hoher Wärmeleitfähigkeit (z.B. Buntmetall, Aluminium) muss in der Regel die Größe des Schweißeinsatzes ein bis zwei Stufen größer gewählt werden als bei Stahlwerkstoffen entsprechender Dicke.

1.5 Arbeitstechnik

Je nach Blechdicke werden die Arbeitstechniken Nachlinksschweißen ($s \leq 3$ mm) und Nachrechtsschweißen ($s > 3$ mm) angewandt (Abb. 1-5).

Beim Nachlinksschweißen ist die Flamme auf die offene Fuge gerichtet. Die Wärmezufuhr zum Schmelzbad kann dabei durch geringe Brennerbewegung gut kontrolliert werden. Das Nachlinksschweißen wird für Schweißaufgaben mit geringerem Wärmebedarf eingesetzt, insbesondere zum Schweißen von Blechen bis zu einer Blechdicke von etwa 3 mm, z.B. als Bördelnaht ohne Schweißzusatzwerkstoff oder als I-Naht. Der Grad der Aufschmelzung im Wurzelbereich ist dabei jedoch schlecht zu erkennen, so dass Bindefehler auftreten können.

Beim Nachrechtsschweißen ist die Flamme auf das Schmelzbad gerichtet und es bildet sich eine Schweißöse. Der Wurzelbereich wird damit zuverlässig aufgeschmolzen und ein tiefer Einbrand erzielt. Das überhitzte Schmelzbad bietet gute Entgasungsbedingungen, jedoch vergrößert sich die Gefahr eines Durchfallens der Schweißnaht.

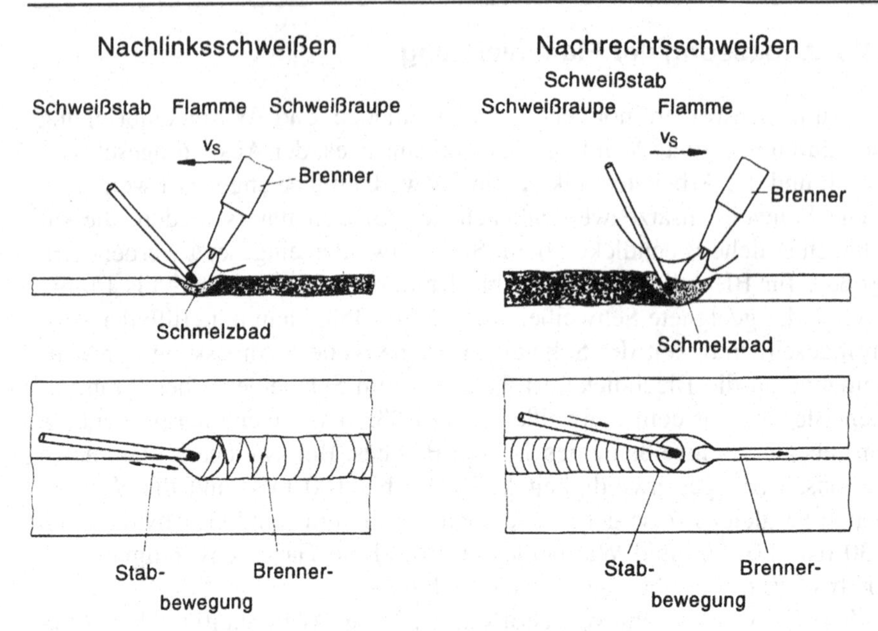

Abb. 1-5 Arbeitstechniken beim Gasschweißen

1.6 Schweißbare Werkstoffe

1.6.1 Stähle

Stähle können in der Regel ohne weitere Hilfsmittel gasschmelzgeschweißt werden. Werden Schweißzusatzwerkstoffe eingesetzt (DIN 8554), können die Werkstoffeigenschaften über das Mischungsverhältnis beeinflusst werden. Die Maße der Zusätze zum Handschweißen sind in DIN EN 20 544 festgelegt. Wegen der ausgeprägten Grobkornbildung sollte das Gasschmelzschweißverfahren bei hohen Zähigkeitsanforderungen nicht eingesetzt werden.

1.6.2 Gusseisen

Gusseisen ist in der Regel weniger schweißgeeignet als Stahl, da die bei schneller örtlicher Erwärmung und Abkühlung auftretenden Spannungen schlecht aufgenommen und durch plastische Verformung abgebaut werden können. Im Reparaturfall sollte das gesamte Gussteil zur Schweißung vorgewärmt werden, um die Temperaturspannungen zu reduzieren. Der Abbrand von Kohlenstoff wird durch die Acetylenüberschussflamme, der Siliziumabbrand durch siliziumhaltigen Schweißzusatzwerkstoff ausgeglichen.

1.6.3 Nichteisenmetalle

Beim Autogenschweißen von Nichteisenmetallen entstehen in der Regel Verbindungen von Metallatomen mit Kohlenstoff, Wasserstoff oder Sauerstoff, die zähflüssige Schlacken auf dem Schmelzbad bilden und den Schweißprozess behindern. Flussmittel, die auf die Schweißstelle aufgetragen oder mit dem Schweißstab zugeführt werden, zersetzen diese Schlacken chemisch und unterbinden die Schlackenneubildung. Dabei ist stets die Gefährdung des Schweißers und der Umwelt durch verdampfende bzw. zurückbleibende Flussmittelreste zu beachten, so dass geeignete Schutzmaßnahmen zu ergreifen sind.

Kupfer ist besonders durch Oxidation und Wasserstoffaufnahme (Poren) gefährdet und muss daher mit neutraler Flamme geschweißt werden. Die Oxide werden durch das Flussmittel in einer dünnflüssigen Schlacke gebunden und die weitere Oxidation eingeschränkt.

Da Messing aus Kupfer und Zink besteht und die Siedetemperatur von Zink kleiner als die Schmelztemperatur von Kupfer ist, muss das Ausdampfen des Zinks durch eine dicke, zähflüssige Schlackenschicht verhindert werden, die aus oxidierten Elementen des Flussmittels und des Schweißdrahtes besteht. Die zur Schlackenbildung notwendige Sauerstoffzufuhr erfordert eine Sauerstoffüberschussflamme mit hohen Sauerstoffanteilen (bis zu 1 : 1,3).

Aluminium bildet unter Sauerstoffeinfluss eine hochschmelzende Oxidhaut, die durch das Flussmittel aufgelöst und dessen Neubildung verhindert werden muss. Alle Flussmittelreste müssen nach Beendigung der Schweißarbeiten sorgfältig entfernt oder neutralisiert werden, da sie in der Regel sehr aggressiv sind und lokale Korrosion auslösen können.

1.7 Arbeitsschutz

Bei der Autogentechnik bestehen mehrere Gefahrenquellen, die durch unsachgemäße Handhabung immer wieder Todesfälle infolge von Explosionen oder Vergiftung der Atemluft zur Folge haben.

Besondere Beachtung ist der richtigen Behandlung der Gasflaschen zu schenken. Wie in Abschn. 1.2 erwähnt, können Sauerstoffflaschen explodieren, wenn die Armaturenanschlüsse gefettet werden, da der komprimierte Sauerstoff Öl und Fett infolge Molekularreibung entzünden kann.

Acetylen ist eine relativ unbeständige Verbindung, die unter Druck- und Temperatureinwirkung exotherm zerfällt. Die thermische Acetylenzersetzung kann im zu heiß gewordenen Brenner stattfinden. Auch bei starker Sonneneinstrahlung oder Aufstellung neben starken Wärmequellen steigt der Druck in der Gasflasche temperaturbedingt, so dass u.U. der kritische Druck erreicht wird und der Acetylenzerfall beginnt. Durch sofortige Wasserkühlung kann die langsam beginnende Zersetzung in den meisten Fällen jedoch noch gestoppt werden.

Zur Vermeidung von Flammenrückschlägen in die Gasflasche bzw. den Druckminderer werden sog. Vorlagen verwendet, die z.B. bei Erwärmung durch zurückschlagende Flammen schmelzen und die Verbindung zum Brenner somit stoppen.

Eine weitere Gefahrenquelle stellt der Sauerstoffverbrauch der Schweißflamme dar. Pro Volumenanteil C_2H_2 werden 1,5 Volumenanteile Sauerstoff aus der Umgebungsluft verbrannt. Dabei entstehen CO_2, Stickoxide, Kohlenwasserstoffe und andere Verbrennungsprodukte, die die Atemluft des Schweißers vergiften können. In engen Räumen muss daher immer auf eine ausreichende Frischluftzufuhr geachtet werden. Nicht geeignet ist die Zufuhr von Sauerstoff, da nach Überschreiten der kritischen Konzentration eine explosive Verpuffung stattfindet.

2 Lichtbogenhandschweißen

2.1 Verfahrensprinzip

Das Lichtbogenhandschweißen ist wegen seiner universellen Einsetzbarkeit, der einfachen Handhabung und des geringen apparativen Aufwandes auch heute noch eines der am häufigsten eingesetzten Schweißverfahren. Nachdem in den Anfängen der Entwicklung dieses manuellen Lichtbogenschweißverfahrens nackte Metallelektroden oder Kohleelektroden verwendet wurden, werden seit vielen Jahren ausschließlich umhüllte Stabelektroden eingesetzt.

Stabelektroden bestehen aus einem metallischen Kernstab und einer mineralischen Umhüllung. Sie werden vom Schweißer in eine Elektrodenzange eingespannt, die an einem Pol der Schweißstromquelle angeschlossen wird, während das Werkstück mit dem anderen Pol verbunden ist (Abb. 2-1).

Zur Zündung des Lichtbogens wird der metallische Kern der Elektrode auf dem Werkstück aufgesetzt und anschließend leicht abgehoben (Kontaktzündung). Die anliegende Zündspannung beschleunigt die durch den Kurzschluss thermisch emittierten Elektronen und ermöglicht somit eine stabile und permanente Lichtbogenbildung durch Stoßionisation der Entladungsatmosphäre.

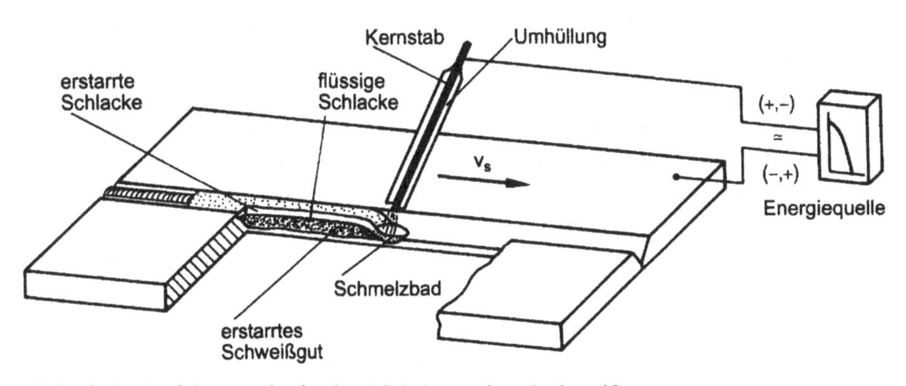

Abb. 2-1 Verfahrensprinzip des Lichtbogenhandschweißens

Der Lichtbogen schmilzt die Elektrode ab und verflüssigt den Grundwerkstoff an der Fügestelle. Flüssiger Kernstab und aufgeschmolzener Grundwerkstoff vermischen sich zum Schweißgut, während die abgeschmolzene Umhüllung Schlacken bildet, die wegen ihrer geringeren Dichte auf der Schweißnaht erstarren. Durch Nachführen der Elektrode wird die Lichtbogenlänge konstantgehalten und gleichzeitig der Lichtbogen in Arbeitsrichtung bewegt, um den kontinuierlichen Schweißfortschritt zu gewährleisten.

2.2 Schweißelektroden

Die zum Lichtbogenhandschweißen eingesetzten Elektroden weisen in der Regel eine Länge von 250 bis 450 mm auf. Die Kernstabdurchmesser richten sich in erster Linie nach der Blechdicke, aber auch nach Schweißlage und Schweißposition. Typische Durchmesserwerte sind 1,5 bis 6 mm, in Ausnahmefällen auch bis 8 mm. Mit zunehmendem Durchmesser steigt die mögliche Schweißstromstärke und damit sowohl die Wärmeeinbringung in den Grundwerkstoff als auch Einbrandtiefe und Abschmelzleistung, so dass sich das Schmelzbad vergrößert. Gleichzeitig nimmt die Eignung zum Schweißen dünner Bleche, von Wurzellagen sowie in Zwangspositionen ab.

Die chemische Zusammensetzung der Kernstäbe ist nach Möglichkeit dem Grundwerkstoff artgleich oder artähnlich, um ein Schweißgut mit nur wenig vom Grundwerkstoff abweichenden mechanisch-technologischen Eigenschaften zu erzielen. Die vorwiegend mineralische Umhüllung hat als fester Hilfsstoff folgende Aufgaben:

- Ionisierung der Lichtbogenstrecke zur Verbesserung von Zündfähigkeit und Stabilität des Lichtbogens.
- Bildung eines Schutzgases, von dem aufgeschmolzenes Elektrodenende, abgelöste Tropfen und Schweißstelle vor Einflüssen aus der Luftatmosphäre (vor allem durch Stickstoff und Sauerstoff) geschützt werden.
- Bildung von Schlacken, welche die Schweißstelle und erkaltende Naht vor der Atmosphäre schützen und weitere Aufgaben wie die Formung der Nahtoberfläche und die Verringerung der Abkühlgeschwindigkeit durch ihre geringe thermische Leitfähigkeit erfüllen.
- Desoxidation des Schweißgutes und Abbinden unerwünschter Begleitelemente im Stahl (z.B. Schwefel und Phosphor).
- Kompensation von Legierungsveränderungen, die durch Abbrand von Legierungselementen im Lichtbogen entstehen, sowie Auflegieren des Schweißgutes („hüllenlegierte" Elektroden).

- Vergrößerung von Abschmelzleistung und Ausbringung der Elektrode durch Eisenpulverzusätze in der Umhüllung bei sogenannten „Hochleistungselektroden“.

Stabelektroden für unlegierte bzw. niedriglegierte Stähle sind in der Euro-Norm EN 499 (s. Abschn. 2.6) genormt, welche die Anforderungen an umhüllte Stabelektroden festlegt. Verbindlich vorgeschrieben ist dabei eine Kennzeichnung des Schweißverfahrens, der Festigkeits-, Dehnungs- und Zähigkeitseigenschaften, der chemischen Zusammensetzung und des Umhüllungstyps. Neben diesen fünf verbindlichen Angaben können noch zusätzliche Informationen über Stromart (Gleich-/Wechselstrom) und Ausbringung, Schweißposition und Wasserstoffgehalt des Schweißgutes angegeben werden.

Der Kennbuchstabe „E“ für das Elektrodenhandschweißen wird jeder Elektrodenbezeichnung vorangestellt. Die Kennzeichnung der Streckgrenze, Zugfestigkeit und Dehnung wird am unter Normbedingungen verschweißten Schweißgut ermittelt. Zur Angabe der Kerbschlagarbeit wird die Temperatur ermittelt, bei der das Schweißgut noch eine Kerbschlagarbeit von 47 J aufweist. Das Kurzzeichen der chemischen Zusammensetzung gibt in erster Linie den Gehalt an Mangan, Molybdän und Nickel an, für andere Elemente werden Grenzwerte vorgeschrieben.

Die Elektrodenumhüllung hat einen wesentlichen Einfluss auf die Schweißeigenschaften und die mechanischen Eigenschaften des Schweißgutes. Auch die Schweißpositionen, in denen die Elektroden verarbeitet werden können, hängen hauptsächlich vom Umhüllungscharakter ab. Neben den vier Grundtypen gibt es auch Mischtypen, um einzelne Eigenschaften gezielt beeinflussen zu können.

Sauerumhüllte Elektroden (A) werden wegen der nur mäßigen mechanisch-technologischen Gütewerte des Schweißguts und der großen Abbrandverluste praktisch nur noch für Decklagenschweißungen verwendet, um ein gutes Nahtaussehen zu erreichen. Der hohe Eisenoxidanteil in der Umhüllung führt zusammen mit der dicken Umhüllung zu einem sehr feinen Tropfenübergang und erzeugt flache und glatte Schweißnähte. Sauerumhüllte Elektroden sind nur eingeschränkt zwangslagengeeignet und relativ empfindlich für das Entstehen von Erstarrungsrissen.

Zelluloseumhüllte Elektroden (C) enthalten einen großen Anteil verbrennbarer organischer Substanzen in der Umhüllung, insbesondere Zellulose, so dass sich ein intensiver Lichtbogen ausbildet. Sie sind in allen Positionen verschweißbar und werden bevorzugt für Fallnahtschweißungen, z.B. im Pipelinebau, eingesetzt, da Teile der Umhüllung verbrennen und sich daher nur wenig Schlacken bilden (kein Schlackenvorlauf beim Fallnahtschweißen). Nachteilig ist jedoch die vergleichsweise starke Schweißrauchbildung.

Rutilumhüllte Elektroden (R) haben als „Universalelektroden" die größte Anwendungsbreite gefunden. Sie sind besonders für Heftschweißungen geeignet, da sie ein gutes Wiederzündverhalten und eine sehr gute Schlackenlöslichkeit besitzen. Sie sind für alle Positionen (außer Fallnaht) geeignet. Um die Einsatzmöglichkeiten dieses Elektrodentyps zu erweitern, wurden Mischtypen mit sauren, basischen und Zellulose-Anteilen entwickelt (rutilsauere, rutilbasische und Rutilzellulose-Umhüllungen). Hier sind besonders die mit Rutilzellulose umhüllten Elektroden zu nennen, die auch Fallnahtschweißungen ermöglichen.

Bei besonders hohen Anforderungen an die Kerbschlagarbeit bei niedrigen Temperaturen und die Risssicherheit werden zumeist basische Elektrodentypen (B) eingesetzt, trotz ihrer teilweise ungünstigen Verarbeitungseigenschaften. Die Umhüllung enthält große Anteile an Karbonaten und Alkalien (z.B. Kalziumkarbonat und Flussspat). Daher sind basische Elektroden nur schlecht an Wechselstrom verschweißbar. Gegen wasserstoffinduzierte Risse ist basisch verschweißtes Schweißgut besonders empfindlich, eine Trocknung der Elektroden vor dem Schweißen ist daher unverzichtbar. Bei ungenauer Nahtvorbereitung sind basische (wie auch Zelluloseumhüllungen) wegen der guten Spaltüberbrückbarkeit besonders geeignet. Basische Typen können auch fallend verschweißt werden.

Bei den meisten Stabelektroden wird in der Umhüllung enthaltenes Eisenpulver zusätzlich zum Kernstab abgeschmolzen und gelangt ins Schmelzbad. Dadurch wird eine Steigerung der Abschmelzleistung erreicht, die durch den Begriff „Ausbringung" zahlenmäßig erfasst wird:

$$Ausbringung = \frac{abgeschmolzene\ Schweißgutmasse}{abgeschmolzene\ Kernstabmasse} \quad in\ \%$$

Unter Berücksichtigung der genannten Elektrodeneigenschaften kann bei der Auswahl einer Elektrode für einen bestimmten Anwendungsfall folgendermaßen vorgegangen werden:

1. Wahl der Elektrodenhauptgruppen nach der chemischen Zusammensetzung des Grundwerkstoffes, wie z.B. Elektroden zum Verschweißen von un-, niedrig- und hochlegierten Stählen, Gusseisen und NE-Metallen.
2. Wahl des Elektrodendurchmessers nach Blechdicke, Lage der Schweißraupe (z.B. Wurzelschweißung) und Schweißposition, wodurch näherungsweise zusammen mit dem anschließend aufgeführten Auswahlkriterium der nutzbare Schweißstromstärkebereich und damit die Erwärmung des Werkstückes sowie die Größe und die Eigenschaften des Schmelzbades festgelegt werden.

3. Wahl des Umhüllungstypes nach Gebrauchseigenschaften, Schweißposition und geforderten Nahteigenschaften der Verbindung.

2.3 Schweißausrüstung

Der apparative Aufwand zum Lichtbogenhandschweißen ist gering. Elektrodenzange und Werkstück werden über Schweißstromkabel mit einer geeigneten Stromquelle leitend verbunden. Diese kann ein Transformator oder ein Gleichrichter sein, der die erforderlichen Stromstärken von 20 bis 500 A je nach Anwendungsfall bei Lichtbogenspannungen von 15 bis 35 V liefern kann. Aus Gründen der Gewichtsersparnis werden für Baustellenschweißungen verstärkt primärgetaktete, transistorisierte Stromquellen (Inverter) eingesetzt. Ist kein Netzanschluss vorhanden, werden für diesen Anwendungsfall auch heute noch rotierende Umformer mit Verbrennungsmotor verwendet. Die Stromquelle muss eine fallende statische Kennlinie aufweisen, um bei Schwankungen der Lichtbogenlänge die Stromstärke ungefähr konstant zu halten. Bei Verwendung von Wechselstrom können rein basisch umhüllte Elektroden nicht verschweißt werden, da der Lichtbogen beim Nulldurchgang des Stromes erlischt.

Die Arbeitsplatzausrüstung besteht aus der Schutzkleidung gegen Schweißspritzer, Wärme- und UV-Strahlung, Schweißrauche und die elektrische Strombelastung (Schweißerschutzschirm oder Kopfhelm, Handschuhe und schwer entflammbare Kleidung, elektrisch isolierende Schuhe) sowie Schlackenhammer und Drahtbürste zur Schlackenentfernung.

2.4 Einsatzmöglichkeiten

Das Lichtbogenhandschweißen zeichnet sich durch hohe Anpassungsfähigkeit und Vielseitigkeit der Einsatzbereiche aus. Es eignet sich für alle Schweißpositionen und erlaubt auch bei beengten Platzverhältnissen noch eine gute Beobachtung der Schweißstelle. Da es ein manuelles Schweißverfahren ist, das nur eines geringen apparativen Aufwandes bedarf, ist es insbesondere in der Einzel- und Kleinserienfertigung, auch für sehr große Teile, flexibel anwendbar. Geringe Investitionskosten, kurze Rüstzeiten und ein geringer Bedarf an Vorrichtungen senken die Fertigungskosten. Da der Schutz der Schweißstelle vor den Einflüssen der Luftatmosphäre durch eine zunächst in fester Form vorliegende Elektrodenumhüllung übernommen wird, ist das Lichtbogenhandschweißen unempfindlich gegen Windeinfluss und damit für den Baustelleneinsatz besonders geeignet. Als

Nachteil ist die geringe Abschmelzleistung zu nennen, die sich durch die begrenzte Strombelastbarkeit der langen, stromdurchflossenen Elektrode und die Nebenzeiten für den Elektrodenwechsel erklärt. Als Richtwert kann eine Abschmelzleistung von 1 bis 3 kg/h für Normalelektroden und von 2 bis 6 kg/h für Hochleistungselektroden im Bereich von 200 bis 400 A gelten. Industriezweige, in denen das Lichtbogenhandschweißen hauptsächlich eingesetzt wird, sind:

- Stahl-, Hoch- und Brückenbau,
- Großgeräte- und Maschinenbau,
- Behälter-, Apparate- und Rohrleitungsbau.

2.5 Verschweißbare Werkstoffe und Abmessungen

Mit dem Lichtbogenhandschweißen können alle schweißbaren Stähle ab ca. 1 mm Blechdicke sowie bei genügender Vorwärmung (ca. 600°C) auch Gusseisen (als Warmschweißung) geschweißt werden. Auch für Kupfer- und Nickelwerkstoffe ist das Verfahren geeignet, für Aluminium dagegen nur bedingt mit Einschränkungen ähnlich wie beim Gasschmelzschweißen. Durch Viellagentechnik sind auch sehr dickwandige Teile schweißbar.

2.6 Europäische Normung für Schweißzusatzwerkstoffe

2.6.1 Einleitung

Im Zuge der Verwirklichung des gemeinsamen europäischen Binnenmarktes ist die Harmonisierung von Normen und Vorschriften in der Europäischen Gemeinschaft eine wesentliche Voraussetzung für den freien Austausch von Waren und Dienstleistungen. Auf dem Gebiet der Schweißtechnik entstanden in den letzten Jahren zahlreiche Normen und Normentwürfe, mit denen einheitliche technische Regeln geschaffen werden. Der gegenwärtige Stand der europäischen Normung für Schweißzusätze wird im folgenden dargestellt.

2.6.2 Allgemeines

Für die Verwirklichung des europäischen Marktes im Jahr 1993 waren nicht nur in der Politik, sondern besonders in der Wirtschaft umfassende Veränderungen in Europa erforderlich. Im gemeinsamen Markt mussten vor allem alle in der Wirtschaft geltenden nationalen Richtlinien oder Regelwerke, die sich u.U. als Handelshemmnisse auswirken konnten, abgeschafft und durch einheitliche europäische Regeln ersetzt werden. Technische Regeln dieser Art sind u.a. Normen. Das heißt, dass eine große Anzahl Normen harmonisiert, also einheitliche europäische Normen erstellt werden mussten.

2.6.3 CEN – Europäisches Komitee für Normung

Der Realisierung dieser riesigen Aufgabe hatte sich das CEN, Comité Européen de Normalisation, (deutsch „Europäisches Komitee für Normung") angenommen. Diese europäische Behörde mit Sitz in Brüssel ist in verschiedene Technische Komitees gegliedert, wovon für die Schweißtechnik das

CEN/TC 121 „Schweißen"

zuständig ist.

Für die Bearbeitung der Normen für Schweißzusätze ist das Unterkomitee 3, SC 3 „Schweißzusätze" zuständig.

2.6.4 Normungskonzept

2.6.4.1 Vorbereitungen im nationalen Arbeitskreis

Auf Anregung des Normenausschusses Schweißtechnik im DIN wurde rechtzeitig vor Beginn der internationalen Beratungen des SC 3 ein nationaler Arbeitskreis gegründet, um die deutsche Position jeweils angemessen vorzubereiten und zu dokumentieren. Dieser Arbeitskreis „CEN-Schweißzusätze", dem auch je ein Delegierter aus Österreich und der Schweiz angehören, hat sich zunächst mit grundsätzlichen Überlegungen zum Normungskonzept befasst, die zur Vorbereitung anstehenden europäischen Normen einheitlich werkstoffbezogen zu gestalten.

Im Arbeitskreis „CEN-Schweißzusätze" wurde weiter beschlossen, neben den Normen für Schweißzusätze die Schweißhilfsstoffe separat zu behandeln. Zur Kennzeichnung der Kerbschlagarbeit sollte das „offene" System durchgesetzt werden. Ebenso sollten in den Produktnormen alle gleichlautenden Normteile entfallen und dafür, d.h. für Prüfbedingungen und Technische Lieferbedingungen, eigene Normen geschaffen werden.

Auf Basis eines deutschen Normvorschlages wurde schließlich ein einheitliches Schema zur Normbezeichnung geschaffen.

2.6.4.2 Normbezeichnungen

Nach Beschluss des SC 3 wurde für jedes Verfahren eine eigene Norm erstellt, welche einheitlich aus 4 Teilen besteht:

Teil I	Schweißverfahren, Schweißzusatz
Teil II	Mechanische Eigenschaften des Schweißgutes bzw. Legierungstyp
Teil III	Schweißhilfsstoffe
Teil IV	Zusätzliche Angaben

Schweißverfahren

Das dem jeweils behandelten Schweißzusatz zugeordnete Schweißverfahren wird durch einen Buchstaben symbolisiert:

E	Lichtbogenhandschweißen
G	Metall-Schutzgasschweißen
T	Schweißen mit Fülldrahtelektroden
W	Wolfram-Inertgasschweißen
S	Unterpulverschweißen

Die gleichen Buchstaben werden auch zur Kennzeichnung des Schweißzusatzes separat benutzt, z.B. E für eine Stabelektrode für das Lichtbogenhandschweißen oder S 2 für eine Drahtelektrode zum Unterpulverschweißen.

Mechanische Eigenschaften des Schweißgutes

Für den Teil II der Normbezeichnung gilt, dass die Streckgrenze des Schweißgutes die Basis für die Kennzeichnung der Festigkeitseigenschaften ist . Die in verschiedenen Normen bisher übliche Kennzahl für die Zugfestigkeit wird in den CEN-Normen für alle Schweißzusätze durch eine Kennzahl für die Mindest-Streckgrenze ersetzt. Jedem Streckgrenzen-Niveau ist ein Festigkeitsbereich und eine Mindest-Dehnung gemäß Tabelle 2-1 zugeordnet. Diese Tabelle gilt für alle Schweißverfahren. Für hochfeste Schweißzusätze werden die Kennzahlen bis 89, entsprechend einer Streckgrenze von 890 N/mm^2, fortgesetzt.

Die Angaben in Tabelle 2-1 gelten für den Schweißzustand und selbstverständlich für eine Mehrlagenschweißung, deren Ausführung in einer Prüfnorm (s. Abschn. 2.6.10) festgelegt ist.

Schweißzusätze, die nur für das Lage/Gegenlage-Schweißen vorgesehen sind, werden mit einem Symbol gekennzeichnet, das sich auf die Mindest-Streckgrenze des Stahles bezieht, für den der Schweißzusatz grundsätzlich

Tabelle 2-1 Kennzahlen für Streckgrenze, Zugfestigkeit und Dehnung

Kennzahl	Mindest-Streckgrenze N/mm²	Zugfestigkeit N/mm²	Mindest-Dehnung [1]) %
35	355	440 bis 570	22
38	380	470 bis 600	20
42	420	500 bis 640	20
46	460	530 bis 680	20
50	500	560 bis 720	18

Als Streckgrenze muss bei Formänderung die untere Streckgrenze R_{eL} angegeben werden, andernfalls wird die 0,2-%-Dehngrenze $R_{p0,2}$ eingesetzt.
[1]) Die Messlänge ist gleich 5 x Probendurchmesser.

geeignet ist (z.B. 3T für einen Stahl mit einer Mindest-Streckgrenze von 355 N/mm². Hiervon betroffen sind vor allem Draht-Pulver-Kombinationen und Fülldrahtelektroden.

Neben den Festigkeitswerten wird im Teil II auch die Kerbschlagzähigkeit des Schweißgutes gekennzeichnet. Es gibt nur eine Kennziffer, die für eine Kerbschlagarbeit von mindestens 47 Joule angegeben wird. Die Temperaturen, bei welchen eine mittlere Schlagarbeit von 47 Joule erreicht werden muss, und die jeweils zugeordnete Kennziffer sind in Tabelle 2-2 angegeben („offenes" System). Auch diese Tabelle gilt für alle Schweißverfahren, sie kann, wenn relevant, auch für tiefere Temperaturen fortgesetzt werden.

Tabelle 2-2 Kennziffer für die Kerbschlagarbeit

Kennziffer	Mindest-Kerbschlagarbeit 47 J °C
Z	keine Anforderung
A	20
0	0
2	−20
3	−30
4	−40
5	−50
6	−60

Der den Kennziffern zugeordnete Mindestwert der Kerbschlagarbeit ist der Mittelwert von drei ISO-V-Proben mit einem Einzelwert niedriger als 47 J, aber höher als 32 J.

Schweißhilfsstoffe
Die mit dem jeweiligen Schweißzusatz kombinierten Hilfsstoffe werden im Teil II des Bezeichnungsschemas angegeben. Als Schweißhilfsstoffe bei den verschiedenen Schweißverfahren gelten

- die Umhüllung einer Stabelektrode,
- das Schutzgas beim MSG- bzw. WIG-Schweißen,
- die Füllung und/oder das Schutzgas beim Fülldrahtschweißen und
- das Schweißpulver beim UP-Schweißen.

Zusätzliche Angaben
Die für den Teil IV vorgesehene Kennzeichnung von notwendigen zusätzlichen Angaben sind je nach Schweißzusatz unterschiedlich. Für das Lichtbogenhandschweißen beispielsweise werden Ziffern für das Ausbringen und die Stromeignung einer Stabelektrode sowie deren Eigenschaften für die verschiedenen Schweißpositionen angegeben. Dagegen wird beim Schutzgas- und Unterpulverschweißen hier der Drahttyp genannt als Bestandteil der bezeichneten Draht/Gas- bzw. Draht/Pulver-Kombination.

2.6.5 Schweißzusätze für Stähle mit einer Streckgrenze bis 500 N/mm^2

2.6.5.1 Metall-Schutzgasschweißen

Die Norm EN 439

„Schutzgase zum Schweißen und Schneiden"

basiert weitgehend auf der alten deutschen Norm DIN 32 526 und enthält die bewährten Schutzgas-Gruppen. Ein Mischgas mit 82 % Ar und 18 % CO_2 wird, wie bisher, als M 21 bezeichnet.

Die Norm

EN 440

mit dem Titel

„Bezeichnung von Drahtelektroden und Schweißgut für das Metall-Schutzgasschweißen von unlegierten Stählen und Feinkornstählen"

normt die für das MAG-Schweißen zehn gebräuchlichen Drahtanalysen. In der Norm sind u. a. Si/Mn-legierte Drähte (z.B. G3Si2) sowie Mo-legierte Zusätze (G2Mo, G4Mo) und Drähte mit unterschiedlichem Ni-Gehalt (G3Ni1, G2Ni2) aufgeführt. Mit der Bezeichnung G 0 besteht außerdem die Möglichkeit, jede beliebige abgesprochene Analyse als „genormt" anzugeben.

In nachfolgendem Beispiel wird die Normbezeichnung nach EN 440 kurz erläutert.

Ein Schweißgut, hergestellt mit dem Schweißzusatz G3Si1 und einem Mischgas M, das eine Mindest-Streckgrenze von 460 N/mm^2 (46) sowie eine Mindest-Kerbschlagarbeit von 47 J bei -30 °C aufweist (3), ist wie folgt zu bezeichnen:

EN 440 - 46 3 M G3Si1.

Die im Teil IV der Bezeichnung aufgeführte Drahtelektrode kann auch separat als genormtes Produkt EN 440 G3Si1 gekennzeichnet werden.

2.6.5.2 Lichtbogenhandschweißen

Für das Lichtbogenhandschweißen wurde die Euronorm

EN 499

„Einteilung von umhüllten Stabelektroden zum Lichtbogenschweißen von unlegierten Stählen und Feinkornstählen"

verabschiedet.

Im Hinblick darauf, dass der Geltungsbereich der Normen Schweißgut bis zu einer Mindest-Streckgrenze von 500 N/mm^2 umfasst, wird in die Normbezeichnung ein Legierungssymbol gemäß Tabelle 2-3 aufgenommen. Das Symbol entfällt, wenn das Schweißgut nur mit Mangan legiert ist (Mn < 2,0 %). Damit bleibt für alle Elektroden in der EN 499 die Schweißgutanalyse unberücksichtigt, das Legierungssymbol wird in der Bezeichnung an die Kennziffer für die mechanischen Eigenschaften (Teil II) angehängt.

Im Teil III der Bezeichnung werden für die Umhüllungstypen der Stabelektroden Buchstaben benutzt. Folgende Symbole für die Elektrodenumhüllung wurden festgelegt.

A = sauerumhüllt
C = zelluloseumhüllt

R = rutilumhüllt (mitteldick)
RR = rutilumhüllt (dick)
RC = rutilzellulose-umhüllt
RA = rutilsauer-umhüllt
RB = rutilbasisch-umhüllt

B = basischumhüllt

Der Teil IV der Bezeichnung besteht aus zwei Kennziffern, einer für Ausbringung und Stromeignung und einer für die Eignung der Elektroden in Zwangspositionen.

In einem zusätzlichen Bezeichnungsdetail kann der Wasserstoffgehalt des Schweißgutes angeführt werden, z.B. H 5 für einen Wasserstoffgehalt von max. 5 ml/100 g Schweißgut.

Anhand der nachfolgenden Beispiele werden exemplarisch zwei normgerechte Bezeichnungen nach EN 499 dargestellt:

Beispiel 1: Dickumhüllte Rutilelektrode (RR), deren Schweißgut eine Streckgrenze von mindestens 380 N/mm^2 besitzt (38). Eine Mindest-Kerbschlagarbeit wird von 47 Joule bei 0 °C gewährleistet (0). Die Elektrode ist für Gleich- und Wechselstrom geeignet, ihre Ausbringung beträgt < 100 % (1), und sie kann in allen Positionen, außer in der Fallnaht, verschweißt werden:

EN 499 - E 38 0 RR 1 2

Beispiel 2: Die Elektrode ist basischumhüllt (B) und das Schweißgut hat eine Streckgrenze von mindestens 460 N/mm^2 (46); eine Kerbschlagarbeit von 47 Joule wird bei -50 °C erreicht (5) und das Schweißgut ist NiMo-legiert (1 % Ni/0,4 % Mo). Die Ausbringung beträgt < 120 % und die Elektrode soll nur für Gleichstrom (4) und in allen Positionen, außer für die Fallnaht (2), geeignet sein. Wasserstoffgehalt des Schweißgutes < 5ml/100g:

EN 499 - E 46 5 1NiMo B 4 2 H5.

Tabelle 2-3 Legierungssymbol für Schweißgut mit einer Mindeststreckgrenze bis 500 N/ mm^2

Legierungssymbol	chemische Zusammensetzung [1]) in %		
	Mn	Mo	Ni
ohne	2,0	–	–
Mo	1,4	0,3 bis 0,6	–
Mn Mo	> 1,4 bis 2,0	0,3 bis 0,6	–
1 Ni	1,4	–	0,6 bis 1,2
2 Ni	1,4	–	1,8 bis 2,6
3 Ni	1,4	–	2,6 bis 3,8
Mn 1 Ni	> 1,4 bis 2,0	–	0,6 bis 1,2
1 Ni Mo	1,4	0,3 bis 0,6	0,6 bis 1,2
Z	andere vereinbarte Zusammensetzungen		

[1]) Begleitelemente: Mo 0,2, Ni 0,5, Cr 0,2, V 0,09, Nb 0,05, Cu 0,3, Al 2,0 (Al 2,0 gilt nur für selbstschützende Fülldrahtelektroden). Einzelwerte bedeuten Maximalwerte.

Wegen des Umfangs der Normbezeichnung sind die Kennzeichen für Ausbringung und Stromeignung, die Schweißposition und den Wasserstoffgehalt freigestellt. Die verbindliche Bezeichnung lautet also

EN 499 - E 46 5 1NiMo B.

2.6.5.3 Unterpulverschweißen

Für das Unterpulverschweißen gilt die Norm

EN 756

„Einteilung von Drahtelektroden und Draht-Pulver-Kombinationen zum Unterpulverschweißen von unlegierten Stählen und Feinkornstählen".

Ein wesentlicher Bestandteil dieser Norm ist eine Tabelle mit den Analysen der für den Geltungsbereich relevanten Drahtelektroden. Neben den Si-haltigen oder Mo-legierten Drahtelektroden sind auch solche mit unterschiedlichem Nickelgehalt und Ni-Mo-legierte Qualitäten enthalten. Ein Drahttyp SO mit „jeder beliebigen vereinbarten Analyse" ist ebenso wieder enthalten.

Die Benennung der Schweißpulvertypen und die chemische Zusammensetzung der Pulver wurde in der Euronorm

EN 760

„Einteilung der Schweißpulver für das Unterpulverschweißen"

verabschiedet. Die Norm enthält neben der Tabelle 2-4 und Erläuterungen der verschiedenen Pulvertypen im verbindlichen Teil Kennzeichen für das Herstellungsverfahren sowie Kennziffern für drei Anwendungsklassen und das metallurgische Verhalten der Schweißpulver. Freigestellt sind Bezeichnungen für Stromart und Strombelastbarkeit, den Wasserstoffgehalt sowie die Siebanalyse.

Beispiele:
Eine Draht-Pulver-Kombination (S) und das damit erzeugte Schweißgut wird nach EN 756 wie folgt bezeichnet. Mit einer Drahtelektrode S 2 und einem aluminatbasischen Schweißpulver (AB) wird ein Schweißgut mit einer Streckgrenze > 460 N/mm^2 (46) und einer Kerbschlagarbeit 47 J bei –30 °C hergestellt (3):

EN 756 - S 46 3 AB S2.

Die Drahtelektrode kann separat als EN 756 S 2 bezeichnet werden.

Das aluminatbasische Schweißpulver (AB) ist agglomeriert (A) und ist der Anwendungsklasse 1 zugeordnet (1). Es bewirkt einen Zubrand von

0,2 % Si (6) und 0,4 % Mn (7) und ist für Gleich- und Wechselstrom geeignet (AC). Der Wasserstoffgehalt beträgt 8 ml/100 g Schweißgut (H10). Das Pulver wird nach EN 760 wie folgt gekennzeichnet:

Schweißpulver EN 760 - A AB 1 67 AC H10

Der verbindliche Teil dieser Bezeichnung lautet:

Schweißpulver EN 760 - A AB 1 67.

Tabelle 2-4 Schweißpulvertypen

Kennzeichen Schweißpulvertyp	chemische Zusammensetzung charakteristische Komponenten	Grenzen
MS Mangan-Silikat	$MnO + SiO_2$ CaO	min. 50% max. 15%
CS Calcium-Silikat	$CaO + MgO + SiO_2$ CaO	min. 60% min. 15%
ZS Zirkon-Silikat	$ZrO_2 + SiO_2 + MnO$ ZrO_2	min. 45% min. 15%
RS Rutil-Silikat	$TiO_2 + SiO_2$ TiO_2	min. 50% min. 20%
AR Aluminat-Rutil	$Al_2O_3 + TiO_2$	min. 40%
AB Aluminat-basisch	$Al_2O_3 + CaO + MgO$ Al_2O_3 CaF_2	min. 40% min. 20% max. 22%
AS Aluminat-Silikat-basisch	$Al_2O_3 + SiO_2 + ZrO_2$ $CaF_2 + MgO$ ZrO_2	min. 40% min. 30% min. 5%
AF Aluminat-Fluorid-basisch	$Al_2O_3 + CaF_2$	min. 70%
FB Fluorid-basisch	$CaO + MgO + MnO + CaF_2$ SiO_2 CaF_2	min. 50% max. 20% min. 20%
Z	andere Zusammensetzungen	

2.6.5.4 Schweißen mit Fülldrahtelektroden

Für das Fülldrahtschweißen mit und ohne Schutzgas wurde mit dem Titel

„Einteilung von Fülldrahtelektroden zum Lichtbogenschweißen mit und ohne Schutzgas von unlegierten Stählen und Feinkornstählen"

eine eigene Norm EN 758 erstellt.

Hinsichtlich der verschiedenen Fülldrahttypen und ihrer Anwendung sind hier sieben verschiedene Typen-Varianten beschrieben (Tabelle 2-5).

Wie in der Stabelektroden-Norm ist auch hier die Schweißgutanalyse Bestandteil der Normbezeichnung, wenn das Schweißgut mit mehr als max. 2 % Mn legiert ist (Tabelle 2-3). Auch die Schweißposition und der Wasserstoffgehalt des Schweißgutes werden wie für Stabelektroden angegeben.

Beispiel: Eine Fülldrahtelektrode für das Schutzgasschweißen (T) mit einer basischen Füllung (B), geschweißt unter Mischgas (M), erzeugt ein Schweißgut mit 1 % Nickel (1Ni), einer Streckgrenze von mindestens 460 N/mm^2 (46) und einer Kerbschlageinheit von 47 J bei -30 °C (3). Der Draht ist für die horizontale Position geeignet (4) und erzeugt weniger als 5 ml Wasserstoff/100 g Schweißgut.

EN 758-T 46 3 1Ni BM 4 H5.

Auch hier sind die Kennzeichen für die Schweißposition und den Wasserstoffgehalt freigestellt. Die verbindliche Bezeichnung lautet demnach:

EN 758-T 46 3 1Ni BM.

Tabelle 2-5 Fülldrahttypen

Kennzeichen	Schlackencharakteristik	anwendbar für [1]	Schutzgas [2]
R	Rutilbasis, langsam erstarrende Schlacke	S und M	C und M2
P	Rutilbasis, schnell erstarrende Schlacke	S und M	C und M2
B	basisch	S und M	C und M2
M	Füllung Metallpulver	S und M	C und M2
V	rutil- oder fluoridbasisch	S	ohne
W	fluoridbasisch, langsam erstarrende Schlacke	S und M	ohne
Y	fluoridbasisch, schnell erstarrende Schlacke	S und M	ohne
Z	andere Typen		

[1]) S: Einlagenschweißung; M: Mehrlagenschweißung.
[2]) C: CO_2 – M2: Mischgas M2 nach prEN 439.

2.6.5.5 Wolfram-Inertgasschweißen

Für das WIG-Verfahren werden in der Euronorm

EN 1668

mit dem Titel

„Schweißzusätze – Stäbe, Drähte und Schweißgut zum Wolfram-Schutzgasschweißen von unlegierten Stählen und Feinkornstählen – Einteilung“

Schweißzusatzwerkstoffe beschrieben.

Aus zehn Drahtelektroden für das MAG-Schweißen ist eine Auswahl von sieben für das WIG-Verfahren geeignete Typen aufgelistet. Analysengleiche Stäbe oder Drähte sind jeweils mit der gleichen Kennzeichnung versehen wie die Drahtelektroden nach EN 440.

Beispiel: Ein Schweißstab oder Draht für das Wolfram-Inertgasschweißen (W) des Typs W3Si1 erzeugt unter Argon (I) ein Schweißgut mit einer Mindest-Streckgrenze von 460 N/mm^2 (46) und einer Kerbschlagarbeit von 47 J bei -30 °C (3).

EN 1668-W 46 3 I W3Si1.

Der Schweißstab oder Draht kann auch hier separat bezeichnet werden. Im gewählten Beispiel EN1668 W3Si1.

2.6.6 Schweißzusätze für Stähle mit einer Streckgrenze über 500 N/mm^2

Für Schweißzusätze von hochfesten Stählen – im wesentlichen sind hier die wasservergüteten Feinkornbaustähle betroffen – wurde die Euronorm

EN 757

mit dem Titel

„Schweißzusätze – Umhüllte Stabelektroden zum Lichtbogenhandschweißen von hochfesten Stählen – Einteilung“

verabschiedet.

Im der EN 757 werden nur basischumhüllte Elektroden berücksichtigt sowie Schweißgut mit einer Mindest-Streckgrenze von 550 bis 890 N/mm^2 und einer Kerbschlagarbeit von mindestens 47 J bis -80 °C. In einer Tabelle, entsprechend Tabelle 2-3, sind die für den hochfesten Bereich relevanten Legierungstypen mit den Elementen Mn, Ni, Cr und Mo angegeben. Als zusätzliches Kennzeichen für die Festigkeitswerte erscheint der Buchstabe T, wenn die Bezeichnung nicht nur für den Schweißzustand, sondern auch nach einem Spannungsarmglühen gültig ist.

Beispiel: Eine basischumhüllte Elektrode (B) erzeugt ein Schweißgut mit einer Mindest-Streckgrenze von 620 N/mm^2 (62) und einer Kerbschlagarbeit von mindestens 47 J bei -70 °C (7); es entspricht dem Legierungstyp Mn1Ni. Die Elektrode ist nur für Gleichstrom geeignet und hat eine Ausbringung von max. 120 % (4). Sie ist für alle Positionen außer für die Fallnaht anwendbar (2), der Wasserstoffgehalt ist max. 5 ml/100 g Schweißgut (H5). Ihre Bezeichnung lautet:

EN 757-E 62 7 Mn1Ni B 4 2 H5.

Hieraus ergibt sich der verbindliche Teil wie folgt:

EN 757-E 62 7 Mn1Ni B,

und wenn das Schweißgut auch nach einem Spannungsarmglühen die Bedingungen erfüllt:

EN 757-E 62 7 Mn1Ni B T.

Mit der Euronorm

EN 12534

und dem Titel

„Schweißzusätze – Drahtelektroden und Schweißgut zum Metallschutzgasschweißen von hochfesten Stählen – Einteilung“

sowie der Euronorm

EN 12535

mit dem Titel

„Schweißzusätze – Fülldrahtelektroden zum Metallschutzgasschweißen von hochfesten Stählen – Einteilung“

wurden zwei weitere bedeutende Regelwerke geschaffen.

Zusätzlich existiertvdie Euronorm

EN 758

mit dem Titel

„Schweißzusätze – Fülldrahtelektroden zum Lichtbogenschweißen mit oder ohne Schutzgas von unlegierten Stählen und Feinkornstäheln – Einteilung“

2.6.7 Schweißzusätze für das Lichtbogenschweißen von warmfesten Stählen

Für das Schweißen von warmfesten Stählen wurde die Euronorm

EN 1599

mit dem Titel

„Schweißzusätze – Umhüllte Stabelektroden zum Lichtbogenhandschweißen warmfester Stähle – Einteilung“

verabschiedet.

Die Euronormen EN 12070 und EN 12071 beinhalten zum die Einteilung von Drahtelektroden, Drähten und Stäben zum Lichtbogenschweißen von warmfesten Stählen, zum anderen von Fülldrahtelektroden zum Metallschutzgasschweißen von warmfesten Stählen.

Sie enthalten als wesentliche Bestandteile die chemische Zusammensetzung der verschiedenen Legierungstypen und deren mechanische Eigenschaften mit Angaben über Vorwärm- und Zwischenlagentemperaturen sowie die jeweils zweckmäßige Wärmebehandlung des Schweißgutes. Die Umhüllungstypen der Stabelektroden sind auf einen basischen und einen Rutiltyp beschränkt. Sie werden mit den Typensymbolen B und R gekennzeichnet.

Die Legierungssymbole bilden bei diesen Normen den Teil II der Bezeichnung, d.h. die in anderen Normen im Teil II bezeichneten mechanischen Eigenschaften werden hier durch den Legierungstyp ersetzt:

Beispiel Stabelektrode: Eine basischumhüllte Stabelektrode des Typs CrMo2 (weitere Details s. Beispiel unter 2A.6) wird demnach gemäß EN wie folgt bezeichnet:

EN 1599-E CrMo2 B 4 2 H5.

Der verkürzte, verbindliche Teil wird lauten:

EN 1599-E CrMo2 B.

Beispiel Drahtelektrode: Eine Drahtelektrode für das Metall-Lichtbogenschweißen mit der chemischen Zusammensetzung entsprechend Legierungssymbol CrMo1 und geeignet für Schutzgas M 2, EN 439:

EN 12070-G CrMo1.

2.6.8 Schweißzusätze für das Lichtbogenschweißen von hochlegierten Stählen

Der Vollständigkeit halber sind hierfür die drei verabschiedeten Euronormen aufgeführt:

EN 1600 Schweißzusätze – Umhüllte Stabelektroden zum Lichtbogenhandschweißen nichtrostender und hitzebeständiger Stähle – Einteilung

EN 12072 Schweißzusätze –Drahtelektroden, Drähte und Stäbe zum Lichtbogenschweißen nichtrostender und hitzebeständiger Stähle – Einteilung

EN 12073 Schweißzusätze – Fülldrahtelektroden zum Metall-Lichtbogenschweißen mit oder ohne Schutzgas von nichtrostenden und hitzebeständigen Stählen –Einteilung

2.6.9 Technische Lieferbedingungen

Um alle produktbezogenen Lieferbedingungen in Europa zu harmonisieren und damit zu vereinfachen, wurde die Euronorm

EN 759

mit dem Titel

„Schweißzusätze – Technische Lieferbedingungen für Schweißzusätze Art des Produktes, Maße, Grenzabmaße und Kennzeichnung"

verabschiedet.

Der Geltungsbereich der Norm erstreckt sich auf alle draht- und bandförmigen Schweißzusätze sowohl für die Lichtbogen-Verfahren als auch für das Elektro-Schlacke- und das Gasschweißen. Sie enthält alle notwendigen Angaben über Produktabmessungen und Toleranzen, Produktbedingungen, Spulungen und die Kennzeichnung der Verpackung.

2.6.10 Prüfbedingungen

2.6.10.1 Prüfung des Schweißgutes

In allen Produktnormen wird bezüglich der Prüfung der mechanischen Eigenschaften des Schweißgutes auf eine EN verwiesen, was bedeutet, dass auch dieser für die verschiedenen Schweißzusätze einheitliche Normteil in einer separaten Norm behandelt wird. Hierfür wurde die Euronorm EN 1597 „Schweißzusätze – Prüfung zur Einteilung" in drei Teilen verabschiedet:

Teil 1: Prüfstück zur Entnahme von Schweißgutproben an Stahl, Nickel und Nickellegierungen
Teil 2: Vorbereitung eines Prüfstücks für die Prüfung von Einlagen- und Lage-/Gegenlage-Schweißungen an Stahl
Teil 3: Prüfung der Eignung für Schweißpositionen an Kehlnahtschweißungen

2.6.10.2 Eignungsprüfungen und Zulassungen (Konformitätsbewertungen)

Auf der Basis eines britischen und eines deutschen Vorschlages werden zwei Entwürfe, die sich inhaltlich an das VdTÜV-Merkblatt 1153 „Richtlinien für die Eignungsprüfung von Schweißzusätzen" anlehnen, bearbeitet.

Der Normentwurf

prEN 13479

mit dem Titel

„Schweißzusätze – Prüfmethoden und Qualitätsanforderungen zur Bewertung der Konformität der Schweißzusätze"

gliedert sich in zwei Teile:

Teil 1: Grundprüfung und Bewertung
Teil 2: Ergänzende Prüfungen und Bewertungen.

2.6.11 Zusammenfassung und Ausblick

In den letzten Jahren wurden im CEN/TC 121/SC3 zahlreiche Normen für Schweißzusätze verabschiedet. Diese umfassen sowohl Schweißpulver, Stabelektroden, Drahtelektroden, Drähte und Stäbe für alle Verfahren unter Verwendung von Zusatzwerkstoff. Unterschieden wird darüber hinaus für un- und niedriglegierte Stähle mit einer Streckgrenze sowohl bis 500 N/mm^2 als auch größer 500 N/mm^2. Schweißzusätze für hochfeste, warmfeste sowie nichtrostende und hitzebeständige Stähle werden separat in einer Norm erfasst. Normen zur Prüfung des Schweißgutes und der Schweißverbindung liegen ebenfalls vor.

Künftige, zum Teil schon begonnene Arbeiten befassen sich u.a. mit Entwürfen für die Zertifizierung von Schweißzusätzen und deren Hersteller, der Bestimmung des Wasserstoffgehaltes sowie mit Aluminium- und Nickelzusätzen.

3 Unterpulverschweißen

3.1 Verfahrensprinzip

Beim Unterpulverschweißen wird eine blanke, von einer Haspel zugeführte Drahtelektrode kontinuierlich unter einer Schicht körnigen Schweißpulvers abgeschmolzen. Der Lichtbogen brennt hierbei für das Auge nicht sichtbar zwischen der Elektrode und dem Werkstück innerhalb einer gasgefüllten Schweißkaverne (Abb. 3-1). Die mit Metalldämpfen und verdampften Pulverbestandteilen gefüllte Kaverne ist begrenzt durch eine Hülle aus geschmolzenem Pulver (Schlacke) einerseits und Grundwerkstoff bzw. Schmelzbad andererseits.

Das Schweißpulver setzt sich wie die Elektrodenumhüllung beim Lichtbogenhandschweißen überwiegend aus verschiedenen mineralischen Bestandteilen zusammen. Seine Aufgaben sind die gleichen wie die der Elektrodenumhüllung beim Lichtbogenhandschweißen (siehe Kapitel 2), wobei der Schutz des Schmelzbades vor der Atmosphäre infolge der geschlossenen Kaverne und die Schweißnahtformung infolge der dickeren Schlackenschicht (bis 10 mm) noch wirksamer erfolgt. Das Auflegieren des Schweißgutes über das Schweißpulver ist zwar prinzipiell möglich, jedoch wegen der schlechten Reproduzierbarkeit und der Abhängigkeit von den Schweißdaten nicht empfehlenswert. Das Schweißpulver wird vor dem Schweißbrenner auf das Werkstück aufgeschüttet. Nicht aufgeschmolzenes Schweißpulver kann nach dem Erstarren der Schlacke hinter der Schweißstelle abgesaugt und dem Pulverbehälter (evtl. nach einer Aufbereitung) wieder zugeführt werden. Ein motorisches Drahtvorschubsystem übernimmt wie bei allen mechanisierten Verfahren mit abschmelzender Drahtelektrode die kontinuierliche Zufuhr des Zusatzwerkstoffes von der Haspel zum Schweißbrenner. Die Zündung des Lichtbogens erfolgt bei langsamer Einschleichgeschwindigkeit durch die Berührung der Drahtelektrode mit dem Werkstück oder berührungslos durch spezielle Hochspannungs-Zündgeräte.

Der Stromübergang zur Drahtelektrode erfolgt erst ca. 30 bis 50 mm vor dem Lichtbogen bei kleiner „freier“ Drahtlänge, wodurch eine hohe Strombelastung der Elektrode möglich wird. Die Stromkontaktdüsen sind

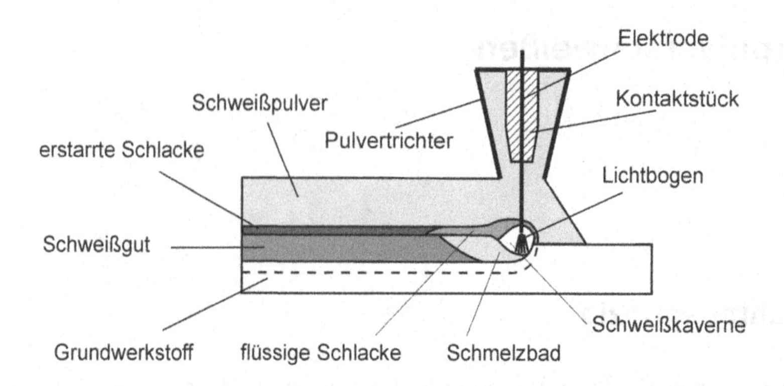

Abb. 3-1 Verfahrensprinzip des Unterpulverschweißens

als Verschleißteile auswechselbar. Die mittlere Stromdichte kann bis zu 120 A/mm² gegenüber 10 bis 15 A/mm² beim Lichtbogenhandschweißen betragen, wodurch sich höhere Abschmelzleistungen ergeben. Die geschlossene Kaverne verringert darüber hinaus die Abstrahlverluste des Lichtbogens, so dass ein hoher thermischer Wirkungsgrad von ca. 40-70 % (Lichtbogenhandschweißen: 25 %) erreicht wird. Es kann sowohl mit Gleichstrom bei Plus- oder Minuspolung der Elektrode als auch mit Wechselstrom geschweißt werden.

3.2 Schweißpulver

Pulver zum UP-Schweißen sind körnige, schmelzbare Produkte mineralischen Ursprungs, die nach unterschiedlichen Methoden gefertigt werden. Die Einteilung der Pulver zum Unterpulverschweißen erfolgt nach der Norm DIN EN 760. Folgende Kennzeichnungen nach der Herstellungsart werden unterschieden:

- F für erschmolzenes Schweißpulver (fused).
- B für agglomeriertes Schweißpulver (bonded).
- M für Mischpulver (mixed).

Schmelzschweißpulver werden aus der glasartig erstarrten, sehr homogenen Schmelze durch Mahlen auf eine definierte Korngröße gebracht. Agglomerierte Pulver werden mittels eines Bindemittels aus feinstkörnigen Ausgangsprodukten granuliert. Mischpulver sind mechanisch gemischte Pulver beider Sorten. Ähnlich wie bei den Stabelektroden werden verschiedene Pulvertypen nach ihrer chemischen Zusammensetzung unterschieden, (s. Tabelle 2-4).

Ein weiteres Unterscheidungsmerkmal sind die Pulverklassen. In Klasse 1 fallen z.B. die am meisten verwendeten Pulver zum Verbindungs- und Auftragschweißen niedriglegierter Stähle, die nur einen Zu- oder Abbrand der Elemente Kohlenstoff, Silizium und Mangan verursachen. Die weiteren Klassen enthalten Pulver, die außerdem noch Zubrände anderer Legierungselemente bewirken sowie Schweißpulver für hochlegierte Stähle und Nickelwerkstoffe.

Als Zu- und Abbrand eines Legierungselementes werden die Differenzen zwischen der chemischen Zusammensetzung des Zusatzwerkstoffes und der des reinen Schweißgutes, d.h. des Schweißgutes, das keiner Aufmischung mit dem Grundwerkstoff unterliegt, bezeichnet. Kennzahlen hierfür werden in die Pulverbezeichnung aufgenommen. Dieser metallurgische Einfluss des Schweißpulvers muss bei der Auswahl des Zusatzwerkstoffes zum Verschweißen eines bestimmten Grundwerkstoffes berücksichtigt werden, damit das Schweißgut anschließend die gewünschte chemische Zusammensetzung aufweist. Es wird deshalb meist von einer auf den Grundwerkstoff und auf die von den Schweißbedingungen abhängige Aufmischung abgestimmten „Draht-Pulver-Kombination“ gesprochen. Hier sind die Empfehlungen der Schweißpulver- und Elektrodenhersteller zu beachten.

Weitere wichtige Größen für die Kennzeichnung eines Schweißpulvers sind die Stromart, für die es geeignet ist (Gleich- und/oder Wechselstrom), die Strombelastbarkeit bei hohen elektrischen Leistungen und die besondere Eignung für bestimmte Anwendungsfälle (Kehlnahtschweißen, Engspaltschweißen, Mehrdrahtschweißen, Auftragschweißen oder Schweißen mit besonders hohen Schweißgeschwindigkeiten).

3.3 Schweißanlage

Der Aufbau einer UP-Schweißanlage geht aus Abb. 3-2 hervor. Das Verfahren wird überwiegend vollmechanisiert betrieben. Die Vorschubeinheit trägt Schweißbrenner, Drahtvorschubsystem (Haspel, Richtwerk und Antrieb), Schweißpulverversorgung und Steuergerät. Der Schweißvorschub kann durch einen sich auf dem Werkstück bewegenden Traktor, durch ein Balkenfahrwerk oder bei ortsfester Schweißanlage durch die Bewegung des Werkstückes realisiert werden.

Als Schweißstromquellen kommen Transformatoren mit steil fallender sowie Gleichrichter mit flach oder steil fallender Kennlinie zum Einsatz. Je

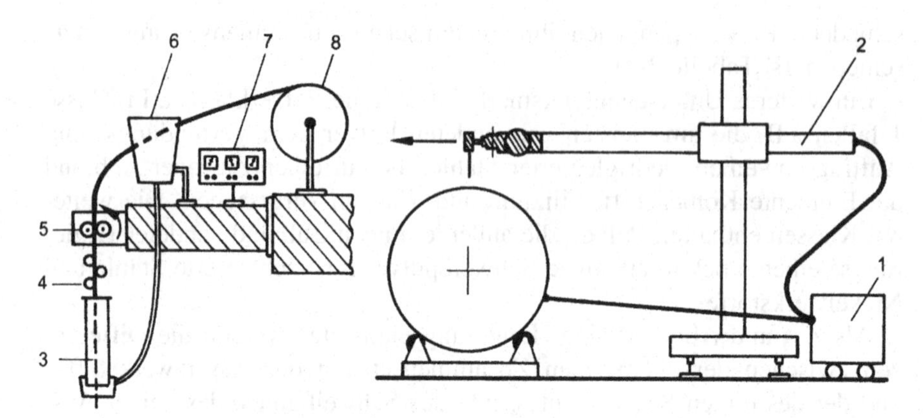

Abb. 3-2 Aufbau einer UP-Schweißanlage
1 Stromquelle; 2 Schweißgerätträger; 3 Stromkontaktierung; 4 Drahtrichtwerk; 5 Drahtvorschubrollen; 6 Pulverzuführung; 7 Anzeigegeräte; 8 Drahthaspel

nach Kennlinienneigung wird der Arbeitspunkt durch inneren Selbstausgleich oder äußere Regelung stabilisiert. Für das Schweißen mit Wechselstrom ist im Hinblick auf verbessertes Wiederzündverhalten des Lichtbogens nach dem Nulldurchgang eine Stromquelle entwickelt worden, die einen annähernd rechteckförmigen Spannungsverlauf aufweist und hohe Stromanstiegsgeschwindigkeiten ermöglicht (Square-Wave-Stromquellen) (Abb. 3-3).

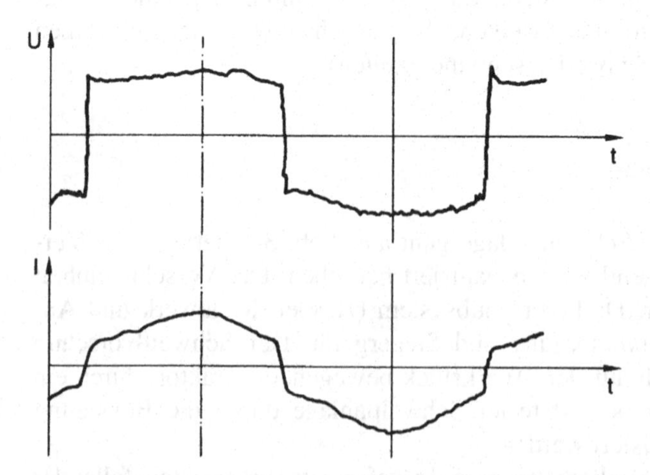

Abb. 3-3 Strom- und Spannungsverlauf einer Square-Wave-Stromquelle

3.4 Einsatzmöglichkeiten

Schweißstromstärke, Schweißspannung und Schweißgeschwindigkeit können innerhalb weiter Grenzen variiert werden, da die geschlossene Schweißkaverne für einen stabilen Schweißprozess und einen sicheren Schutz der Schweißstelle vor der Atmosphäre sorgt. Bei den gebräuchlichen Drahtelektrodendurchmessern von 3 bis 5 mm (selten auch 1,6 sowie 2,5 und 6 mm) liegen die Stromstärken ungefähr zwischen 300 und 1200 A bei Schweißspannungen zwischen 25 und 40 V. Damit lassen sich Abschmelzleistungen bis ca. 15 kg/h und Schweißgeschwindigkeiten von 30 bis 120 cm/min erzielen. Diese Daten sowie der hohe thermische Wirkungsgrad charakterisieren das UP-Schweißen als Hochleistungsverfahren. Da die Pulverschicht die direkte Sicht auf die Schweißstelle verhindert, liegen die Hauptanwendungsbereiche des Verfahrens im Schweißen langer, gerader Nähte oder von Rundnähten an größeren Querschnitten bzw. Rohrdurchmessern. Die wichtigsten Industriezweige, in denen das Verfahren eingesetzt wird, sind Behälterbau und die Rohrfertigung, Schiffbau, Fahrzeugbau, Stahlbau sowie die Offshore-Industrie.

Die im Vergleich zum Lichtbogenhandschweißen höheren Investitionskosten machen größere Stückzahlen für ein wirtschaftliches Arbeiten erforderlich. Bei besonders großen Wandstärken und/oder hohen geforderten Nahtgüten wird das Verfahren jedoch auch in der Einzelteilfertigung sinnvoll eingesetzt.

Ein Nachteil des Verfahrens besteht vor allem darin, dass wegen der langen Schmelz- und Schlackenbäder sowie der Pulverabdeckung nur in annähernd waagerechter Lage geschweißt werden kann. Als Schweißpositionen kommen deshalb nur die Wannen-, Horizontal- und Querposition in Frage. Letztere erfordert eine Pulverabstützung und wird auch „Drei-Uhr-Position" genannt. Schweißungen an runden Teilen in Umfangsrichtung sind an einen Mindestdurchmesser von ca. 200 bis 300 mm bei der Innenschweißung (Zugänglichkeit) und etwa 100 bis 200 mm bei der Außenschweißung (Halten des Schmelzbades und der flüssigen Schlacke) gebunden.

Neben den bereits genannten Vorteilen des hohen Wirkungsgrades und der Variationsbreite der Schweißparameter ist die Tatsache, dass der Schutz der Schweißstelle vor der Umgebung durch ein Schweißpulver realisiert wird, noch für einige weitere Vorteile des Verfahrens verantwortlich. Dazu zählt die gute Eignung für den Baustelleneinsatz durch die Unempfindlichkeit gegen Windeinfluss und die Umweltfreundlichkeit dadurch, dass weder Strahlung, Geräusch noch Rauche oder Gase in nennenswertem Umfang emittiert werden. Die Qualität der Schweißnahtoberfläche ist durch den Kontakt mit der leicht ablösbaren Schlacke sehr gut und es treten keine Spritzerverluste.

3.5 Verschweißbare Werkstoffe und Abmessungen

Mit dem UP-Schweißverfahren lassen sich alle Stähle sowie Nickelwerkstoffe verschweißen. Üblich sind je nach Anforderung an die Schweißverbindung symmetrische und unsymmetrische Y-, Doppel-Y- und Doppel-V-Nähte, die bis maximal 25 mm Wandstärke in Lage-Gegenlage-Technik geschweißt werden können, (Abb. 3-4).

Größere Querschnitte sowie hohe Anforderungen an die Kerbschlagzähigkeit erfordern die Mehrlagentechnik, wobei der Blechdicke nach oben nur durch die Länge des Brennerschwertes Grenzen gesetzt sind (Steilflankennaht, Engspalttechnik). Empfohlene Schweißnahtvorbereitungen für das Unterpulverschweißen von Stahl sind in DIN EN 29692-2 (identisch mit DIN EN ISO 9692-2) aufgeführt. Beim Schweißen geringer Blechdicken sind Wurzelschweißungen ohne Badabstützung nicht möglich. Beim Schweißen von einer Seite, insbesondere beim Einlagenschweißen dünner Bleche, müssen deshalb geeignete Badsicherungen oder Wurzelschweißungen mit einem anderen Schweißverfahren vorgesehen werden.

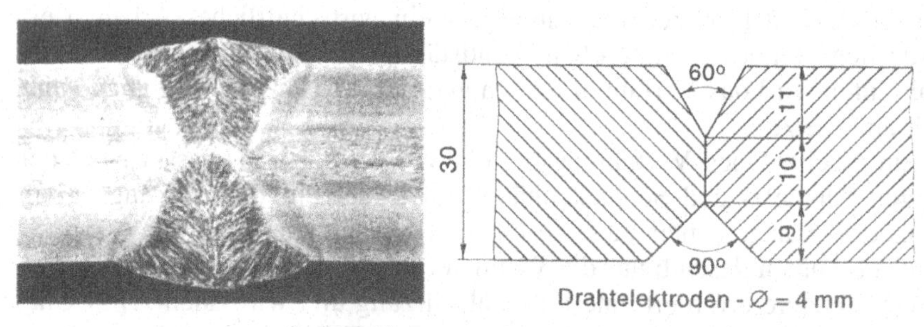

Schweißparameter

Lage	Gegenlage
$U_1 = 30V$; $I_1 = 900A$; AC	$U_1 = 30V$; $I_1 = 1000A$; AC
$U_2 = 32V$; $I_2 = 800A$; AC	$U_2 = 30V$; $I_2 = 800A$; AC
$v_S = 47$ cm/min	$v_S = 47$ cm/min

Abb. 3-4 UP-Schweißung in Lage-Gegenlage-Technik

3.6 Verfahrensvarianten

Um die Wirtschaftlichkeit des UP-Verfahrens weiter zu verbessern, wurden verschiedene Methoden zur Steigerung der Abschmelzleistung erprobt und zum Teil in die Praxis übernommen (Abb. 3-5):

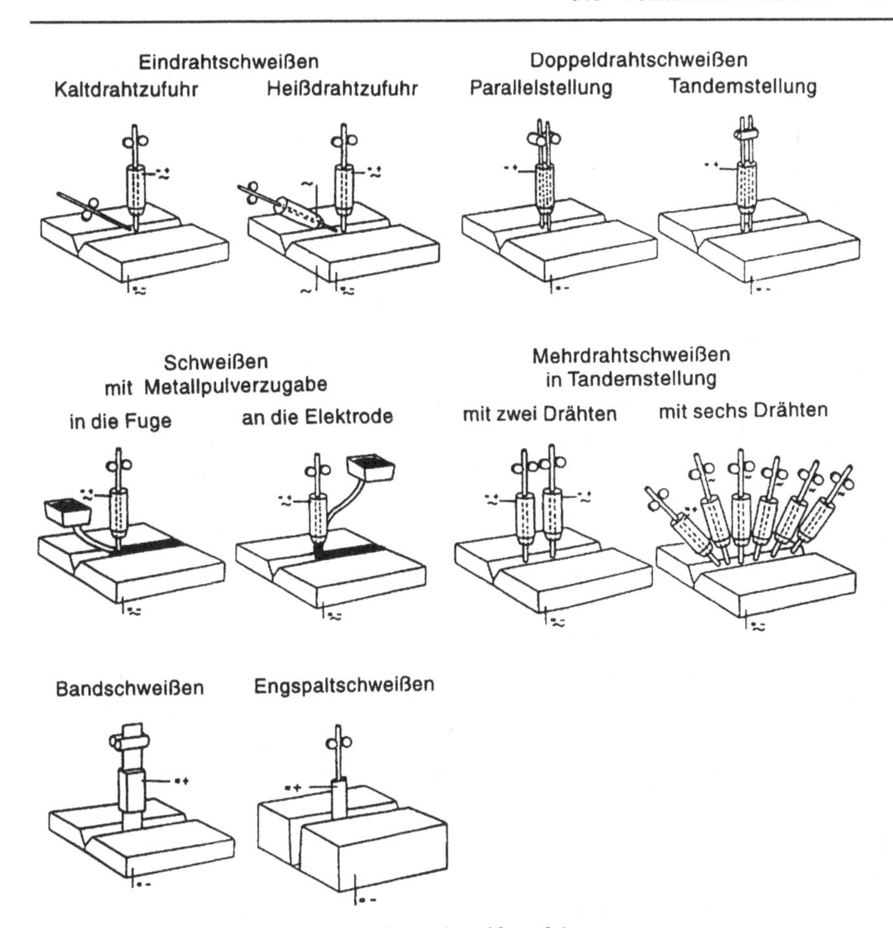

Abb. 3-5 Varianten des Unterpulverschweißverfahrens

- Zufuhr eines stromlosen, dünnen „Kaltdrahtes“ ins Schmelzbad.
- Zufuhr eines widerstandserwärmten dünnen „Heißdrahtes“ ins Schmelzbad.
- Zufuhr von Metallpulver in die Fuge oder an die Drahtelektrode.
- Einsatz von Bandelektroden.
- Engspaltschweißen (siehe Kapitel 6).
- Doppeldrahtschweißen in Parallel- oder Tandemstellung.
- Mehrdrahtschweißen mit bis zu sechs Drähten.
- Dünndrahtschweißen mit Durchmessern bis 1,2 mm.

Die weiteste Verbreitung beim Verbindungsschweißen haben die Varianten Doppeldraht-, Mehrdraht- und Engspaltschweißen erreicht.

Beim Doppeldrahtschweißen werden üblicherweise zwei Drähte kleineren Durchmessers von einem Vorschubsystem zum Brenner gefördert und mit gleicher Geschwindigkeit abgeschmolzen. Es ist nur eine Stromquelle erforderlich. Beim Einsatz in Paralleldrahtanordnung wird der Lichtbogendruck auf die Schweißnahtmitte verringert und beim Schweißen der ersten Lage in einer V-Fuge die Gefahr des Durchbrennens durch das Blech reduziert. Gleichzeitig werden breitere Schweißraupen erzielt, was sich bei der Decklagenschweißung oder in Bezug auf die Spaltüberbrückbarkeit vorteilhaft auswirkt.

Bei elektrischer Trennung des Brenners kann über eine Messung und Auswertung der Teilströme der beiden Drähte ein Nahtführungssystem ohne Nachlauffehler realisiert werden. Dabei fungieren die Lichtbögen als direkte Sensoren an der Schweißstelle. Bei gleicher Stromstärke ist die erzielbare Abschmelzleistung größer als bei einem einzelnen dicken Draht mit gleicher Querschnittsfläche, da die größere Mantelfläche bei zwei dünnen Elektroden eine bessere Energieeinkopplung am elektrodenseitigen Lichtbogenansatzpunkt gewährleistet. Aus diesem Grund lässt sich bei Tandemanordnung eine größere Schweißgeschwindigkeit erzielen. Ein Nachteil des Doppeldrahtschweißens ist der unruhigere Schweißprozess, der durch die gegenseitige magnetische Lichtbogenbeeinflussung entsteht.

Die Mehrdrahtschweißung kann mit zwei oder mehr Drähten in Tandemanordnung durchgeführt werden. Im industriellen Einsatz befinden sich Anlagen mit bis zu 6 Drahtelektroden. Hierbei wird jeder Draht von einem eigenen Drahtvorschubsystem zu einem separaten Schweißkopf geführt, der an eine eigene Stromquelle angeschlossen ist. Die Lichtbögen erzeugen bei einem Abstand von ca. 10 bis 20 mm ein gemeinsames Schmelzbad oder bei großem Abstand (bis 100 mm) getrennte Schmelzbäder (bei zwei Drähten). Wegen der möglichen gegenseitigen Beeinflussung der Lichtbögen durch elektromagnetische Blaswirkung wird bei geringem Abstand höchstens ein Lichtbogen (meistens der Erste) mit Gleichstrom betrieben. Die nachfolgenden Drahtelektroden werden mit Wechselstrom beaufschlagt, wobei unterschiedliche Phasenverschiebungen des Stromes zwischen den Elektroden realisiert werden.

Dem größeren maschinellen Aufwand bei der Mehrdrahtschweißung stehen als Vorteile die getrennte Einstellbarkeit von Strom und Spannung und damit die gezielte Beeinflussbarkeit der Nahtausbildung gegenüber. Weiterhin werden deutlich höhere Abschmelzleistungen und damit höhere Schweißgeschwindigkeiten erreicht.

Eine weitere Verfahrensvariante stellt das Engspaltschweißen dar, bei dem die Verbesserung der Wirtschaftlichkeit nicht durch die Erhöhung der Abschmelzleistung, sondern eine Verringerung des aufzufüllenden Nahtvolumens realisiert wird. Dadurch reduziert sich gleichzeitig die Wärmebeeinflussung des Grundwerkstoffes. Für diese Technik wurden spezielle Eindraht- bzw. Doppeldrahtbrenner entwickelt, mit denen bereits Bleche bis 670 mm Dicke erfolgreich industriell geschweißt werden konnten. Da die Engspalttechnik nicht auf das UP-Schweißen beschränkt ist, wird in Kap. 6.1 nochmals darauf eingegangen. Die Abb. 3-6 und 3-7 zeigen Anwendungsbeispiele aus der Industrie.

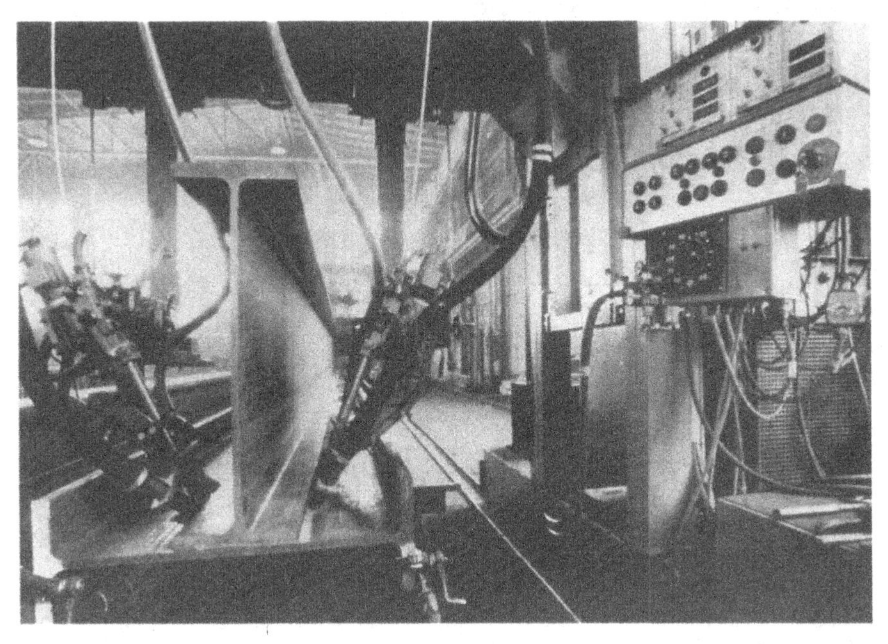

Abb. 3-6 UP-Schweißanlage zum beiderseitigen Kehlnahtschweißen (Werkfoto: Oerlikon)

Abb. 3-7 UP-3-Draht-Tandemschweißanlage zum Schweißen großvolumiger Kehlnähte (Werkfoto: ESAB)

4 Wolfram-Inertgasschweißen und Plasmaschweißen

4.1 Wolfram-Inertgasschweißen

4.1.1 Verfahrensprinzip

Beim Wolfram-Inertgasschweißen (WIG-Schweißen) brennt der Lichtbogen zwischen einer nicht abschmelzenden Wolframelektrode und dem Werkstück, wobei das Werkstück aufgeschmolzen wird. Abbildung 4-1 zeigt den prinzipiellen Anlagenaufbau.

Um Wolframelektrode und Schmelzbad vor Oxidation zu schützen, werden sie von einem inerten Gas wie Argon oder Helium umströmt. Der Durchmesser der Wolframelektrode beträgt je nach Strombelastung 1,5 bis 6 mm. Bleistiftförmiges Anspitzen der Elektrode und Zulegieren von bis zu 2 Gew. % Seltenerdoxiden wie La_2O_3, CeO_2, Y_2O_3, ZrO_2 oder ThO_2 zur Senkung der Elektronenaustrittsarbeit erleichtern die Lichtbogenzündung und erhöhen die Lichtbogenstabilität. Die Zündung des Lichtbogens erfolgt in der Regel nicht durch eine Berührung des Grundwerkstoffes durch die Elektrode, sondern mittels hochfrequenter Hochspannungsimpulse aus einem HF-Generator. Der zwischen Elektrode und Werkstück überspringende Zündfunke ionisiert dabei das Schutzgas und schafft so die Voraussetzung für die nachfolgende Zündung des Lichtbogens. Die Schweißung erfolgt überwiegend in inerter, selten in reduzierender Atmosphäre. Bei höheren Stromstärken ist eine Wasserkühlung des Schweißbrenners notwendig. Es werden gut wärmeleitende Kupferdüsen verwendet, um eine Elektrodenüberhitzung zu verhindern. Bei Stromstärken bis 150 A (bei 60 % Einschaltdauer) bzw. bis 110 A (bei 100 % Einschaltdauer) genügt die Verwendung einer Keramikdüse und die Kühlung durch das Schutzgas. Falls erforderlich kann Zusatzwerkstoff stromlos zugeführt werden, wodurch wie beim Gasschmelzschweißen eine getrennte Regelung von Wärmeeinbringung und Abschmelzleistung möglich ist.

Die meisten Metalle werden mit Gleichstrom und minusgepolter Elektrode verschweißt. Werkstoffe mit niedrigem Schmelzpunkt, die gleichzeitig dichte, schwer schmelzbare Oxidhäute bilden (wie Aluminium- und

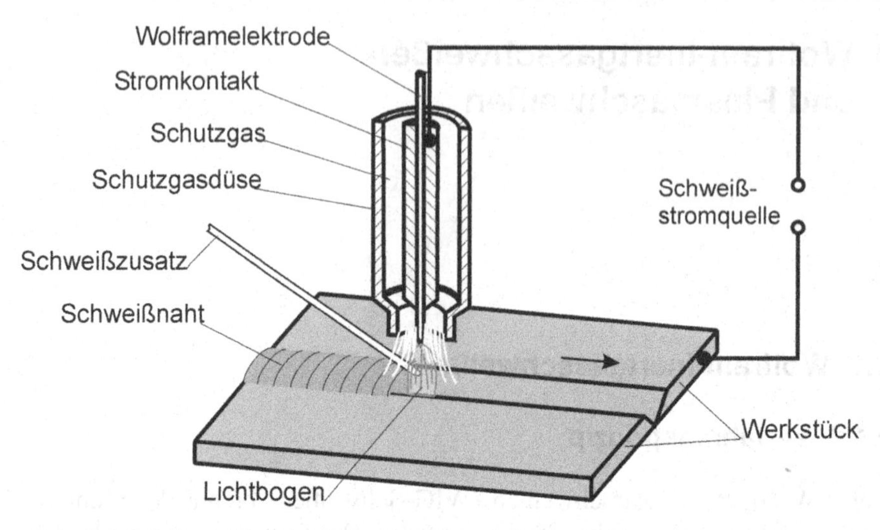

Abb. 4-1 Wolfram-Inertgas-Schweißanlage (schematisch)

Magnesiumlegierungen), können allerdings unter Argon nicht mit minusgepolter Elektrode verschweißt werden. Bei Pluspolung der Elektrode tritt dagegen ein „Reinigungseffekt" auf, der dadurch hervorgerufen wird, dass die positiv geladenen Ionen der Schutzgasatmosphäre auf die negativ geladene Werkstückoberfläche aufprallen und aufgrund ihres großen Wirkungsquerschnittes die Oxidhaut zerstören. Dieser Reinigungseffekt wird durch die aus der Werkstückoberfläche austretenden Elektronen zusätzlich verstärkt. Diese Polungsart führt jedoch aufgrund des an der Elektrodenspitze konzentrierten Lichtbogenbrennfleckes zu einer starken thermischen Belastung der Elektrode. Deshalb werden Aluminium- und Magnesiumwerkstoffe mit Wechselstrom geschweißt, wobei die negativen Stromanteile zur thermischen Entlastung der Elektrode genutzt werden. Da das Schutzgas keine Lichtbogenstabilisatoren in Form von leicht ionisierbaren Metallverbindungen besitzt, wie z. B. das Schweißpulver beim UP-Schweißen, ist eine selbständige Neuzündung des Lichtbogens nach dem Erlöschen beim Nulldurchgang der Spannung wegen der zu geringen Restionisation der Lichtbogenstrecke nicht sichergestellt. Zur Neuzündung des Lichtbogens dient deshalb entweder eine kurzzeitige Spannungsspitze nach jedem Nulldurchgang oder eine während der gesamten Schweißzeit überlagerte, für den Menschen ungefährliche, hochfrequente Hochspannung von ca. 3000 V (Abb. 4-2).

Neue elektronische Stromquellen ermöglichen ein störungsfreies und gleichmäßiges Schweißen ohne eine permanente Hochfrequenzüberlagerung. Bei diesen sogenannten „Square-Wave"-Stromquellen wird nicht mit

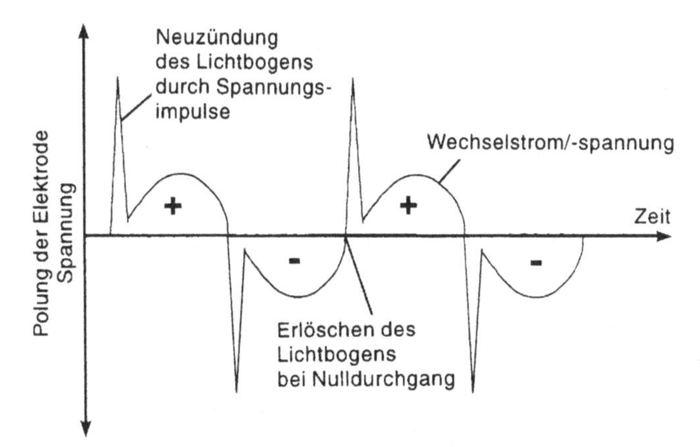

Abb. 4-2 Wiederzünden des WIG-Lichtbogens durch Hochspannungsimpulse

einem sinusförmigen Wechselstrom geschweißt, sondern ein senkrechter Übergang von der positiven zur negativen Polung eingestellt. Dadurch wird ein Verlöschen des Lichtbogens vermieden, weil die Lichtbogenstrecke während des Nulldurchganges des Stromes ionisiert bleibt. Eine überlagerte Hochfrequenzspannung wird daher nur noch zur Erstzündung des Lichtbogens benötigt.

Beim WIG-Schweißen mit Wechselstrom tritt als störende Nebenerscheinung der sogenannte „Gleichrichtereffekt" auf. Die Elektronenemission und damit der Stromfluss hängt von der jeweiligen Temperatur der Kathode ab. Bei der Minusphase am Werkstück ist die Emission aufgrund der niedrigen Schmelztemperatur des Aluminiums (ca. 660°C) wesentlich geringer als bei der Minusphase an der Wolframelektrode (ca. 3300°C). Dies hat zur Folge, dass in der Phase der Oxidhautzerstörung ein kleinerer Strom als in der Phase mit negativ gepolter Elektrode („Abkühlphase") fließt. Da der Wechselstrom im Strom-Zeit-Diagramm wie durch einen überlagerten Gleichstrom nach oben verschoben erscheint, wird dieses als Gleichrichtereffekt bezeichnet (Abb. 4-3). Durch die verminderte Reinigungswirkung sind beispielsweise stark oxidierte Aluminiumwerkstoffe nur noch eingeschränkt schweißbar. Bei Stromquellen älterer Bauart filtert ein Siebkondensator den Gleichstromanteil aus dem Schweißstromkreis heraus, so dass die Energien in der positiven und negativen Halbwelle gleich sind. Bei modernen Stromquellen (thyristorisiert oder transistorisiert) wird die Leistung durch die Stromquellensteuerung ohne Siebkondensator so angepasst, dass ebenfalls die gleichen Ströme in beiden Halbwellen fließen. Dies führt zu einer besseren Oxidbeseitigung, aber auch zu einer stärkeren thermischen Belastung der Elektrode.

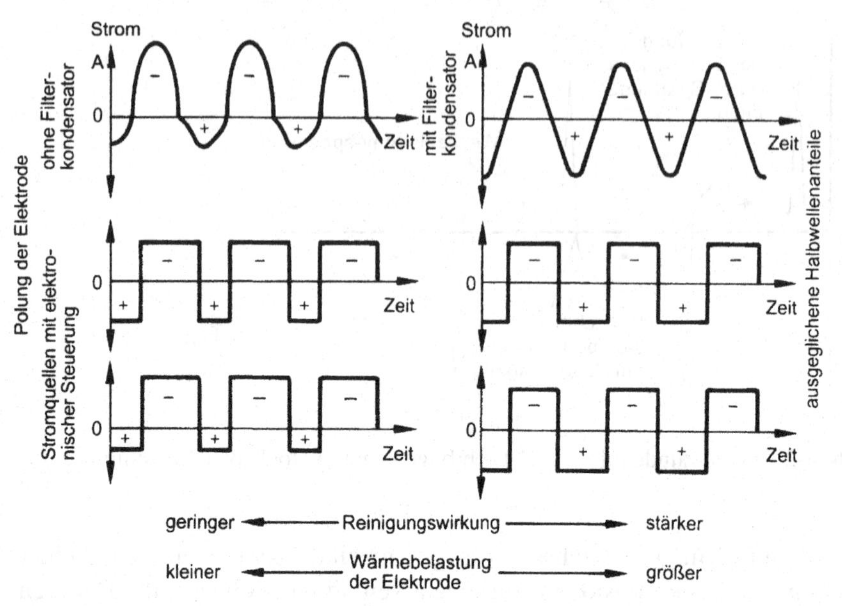

Abb. 4-3 Einfluss der Halbwellenanteile auf die Reinigungswirkung und die Wärmebelastung der Elektrode beim WIG-Wechselstromschweißen

Das WIG-Schweißen mit Minuspolung der Elektrode wird seit Beginn der siebziger Jahre immer häufiger in der Industrie eingesetzt. Da bei dieser Elektrodenpolung kein Reinigungseffekt stattfindet, ist das Schweißen von Aluminiumwerkstoffen nur unter Helium als Schutzgas möglich. Helium besitzt eine wesentlich höhere Ionisierungsenergie und thermische Leitfähigkeit als Argon (Abb. 4-4). Wegen dieser physikalischen Eigenschaft muss mit einer um ca. 10 V höheren Lichtbogenspannung geschweißt werden, wobei die höhere Lichtbogenenergie eine starke Beschleunigung der von der Elektrode emittierten Elektronen erzeugt, die dann auf das Werkstück aufprallen und die Oxidschicht aufreißen.

Durch die Gleichstromschweißung wird die Einbrandtiefe fast auf das Doppelte gegenüber der Wechselstromschweißung angehoben, und die erreichbaren Schweißgeschwindigkeiten sind vergleichsweise hoch. Allerdings ist dieses Aufreißen der Oxidschicht nicht so weitreichend wie die Oxidbeseitigung durch den Reinigungseffekt bei Pluspolung der Elektrode. Daher ist das Risiko, dass Oxidpartikel im Schweißbereich verbleiben und zu Bindefehlern führen, relativ groß. Infolge des hohen Spannungsgradienten des Heliumlichtbogens, der bei kleinen Abstandsänderungen zwischen Brenner und Werkstück große Spannungsänderungen hervorruft, ist das Verfahren außerdem für die Handschweißung nicht geeignet.

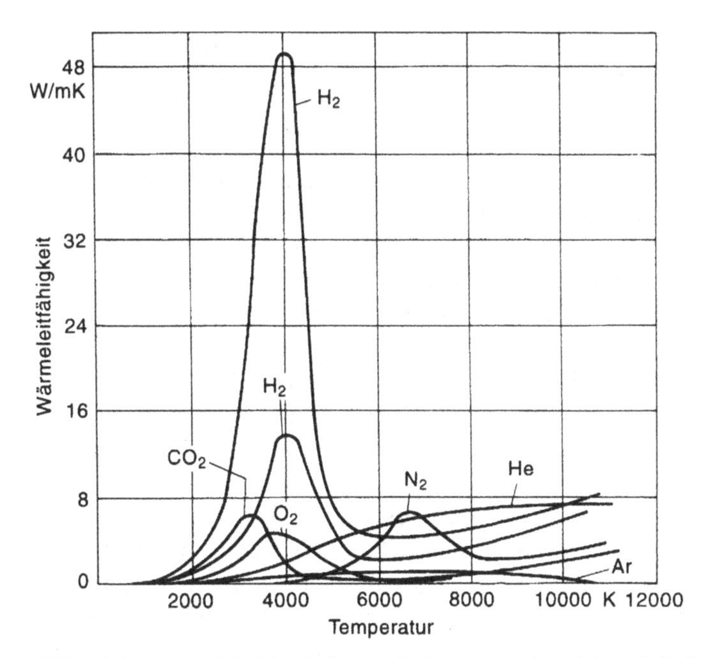

Abb. 4-4 Wärmeleitfähigkeit von Schutzgasen in Abhängigkeit von der Temperatur

Beim Pluspolschweißen mit permanent positiv gepolter Elektrode ist die thermische Belastung der Elektrode am größten, so dass verwendetet Brennersysteme vor allem in höheren Leistungsbereichen eine besonders effektive Kühlung aufweisen müssen. Das Schweißen in der Pluspoltechnik hat im Vergleich mit den anderen Varianten folgende Vorteile:

- konstante Lichtbogencharakteristik,
- optimale Reinigungswirkung der Blechoberflächen,
- minimale Geräuschentwicklung,
- günstige Emissionswerte,
- sehr gute Schweißnahtoberflächen.

4.1.2 Schweißanlage

Schweißanlagen zum WIG-Schweißen bestehen aus einer Stromquelle mit Schutzgasflasche, Schlauchpaket und Brenner. Ferner kann eine automatische Zusatzdrahtzuführung angebracht werden. Die Stromquelle hat wie beim Lichtbogenhandschweißen mit Stabelektroden eine steil fallende statische Kennlinie. So bleibt die Stromstärke bei Lichtbogenlängenänderungen nahezu konstant. Der Schweißbrenner enthält die fest eingespannte Wolframelektrode und die Gasdüse sowie je nach Auslegung hinsichtlich Strombelastbarkeit Führungskanäle für die Wasserkühlung. Übliche Gasdurchflussmengen betragen für Reinargon je nach Gasdüsendurchmesser und Schweißbedingungen 5 bis 10 l/min. Beim teilmechanisierten Schweißen erfolgt die Zufuhr des Zusatzwerkstoffes mechanisiert, jedoch nicht durch das Schlauchpaket, sondern separat. Die Zusatzdrahtzufuhr wird getrennt eingeschaltet, während der Schweißvorgang vom Brenner aus gestartet bzw. unterbrochen werden kann. Die Steuerung der Stromquelle enthält im Wesentlichen die gleichen Schaltfunktionen wie beim MSG-Schweißen (siehe Kapitel 5). Beim vollmechanisierten Schweißen muss das Vorschubgetriebe auf die infolge des geringen thermischen Wirkungsgrades kleineren Schweißgeschwindigkeiten beim WIG-Schweißen abgestimmt sein.

Eine deutliche Erhöhung der Schweißgeschwindigkeit bei Schweißungen mit Zusatzdraht ist durch das WIG-Heißdrahtverfahren möglich. Der Zusatzwerkstoff wird über eine Kontaktdüse am Schweißbrenner mit einer zweiten Stromquelle verbunden und widerstandserwärmt. Die Energie des Lichtbogens kann somit fast ausschließlich zum Aufschmelzen des Grundwerkstoffes genutzt werden. Nachteilig sind die erhöhten Anlagenkosten durch die zusätzliche Stromquelle und die aufwendige Prozessoptimierung durch die notwendige zusätzliche Abstimmung der Drahttemperatur auf die gewählten Schweißparameter.

4.1.3 Einsatzmöglichkeiten

Die Einsatzmöglichkeiten des Verfahrens sind hauptsächlich durch die gegenüber Metall-Schutzgas-, Lichtbogenhand- und Unterpulverschweißen geringeren Abschmelzleistungen begrenzt. Die üblichen Stromstärken betragen zwischen 5 und 400 A. Bei einer prozessbedingten Lichtbogenlänge in der Größenordnung des Elektrodendurchmessers stellt sich eine Spannung von 13 bis 15 V ein. Übliche Schweißgeschwindigkeiten betragen zwischen 10 bis 20 cm/min.

Das WIG-Verfahren wird immer dann eingesetzt, wenn der Qualität der Schweißverbindung, z. B. bei der Verarbeitung von korrosions- und säurebeständigen Stählen oder Aluminiumlegierungen, besondere Bedeutung zukommt, oder wenn die zu verschweißende geringe Blechdicke die Anwendung eines anderen Verfahrens nicht mehr zulässt. Dabei sind folgende Verfahrensmerkmale von Vorteil:

- geringe Wärmeeinbringung,
- ruhiger Schweißprozess (stabile Bogenentladung),

- getrennte Regelung von Wärmeeinbringung und Abschmelzleistung,
- Schweißen ohne Zusatzwerkstoff möglich,
- gute Nahtoberfläche, keine Spritzer,
- gute Spaltüberbrückbarkeit.

Das WIG-Schweißen wird außer zum Verbinden dünner Bleche auch häufig für das einseitige Einbringen der Wurzellage bei größeren Werkstückdicken (z. B. bei Rohrrundnähten) eingesetzt. Füll- und Decklagen können dann mit dem MSG- oder UP-Verfahren geschweißt werden. Das WIG-Schweißen wird sowohl manuell als auch teil- und vollmechanisiert bzw. automatisiert ausgeführt. Anwendungsbereiche sind u.a. der Rohrleitungs- und Apparatebau sowie die Reaktor- und Flugzeugtechnik.

4.1.4 Verschweißbare Werkstoffe und Abmessungen

Mit dem WIG-Verfahren lassen sich im Prinzip alle schmelzschweißbaren Werkstoffe verbinden, aus Wirtschaftlichkeitsgründen vor allem im Blechdickenbereich unter 4 mm. In Tabelle 4-1 sind einige Werkstoffe und der jeweils wirtschaftlich verschweißbare Blechdickenbereich angegeben. Eine Ausnahme in der Werkstoffpalette bilden die unlegierten, unberuhigten Stähle, bei denen aus metallurgischen Gründen eine erhöhte Porengefahr besteht. Bis zu 4 mm Dicke können viele Werkstoffe im I-Stoß ohne Kantenabschrägung geschweißt werden. Daneben kann es aus Gründen der Prozessstabilität und der Nahtqualität vorzugsweise bei Cr-Ni-Stählen oder Nickel-Basis-Legierungen sinnvoll sein, auch Blechdicken bis zu 20 mm bei Verwendung einer Y-Nahtvorbereitung in Mehrlagentechnik zu verschweißen. Tabelle 4-2 enthält einige Werkstoffbeispiele für das WIG-Schweißen aus dem Reaktorbau.

Tabelle 4-1 Mit dem WIG-Verfahren wirtschaftlich verschweißbare Dickenbereiche verschiedener Werkstoffe

Werkstoff	wirtschaftlich verschweißbarer Dickenbereich
Aluminium	0,6 bis 4,0 mm
Kupfer	0,5 bis 2,0 mm
Messing	0,8 bis 3,0 mm
unlegierter Stahl	0,4 bis 3,0 mm
legierter Stahl	0,4 bis 4,0 mm

Tabelle 4-2 WIG-schweißbare Werkstoffe für den Reaktorbau

Werkstoffbereiche	Einsatz des WIG-Schweißens für
Sondermetalle und -legierungen Al, Zr, Ni, Mg und ihre Legierungen	– Verbindungsschweißungen mit und ohne Zusatzwerkstoff – Sonderverfahren (vielfach mechanisiert) – Einschweißen von Rohren in Rohrböden
austenitische Stähle stabilisierte CrNi-Stähle, ELC-Qualitäten, hochlegierte Plattierungswerkstoffe	– Verbindungsschweißungen dünnwandiger Bauteile – Wurzelschweißungen bei Stumpfnähten größerer Dicke und Einseitenschweißungen – Einschweißen von Rohren in Rohrböden
legierte und unlegierte ferritische Stähle	– Wurzelschweißung bei einseitig ausgeführten Nähten – Einschweißen von Rohren in Rohrböden

4.1.5 Verfahrensvarianten

Als Varianten finden heute das WIG-Impulslichtbogenschweißen, das WIG-Punktschweißen und das WIG-Orbitalschweißen Anwendung. Mit Hilfe des WIG-Impulslichtbogenschweißens kann der Anwendungsbereich des WIG-Verfahrens zu niedrigen Leistungen und Werkstoffdicken hin ausgeweitet und das Schweißnahtaussehen nochmals verbessert werden. Abbildung 4-5 zeigt schematisch die Einstellgrößen und den Stromverlauf beim WIG-Impulslichtbogenschweißen mit einer transistorisierten Stromquelle.

Die wesentlichen Schweißparameter sind:

- Impulsstromstärke I_P
- Grundstromstärke I_G
- Impulsstromzeit t_P
- Grundstromzeit t_G
- Periodendauer $t_C = t_P + t_G + t_{an} + t_{ab}$
- Impulsfrequenz $f_P = 1/t_C$
- Stromanstiegsgeschwindigkeit $+di/dt$
- Stromabfallgeschwindigkeit $-di/dt$
- Tastverhältnis $1 - t_G/t_C$

Durch das Aufschmelzen des Grundwerkstoffes in der Impulsphase und das nachfolgende Abkühlen in der Grundphase werden in Verbindung mit einer angepassten Vorschubgeschwindigkeit einzelne, sich überlappende,

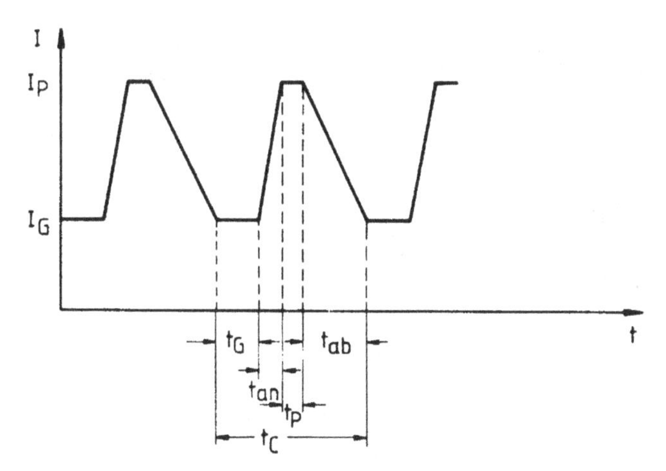

Abb. 4-5 Stromverlauf beim WIG-Impulslichtbogenschweißen

kleine Schmelzbäder erzeugt. Die niedrigen Ströme in der Grundzeit dienen nur zur Erhaltung des Lichtbogens, um Unterbrechungen und Zündschwierigkeiten zu vermeiden. Beim Schweißen mit Zusatzwerkstoff wird dieser wie der Grundwerkstoff in der Impulsphase aufgeschmolzen. Die Impulsfrequenz liegt üblicherweise zwischen 0,5 und 10 Hertz. Den Vorteilen dieser Verfahrensvariante wie der geringen, leicht steuerbaren Wärmeeinbringung und der erleichterten Zwangslagen- und Dünnblechschweißeignung durch ein kleines Schweißbad stehen als Nachteile die geringe Schweißgeschwindigkeit und die höheren Gerätekosten gegenüber.

Für das WIG-Punktschweißen gelten die gleichen Randbedingungen wie beim MSG-Punktschweißen. Ohne Bohrungen im Oberblech kann bei geringen Blechstärken von etwa 1 mm ohne Zusatzwerkstoff einseitig auf beliebig dicke Unterbleche bzw. Profile geschweißt werden. Anstelle einer nietkopfartigen Erhöhung ist die Schweißstellenoberfläche dann leicht konkav ausgebildet.

Als Verfahrensvariante für mechanisierte Rohrschweißungen wird das WIG-Orbitalschweißen eingesetzt. Der WIG-Brenner wird hierbei mit einer Spannvorrichtung auf die Fügestelle gesetzt und während der Schweißung um das Rohr gedreht. Der ständige Wechsel der Schweißposition (Wannenlage-fallend-überkopf-steigend) und die stetige Erwärmung des Rohres durch den Lichtbogen macht eine genaue Abstimmung der elektrischen Parameter mit der Vorschubgeschwindigkeit notwendig. Üblicherweise wird die 360°-Schweißung in mehrere Sektoren von jeweils 60 bis 150° mit jeweils angepassten Schweißparametern unterteilt. Sollen Parameteränderungen zwischen den Sektoren stufenlos erfolgen, so ist aufgrund der zahlreichen einzustellenden Schweißarametern eine elektronische Steuerung der Schweißanlage erforderlich. Moderne WIG-Orbitalschweißanlagen sind frei programmierbar und speichern einmal fertiggestellte Schweißprogramme.

4.2 Plasmaschweißen

4.2.1 Verfahrensprinzip

Als Plasma wird ein Gas bezeichnet, das durch hohe Energiezufuhr (z. B. Wärme, Strahlung oder elektrische Entladungen) in einen elektrisch leitenden Zustand gebracht wurde. Die bei der Energieaufnahme aus den Gasatomen herausgelösten Elektronen und die dabei entstehenden positiv geladenen Ionen können durch eine angelegte elektrische Spannung in Richtung auf die Kathode (-) bzw. Anode (+) beschleunigt werden. Beim Aufprall auf Elektrode bzw. Werkstück wird diese kinetische Energie in Wärme umgewandelt, wodurch hohe Temperaturen entstehen, so dass Grund- und Zusatzwerkstoff aufgeschmolzen werden.

Der Schweißlichtbogen ist ein solches Plasma, das durch eine elektrische Entladung erzeugt wird. Im Gegensatz zu den Lichtbogenschweißverfahren, bei denen der Lichtbogen frei brennt, wird von Plasmaschweißverfahren gesprochen, wenn der Lichtbogen von in der Regel wassergekühlten Kupferdüsen eingeschnürt wird (Abb. 4-6).

Diese mechanische Einschnürung führt zusammen mit der Beeinflussung der Plasma-Randbereiche durch eine starke Düsenkühlung zu einer

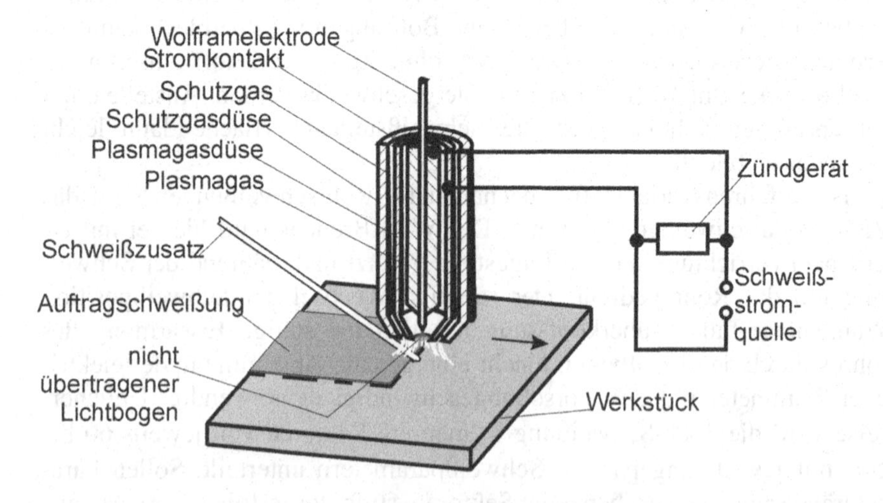

Abb. 4-6 Plasmaschweißanlage (schematisch)

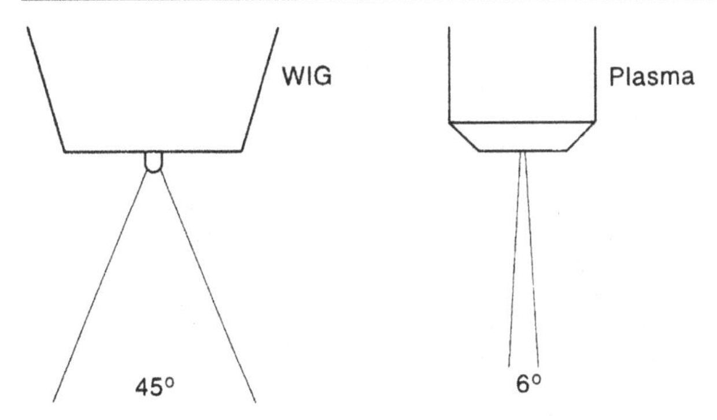

Abb. 4-7 Lichtbogenausbildung beim WIG- und beim Plasmaschweißen

beträchtlichen Verringerung des Lichtbogenquerschnittes im Vergleich zum frei brennenden WIG-Lichtbogen. Es entsteht eine nahezu zylindrische Lichtbogenentladung hoher Leistungsdichte. Die Temperatur der Plasmasäule liegt über der des frei brennenden Lichtbogens. Daraus resultiert ein hoher Ionisationsgrad, der eine besonders gute Lichtbogenstabilität bewirkt. Dies ist vor allem bei kleinen Stromstärken unter 1 A von Vorteil gegenüber dem WIG-Lichtbogen, der zudem wegen seiner stärkeren Konizität auf Abstandsänderungen empfindlicher reagiert (Abb. 4-7).

Die zur Bildung eines Plasmas notwendigen Ladungsträger werden von einem inerten Plasmagas (Argon oder Gemische aus Argon, Helium und/oder Wasserstoff) geliefert. Der eingeschnürte Plasmalichtbogen kann durch seitliches Anblasen mit einem kalten, elektrisch weniger leitfähigen Gas oder durch eine Schutzgashülle aus gut wärmeleitfähigen, aber schwer zu ionisierenden Gasen (z. B. Helium oder Argon/Wasserstoff-Gemische) zusätzlich gebündelt werden.

Für den Schutz der Schweißstelle vor Einflüssen der Atmosphäre ist ein zusätzliches Schutzgas erforderlich. Dieses besteht beim Schweißen von Stählen und Nickelwerkstoffen aus Argon-Wasserstoff-Gemischen, bei anderen Nichteisenmetallen aus Argon oder Ar/He-Gemischen. Zusatzwerkstoff ist in der Regel bei I-Stoß-Vorbereitung der Fügeteile nicht notwendig, kann jedoch mechanisiert zugeführt werden.

Die drei folgenden Schaltungsarten werden unterschieden:

a) Plasmastrahlschweißen (WPS), (Abb. 4-8a),
b) Plasmalichtbogenschweißen (WPL), (Abb. 4-8b) und
c) Plasmastrahl-Plasmalichtbogenschweißen (WPSL) (Abb. 4-8c und 4-8d).

Beim WPS-Verfahren wird mit minusgepolter Elektrode und nicht übertragenem Lichtbogen gearbeitet. Der sich zwischen Elektrode und Düse

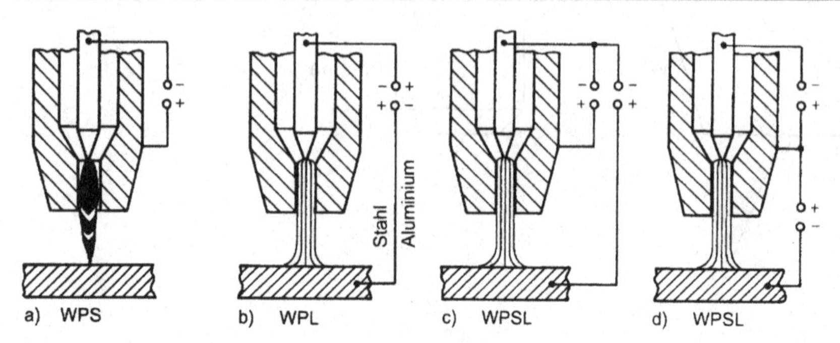

Abb. 4-8 Schaltungsanordnung beim Plasmaschweißen

ausbildende Lichtbogen erhitzt das vorbeiströmende Plasmagas, das durch die Düsenöffnung nach außen strömt. Der sichtbare Plasmastrahl ist daher nicht stromführend und hat eine relativ geringe Energie. Dieses Verfahren wird vornehmlich zum Wärmen und Schneiden von elektrisch nichtleitenden Stoffen sowie zum Plasmaspritzen und bei einigen Auftragschweißverfahren angewandt.

Beim WPL-Schweißen wird dagegen ein Lichtbogen zwischen Elektrode und Werkstück gezündet, der durch die Plasmadüse eingeschnürt wird. Dieser übertragene Lichtbogen bringt einerseits eigene Wärmeenergie in das Schmelzbad ein, andererseits wird durch die kinetische Energie der Ladungsträger zusätzliche Leistung an der Lichtbogenansatzstelle (Anodenfallgebiet) umgesetzt. Zum Aluminiumschweißen wird die Elektrode entweder plusgepolt (bei Gleichstrom) oder mit rechteckförmigem Wechselstrom beaufschlagt, um wie beim WIG-Schweißen eine Entfernung der Oxidschicht zu erzielen. Die hohe Wärmeeinbringung bei dieser Polungsart führt genau wie beim WIG-Verfahren zu einer starken Elektrodenbelastung, so dass speziell konstruierte Brenner und Elektroden mit guter Kühlwirkung eingesetzt werden müssen.

Die Kombination der Schaltungsarten WPS und WPL führt zum Plasmastrahl-Plasmalichtbogenschweißverfahren (WPSL), das zum Mikroplasmaschweißen, Plasmaauftragschweißen sowie zum Verbindungsschweißen von Aluminium eingesetzt wird. Da die Reinigungswirkung unter Argon nur bei negativer Werkstückpolung auftritt, bildet beim Aluminiumschweißen die Kupferdüse die gemeinsame Anode von übertragenem und nicht übertragenem Lichtbogen. Aus dieser Polung mit minusgepolter Elektrode ergibt sich eine geringere Elektrodenbelastung als beim WPL-Verfahren, so dass Elektrodenstandzeit und Wirtschaftlichkeit stark zunehmen. Die in Abb. 4-8d gezeigte Schaltung mit positiv gepoltem Werkstück wird nur für Stahlschweißungen eingesetzt und ist für Aluminiumlegierungen nicht geeignet.

Beim Schweißen mit übertragenem Lichtbogen wird zunächst die Strecke zwischen Wolframelektrode und Kupferdüse durch die Impulse des Hochspannungs-Impulsgenerators ionisiert, so dass ein Hilfslichtbogen zünden kann, dessen Stromstärke durch einen Widerstand begrenzt ist. Dieser nicht übertragene Hilfslichtbogen ionisiert die Lichtbogenstrecke zum Werkstück, so dass der Hauptlichtbogen ebenfalls selbsttätig zünden kann. Da nun der Widerstand der Lichtbogenstrecke wesentlich geringer ist als der Vorwiderstand R, sinkt der Strom in der Nebenstrecke soweit ab, bis der Hilfslichtbogen (Pilotlichtbogen) erlischt. Bei Einsatz von zwei getrennten Stromquellen für Pilot- und Schweißlichtbogen kann der Pilotlichtbogen nach erfolgter Zündung des Schweißlichtbogens zur Stabilisierung des Schweißprozesses aufrechterhalten werden.

4.2.2 Schweißanlage

Die Plasmaschweißanlage besteht aus Stromquelle, Steuereinheit mit Kontrollinstrumenten, Schweißbrenner sowie Gas- und Kühlwasserversorgung, siehe Abb. 4-9. Die Stromquelle hat wie beim WIG-Schweißen eine steil fallende statische Kennlinie. Oft wird eine WIG-Stromquelle mit einem zusätzlichen Plasma-Steuerteil kombiniert. Eine Plasma-Stromquelle kann auch zum WIG- und Lichtbogenhandschweißen eingesetzt werden.

Abb. 4-9 Automatenträger mit System zum Plasma-Fallnaht-Schweißen (Werkfoto: SAF)

Das Schlauchpaket enthält neben Stromkabeln und Kühlwasserleitungen die Schläuche für Plasma- und Schutzgas sowie falls erforderlich für das Fokussiergas. Für die Plasmagasmenge können 0,5 bis 5 l/min und für die Schutzgasdurchflussmenge 5 bis 25 l/min als Anhaltswerte gelten. Der Brenner ist aufgrund seiner Bauweise größer als ein WIG-Brenner und stets wassergekühlt. Das Plasmaschweißen erfolgt vollmechanisiert. Die Vorschubsysteme sind wie beim WIG-Schweißen aufgebaut.

4.2.3 Einsatzmöglichkeiten

Der eingeschnürte Lichtbogen zeichnet sich durch hohe Stabilität in einem weiten Stromstärkenbereich aus. Die möglichen Stromstärken liegen zwischen 0,2 A (Mikroplasmaschweißen) und 400 A bei negativ gepolter Elektrode. Mit der Einschnürung steigt aber auch der Widerstand des Lichtbogens, so dass mit einer gegenüber dem WIG-Schweißen um ca. 10 V erhöhten Spannung geschweißt werden muss. Durch den sehr stabilen, nahezu zylindrischen Lichtbogen hoher Energiedichte ergeben sich folgende Vorteile gegenüber dem WIG-Verfahren:

- geringerer Einfluss der Schweißparameter auf die Lichtbogenform,
- geringerer Einfluss von Abstandsänderungen zwischen Brenner und Werkstück auf die Einbrandform,
- tiefer Einbrand im I-Stoß und hohe Schweißgeschwindigkeit,
- geringe Wärmebeeinflussung des Grundwerkstoffs und geringer Verzug der Bleche,
- sehr glatte Ausbildung der Schweißnahtoberfläche,
- gute Entgasungsmöglichkeit des hocherhitzten Schmelzbades.

Dem stehen folgende Nachteile gegenüber:

- exakte Schweißnahtvorbereitung ohne Spalt erforderlich und somit besondere Anforderungen an die Fixiervorrichtungen,
- beschränkte Zugänglichkeit zur Schweißstelle,
- eingeschränkte Beobachtungsmöglichkeit der Schweißstelle durch großen Düsendurchmesser und kleinen Werkstückabstand (ca. 5 mm),
- höhere Investitionskosten der Anlage.

Als Industriezweige, in denen das Plasmaschweißen vornehmlich Anwendung findet, seien der Reaktorbau, der Behälter-, Anlagen- und Rohrleitungsbau sowie die Flugzeugfertigung genannt.

4.2.4 Verschweißbare Werkstoffe und Abmessungen

In Abhängigkeit der Blechdicke wird beim Plasmaschweißen mit zwei verschiedenen Arbeitsprinzipien gearbeitet, der sogenannten Durchdrücktechnik (Wärmeleitungsschweißen) und der Stichlochtechnik Bei Blechdicken unter 2,5 mm wird die Durchdrücktechnik eingesetzt, bei der wie beim WIG-Verfahren der übertragene Lichtbogen als Wärmequelle für die Aufschmelzung von Grund- und Zusatzwerkstoff genutzt wird. Die gesamte Blechdicke wird dabei über Wärmeleitung aufgeschmolzen.

Bei größeren Blechdicken kommt der Stichlocheffekt zum Tragen (Abb. 4-10). Das vom Lichtbogen aufgeschmolzene Material wird aufgrund des Lichtbogendrucks derart verdrängt, dass noch nicht aufgeschmolzener Werkstoff direkt vom Lichtbogenfußpunkt erfasst und direkt aufgeschmolzen wird. Dabei wird mit dem Schweißlichtbogen so viel Energie zugeführt, dass die stumpf aneinandergelegten Werkstücke ösenförmig durchgeschmolzen werden, ohne dass das flüssige Material fortgeblasen wird. Bei kontinuierlichem Vorschub des Schweißbrenners fließt das geschmolzene Metall hinter dem Plasmastrahl aufgrund der Oberflächenspannung des Schmelzbades und des Dampfdruckes in der Schweißöse wieder zusammen und bildet nach dem Erkalten die Schweißnaht. Die Wärme des Strahles wird dabei über die gesamte Dicke des Werkstücks eingebracht, der Strahl tritt an der Unterseite frei aus. Hieraus ergibt sich die Möglichkeit, mit dem Plasma-Stichlochverfahren austenitische Werkstoffe bis zu einer Blechdicke von etwa 10 mm im I-Stoß ohne Spalt durch eine Einlagenschweißung zu schweißen. Auch ohne Zusatzwerkstoff erfolgt eine sichere Durchschweißung, die zudem über die Strahlung des durchste-

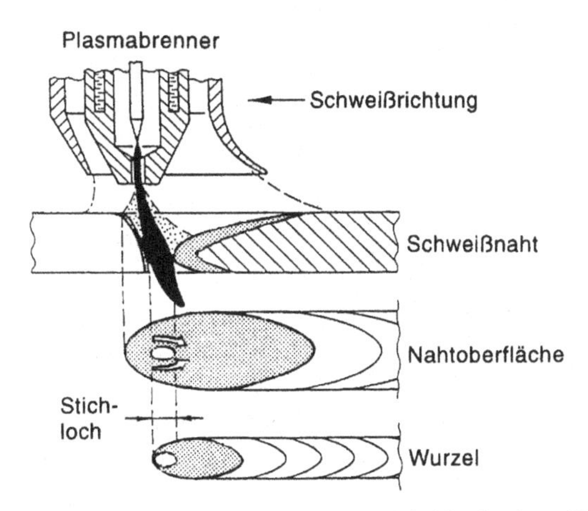

Abb. 4-10 Prinzip des Plasma-Stichlochschweißens

chenden Plasmastrahls visuell kontrolliert oder mit einem Sensor (z. B. einer Kamera) vermessen und als Regelgröße für die Beeinflussung der Schweißparameter verwendet werden kann. So kann beispielsweise bei zu großem Strahldurchmesser, also zu großer Schweißöse, automatisch der Strom verringert oder die Kaltdrahtzufuhr bzw. die Schweißgeschwindigkeit erhöht werden. Die Schweißnähte sind flach, d. h. ohne merkliche Nahtüberhöhung oder Wurzeldurchhang, so dass in den meisten Fällen eine Nachbearbeitung entfallen kann. Dickere Bleche werden durch Zugabe von Zusatzwerkstoff oder durch eine Zwei- oder Mehrlagenschweißung verbunden, wobei die Nahtvorbereitung der einer Y-Naht entspricht. Die untere Hälfte der Schweißnaht wird im Stumpfstoß ohne Spalt mit dem Stichlocheffekt geschweißt und danach die Fuge durch Zusatzwerkstoff oder durch eine zweite und weitere Lagen unter Zuführung von Zusatzwerkstoff aufgefüllt (Abb. 4-11). Ein zusätzlicher Gasschutz der Wurzel ist dabei besonders wichtig.

Mit dem Plasmaverfahren sind Stähle, Aluminium-, Kupfer-, Nickel- und Titanwerkstoffe schweißbar. Bei ferritischen Stählen wird das Plasma-Verfahren, wie auch das WIG-Schweißen, aus Wirtschaftlichkeitsgründen selten eingesetzt. Es erfordert hier besondere Vorkehrungen, um Porenbildung sicher zu vermeiden (verbesserter Gasschutz, Zufuhr von Desoxidationsmitteln wie Si oder Al über eine kleine Menge Zusatzwerkstoff) und besondere Schweißbadsicherungen wegen der geringen Viskosität der Stahlschmelze. Auf den erweiterten und technisch wichtigen Anwendungsbereich des Mikroplasmaschweißens wird in Kapitel 13 eingegangen.

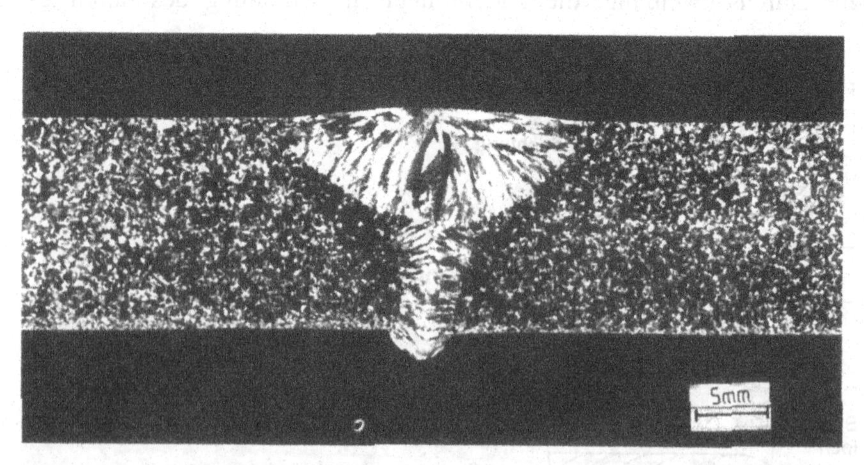

Abb. 4-11 Querschnitt einer Verbindungsschweißung mit Zusatzdraht (Werkstoff Inconel 617), Einlagentechnik (Stichlocheffekt)
Schweißparameter: $I_S = 320$ A, $U_S = 27$ V, $v_S = 30$ cm/min

4.3 Plasma-MIG-Schweißen

Aus der Kombination von Plasma- und Metall-Inertgas-Schweißen wurde das Plasma-MIG-Verfahren entwickelt. Dabei wird ein Plasmalichtbogen zwischen einer ringförmigen Kupferelektrode und dem Werkstück gezündet, wobei er von einer zusätzlichen Kupferdüse und einem Fokussiergas eingeschnürt wird. Durch die beiden Düsen wird dann die MIG-Drahtelektrode geführt, die an eine eigene Stromquelle angeschlossen ist und ebenso wie die Kupferdüse plusgepolt wird (Abb. 4-12).

Eine weitere, konzentrisch angebrachte Düse leitet einen Schutzgasstrom auf die Schweißstelle und schützt das Schmelzbad vor Oxidation. Durch dieses Düsenprinzip werden zwei getrennte Gase bzw. Gasgemische benötigt. Als Plasmagas wird ausschließlich Argon eingesetzt, da andere Gase bisher keine Vorteile erbracht haben. Als Schutzgase werden sowohl Reinargon als auch Gemische aus Helium und Argon verwendet.

Als Stromquellen kommen zwei voneinander getrennte Einheiten zum Einsatz, wobei die Plasmastromquelle mit steil fallender Kennlinie, die MIG-Quelle wahlweise mit steil oder flach fallender Kennlinie arbeitet.

Das Plasma-MIG-Verfahren hat gegenüber dem Plasma- und dem MIG-Verfahren folgende Vorteile:

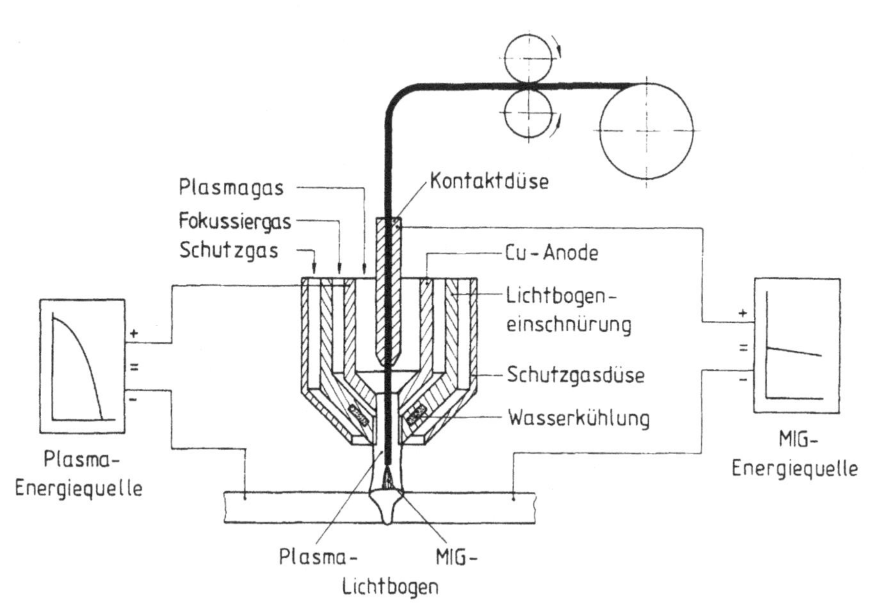

Abb. 4-12 Plasma-MIG-Schweißanlage (schematisch)

- höhere Abschmelzleistung infolge Vorwärmung der Drahtelektrode durch den Plasmalichtbogen.
- Abschmelzleistung und Wärmeeinbringung in das Werkstück sind in gewissen Bereichen unabhängig voneinander steuerbar,
- sehr gute Eignung zum Schweißen von Aluminiumwerkstoffen durch gute Entgasung des heißen und damit dünnflüssigen Schmelzbades auch ohne Verwendung von Helium sowie gute Reinigungswirkung zur Beseitigung von Oberflächenoxiden,
- geringere Abbrandverluste durch niedrigere Tropfentemperatur,
- höhere Schweißgeschwindigkeit.

Das Verfahren wird wie das Plasmaschweißen überwiegend vollmechanisiert eingesetzt. Mit einem vereinfachten Brenner sind aber auch teilmechanisierte Schweißungen möglich. Bezüglich der Einsatzmöglichkeiten sowie der verschweißbaren Blechdicken und Werkstoffe gilt das zum Plasma- und zum WIG-Schweißen beschriebene. Das Plasma-MIG-Verfahren wird jedoch zur Zeit überwiegend zum Verbindungsschweißen von Aluminium sowie zum Auftragschweißen eingesetzt.

5 Metall-Schutzgasschweißen

5.1 Verfahrensprinzip

Bei allen Schutzgasschweißverfahren wird der Schutz der Schweißstelle vor der Oxidationswirkung der Atmosphäre durch ein zugeführtes Gas erfüllt. Die Art des Gases sowie die Art der eingesetzten Elektrode ermöglichen eine Einteilung der Schutzgasschweißverfahren entsprechend Abb. 5-1.

Während bei den Wolfram-Schutzgasschweißverfahren (WSG) nicht abschmelzende Wolframelektroden eingesetzt werden und erforderlicher Zusatzwerkstoff getrennt von Hand oder maschinell zugeführt werden muss (siehe Kapitel 4), werden beim Metall-Schutzgasschweißverfahren (MSG) abschmelzende Drahtelektroden als Schweißzusatzwerkstoff eingesetzt. Das Metall-Schutzgasschweißen wird je nach Art des verwendeten Schutzgases in MIG-(Metall-Inertgas) und MAG-(Metall-Aktivgas)-Schweißen unterteilt. Im Verfahrensprinzip besteht dabei kein wesentlicher Unterschied.

Beim Metall-Schutzgasschweißen wird eine Drahtelektrode kontinuierlich dem Schweißbrenner zugeführt und im Lichtbogen abgeschmolzen. Der schematische Aufbau einer MSG-Schweißanlage ist in Abb. 5-2 dargestellt. Den Schutz der Schweißstelle vor der Atmosphäre übernimmt das Schutzgas. Dadurch kann einerseits der Schweißprozess gut beobachtet werden, andererseits ist die nähere Umgebung des Lichtbogens ungehindert den emittierten Wärme- und Lichtstrahlen ausgesetzt. Auf die Wasserkühlung des Brenners kann daher nur bei kleinen Stromstärken verzichtet werden. Schweißstrom, Drahtelektrode, Schutzgas und ggf. das Kühlwasser werden dem Brenner durch ein Schlauchpaket zugeführt. Die Zündung des Lichtbogens erfolgt in der Regel durch den Kurzschluss beim Berühren des Werkstückes mit der Drahtelektrode. Da hierbei zum Teil erhebliche Spritzer entstehen, wurden Zündprogramme bzw. -steuerungen entwickelt, die eine nahezu spritzerfreie Zündung ermöglichen.

Das Schutzgas enthält keine Lichtbogenstabilisatoren in Form leicht ionisierbarer Metallverbindungen wie das Pulver beim UP-Schweißen oder die Elektrodenumhüllung beim Lichtbogenhandschweißen. Der Lichtbogen würde somit nach jedem Nulldurchgang des Stromes beim Wechselstromschweißen erlöschen und müsste neu gezündet werden. Daher wird ausschließlich mit Gleichstrom geschweißt, wobei die Elektrode positiv und das Werkstück negativ gepolt werden. Bei dieser Polung bildet sich an der Elektrodenspitze ein konzentrierter Lichtbogenbrennfleck aus, der das Aufschmelzen des Zusatzwerkstoffes begünstigt. Der auf diese Weise stark erhitzte Werkstofftropfen bringt zusätzliche Wärme in das Schmelzbad ein.

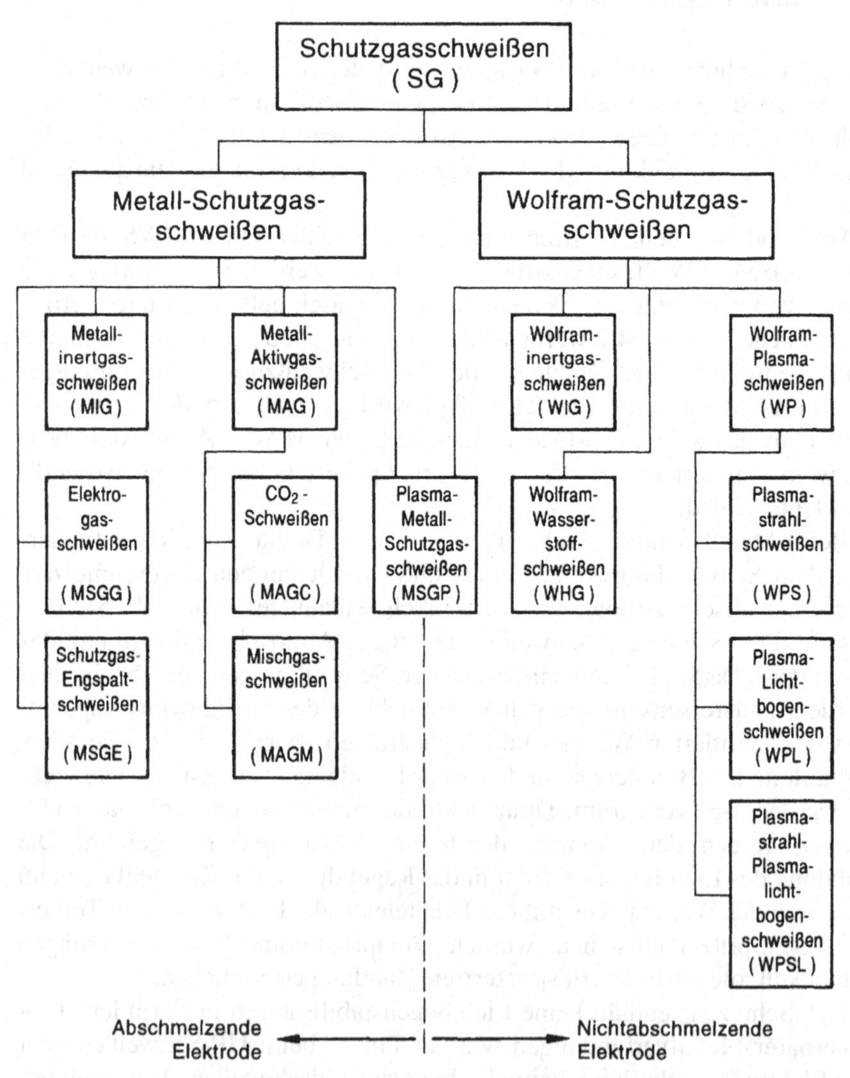

Abb. 5-1 Einteilung der Schutzgasschweißverfahren

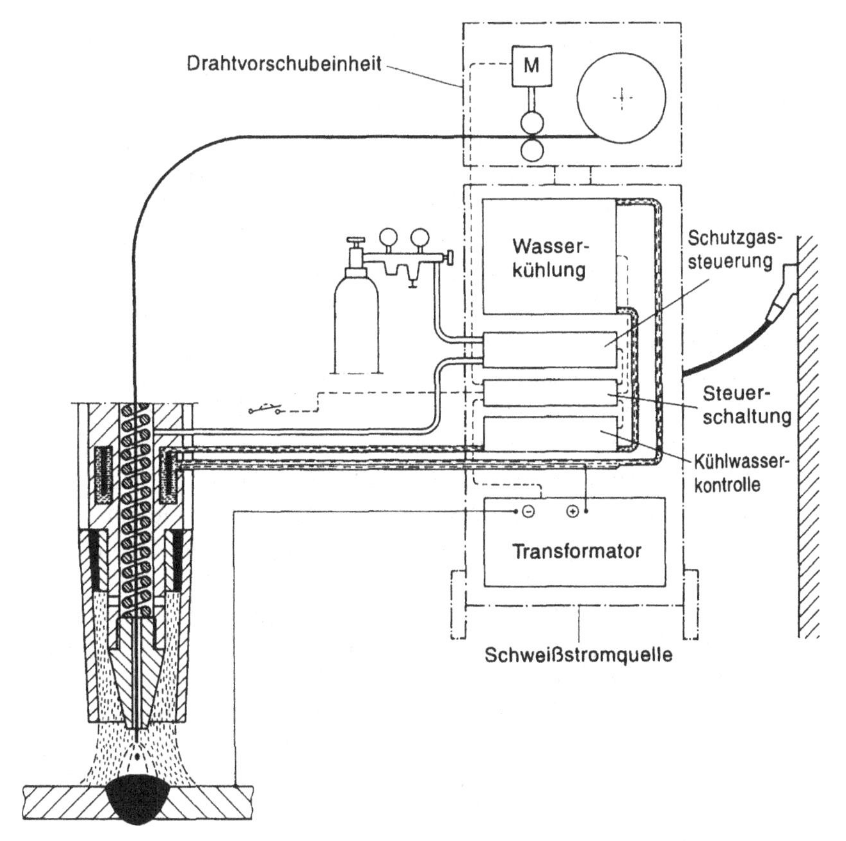

Abb. 5-2 MSG-Schweißanlage (schematisch)

5.2 Schutzgase

Als Schutzgase zum Schweißen bieten sich zunächst inerte Gase an, da diese keine unerwünschten Reaktionen mit den zu verschweißenden Metallen eingehen können. Chemisch inaktiv sind wegen der Sättigung ihrer Elektronenschalen alle Edelgase, doch finden in der Schweißtechnik aus Kostengründen ausschließlich Argon und Helium Verwendung. Argon ist schwerer als Luft und zu 0,9 % in der Atmosphäre enthalten. Es wird ebenso wie Sauerstoff aus verflüssigter Luft bei der Luftzerlegung gewonnen. Helium kommt z.B. in den USA im Erdgas vor und wird von dort nach Europa exportiert. Wegen der langen Transportwege ist Helium daher teurer als Argon. Die geringe Dichte von Helium macht relativ große Durchflussmengen notwendig, um einen sicheren Gasschutz zu erreichen.

Aktivgase, wie Sauerstoff oder Kohlendioxid (CO_2), begünstigen dagegen chemische Oxidationsreaktionen an der Schweißstelle, deren Auswirkungen auf das Schweißergebnis positiv oder negativ sein können. CO_2 wird überwiegend aus natürlichen Vorkommen gewonnen und nur für wenige Anwendungsfälle in der Schweißtechnik als reines Aktivgas eingesetzt. Als Aktivgasanteile in Mischgasen werden sowohl CO_2 als auch Sauerstoff verwendet.

Allgemein sind Schutzgase zum Schweißen und Schneiden nach EN 439 genormt. Diese Schutzgase werden dem Verbraucher ebenso wie die Gase zum Gasschmelzschweißen vorwiegend in Stahlflaschen angeboten. Argon, Helium und Mischgase sind meistens in Flaschen mit 10 bzw. 50 l Inhalt im gasförmigen Zustand mit 200 bar abgefüllt. Das ergibt 2 bzw. 10 m^3 Gas bei Umgebungsdruck und 15°C. CO2 dagegen wird unter Druckeinwirkung verflüssigt und kommt in Flaschen zu 10, 20 und 30 kg in den Handel. Gemeinsame Flaschenkennfarbe aller unbrennbaren Gase außer Stickstoff (schwarz) und Sauerstoff (weiß) ist grau. Die Gasentnahme aus der Flasche erfolgt wie beim Gasschmelzschweißen über einen Druckminderer. Da das Gas jedoch anschließend frei auf den Umgebungsdruck expandieren kann, wird auf der Sekundärseite kein Druck sondern ein Volumenstrom eingestellt, der am Druckminderer abzulesen ist.

Die Anwendungsgebiete der Schutzgase in der Schweißtechnik richten sich in erster Linie nach der oxidierenden Wirkung der Gase, die vom Sauerstoff- bzw. CO_2-Gehalt abhängt (Tabelle 5-1).

Tabelle 5-1 Einsatzgebiete verschiedener Schutzgase

Industriebereiche / Schutzgase	Argon 4.6	Argon 4.8	Helium 4.6	Ar/He-Gemisch	Ar + 5% H_2 oder 7,5% H_2	99% Ar + 1% O_2 oder 97% Ar + 3% O_2	97,5% Ar + 2,5% CO_2	83% Ar + 15% He + 2% CO_2	90% Ar + 5% O_2 + 5% CO_2	80% Ar + 5% O_2 + 15% CO_2	92% Ar + 8% O_2	88% Ar + 12% O_2	82% Ar + 18% CO_2	92% Ar + 8% CO_2	Formiergas (N_2-H_2-Gemisch)	Anwendungsbeispiele
Chem. Apparatebau	●	●		●	●	●	●	●			●				●	Autoklaven, Behälter, Mischer, Trommeln
Metallbau	●			●					●	●	●				●	Verkleidungen, Fensterrahmen, Tore, Gitter
Rohrfertigung	●	●			●	●	●	●					●		●	Edelstahlrohre, Flansche, Krümmer
Aluminiumverarbeitung	●	●		●												Kugelbehälter, Brücken, Fahrzeuge, Kippmulden
Kerntechnik	●	●	●	●	●	●	●	●							●	Reaktoren, Brennstäbe, Steuer- und Regelgeräte
Raumfahrttechnik	●	●	●	●	●										●	Raketen, Abschussrampen, Satelliten
Armaturen	●				●	●	●	●			●		●		●	Ventile, Schieber, Steuerungen
Elektro-Industrie	●			●	●	●	●		●	●	●		●	●		Statorpakete, Trafogehäuse
Automobilbau	●					●	●		●	●	●		●	●		Personenkraftwagen, Lastkraftwagen
Autozubehör	●					●	●				●		●	●		Kühler, Stoßdämpfer, Auspuffanlagen
Fördertechnik										●		●	●			Krane, Bandstraßen, Bagger (Ketten)
Blechbearbeitung	●								●	●	●		●	●		Regale (Ketten), Schaltgehäuse
Handwerk	●								●	●	●		●	●		Beschläge, Geländer, Lagerkästen
KFZ-Reparatur									●	●	●		●	●		Kotflügel, Seitenteile, Dächer, Motorhauben
Stahlerzeugung			●									●				Auftragungen auf Flammdüsen, Blasdüsen, Walzen
Kessel- u. Behälterbau	●			●				●		●		●	●		●	Kessel, Behälter, Container, Rohrleitungen
Maschinenbau									●	●	●	●	●	●		Ständer, Gestelle, Rahmen, Gehäuse
Stahlbau									●	●	●	●	●	●		Träger, Verstrebungen, Kranbahnen
Landmaschinenbau									●	●	●	●	●	●		Mähdrescher, Traktoren, Eggen, Pflüge
Schienenfahrzeugbau	●		●						●	●	●	●	●	●		Eisenbahnwaggons, Lokomotiven, Loren

Inerte Gase eignen sich prinzipiell für alle Schweißverfahren und alle Werkstoffe, sind jedoch teurer als Aktivgase. Da die Gaskosten in der Fertigung im Vergleich zu den Lohn- und Anlagenkosten jedoch nur einen sehr geringen Anteil haben, werden Inertgase in großem Maße, insbesondere als Hauptbestandteile in Mischgasen, eingesetzt.

Beim Schweißen mit abschmelzender Drahtelektrode ist das Abbrennen teurer Legierungselemente unerwünscht. Nichteisenmetalle werden deshalb fast ausschließlich unter inertem Gas geschweißt. Hochlegierte Stähle werden durch geringe Sauerstoffgehalte des Gases (rd. 1 bis 2%) nicht wesentlich beeinträchtigt. Gase mit größerer Oxidationswirkung verwendet man dagegen nur für niedriglegierte Stähle, CO_2 überwiegend für unlegierte Stähle.

Außer der Oxidationswirkung beeinflussen noch weitere Eigenschaften der Schutzgase die Schweißung. Die folgende Aufstellung enthält die wesentlichen Merkmale der üblichen Schutzgase:

Argon ist gut ionisierbar und ermöglicht deshalb einen ruhig brennenden Lichtbogen. Aufgrund der relativ geringen Wärmeleitfähigkeit bildet sich ein heißer, stromführender Lichtbogenkern aus, der insbesondere beim MIG-Schweißen mit hoher Stromstärke zu einem tiefen, fingerförmigen Einbrand, dem sogenannten Argonfinder, führt (Abb. 5-3). Der breitere und flachere Seiteneinbrand wird durch die weniger heißen Randzonen des Lichtbogens und die angrenzende Schutzgashülle verursacht.

Helium hat demgegenüber eine deutlich höhere Wärmeleitfähigkeit, die zu einer gleichmäßigeren radialen Wärmeverteilung im Lichtbogen, aber auch zu höheren Wärmeverlusten an die Umgebung führt. Die elektrische Leitfähigkeit des Lichtbogens ist jedoch geringer. Da Helium auch ein höheres Ionisationspotential aufweist, muss gegenüber Argon mit höherer Lichtbogenspannung geschweißt werden, was eine größere Wärmeeinbringung in das Schmelzbad bewirkt. Die Folge ist ein heißeres Schmelzbad geringerer Viskosität, das besser entgasen kann, und das Fehlen des fingerförmigen Einbrandes. Weiter folgt aus der größeren Wärmeeinbringung eine gute Eignung zum Schweißen von Metallen mit hoher Wärmeleitfähigkeit wie Kupfer und Aluminium und gegenüber Argon die Möglichkeit einer Steigerung der Schweißgeschwindigkeit. Infolge der geringen Dichte ist jedoch eine hohe Ausströmgeschwindigkeit des Heliums und damit ein hoher Gasverbrauch zu berücksichtigen.

Wasserstoff hat aufgrund der hohen Wärmeleitfähigkeit eine ähnliche Wirkung auf Einbrandformen und Schweißgeschwindigkeit wie Helium. Wegen der Gefahr der Porenbildung wird Wasserstoff jedoch bei Aluminium nicht eingesetzt und bei hochlegierten Stählen auf Anteile bis 7 % beschränkt. Als zweiatomiges Gas dissoziiert H_2 im Lichtbogen unter Wärmeaufnahme in H^+-Ionen und rekombiniert am relativ kalten Werkstück

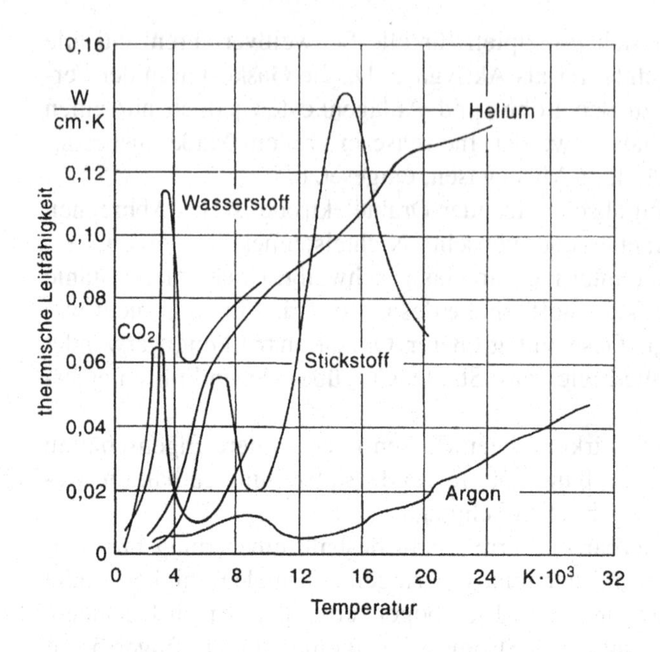

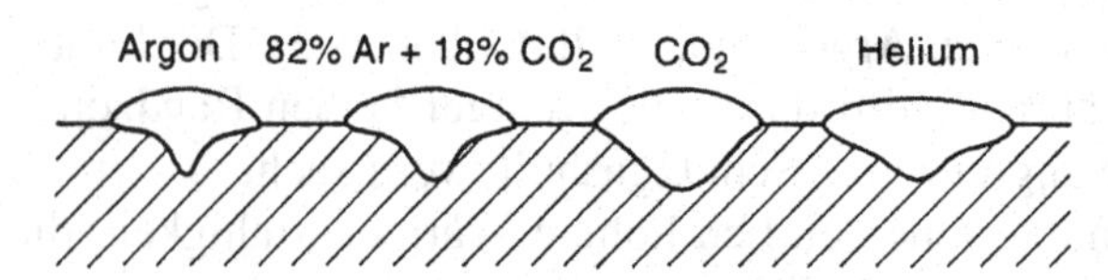

Abb. 5-3 Schutzgaseinfluss auf die Nahtgeometrie

unter Wärmeabgabe wieder zu H_2. Dadurch trägt es zu einer guten Übertragung der Lichtbogenenergie bei.

Sauerstoff als Mischgaskomponente beim MAGM-Schweißen setzt die Oberflächenspannung von Stahl herab. Daraus resultieren ein feintropfiger Werkstoffübergang und eine flachere, feingeschuppte Schweißnaht. Außerdem dissoziiert und rekombiniert es wie Wasserstoff. Bei größeren Anteilen von O_2 in Schutzgas (8 bis 12 %) muss wie beim Schweißen mit CO_2 mit einem erheblichen Abbrand von Legierungselementen gerechnet werden.

Kohlendioxid bewirkt einen tiefen, runden Einbrand und eine hohe Sicherheit gegen Porenbildung in der Schweißnaht. Aufgrund der hohen Wärmeleitfähigkeit in den weniger heißen Randbereichen des Lichtbogens (3000 K) kommt es zu einer Kontraktion des stromführenden Kerns und damit zu einer hohen Energiedichte, die den tiefen Einbrand verursacht (Abb. 5-4).

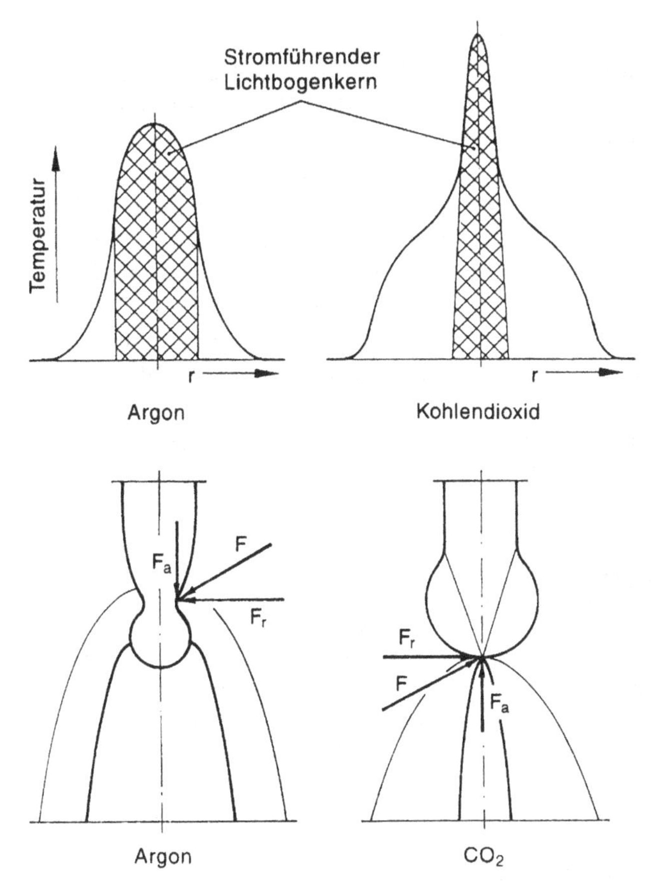

Abb. 5-4 Schutzgaseinfluss auf die Kräfte im Lichtbogenraum

CO_2 dissoziiert im Lichtbogen nach der Gleichung:

$$2\,CO_2 \leftrightarrow 2\,CO + O_2$$

Bei der Rekombination am kühleren Werkstück wird wieder Wärme frei. Darüber hinaus arbeitet man beim MAGC-Schweißen mit einer höheren Spannung als beim MIG-Schweißen unter Argon, wodurch die im Lichtbogen erzeugte Wärmeleistung größer wird. Beide Faktoren erzeugen ein heißes Schmelzbad und sind für die Verbreiterung des Einbrandes in unteren Bereich verantwortlich. Das heiße Schmelzbad kann wie beim Schweißen unter Helium besser entgasen und trägt somit zur Porensicherheit des MAGC-Verfahrens bei. Der bei der Dissoziation freiwerdende Sauerstoff verursacht jedoch einen hohen Abbrand. Beim Schweißen unlegierter Stähle gehen dadurch nur die Desoxidationsmittel Mangan und Silizium verloren. Sie verbinden sich mit dem Sauerstoff zu MnO und SiO_2, die im Stahl nicht löslich sind und als Schlacke aufschwimmen. Dadurch wird die Gefahr der Porenbildung oder der Einschlüsse von Eisenoxid verringert. Für ein entsprechend großes Angebot von Desoxidationsmitteln muss deshalb durch überlegieren der Drahtelektrode gesorgt werden. Die Kompensation der Abbrandverluste bei höher legierten Stählen auf die gleiche Weise ist jedoch wirtschaftlich nicht mehr zu vertreten. Weiterhin besteht die Gefahr der Aufkohlung, wenn sich die CO-Anteile spalten und Kohlenstoff in die Schmelze wandert. Deshalb wird reines CO_2 für hochlegierte Stähle nie und für niedriglegierte Stähle nur selten eingesetzt. Weiterhin ist die starke Spritzerbildung beim Schweißen unter CO_2-Schutz nachteilig. Die erforderliche Mehrarbeit bei der Oberflächenreinigung ist oft wesentlich teurer als der Einsatz von spritzervermindernden Inertgasen mit geringen CO_2-Anteilen (bis rd. 20 %).

5.3 Lichtbogenarten

Je nach Wahl des Schutzgases und der Schweißparameter stellen sich die in Tabelle 5-2 genannten Lichtbogenarten ein, deren Eigenschaften im folgenden beschrieben werden.

5.3.1 Kurzlichtbogen

Der Kurzlichtbogen ist charakteristisch für das Schweißen mit geringer Wärmeeinbringung. Er ist beim MIG-, MAGM- und MAGC-Verfahren möglich. Abbildung 5-5 zeigt ein Beispiel für den zeitlichen Verlauf von Schweißspannung und Schweißstrom. Während der Lichtbogenbrennzeit wird zwar der Grundwerkstoff aufgeschmolzen, es löst sich aber kein Tropfen von der Elektrodenspitze. Durch die kontinuierliche Drahtzufuhr und das Tropfenwachstum kommt es zum Kurzschluss zwischen Elektrode und Schmelzbad. Der daraufhin fließende hohe Kurzschlussstrom schnürt einen Tropfen ab, und es entsteht wieder ein durch Metalldämpfe ionisierter Spalt, so dass der Lichtbogen neu zünden kann.

Beim Kurzlichtbogenprozess findet also in mehr oder weniger regelmäßigem Wechsel ein Zünden und Erlöschen des Lichtbogens statt. Der Werkstoff geht ausschließlich in der Kurzschlussphase über. Schweißspritzer sind dabei nicht zu vermeiden. Tropfengröße und Frequenz des Tropfenübergangs hängen von Werkstoff, Schutzgaszusammensetzung, Stromdichte und Schweißspannung ab. Durch Begrenzung der Stromanstiegsgeschwindigkeit in der Kurzschlussphase mit einer Induktivität (Drossel)

Tabelle 5-2 Anwendung der Lichtbogenarten

Anwendung			Lichtbogenarten			
			Sprühlichtbogen	Langlichtbogen	Kurzlichtbogen	Impulslichtbogen
Anwendung	Schweißverfahren	MIG	Aluminium, Kupfer	–	Aluminium ($s < 1{,}5$ mm)	Aluminium, Kupfer
		MAGM	Stahl unlegiert, niedriglegiert, hochlegiert	Stahl unlegiert, niedriglegiert	Stahl unlegiert, niedriglegiert, hochlegiert	Stahl niedriglegiert, hochlegiert
		MAGC	–	Stahl unlegiert, niedriglegiert	Stahl unlegiert, niedriglegiert	–
	Nahtart, Positionen, Werkstückdicke		Kehlnähte oder Mittel- und Decklagen von Stumpfnähten an mitteldicken oder dicken Bauteilen in Position w und h Schweißen von Wurzellagen auf Unterlage in Position w	Kehlnähte oder Mittel- und Decklagen von Stumpfnähten an mitteldicken oder dicken Bauteilen in Position w, h und f	Kehlnähte oder Stumpfnähte an Dünnblechen in allen Positionen Wurzellagen von Stumpfnähten an mitteldicken oder dicken Bauteilen in allen Positionen Mittel- und Decklagen von Kehlnähten oder Stumpfnähten in Position ü, hü, s, f, q (Zwangslagen)	Kehlnähte oder Mittel- und Decklagen von Stumpfnähten an dünnen oder mitteldicken Bauteilen in allen Positionen Wurzellagen nur bedingt möglich für Schweißungen mit geringer Wärmeeinbringung

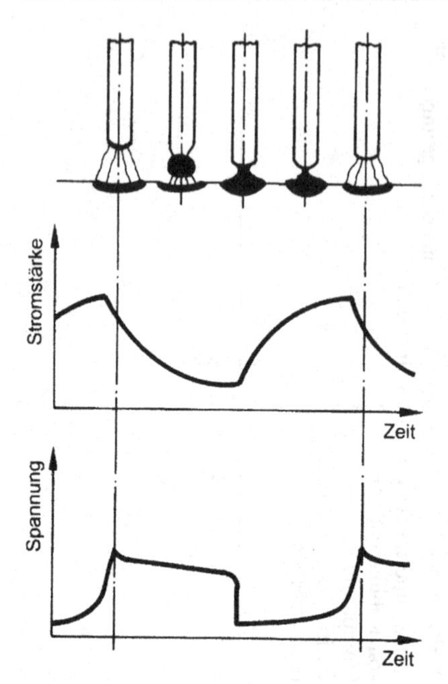

Abb. 5-5 Werkstoffübergang beim Kurzlichtbogen

geht der Freibrennprozess sanfter und deutlich spritzerärmer von statten. Das entstehende Schmelzbad ist infolge der geringen im Prozess umgesetzten Energie klein und zähflüssig. Der Kurzlichtbogenprozess findet deshalb Anwendung insbesondere beim Schweißen von dünnen Blechen, von einseitigen Wurzellagen an dickeren Blechen und beim Schweißen in Zwangspositionen.

5.3.2 Sprühlichtbogen

Während unter CO_2 nur eine allmähliche Zunahme der Tropfenfrequenz mit der Stromdichte zu beobachten ist, steigt sie unter Argon, Helium und argon-/heliumreichen Mischgasen (Ar/He-Gehalt mindestens 80 %) bei einer bestimmten kritischen Stromstärke (siehe Kapitel 5.3.5) plötzlich stark an und der Werkstoffübergang wechselt vom kurzschlussbehafteten zum kurzschlussfreien, feintropfigen Übergang des Sprühlichtbogens (Abb. 5-6). Dabei bleibt die Lichtbogenlänge nahezu konstant, und der zeitliche Verlauf von Schweißstrom und -spannung ist sehr gleichmäßig.

Für die Tropfenablösung bei kurzschlussfreiem Werkstoffübergang sind überwiegend magnetische Kräfte verantwortlich (Abb. 5-7). Wie jeder stromdurchflossene Leiter ist auch die Drahtelektrode von einem konzentrischen Magnetfeld umgeben, dessen Kraftkomponenten radial nach

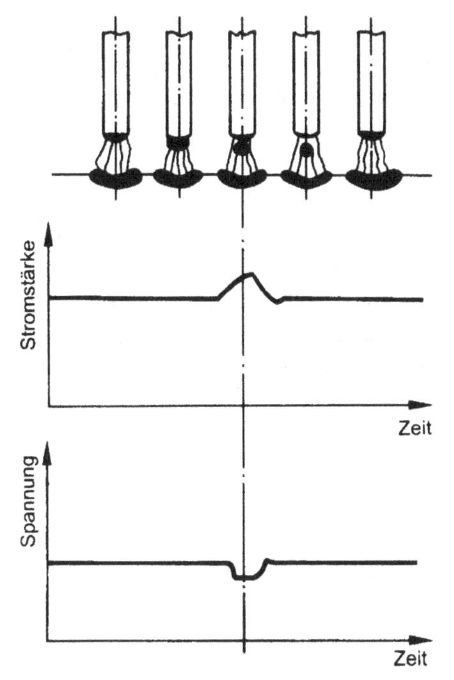

Abb. 5-6 Werkstoffübergang beim Sprühlichtbogen

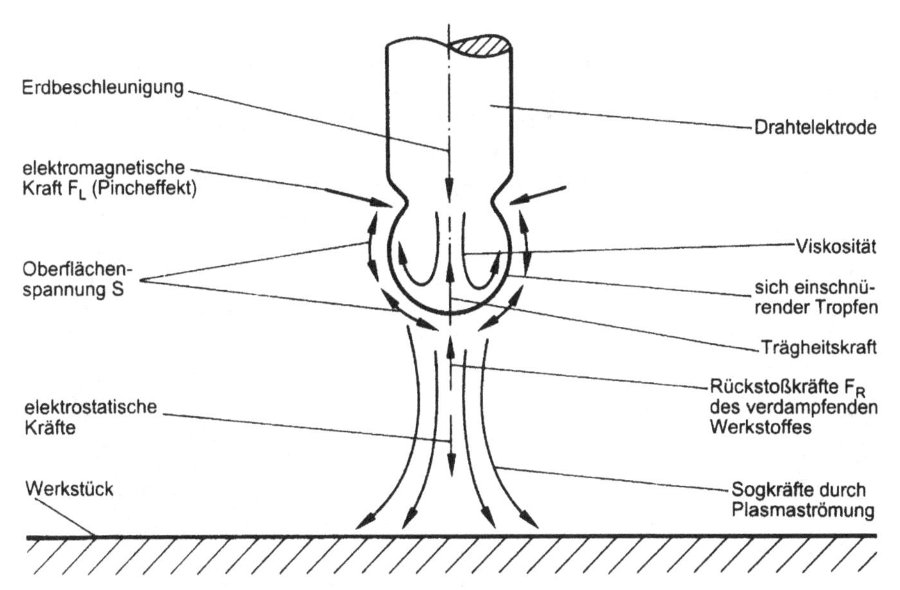

Abb. 5-7 Kräfte im Lichtbogenraum

innen gerichtet sind. Diese magnetischen Kräfte versuchen, den Leiter einzuschnüren. Diese Erscheinung wird „Pinch-Effekt" genannt (engl.: to pinch = einschnüren). Wegen des erforderlichen verringerten Formänderungswiderstandes ist eine Einschnürung nur an dem schmelzflüssigen Elektrodenende möglich, wo dann die Ablösung des Tropfens erfolgt.

Der sprühregenartige Werkstoffübergang wird gefördert durch steigende Schweißspannung und die Oberflächenspannung reduzierende Sauerstoffanteile im Argon, welche die kritische Stromstärke herabsetzen. Aufgrund der größeren, im Prozess umgesetzten Energie entsteht ein großes, überhitztes und damit dünnflüssiges Schmelzbad. Diese Lichtbogenart eignet sich deshalb besonders zum Schweißen dicker Bleche in Wannenlage bzw. horizontaler Position. Die entstehende Schweißnahtoberfläche ist glatt und flach.

5.3.3 Rotationslichtbogen

Zur weiteren Leistungssteigerung und der damit verbundenen Verbesserung der Wirtschaftlichkeit des Schutzgasschweißens wurde das MAGM-Hochleistungsschweißen eingeführt, zunächst als patentiertes „T.I.M.E."-Verfahren. Ein rotierender Lichtbogen stellt sich erst bei sehr hohen Spannungen ab etwa 39 V und Stromstärken von über 400 A ein (Abb. 5-8).

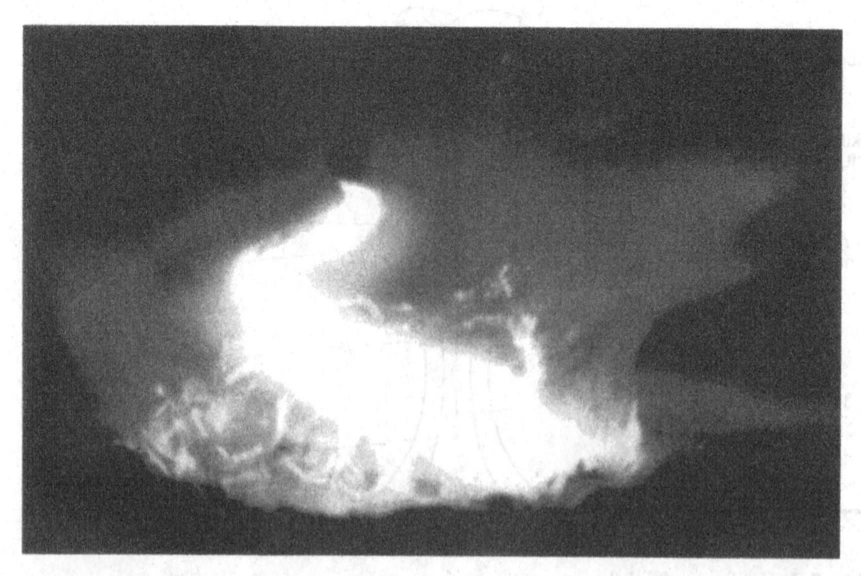

Abb. 5-8 Hochgeschwindigkeits-Filmaufnahme des rotierenden Lichtbogens (Werkfoto: Messer Griesheim)

Zusammen mit sehr hohen Drahtvorschubgeschwindigkeiten von 20 bis 45 m/min wird die Abschmelzleistung gegenüber dem herkömmlichen MSG-Schweißen erheblich gesteigert. Daraus resultiert eine sehr große Wärmeeinbringung, so dass der Anwendungsbereich des Verfahrens große Blechdicken beschränkt ist. Hauptsächlich wird das MAGM-Hochleistungsschweißen im Textilmaschinenbau, Schwer- und Erdmaschinenbau sowie im Stahlbau eingesetzt. Abbildung 5-9 zeigt die heute bekannten Leistungsbereiche beim MSG-Schweißen.

Bei hohen Schweißströmen und relativ langen freien Drahtenden kommt es zu einer starken Widerstandserwärmung des Drahtes vor Erreichen des Lichtbogens und somit zu einer Erweichung im freien Drahtende. Durch den starken Lichtbogendruck auf den Lichtbogenansatzpunkt erfolgt ein seitliches Ausweichen des übergehenden Metalls, so dass der Werkstoffübergang in einer rotierenden Bewegung erfolgt. Die Rotationsrichtung ist zufällig, die Rotationsfrequenz liegt abhängig von den Schweißparametern bei 800 bis 1000 Hz. Als Folge der Rotation ändert sich das Einbrandprofil und es ergeben sich breite Schweißnähte mit relativ flachem, wannenförmigem Einbrand. Die Grenze für den Übergang vom Sprühlichtbogen zum rotierenden Lichtbogen wird in erster Linie von Schweißstromstärke, freiem Drahtende, Drahtdurchmesser und Schutzgas bestimmt. Die Schutzgaszusammensetzung beeinflusst die Eigenschaften des ausgebildeten Plasmas, so dass nur mit speziellen Schutzgasgemischen ein rotierender

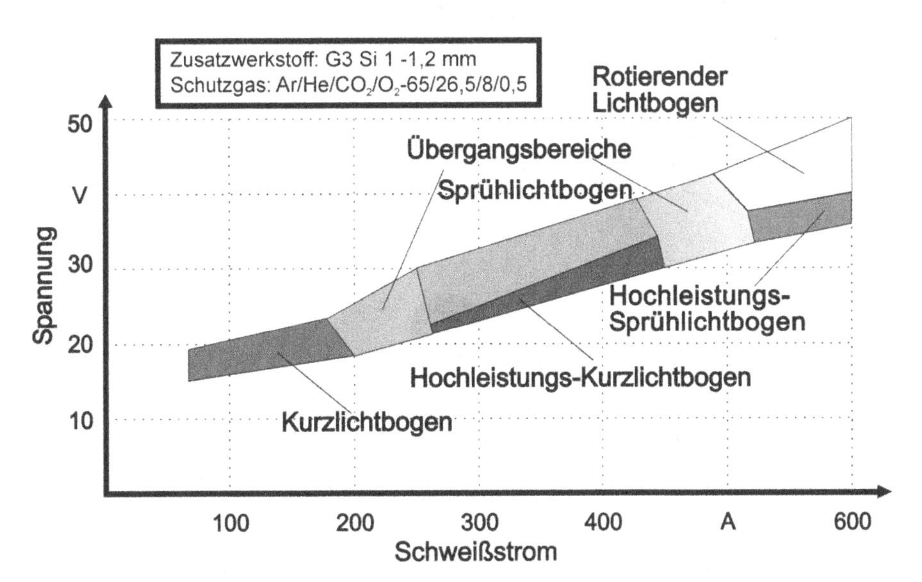

Abb. 5-9 Leistungsbereiche verschiedener Lichtbogenarten
Zusatzwerkstoff: SG2-1,2 mm; Schutzgas: Ar/He/CO_2/O_2-65/26,5/8/0,5

Lichtbogen erzielt werden kann. Dies sind in erster Linie Drei- oder Vier-Komponentengase, die aus Helium, Argon, CO_2 und/oder Sauerstoff zusammengesetzt sind.

5.3.4 Langlichtbogen

Beim MAGC-Verfahren existiert keine kritische Stromdichte wie beim Sprühlichtbogen. Die Erhöhung der Stromstärke bei gegebenem Drahtdurchmesser führt nur zu einer geringfügigen Zunahme der Kurzschluss- und Tropfenfrequenz.

Eine Spannungserhöhung auf Werte, wie sie beim Sprühlichtbogen üblich sind, verringert zwar die Anzahl der Kurzschlüsse, so dass nun auch Tropfen kurzschlussfrei übergehen, diese Tropfen nehmen jedoch ein großes Volumen an und ihr Übergang ist mit starker Spritzerbildung verbunden (Abb. 5-10). Dies ist der Bereich des Langlichtbogens, der nur beim Schweißen unter CO_2 vorkommt und hier den gegenüber dem Kurzlichtbogen instabileren Schweißprozess darstellt (Abb. 5-11). Der Einsatzbereich ist dem des Sprühlichtbogen gleichzusetzen. Die Schweißnahtoberfläche ist jedoch grob geschuppt und stärker überhöht. Die beim Langlichtbogenschweißen infolge der geringeren Güte der Nahtoberfläche und der unvermeidbaren Spritzer oft erforderliche Nacharbeit führt heute dazu, dass auch bei unlegierten Stählen ein teureres Mischgas eingesetzt wird, das die Ausbildung eines Sprühlichtbogens erlaubt. Dadurch wird insgesamt eine kostengünstigere Fertigung ermöglicht.

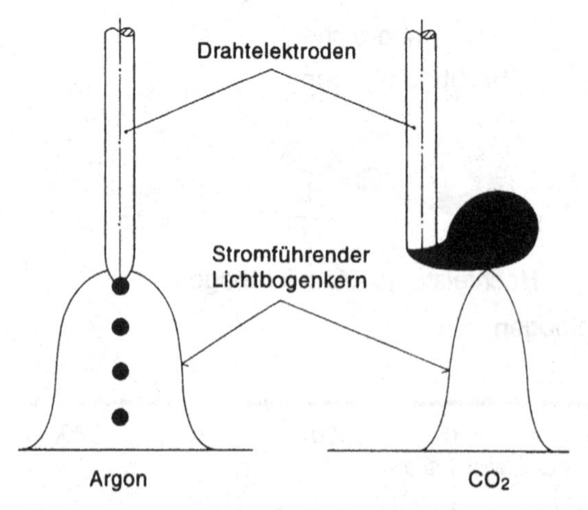

Abb. 5-10 Schutzgaseinfluss auf den Werkstoffübergang

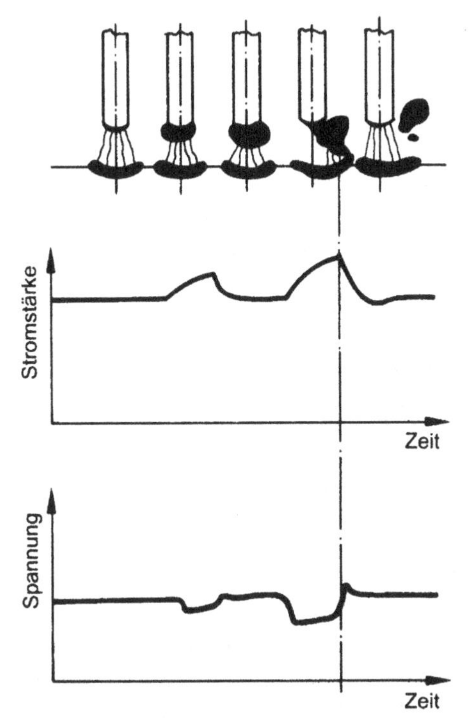

Abb. 5-11 Werkstoffübergang beim Langlichtbogen

5.3.5 Impulslichtbogen

Für Dünnbleche sind mit den bisher beschriebenen Lichtbogenarten eine gute Schweißnahtoberfläche und ein so ruhiger Schweißprozess wie beim Sprühlichtbogen bei der erforderlichen geringen Wärmeeinbringung des Kurzlichtbogens nicht möglich. Für solche Anforderungen wurde die Impulslichtbogentechnik entwickelt.

Beim Impulslichtbogenschweißen wird in der Stromquelle periodisch zwischen zwei Kennlinien umgeschaltet. Dadurch fließen abwechselnd ein niedriger Grundstrom und ein höherer Impulsstrom (Abb. 5-12).

Der Grundstrom hat die Aufgabe, die Ionisation der Lichtbogenstrecke aufrechtzuerhalten, um mit dem Lichtbogen das Drahtelektrodenende und die Werkstückoberfläche vorzuwärmen. Der Werkstoffübergang erfolgt ausschließlich nach dem Schmelzen des Elektrodenendes in der Pulsphase.

Je nach eingestellter Schweißparameterkombination lösen sich pro Impuls ein oder mehrere Tropfen ab, wobei die Ablösung von einem Tropfen pro Impuls den stabilsten und spritzerärmsten Schweißprozess ermöglicht.

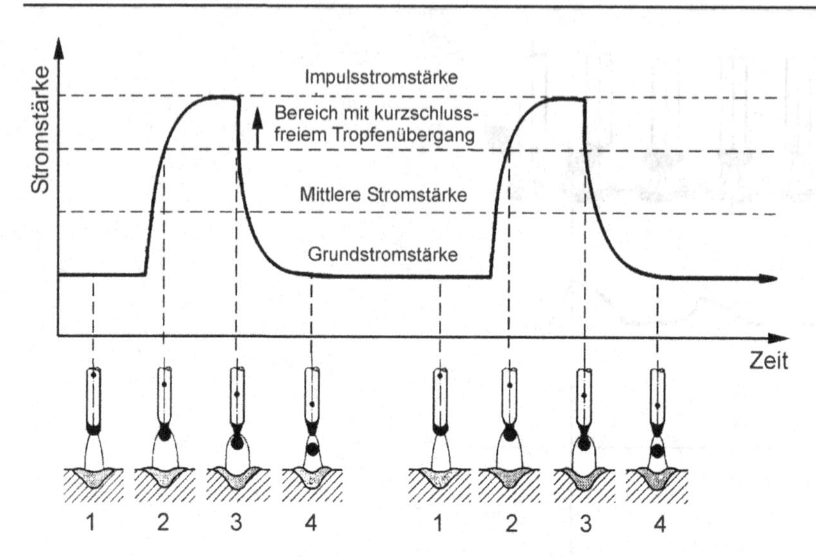

Abb. 5-12 Werkstoffübergang beim Impulslichtbogen

Der Impulsstrom muss dabei über der kritischen Stromstärke liegen, so dass der Bereich des Sprühlichtbogens und damit ein kurzschlussfreier Werkstoffübergang erreicht werden. Als weitere Bedingung gilt, dass das Schutzgas mindestens 80% Inertgasanteil aufweisen soll. Hierbei ist Argon zu bevorzugen, da die Lichtbogenstabilität höher ist als unter Helium und die Kosten deutlich geringer sind.

Neben Grund- und Impulsstrom oder -spannung tritt als Schweißparameter die von Grund- und Impulszeit abhängige Impulsfrequenz (Abb. 5-13). Sie ist bei transistorisierten Stromquellen stufenlos einstellbar, ebenso wie das Tastverhältnis, d.h. das Verhältnis von Pulsdauer zu Periodendauer, welches dann die Stromimpulsdauer bzw. die Grundphasenzeit festlegt.

Die Impulslichtbogentechnik erlaubt eine gute Beherrschung des Schmelzbades, was beim Zwangslagenschweißen wichtig ist. Wegen der hohen Impulsströme bei kleineren Grundströmen können relativ dicke Drahtelektroden für Dünnblechschweißungen eingesetzt werden. Außerdem liegen Wärmeenergie und Abschmelzleistung, die sich aus den Effektivwerten von Strom und Spannung errechnen, in dem für den Kurzlichtbogen typischen Bereich. Die Schweißnahtoberfläche ist aber beim Schweißen in Wannenlage durchaus mit der im Sprühlichtbogen erzielten vergleichbar.

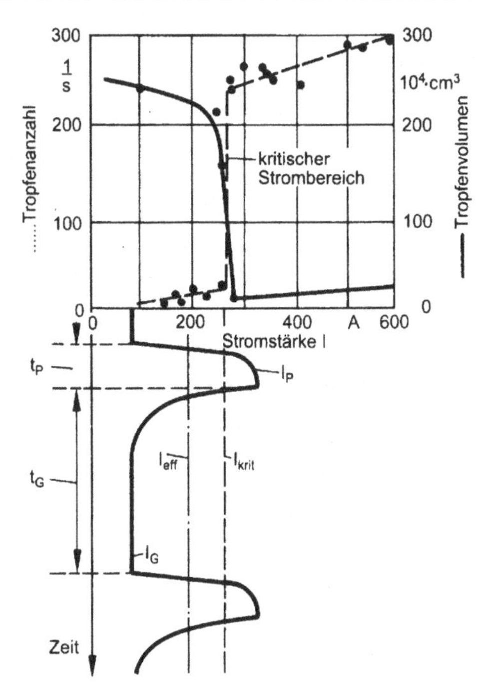

Abb. 5-13 Einzustellende Parameter beim Impulslichtbogen
Einzustellen sind: Grundstrom I_G, Pulsspannung U_P, Pulszeit t_P,
Grundzeit t_G bzw. Impulsfrequenz $F = 1/(t_G + t_P)$, Drahtvorschubgeschwindigkeit v_D

5.3.6 Zweidrahttechnologie

Zur Steigerung der Abschmelzleistung bei gleichzeitiger Erhöhung der Schweißgeschwindigkeit hat sich in den letzten Jahren das MSG-Zweidrahtschweißen erfolgreich etabliert. In einer Gasdüse werden zwei Drahtelektroden in Schweißrichtung hintereinander angeordnet und in einem gemeinsamen Schmelzbad abgeschmolzen. Hierbei streckt sich das Schmelzbad, der vordere Draht bewirkt den Einbrand, die nachlaufende Drahtelektrode formt die Nahtoberraupe. Beim Zweidrahtschweißen wird zwischen dem MSG-Doppeldrahtschweißen und dem weiterentwickelten MSG-Tandemschweißen unterschieden (Abb. 5-14)

Beim MSG-Doppeldrahtschweißen wird in der Regel ein Brenner mit einer runden Gasdüsengeometrie und paralleler Anordnung der Drahtelektroden in einem gemeinsamen Kontaktrohr verwendet. Hierdurch wird der Brenner sehr kompakt und ermöglicht eine gute Zugänglichkeit zum Bauteil, beide Drähte verfügen allerdings über das gleiche Potential, so dass Prozessstörungen am ersten Draht sich unmittelbar auf den zweiten Draht

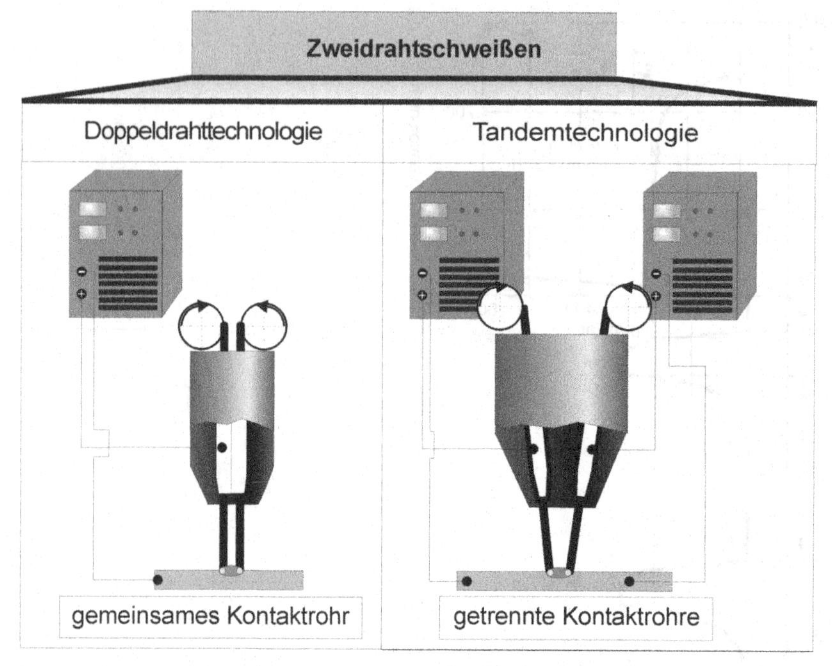

Abb. 5-14 MSG-Doppeldraht- und -tandemschweißen

auswirken. Durch den Einsatz einer einzigen leistungsstarken Stromquelle ist eine getrennte Einstellung der Schweißparameter für beide Drahtelektroden nicht möglich. Ein zeitgleiches Einleiten der Pulsphase an beiden Drahtelektroden verursacht durch gegenseitige elektromagnetische Beeinflussung der Lichtbögen eine nicht geradlinig ins Schmelzbad gerichtete Tropfenablösung.

Demgegenüber ermöglicht die elektrische Trennung beider Kontaktrohre beim MSG-Tandemschweißen eine getrennte Einstellung der Schweißparameter für jede Drahtelektrode. Durch ein zeitlich versetztes Einleiten der Pulsphase an jeder Drahtelektrode (Alternierende Pulstechnik) kann die Blaswirkung zwischen den Lichtbögen minimiert werden und ein deutlich stabilerer Schweißprozess eingestellt werden, bei dem Störungen an einer Drahtelektrode sich nicht unmittelbar auf die andere auswirken. Durch eine V-förmige Anstellung der Kontaktrohre in der Gasdüse wird die Gefahr der Einbrandkerbenbildung beim Kehlnahtschweißen deutlich verringert. Nachteilig bei dieser Technologie ist, dass sich eine Abstandsänderung des Brenners zum Werkstück unmittelbar auf den Abstand der freien Drahtenden auswirkt und dies zu Instabilitäten im Prozess führt. Die etwas größere Bauart des Tandembrenners gegenüber dem Doppeldrahtbrenner schränkt die Zugänglichkeit zum Bauteil in manchen Fällen ein, der Gasverbrauch ist geringfügig höher. Durch die ovale Geometrie der Gasdüse des Tandembrenners kann hierdurch allerdings vor allem bei höherer Schweißgeschwindigkeit die fertige Schweißnaht noch besser vor der Atmosphäre geschützt werden. Die erhöhte Anzahl der einzustellenden Schweißparameter beim MSG-Tandemschweißen erfordert darüber hinaus grundlegendes Prozess-Know-how dieser Technologie.

5.3.7 AC-MIG Schweißen

Der Bedarf an leichteren Bauweisen führt zum Einsatz dünnerer Bleche, was wiederum Schwierigkeiten beim Überbrücken von Spalten mit sich bringt. Beim MSG-Schweißen mit umgekehrter Polarität (Minuspolung der Elektrode) werden die Wärmeeinbringung in den Grundwerkstoff sowie der Einbrand reduziert und die Spaltüberbrückbarkeit wird verbessert. Allerdings führt die umgekehrte Polarität zu einer Verschlechterung der Prozessstabilität. AC-MIG-Stromquellen kombinieren einen standardgepulsten Prozess mit einer einstellbaren Phase umkehrbarer Polarität, Abb. 5-15. Dies führt zu einem stabilen Schweißprozess mit variablem Einbrand und Spaltüberbrückbarkeit, der gut geeignet ist für dünne Bleche mit Spalten, wie sie oft in der industriellen Produktion vorkommen.

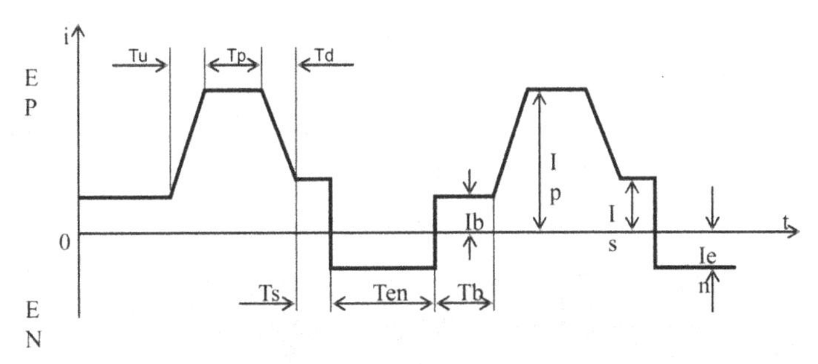

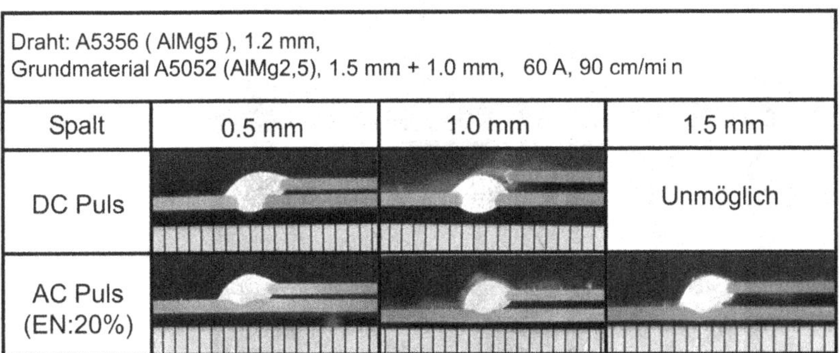

Draht: A5356 (AlMg5), 1.2 mm,
Grundmaterial A5052 (AlMg2,5), 1.5 mm + 1.0 mm, 60 A, 90 cm/mi n

Spalt	0.5 mm	1.0 mm	1.5 mm
DC Puls			Unmöglich
AC Puls (EN:20%)			

Abb. 5-15 AC-MIG-Schweißen, oben: Pulsverlauf; unten: Spaltüberbrückbarkeit

5.3.8 CMT-Prozesse

CMT ist die Abkürzung für „Cold Metal Transfer" und beschreibt einen MSG-Prozess, dessen Wärmeeinbringung sehr gering ist, verglichen mit dem herkömmlichen Kurzlichtbogenprozess.

Beim herkömmlichen Kurzlichtbogenprozess wird der Draht kontinuierlich vorgeschoben. Zum Zeitpunkt des Kurzschlusses steigt der Strom stark an und dieser hohe Strom ist für das Aufbrechen des Kurzschlusses und für das Wiederzünden des Lichtbogens verantwortlich. Durch den hohen Strom zum Zeitpunkt der Lichtbogenwiederzündung und das eher unkontrollierte Aufbrechen des Kurzschlusses kommt es zu einer vermehrten Spritzerbildung.

Beim CMT-Prozess wird der Draht nicht nur in Richtung Werkstück bewegt, sondern auch vom Werkstück zurückgezogen in einer oszillierenden Drahtbewegung mit Frequenzen bis zu 70 Hertz, Abb. 5-16. Damit ist die Drahtbewegung in die Prozessregelung eingebunden.
Beim CMT-Prozess ist der Kurzschlussstrom sehr gering, der Werkstoffübergang findet nahezu stromlos statt, Abb. 5-17. Zusätzlich bricht der Kurzschluss nicht unkontrolliert auf, sondern wird durch das Rückziehen des Drahtes kontrolliert herbeigeführt. Diese beiden Eigenschaften führen zu einer niedrigen Wärmeeinbringung mit praktisch spritzerfreien Schweiß- und Lötnähten.

Die Hauptanmeldungsgebiete des CMT-Prozesses sind:

- spritzerfreies MIG-Löten,
- Dünnblechschweißanwendungen bei Aluminium, Stahl und Edelstahl, Abb. 5-18,
- Lichtbogenfügen von Stahl mit Aluminium.

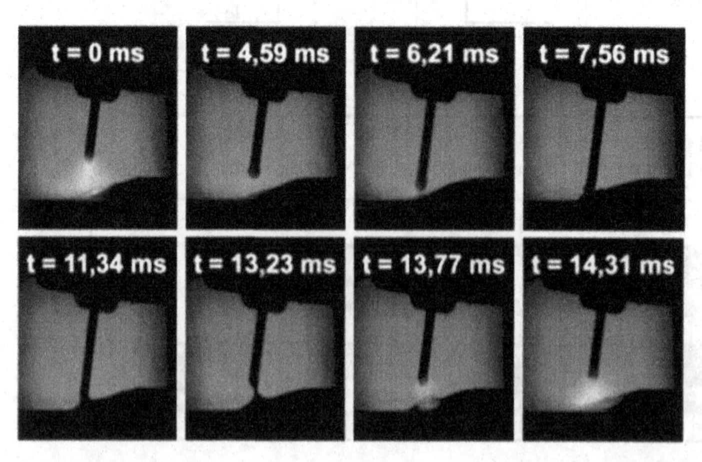

Abb. 5-16 Prinzip des CMT-Prozesses mit oszillierender Drahtvorschubbewegung

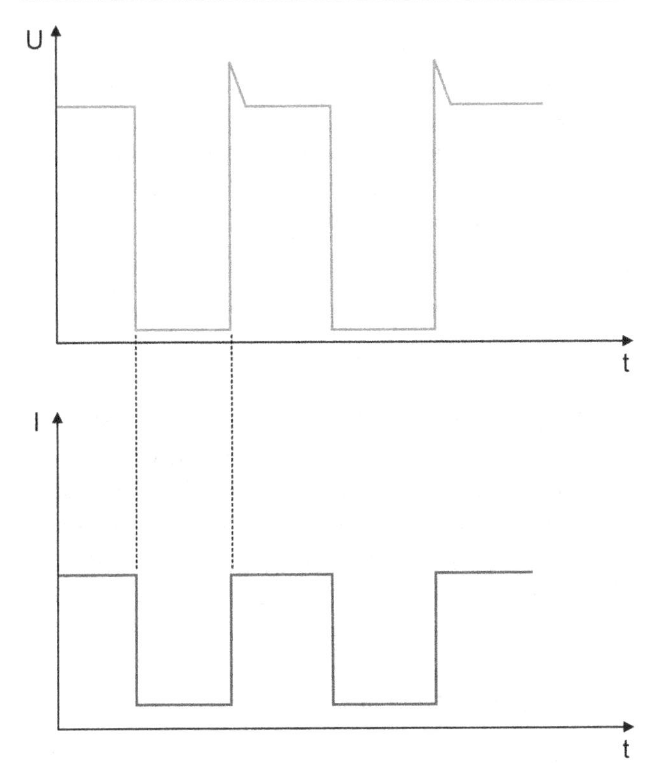

Abb. 5-17 Spannungs- und Stromverlauf beim CMT-Prozess

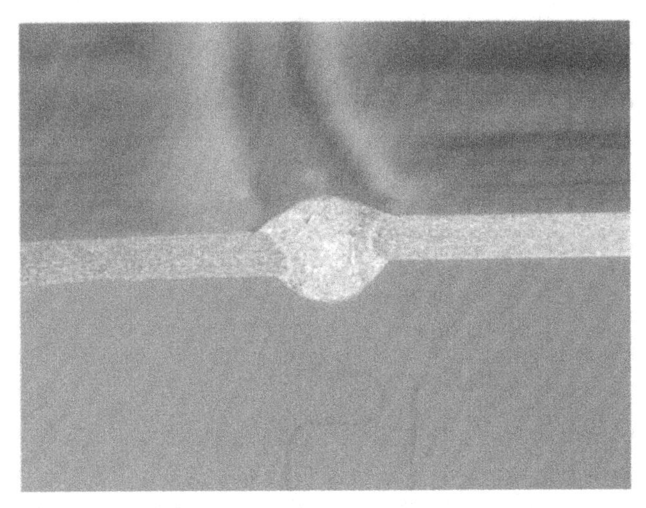

Abb. 5-18 Ohne Badstütze mit CMT-Prozess stumpfnahtgeschweißte Al-Bleche Blechdicke: 0,8 mm; Schweißgeschwindigkeit: 1,5 m/min

5.4 Schweißanlage

Abbildung 5-19 zeigt den Aufbau verschiedener Anlagen zum Metall-Schutzgasschweißen. Die Universalanlage mit separatem Drahtvorschubkoffer findet in der Industrie die häufigste Anwendung. Zwischen Schutzgasflasche und Druckminderer befindet sich beim Schweißen mit Kohlendioxid ein elektrisch beheizter Vorwärmer, da das beim Expandieren verdampfende CO_2 der Umgebung so viel Wärme entzieht, dass Flaschenventil oder Druckminderer einfrieren können. Übliche Gasdurchflussmengen liegen je nach Gasdüsendurchmesser und Schweißbedingungen zwischen 10 und 25 l/min.

Im Schlauchpaket sind Drahtführungsseele, Schutzgaszuführung, Stromzufuhr und Kühlwasserschläuche für die Kühlung von Kontaktrohr und Schutzgasdüse enthalten. Das Kontaktrohr dient zur Übertragung des Stromes auf die Drahtelektrode. Die Schutzgasdüse ist so geformt, dass sie eine gleichmäßige Umströmung des Lichtbogenraumes bewirkt, wodurch Lichtbogen und Schmelzbad sicher gegen die Atmosphäre abgeschirmt werden (Abb. 5-20).

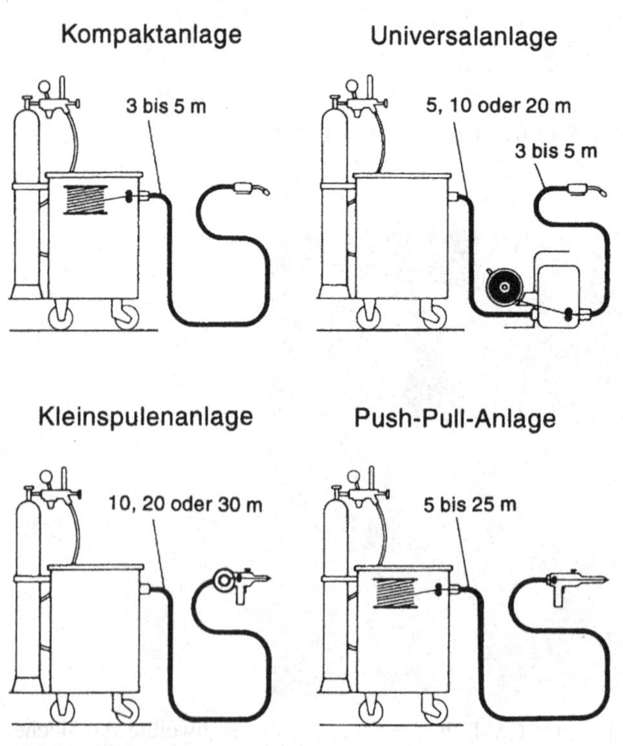

Abb. 5-19 Bauarten von MSG-Schweißanlagen

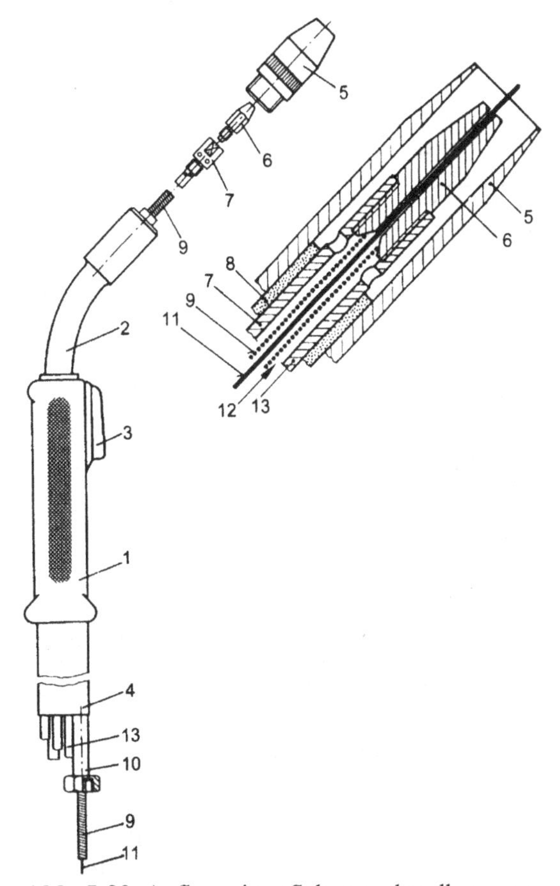

Abb. 5-20 Aufbau eines Schutzgashandbrenners
1 Brennergriff; 2 Brennerhals; 3 Brennerschalter; 4 Schlauchpaket; 5 Schutzgasdüse; 6 Stromkontaktrohr; 7 Kontaktrohrbefestigung; 8 Isolator; 9 Drahtführungsseele; 10 Führungsrohr; 11 Drahtelektrode; 12 Schutzgaszufuhr; 13 Schweißstromzufuhr

Ein Drahtvorschubsystem der einfachsten Bauart, ein Zwei-Rollen-Antrieb, ist in Abb. 5-21 dargestellt. Der Draht wird von einer Drahthaspel abgezogen und in das Schlauchpaket gefördert. Die Förderrolle, die je nach zu förderndem Werkstoff unterschiedlich genutet ist, wird von einem Elektromotor angetrieben. Mit der Gegendruckrolle wird die zur Förderung benötigte Reibkraft erzeugt. Etwas aufwendiger, aber nach dem gleichen Prinzip, arbeitet der Vier-Rollen-Antrieb. Hierbei ergibt das zweite Rollenpaar eine höhere Fördersicherheit durch eine Reduzierung des Schlupfes.

Eine andere Bauart unter den Drahtvorschüben stellt der Planetarantrieb dar. Hierbei wird der Draht in axialer Richtung durch den Motor geführt.

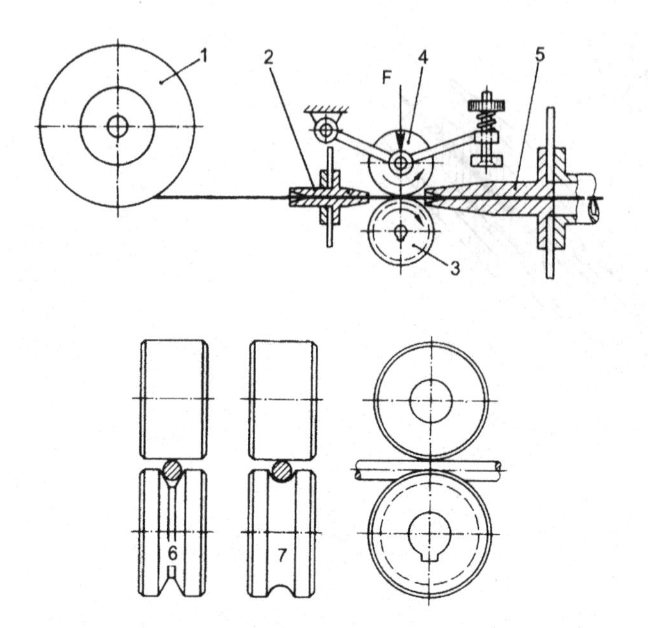

Abb. 5-21 Zwei-Rollen-Drahtvorschubsystem
1 Drahthaspel; 2 Führungsrohr; 3 Förderrolle; 4 Gegendruckrolle; 5 Führungsrohr; 6 Drahtvorschubrolle mit V-Nut für Stahlelektroden; 7 Drahtvorschubrolle mit runder Nut für Aluminiumelektroden

Durch die Rotation des Motors um seine Längsachse und die schräge Anstellung der mit dem Motor fest verbundenen Antriebsrollen ergibt sich eine geradlinige rotationsfreie Vorschubbewegung auf den Draht.

Bei hohen Ansprüchen an die Gleichmäßigkeit der Drahtförderung (z.B. bei Aluminiumschweißungen) und zur Überbrückung größerer Entfernungen zwischen Stromquelle und Werkstück, z.B. im Schiffbau, werden sog. Push-Pull-Drahtvorschubsysteme verwendet. Hierbei wird zusätzlich zum Drahtvorschub an der Stromquelle ein weiteres, kleines Antriebssystem im Schweißbrenner integriert. Bei geeigneter Abstimmung der Geschwindigkeit beider Antriebe wird eine hohe Gleichmäßigkeit der Drahtgeschwindigkeit am Kontaktrohr erreicht. Nachteilig sind der erhöhte Bau- und Regelaufwand und das größere Gewicht des Schweißbrenners.

Die Schweißstromquelle ist aus den folgenden Baugruppen zusammengesetzt. Der Transformator wandelt die Netzspannung in eine Niederspannung um, die anschließend gleichgerichtet wird. Neben der Kühlung für den Brenner und der Schutzgassteuerung ist die Steuerung des Schweißprozesses die wichtigste Baugruppe. Die Steuerung sorgt dafür, dass die eingestellten Schweißdaten auch eingehalten werden.

Der Schweißstrom kann mit verschiedenen Stromquellenbauarten erzeugt werden. Eine einfache, netzunabhängige Bauform ist der Umformer. Hierbei wird ein Generator von einem Verbrennungsmotor angetrieben. Diese „Schweißmaschine" eignet sich besonders für den Baustellenbetrieb.

Für das Schweißen mit Gleichstrom muss dem Transformator ein Gleichrichter nachgeschaltet werden. Eine zusätzliche Glättungsdrossel unterdrückt die Restwelligkeit des gleichgerichteten Stromes und wirkt somit prozessstabilisierend.

Eine thyristorgesteuerte Schweißstromquelle, die in der Lage ist die Schwankungen der Netzspannung bis zu einem gewissen Grad zu kompensieren und eine gewünschte Ausgangsspannung auszusteuern. Der netzseitige Drehstrom wird über einen Transformator, Einweg- oder Brückengleichrichtung und nachfolgende Induktivität in einen Gleichstrom mit geringem Oberwellengehalt von 150 Hz (Einweggleichrichtung) bzw. 300 Hz (Brückengleichrichtung) umgewandelt.

Für die Impulslichtbogentechnik werden aufwendigere Stromquellen benötigt. In der einfachsten Form wird nach dem Prinzip zweier getrennter Stromquellen gearbeitet. Dabei wird dem Grundstrom ein Impulsstrom überlagert. Die Grundstromquelle arbeitet wie eine der oben beschriebenen Stromquellen. Parallel dazu liefert die netzseitig einphasig angeschlossene Impulsstromquelle über Thyristoren die Stromimpulse. An konventionellen Thyristorstromquellen können nur diskrete Impulsfrequenzen von 50 Hz und von der Netzfrequenz abgeleitete Frequenz eingestellt werden (100, 50, 33 oder 25 Hz).

Mit der Entwicklung leistungsfähiger Transistoren wurde der Aufbau analoger Transistorstromquellen möglich (Abb. 5-22). Die Impulsfrequenz wird nicht mehr aus der Netzfrequenz. abgeleitet, sondern von einem separaten Impulsgenerator erzeugt.

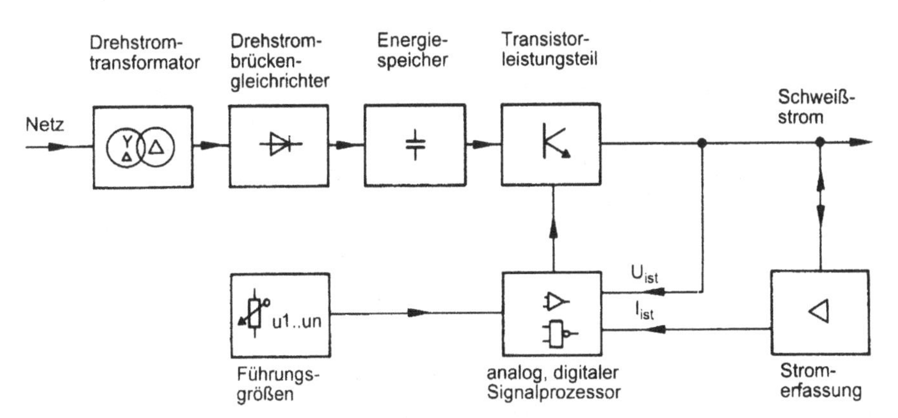

Abb. 5-22 Elektronisch geregelte MSG-Schweißstromquelle, analog

Eine analoge Transistorstromquelle arbeitet nach dem Prinzip eines Audio-Verstärkers, mit dem ein schwaches Eingangssignal möglichst verzerrungsfrei auf einen hohen Pegel verstärkt wird. Wie herkömmliche Stromquellen besitzt auch eine Transistorstromquelle einen Drehstromtransformator, jedoch im Allgemeinen mit nur einer Sekundäranzapfung. Die Sekundärspannung wird mit Siliziumdioden in Vollwellenschaltung gleichgerichtet, durch Kondensatoren geglättet und über eine Transistorkaskade dem Lichtbogen zugeführt. Die Schweißspannung ist stufenlos bis zur Leerlaufspannung einstellbar. Die Differenz von Quellenspannung und Schweißspannung fällt an der Transistorkaskade ab und erzeugt dort eine vergleichsweise hohe Verlustleistung, die in der Regel eine Wasserkühlung erfordert. Dieser Nachteil wird aber in der Regel in Kauf genommen, da solche Stromquellen sehr kurze Reaktionszeiten (30 bis 50 µs) aufweisen. Der Schweißprozess kann durch eine Prozessrückführung beeinflusst werden. Mit der Entwicklung analoger Transistorstromquellen fand eine konsequente Trennung von Leistungsteil (Transformator und Gleichrichter) und elektronischer Steuerung statt. Die in Analog- oder Digitaltechnik aufgebaute Steuerung dient zur Vorgabe der Sollwerte und zur Regelung des Schweißprozesses. Das Leistungsteil dient dabei ausschließlich zur Verstärkung der von der Steuerung ausgegebenen Signale.

Die Endstufe kann auch getaktet ausgeführt werden. Eine sekundär getaktete (geschaltete) Transistorstromquelle weist, ebenso wie eine analoge Stromquelle, Transformator und Gleichrichter auf (Abb. 5-23). Die Transistoreinheit übernimmt hier die Aufgabe eines steuerbaren „Ein-Aus“-Schalters. Durch die Veränderung der Ein- und Ausschaltdauer, d.h. des Tastverhältnisses, kann die mittlere Spannung am Ausgang der Transistorstufe variiert werden. Die Lichtbogenspannung erhält dabei eine in der Amplitude geringe Oberwelligkeit in der Schaltfrequenz von i.a. 20 kHz, wobei der Schweißstrom bei den hohen Taktfrequenzen infolge von Induk-

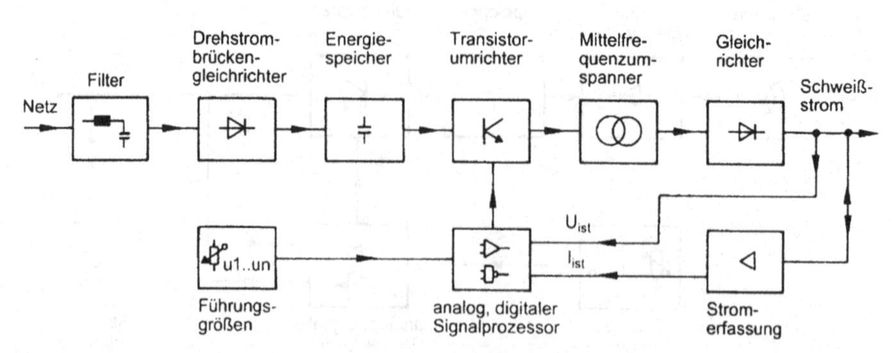

Abb. 5-23 Elektronisch geregelte MSG-Schweißstromquelle, primär getaktet

tivitäten stark geglättet ist. Da die Transistoreinheit nur als Schalter arbeitet, ist die Verlustleistung geringer als bei analogen Quellen. Dabei liegt der Wirkungsgrad bei 75 - 95%. Die Reaktionszeiten solcher getakteter Anlagen sind mit 300 - 500 µs deutlich geringer als bei analogen Stromquellen.

Primär getaktete „Inverter"-Stromquellen unterscheiden sich grundsätzlich von den vorgenannten Schweißmaschinen. Die aus dem Versorgungsnetz kommende Wechselspannung (50 Hz) wird gleichgerichtet, geglättet und über steuerbare Transistor- oder Thyristorschalter in eine mittelfrequente Wechselspannung (rd. 25-50 kHz) umgerichtet. Diese Wechselspannung wird auf die Schweißspannung heruntertransformiert und über einen Sekundärgleichrichter dem Schweißprozess zugeführt, wobei sie ebenfalls eine durch die Schaltfrequenz bedingte Oberwelligkeit aufweist. Der Vorteil von Inverterstromquellen liegt in ihrem geringen Gewicht. Ein Transformator, der eine Spannung bei einer Frequenz von 20 kHz umspannt, hat gegenüber einem 50 Hz-Transformator wesentlich geringere Magnetisierungsverluste, wodurch seine Baugröße entsprechend kleiner ausfallen kann und sein Gewicht nur etwa 10 Prozent von dem eines 50 Hz-Transformator beträgt. Reaktionszeit und Wirkungsgrad sind Taktfrequenzabhängig und den entsprechenden Größen von sekundär getakteten Stromquellen vergleichbar. Während die analogen Quellen fast völlig vom Markt verschwunden sind, haben sich die primärgetakteten „Inverter" Stromquellen zu den häufigst eingesetzten MSG-Stromquellen entwickelt.

5.5 Einsatzmöglichkeiten

Die Metall-Schutzgasschweißverfahren sind die heute am häufigsten eingesetzten Schweißverfahren. Bezüglich ihrer Leistungsfähigkeit hinsichtlich Abschmelzleistung und erreichbarer Einbrandtiefe sind sie im Bereich zwischen Lichtbogenhand- und Unterpulver-Schweißen einzuordnen. Die gebräuchlichen Drahtelektrodendurchmesser reichen von 0,8 bis 1,6 mm. Die Abschmelzleistung liegt zwischen weniger als 1 kg/h beim Kurzlichtbogen bis zu 20 kg/h bei Hochleistungsanlagen mit dem Sprühlichtbogen.

Bei Baustelleneinsatz sind die Schutzgasverfahren ohne zusätzlichen Schutz vor Windeinwirkung (z.B. Zelte) nicht einsetzbar. Ihre Anwendungsmöglichkeiten sind jedoch insgesamt größer als die des UP- und des Lichtbogenhandschweißens. MSG-Verfahren können teil- und vollmechanisiert sowie automatisch betrieben werden. Die einstellbaren Stromstärken reichen je nach Drahtdurchmesser von etwa 40 A im Kurz- oder Impulslichtbogen über ca. 400-600 A im Rotationslichtbogen. Die direkte

Beobachtungsmöglichkeit der Schweißstelle ermöglicht auch das Schweißen sehr kurzer und stark gekrümmter Nähte und eine gute Kontrolle der Schweißung. Durch Abstimmung von Schutzgas, Lichtbogenart und Schweißparameter sind Schweißungen in allen Positionen auch für Dünnbleche um 1 mm Wanddicke möglich. Der Einsatz der Metall-Schutzgasschweißverfahren reicht deshalb von der Reparatur in Handwerksbetrieben (Karosseriebau) über die Einzelfertigung von Großbauteilen bis zur Serienfertigung kleiner und mittelgroßer Bauteile. Sie werden in allen Industriezweigen eingesetzt. Aufgrund der hohen Flexibilität des Verfahrens und der kompakten Bauweise des Brenners eignet sich die Metall-Schutzgastechnik besonders für den Einsatz mit Robotern.

5.6 Zusatzwerkstoffe

Als Zusatzwerkstoffe werden Massiv- oder Fülldrahtelektroden mit Durchmessern zwischen 0,6 und 2,4 mm eingesetzt. Massivdrahtelektroden sind in EN 440, EN 759, EN 12070 und 12072 für Stähle sowie in einem Entwurf prEN ISO 18273 für Nichteisenmetalle genormt (vgl. Kapitel 2.6).

Fülldrahtelektroden werden im Rahmen der europäischen Normung in eigenständigen Normen EN 758, EN 12073 und EN 12535 in sieben Typen-Varianten beschrieben. Fülldrähte enthalten Lichtbogenstabilisatoren, Schlackenbildner und Legierungselemente, die einen ruhigen Schweißprozess begünstigen, zu einem guten Schutz der erstarrenden Naht vor der Atmosphäre beitragen und zumeist sehr gute mechanische Gütewerte gewährleisten. Durch den geringeren leitenden Querschnitt erhöht sich der Widerstand gegenüber einer Massivdrahtelektrode. Bei gleicher Stromstärke steigt deshalb die Vorwärmung des freien Drahtelektrodenendes zwischen Kontaktdüse und Lichtbogen und damit die Abschmelzleistung. Nachteilig wirken sich die relativ starke Rauch- und Spritzerbildung und die höheren Drahtkosten aus. Die Schweißeigenschaften von Fülldrähten sind in hohem Maße von Art und Menge des Füllmaterials, der Querschnittsform und der Größe des leitenden Querschnittes abhängig.

Unlegierte Fülldrähte sind in Schlackenbildner (hüllenlegiert) und Metallpulverdrähte (füllungslegiert) unterteilbar. Hüllenlegierte Drähte sind mit schlackebildenden Pulvern gefüllt, während die Hülle aus der fertigen Legierung besteht. Metallpulverdrähte sind bei richtiger Abstimmung von massiver Ummantelung und Metallpulverfüllung in den Schweißeigenschaften den Massivdrähten ähnlich und werden unter den üblichen Schutzgasen verschweißt. Bei „Selbstschützenden" Fülldrähte sind in der Füllung Stoffe enthalten, die bei der Schweißung ausgasen und wie beim

Lichtbogenhandschweißen das Schweißgut vor der Umgebungsatmosphäre schützen. Auf ein Schutzgas kann verzichtet werden. Wegen des hohen Drahtpreises wird dieses Verfahren jedoch selten industriell eingesetzt.

5.7 Verschweißbare Werkstoffe und Abmessungen

Mit dem MSG-Verfahren lassen sich nahezu alle Werkstoffe schweißen, die in Drahtform ziehbar sind. Aufgrund der höheren Gaskosten bleibt das MIG-Schweißen jenen Werkstoffen und Verbindungsaufgaben vorbehalten, die mit dem MAG-Verfahren nicht mit ausreichender Qualität verschweißbar sind. Hauptanwendungsbereich ist das Fügen von Chrom-Nickel-Stählen und Aluminiumwerkstoffen. Bei diesen Werkstoffen findet auch die Impulslichtbogentechnik große Verbreitung. Mischverbindungen zwischen ferritischen und austenitischen Stählen, sogenannte „Schwarz-Weiß-Verbindungen", werden ebenfalls MIG-geschweißt. Unlegierte und niedriglegierte Stähle schweißt man dagegen in der Regel mit dem MAGM-Verfahren, wobei Schutzgas und Zusatzwerkstoff aufeinander und auf den Grundwerkstoff abgestimmt sein müssen.

Der mit den MSG-Verfahren verschweißbare Blechdickenbereich ist sehr groß. Mit Kurz- und Impulslichtbogen lassen sich Bleche unter 1 mm Dicke (Karosseriebleche) verarbeiten, mit der Mehrlagentechnik und dem Sprühlichtbogen bzw. dem Rotationslichtbogen sind auch große Wandstärken verschweißbar. Fugenformen für das Metall-Schutzgasschweißen sind in DIN 8551 Teil 1 genormt.

5.8 MSG-Löten

Als das älteste Verfahren der thermischen Verbindungstechnik gilt das Löten, welches bereits um 3000 v.Chr. bekannt war. Dies belegen Funde von Schmuckgegenständen aus sumerischen Königsgräbern.

Heutzutage werden Lötverfahren eingesetzt, um eine breite Vielfalt gleich- und verschiedenartiger Werkstoffe miteinander zu verbinden. Charakteristische Merkmale für das Löten sind hierbei seine Vielseitigkeit hinsichtlich Automatisierbarkeit, seine individuelle Anpassbarkeit an die Fügeaufgabe sowie ein vergleichsweise geringer Energieeintrag in den Grundwerkstoff. Das MSG-Eindrahtlöten hat mittlerweile seinen festen Platz in vielen Bereichen der Industrie und hat insbesondere beim Fügen von beschichteten Dünnblechen das Schutzgasschweißen bereits häufig abgelöst.

Laut Definition erfolgt beim Löten im Gegensatz zum Schweißen nur eine unwesentliche Anschmelzung des Grundwerkstoffes. Lediglich der eingesetzte Zusatzwerkstoff wird beim Fügen komplett flüssig. Aufgrund der hohen Temperaturen im Lichtbogen kommt es beim MSG-Löten jedoch zu einer minimalen Anlösung des Grundwerkstoffes, die das 0,3fache der Blechdicke nicht überschreiten sollte.

Beim MSG-Löten kann auf die gleiche Anlagentechnologie zurückgegriffen werden wie beim MSG-Schweißen. Das einzige Unterscheidungsmerkmal ist der verwendete Zusatzwerkstoff. Niedrigschmelzende Drahtelektroden auf Kupferbasis finden beim Löten ihre Anwendung.

Industriell zum Einsatz kommen sowohl genormte Hartlote als auch nicht genormte Kupferschweißdrähte. Alle Lote basieren auf min. 80% Kupfer. Legiert wird mit bis zu 4% Silizium, 8% Aluminium, 10% Zinn, 2% Mangan, 6% Nickel sowie weiteren Legierungsbestandteilen. Der Schmelzbereich der Hartlote liegt in der Regel zwischen 900° und 1100°C. Neuere Entwicklungen auf dem Gebiet der Zusatzwerkstoffe zielen auf eine weitere Absenkung der Schmelztemperatur oder spezielle metallurgische Eigenschaften insbesondere beim Fügen höherfester Stähle.

Auf den Einsatz von Flussmitteln kann im Gegensatz zu anderen Lötverfahren verzichtet werden, die Schutzgasatmosphäre schützt die Lötzone während der Erstarrungsphase vor Oxidation. Das MSG-Löten ist somit ein sehr umweltfreundliches Verfahren.

Die Energieeinbringung in das Bauteil ist beim MSG-Löten sehr gering und beträgt weniger als 50% gegenüber dem Schweißen, wodurch zum einen das Bauteil selbst weniger Verzug aufweist und zum anderen die evtl. vorhandene Beschichtung des Bauteils weniger thermisch geschädigt wird.

Da beim Löten die zu fügenden Kanten des Bauteils nicht oder nur minimal angelöst werden, können insbesondere durch eine Verdrehung der Drahtelektroden quer zur Fügerichtung Spalte selbst bei höheren Fügegeschwindigkeiten besser überbrückt werden. Dies ermöglicht größere Bauteiltoleranzen und eine vereinfachte Vorfertigung.

Die Anwendung der Zweidrahttechnologie zum Löten zeigt in Laborversuchen großes Potential hinsichtlich der Steigerung der Fügegeschwindigkeit und der Verbesserung der Spaltüberbrückbarkeit, jedoch finden sich in der Praxis bisher nur wenige Anwendungsfälle.

Die Zweidrahttechnologie ist charakterisiert durch die Anordnung einer zweiten Drahtelektrode in einer gemeinsamen Schutzgasdüse und den Werkstoffübergang in ein gemeinsames Schmelzbad. Es wird unterschieden zwischen Doppeldraht- und Tandemtechnik. Bei der Doppeldrahttechnologie haben beide Elektroden ein gemeinsames Potential, beim Tandemverfahren sind die einzelnen Potentiale getrennt.

Der Tandemprozess hat in der Praxis im Vergleich zum Eindrahtverfahren Grenzen aufgrund der Vielzahl an Einstellparametern der zwei Stromquellen und der gegenseitigen Prozessbeeinflussung.

Eine weitere Verfahrensvariante, die zurzeit in der Diskussion steht, ist das MSG-Löten mit einem rechteckförmigen Elektrodequerschnitt anstatt der herkömmlichen Rundelektrode. Dieses Verfahren zeichnet sich gegenüber dem konventionellen Prozess durch höhere Abschmelzleistungen, die sich in größere Einbringvolumina oder höhere Schweißgeschwindigkeiten umsetzen lassen und aufgrund des Elektrodenquerschnittes durch gute Spaltüberbrückbarkeit aus.

Das MSG-Löten stellt gegenüber dem MSG-Schweißen ein energieärmeres Fügeverfahren dar. Daraus leiten sich verschiedene Vorteile beim Fügen von Dünnblechen ab. Neben dem geringeren Verzug der Bauteile und einer geringeren thermischen Beeinflussung der Beschichtungen, sind dies vor allem die bessere Spaltüberbrückbarkeit und höhere Fügegeschwindigkeiten. Hierdurch hat das MSG-Eindrahtlöten bereits seinen festen Platz in der Fertigung, insbesondere in der Dünnblech verarbeitenden Industrie, Abb. 5-24. Das Tandemlöten und insbesondere das Bandlöten

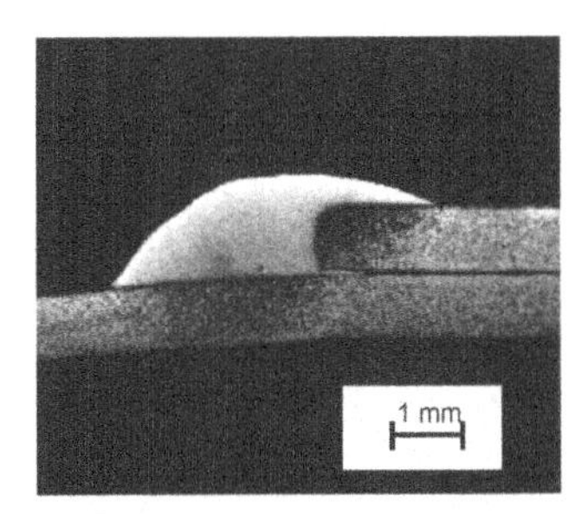

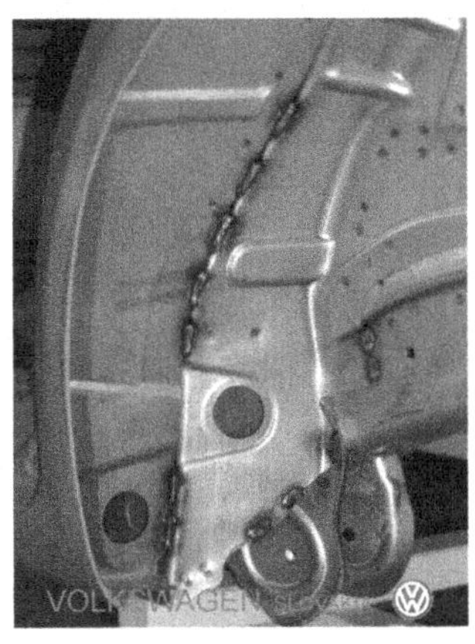

Abb. 5-24 Anwendungsbeispiele MSG-Löten (Werkfoto: VW)

hingegen sind in der Industrie bisher nur wenig verbreitet. Beide Varianten beinhalten die Vorteile des Eindrahtlötens und darüber hinaus ermöglichen sie eine erhebliche Steigerung der Fügegeschwindigkeit bei gleichzeitig größeren Bauteiltoleranzen.

6 Engspaltschweißen, Elektrogasschweißen und Elektroschlackeschweißen

6.1 Engspaltschweißen

6.1.1 Verfahrensprinzip

Seit Anfang der sechziger Jahre wurden vor allem in den Vereinigten Staaten und in Japan unter dem Gesichtspunkt der Rohstoff- und Energieeinsparung beim Fügen dickwandiger Bauteile Verfahrensvarianten bestehender Schmelzschweißtechnologien entwickelt, die unter dem Begriff „Engspaltschweißen“ („Narrow-Gap Welding“) bekannt wurden. Bei der Engspalttechnik lassen sich gegenüber den bisher im Dickblechbereich bevorzugt eingesetzten konventionellen Verfahren und Nahtformen aufgrund der besonderen Nahtgeometrie (Steilflankennähte mit – je nach Blechdicke – Spaltbreiten von 6 bis 30 mm) in großem Maße Einsparungen an Zusatzwerkstoffmaterial erzielen. Durch Verringerung der Lagenanzahl, Schweißzeit und damit des Energieaufwandes für die Fertigung können die Produktionskosten erheblich reduziert werden.

Es wurden bisher nahezu bei allen bekannten Lichtbogen- oder Widerstandsschweißverfahren Engspaltschweißvarianten entwickelt und bereits in der Praxis eingesetzt. So sind folgende Verfahren bekannt:

- Metallschutzgas-(MSG-)-Engspaltschweißen,
- Wolfram-Inertgas-(WIG-)-Engspaltschweißen,
- Unterpulver-(UP-)-Engspaltschweißen,
- Elektrogas-(EG-)-Engspaltschweißen,
- Elektroschlacke-(ES-)-Engspaltschweißen.

Da das Engspaltschweißen im Grunde eine Variante der herkömmlichen Schweißverfahren darstellt, kann auf eine breite Erfahrung in bezug auf die Verarbeitung verschiedener Werkstoffe sowie eine breite Palette von Zusatzwerkstoffen bzw. Hilfsstoffen zurückgegriffen werden. Diese sind in den jeweiligen Kapiteln ausführlich und detailliert beschrieben, deshalb werden nachfolgend nur Verfahrensmerkmale der gängigen Engspaltschweißvarianten beschrieben.

Das Metallschutzgas-Engpspaltschweißen ist durch die größte Vielzahl an Verfahrensmodifikationen gekennzeichnet, die mit Hilfe spezieller Schweißbrenner, sogenannten „Schwertdüsen", Bleche bis zu 300 mm Dicke bei Spaltbreiten von 9 bis 14 mm verbinden. Um einen sicheren Einbrand in die nahezu senkrechten Nahtflanken zu gewährleisten, sind verschiedene, teilweise auch sehr aufwendige Drahtförder- und Auslenkmechanismen entwickelt worden, die die MSG-Engspaltvarianten grob einteilen lassen in:

- Verfahren ohne erzwungene Lichtbogenbewegung,
- Verfahren mit rotierender Lichtbogenbewegung und
- Verfahren mit quer pendelnder Lichtbogenbewegung

Darüber hinaus können alle MSG-Engspaltschweißverfahren danach unterschieden werden, ob mit oder ohne Drahtverformung gearbeitet wird bzw. ob mit einem oder mehreren Zusatzdrähten in 1-Raupe-pro-Lage-

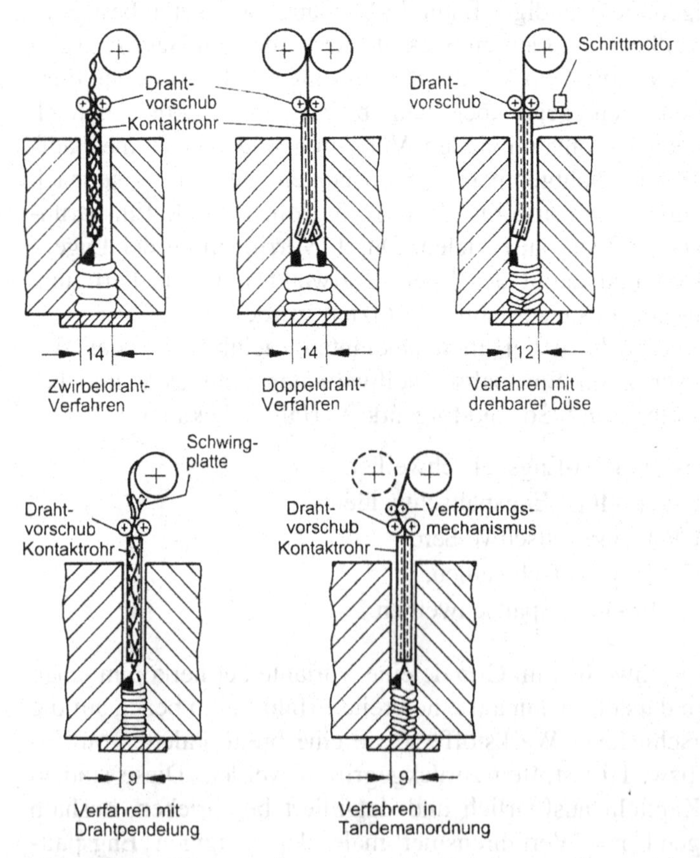

Abb. 6-1 Verfahrensvarianten des Metall-Schutzgas-Engspaltschweißens

oder 2-Raupen-pro-Lage-Technik geschweißt wird. Aus der Vielzahl der Verfahren sind das Tandemschweißen (Schweißen zweier Kehlnähte), das Zwirbeldrahtschweißen (Schweißen mit verdrillten Drähten), das Doppeldrahtschweißen und die Verfahren mit pendelnder Düse bzw. pendelndem Draht am meisten verbreitet (Abb. 6-1).

Abbildung 6-2 zeigt den Makroquerschliff einer MSG-Engspaltschweißverbindung an 100 mm dicken Blechen, die in 30 Lagen mit dem Pendelplatten-Verfahren erstellt wurde. Bei dieser Verfahrensvariante wird die Lichtbogenpendelung durch eine plastische, wellenförmige Verformung der Drahtelektrode mittels einer Pendelplatte erzeugt. Es ist ein sehr gleichmäßiger Lagenaufbau sowie eine nahezu geradlinig verlaufende Schmelzlinie mit nur sehr schmaler Wärmeeinflusszone erkennbar. Diese Nahtausbildung wird nur bei genauer Brennermittenführung und korrekter Einstellung der Pendelparameter erreicht. Eine störungsfreie und kontrollierte, sichere Prozessführung ist eine Grundvoraussetzung für die An-

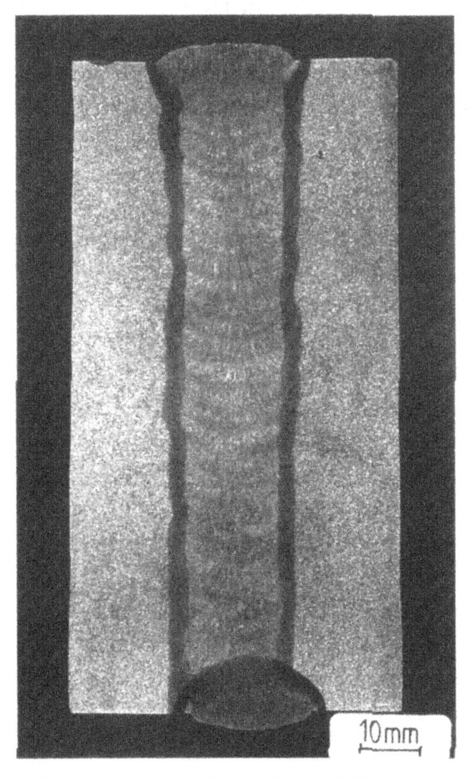

Abb. 6-2 Querschliffe einer MSG-Engspaltschweißnaht mit 30 Lagen und einer Kapplage, Mehrlagentechnik mit Lichtbogenpendelung, Schutzgas: CO_2
Schweißparameter I_S=260 bis 285 A, U_S=32,0 bis 34,5 V, v_S=25 bis 30 cm/min

wendbarkeit des Engspaltschweißens, da eine Fehlererkennung und eventuelle Reparaturschweißungen nur mit besonderen, aufwendigen Vorrichtungen erfolgen können.

Das Wolfram-Inertgas-(WIG-)-Engspaltschweißen wird entweder mit Kaltdraht- oder mit Heißdrahtzugabe hauptsächlich als Orbitalschweißverfahren oder für Verbindungen an hochlegierten Werkstoffen bzw. von Nichteisen-Metallen eingesetzt. Verglichen mit den Engspaltvarianten des MSG-Verfahrens, nimmt es aber nur einen geringen Anteil in der praktischen Anwendung ein.

Das Unterpulver-Engspaltschweißen wird dagegen aufgrund der seit langem bekannten hohen Wirtschaftlichkeit auch in Deutschland zunehmend eingesetzt. So wurden mit Hilfe von speziellen Eindrahtbrennern bereits Bleche bis 670 mm Dicke erfolgreich industriell geschweißt. Hierbei war es notwendig, eine Spaltbreite von mindestens 35 mm zu wählen und in 3-Raupen-pro-Lagen-Technik zu arbeiten.

Neue Entwicklungen streben Verfahrensmodifikationen an, die trotz der Schwierigkeiten beim Entfernen der Schlacke eine deutliche Minimierung der Spaltbreite ermöglichen. So werden Anstrengungen unternommen, statt der Arbeitstechniken in 2 bis 3 Raupen je Lage hauptsächlich die wirtschaftlichere 1-Raupe-pro-Lage-Technik für Ein- bzw. Mehrdrahtprozesse einzusetzen und so annähernd dem MSG-Engspaltschweißen vergleichbare Spaltbreiten einzustellen. Die notwendige Schlackenbildung schränkt jedoch eine extreme Minimierung der Spaltbreite sowie die Möglichkeiten der Verfahrensmodifikationen – beispielsweise durch Drahtpendelung – gegenüber dem MSG-Engspaltschweißen ein.

Als gängige und erfolgversprechende Neuentwicklungen des UP-Engspaltschweißverfahrens werden das Verfahren mit längsgestellter Bandelektrode sowie das Doppeldraht-Verfahren genannt. Beim UP-Engspaltschweißen mit Bandelektrode wird in Mehrraupen-pro-Lage-Technik gearbeitet, wobei die 10 bis 25 mm breite Massiv- bzw. Füllbandelektrode unter einem Winkel von ca. 5° zur Flanke ausgelenkt wird, um Kollisionsgefahren zu vermeiden (Abb. 6-3). Nach Erstellen der ersten Kehlnaht und Entfernen der Schlacke wird die gegenüberliegende Kehle verschweißt. Die Spaltbreite beträgt je nach Lagenzahl/Raupe zwischen 10 bis 25 mm (Abb. 6-4). Das UP-Doppeldrahtverfahren arbeitet mit zwei dünnen (1,2 bis 1,6 mm) Elektroden, wovon eine Elektrode auf die Flanke und die andere entweder auf den Fugengrund oder auf die gegenüberliegende Flanke ausgelenkt wird. Es wird entweder in 1 oder 2-Raupen-pro-Lage-Technik gearbeitet. Die Spaltweite liegt abhängig von Elektrodendurchmesser und Schweißpulverart zwischen 12 und 13 mm.

Auch bei den ohnehin schon sehr wirtschaftlichen Senkrechtschweißverfahren, dem Elektroschlacke (ES)- und Elektrogas (EG)-Schweißen,

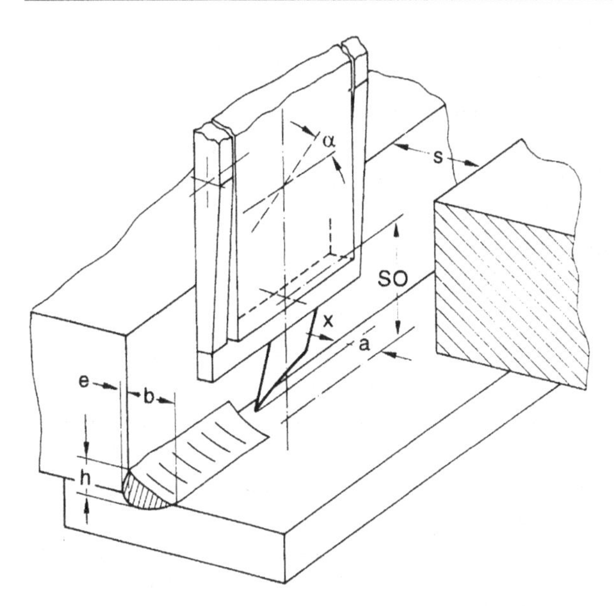

Abb. 6-3 UP-Engspaltschweißen mit Bandelektrode
a Auslenkung der Elektrode; b Raupenbreite; e Einbrandtiefe; h Raupenhöhe; s Spaltbreite; SO stick out; α Verdrehungswinkel

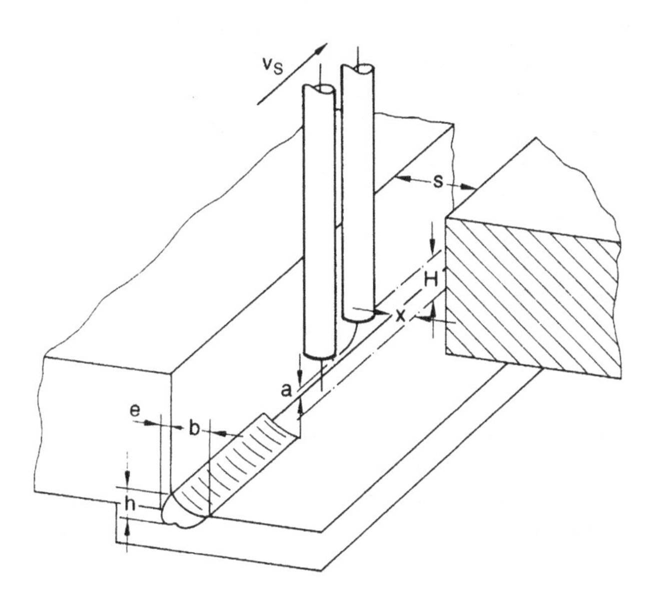

Abb. 6-4 UP-Engspaltschweißen mit Doppeldrahtelektrode
a Auslenkung der Elektrode; b Raupenbreite; e Einbrandtiefe; H stick out; s Spaltenbreite; υ_S Schweißgeschwindigkeit; x Abstand vom Brenner zur Flanke

mit denen große Wanddicken in einer Lage geschweißt werden können, werden Schweißnähte mit verringerten Fugenvolumen durch Engspalt-Nahtvorbereitung angestrebt. Die Spaltbreitenverringerung bei den beiden maschinentechnisch sehr ähnlichen Schweißverfahren (siehe auch Kap. 6.2 und Kap.6.3) wird durch Verwendung dünner Drahtelektroden erreicht, die in Blechdickenrichtung mit 0,8–1,7 Hz gependelt werden. Eine andere Möglichkeit ist die Verwendung dünner, parallel zu den zu verschweißenden Blechkanten gestellter Massiv- oder Füllbandelektroden.

Bei letzterem Verfahren wird die Bandelektrode durch einen Umwalzvorgang längs in den Spalt von oben auf die Schweißstelle geführt. Diese Verfahrensvariante eignet sich sowohl zum Elektrogas- als auch zum Elektroschlacke-Schweißen, wobei die Bandbreite jeweils der zu verschweißenden Blechdicke entspricht. Eine andere Engspaltschweißvariante stellt das ES-Kanalschweißen mit Bandelektrode und abschmelzender Bandzuführung dar. Hierbei wird anstelle einer Drahtelektrode und eines umhüllten Stahlrohres eine mittels abschmelzender Zuführung positionierte Bandelektrode eingesetzt. Durch die schmale Ausführung der Bandelektrodenzuführung kann die Fugenbreite gegenüber der konventionellen Verfahren deutlich verringert werden.

Alle oben dargestellten Engspaltschweißverfahren erfordern einen erhöhten Aufwand für die Schweißanlagentechnik, da besondere Anforderungen an den Drahtvorschub, die Schweißkopfkonstruktion sowie an die genaue Schweißkopfführung relativ zur Flanke gestellt werden. In den meisten Fällen müssen Anlagenkomponenten der herkömmlichen Anlagen modifiziert bzw. im Eigenbau erweitert werden. Der Wirtschaftlichkeitszuwachs durch die eindeutigen Vorteile der Engspalttechnik gegenüber herkömmlichen Verfahren rechtfertigt jedoch den Aufwand bei weitem.

6.2 Elektrogasschweißen

6.2.1 Verfahrensprinzip

Das Elektrogas-(EG)-Schweißen ist ein vollmechanisiertes Metall-Schutzgasschweißverfahren hoher Leistungsfähigkeit für senkrechte und annähernd senkrechte Schweißpositionen. Zur Schmelzbadsicherung dienen wassergekühlte Kupfergleitschuhe (Abb. 6-5). In den durch die zu verbindenden Blechkanten und die Gleitschuhe entstehenden Hohlraum ragt ein seitlich von oben kommender Schweißrüssel, der die gleichen Aufgaben hat wie der Brenner beim MAG-Schweißen, d.h. Führung und Stromkontaktierung der Drahtelektrode.

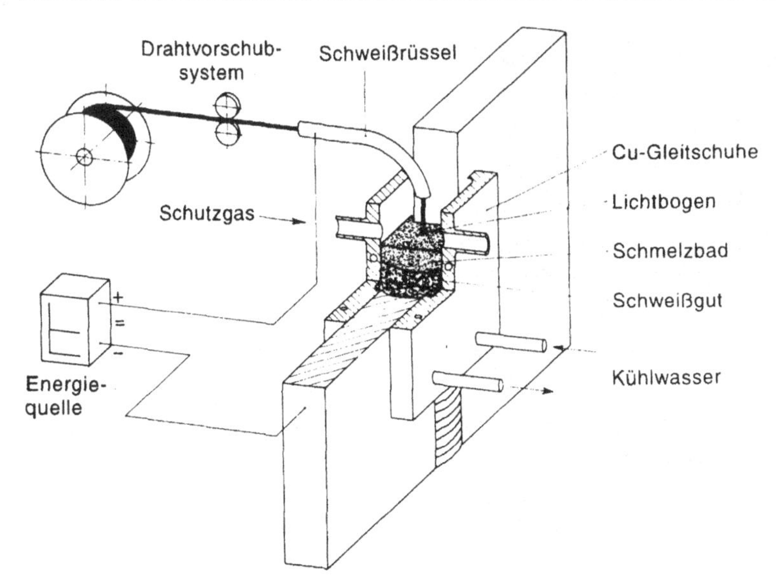

Abb. 6-5 Verfahrensprinzip des Elektrogasschweißens

Aus Bohrungen im oberen Teil der Gleitschuhe strömt Schutzgas in den Hohlraum (meistens CO_2, aber auch Mischgase aus CO_2 und Argon). Der Lichtbogen wird am Nahtanfang durch Kurzschluss gezündet und erwärmt die Schweißstelle, so dass abgeschmolzener Zusatzwerkstoff und aufgeschmolzener Grundwerkstoff ein Metallbad bilden. Entsprechend der Steiggeschwindigkeit des Metallbades, die gleichbedeutend mit der Schweißgeschwindigkeit ist, bewegen sich Schweißrüssel und Kupfergleitschuhe am Blech entlang nach oben. Die Schweißgeschwindigkeit ist also direkt von der Abschmelzleistung abhängig. Um Bindefehler zu Beginn des Schweißvorganges zu vermeiden, die bis zur Bildung des Metallbades und damit zum Erreichen stationärer Schweißbedingungen möglich sind, muss der Prozess auf „Anlaufstücken" gestartet werden. Die am Schweißnahtende entstehenden Lunker verlagert man auf „Auslaufstücke". Unterbrechungen des Schweißvorganges sind möglichst zu vermeiden.

6.2.2 Schweißanlage

Man unterscheidet zwei Arten von Schweißmaschinen für das Elektrogasschweißen:

a) Ständermaschinen werden im Werkstattbetrieb verwendet (Abb. 6-6). Sie sind stationär und erlauben eine Vorschubbewegung unabhängig vom Werkstück. Dadurch sind die schweißbaren Nahtlängen begrenzt.

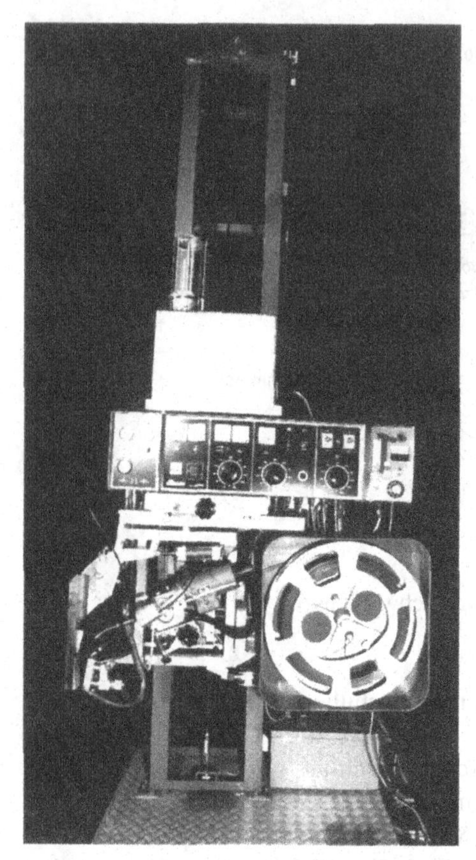

Abb. 6-6
Elektrogas-Ständerschweißmaschine (Werkfoto: ARCOS)

b) Klettergeräte sind leicht und für den Baustellenbetrieb geeignet. Sie klettern an den zu verschweißenden Blechen mit Führung in der Schweißfuge empor. Dadurch sind sehr lange Schweißnähte möglich. Ähnliche Anlagen werden auch zum Elektroschlackeschweißen benutzt (siehe Kapitel 6.3).

Trotz des guten Schutzes der Schweißstelle vor Windeinfluss durch die Gleitschuhe ist für fehlerfreie Schweißungen auf einer Baustelle ein zusätzlicher Schutz durch eine Kabine bzw. ein Zelt notwendig.

Als Stromquellen eignen sich Gleichrichter mit flach fallender statischer Kennlinie, die aber gegenüber herkömmlichen MSG-Anlagen eine höhere Leistung aufweisen müssen.

6.2.3 Einsatzmöglichkeiten

Das Elektrogasschweißen kann bis zu einer Abweichung von ± 45° aus der Senkrechten eingesetzt werden. Für diese Schweißpositionen erweitert es den Leistungsbereich des Metall-Schutzgasschweißens beträchtlich. Mit Drahtelektroden von 2,4 bis 3,2 mm Durchmesser werden Stromstärken von 450 bis 650 A bei Spannungen von 28 bis 45 V eingestellt. Je nach Blechdicke beträgt die Spaltbreite 15 bis 20 mm und die erreichbare Schweißgeschwindigkeit 2 bis 6 m/h. Es kann mit und ohne Pendelung der Drahtelektrode in Blechdickenrichtung gearbeitet werden.

Die Anwendung des Elektrogasschweißens ist häufig dadurch eingeschränkt, dass bei niedriglegierten Stählen die Zähigkeit in der Wärmeeinflusszone wegen der ausgeprägten Grobkornbildung gehobenen Anforderungen nicht entspricht. Für die Entstehung des grobkörnigen Gefüges sind die infolge des großen Schmelzbades langen Einwirkzeiten von Temperaturen über 1000°C verantwortlich. Auch das Schweißgut ist aufgrund des relativ großen, überhitzten Schmelzbades und der geringen Kristallisationsgeschwindigkeit grobkörnig und weist mäßige Zähigkeitseigenschaften auf. Daher muss bei erhöhten Anforderungen die Schweißverbindung einer Wärmenachbehandlung zur Verfeinerung des Gefüges und Erhöhung der Zähigkeit unterzogen werden. Dies kann im Ofen oder durch dem Schweißprozess mit gleicher Geschwindigkeit nachgeführte Acetylen-Sauerstoffbrenner geschehen. Hierbei kühlt der Nahtbereich von der Schweißtemperatur unter die Ar_1-Temperatur ab und wird anschließend auf Normalglühtemperatur (> Ac_3) erhitzt. Durch Ausnutzung der im Werkstück noch vorhandenen Schweißwärme wird die erforderliche Temperatur in kurzer Zeit erreicht.

Eine weitere Möglichkeit ist die Verringerung der Überhitzung von Schweißgut und Wärmeeinflusszone mittels Steigerung der Schweißgeschwindigkeit durch Erhöhung der Abschmelzleistung und/oder Verringerung des aufzufüllenden Nahtvolumens. Hierdurch wird die beim Schweißen eingebrachte Wärmemenge (Streckenenergie) soweit reduziert, dass die Versprödungserscheinungen in den Verbindungen zurückgehen, siehe Kapitel 6.2.5.

Das Elektrogasschweißen findet breite Anwendung im Schiffbau, aber auch im Behälter- und Apparatebau sowie im allgemeinen Maschinenbau.

6.2.4 Verschweißbare Werkstoffe und Abmessungen

Das EG-Verfahren wird überwiegend zum Schweißen unlegierter und niedriglegierter Stähle eingesetzt. Als Schutzgas dienen CO_2 oder Mischgase (meist Ar und CO_2), als Zusatzwerkstoffe ausschließlich Fülldrahtelektroden, die neben Lichtbogenstabilisatoren und Legierungselementen auch Schlackenbildner enthalten. Die Schlackenbildner sind für das Elektrogas-Schweißen unbedingt notwendig, weil dadurch zwischen der Nahtoberfläche und dem Kupferformschuh ein Schutzfilm gebildet wird, der die teigige Schmelze von dem Formschuh isoliert. So treten keine Aufreißungen der Nahtoberfläche auf. Das EG-Schweißen kann auch zum Schweißen hochlegierter Stähle unter inerten Gasen eingesetzt werden. Als Schutzgase werden dann reines Argon und auch Helium verwendet, um die Abbrandverluste der teuren Legierungselemente zu vermindern.

Das Elektrogas-Schweißen wird im Blechdickenbereich von 10 bis 20 mm als Einlagenschweißung bei I- oder V-Nahtvorbereitung ausgeführt. Im Dickenbereich von 30 bis 40 mm werden dagegen Doppel-V-Nähte in Lage-Gegenlage-Technik ohne Pendelung geschweißt. Wird im Blechdickenbereich von 20 bis 40 mm mit I-Stoßvorbereitung einlagig geschweißt, so muss in Blechdickenrichtung gependelt werden, um einen gleichmäßigen Einbrand zu erhalten. Hierdurch werden Schweißfehler, insbesondere Bindefehler an den beiden senkrechten Nahtflanken, vermieden.

6.2.5 Verfahrensvarianten

Beim Elektrogas-Schnellschweißen (EGS) wird der zu verschweißende Nahtquerschnitt verringert (V- bzw. Doppel-V-Fugenvorbereitung) sowie zur Steigerung der Abschmelzleistung zusätzlich Metallpulver dem Schmelzbad zugeführt (Abb. 6-7).

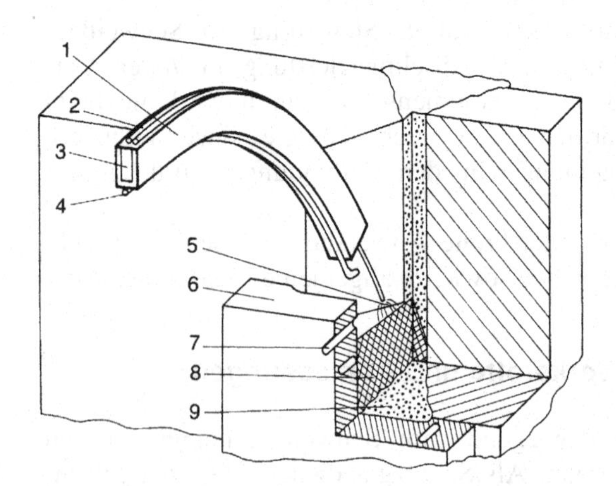

Abb. 6-7 Verfahrensprinzip des Elektrogas-Schnellschweißens in Lage-Gegenlage-Technik
1 magnetische Abschirmung; 2 Wasserkühlung; 3 Drahtelektrode; 4 Metallpulverzufuhr; 5 Lichtbogen; 6 Kupferbacke, wassergekühlt; 7 Schutzgaszufuhr; 8 Schmelze; 9 erstarrte Schmelze

Durch die Kraftwirkung des elektromagnetischen Feldes haften die magnetisierbaren Metallpulverteilchen nach Austritt aus dem Kupferrohr gleichmäßig am stromdurchflossenen Zusatzdraht und gelangen auf diese Weise mit Drahtvorschubgeschwindigkeit in den Lichtbogen. Die maximale Metallpulvermenge beträgt ca. 40%, bezogen auf das abgeschmolzene Drahtgewicht. Der Haupteffekt beruht in einer überproportionalen Steigerung der Schweißgeschwindigkeit, was die Verweilzeiten nahtnaher Bereiche oberhalb kritischer Temperaturen soweit reduziert, dass Versprödungseffekte nur noch in deutlich reduziertem Maß auftreten.

Auch das Schweißgut zeigt aufgrund der Kühlung des Schmelzbades durch das Metallpulver sowie der Erhöhung der Kristallisationskeime ein deutlich feinkörnigeres Schweißgutgefüge, gegenüber der konventionellen Technik (Abb. 6-8). Weitere Vorteile der Schnellschweißtechnologie liegen in der Möglichkeit der legierungstechnischen Abstimmung des Metallpulvers auf den zu verarbeitenden Grundwerkstoff, so dass mit einer Zusatzdrahtqualität eine breite Werkstoffpalette verschweißt werden kann.

Eine weitere Verfahrensvariante des Elektrogas-Schweißens stellt das Elektrogas-Bandschweißen dar (Abb. 6-9). Im Gegensatz zum konventionellen EG-Drahtschweißen wird hierbei durch einen besonderen Umform- und Fördermechanismus eine Bandelektrode plastisch verformt, parallel zu den Fugenflanken in den Schweißspalt positioniert und in einem Lichtbogen unter Schutzgas abgeschmolzen. Die übrigen Verfahrensmerkmale –

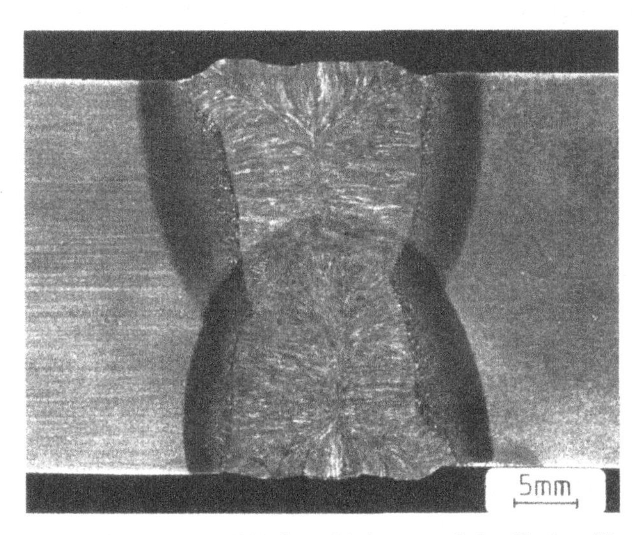

Abb. 6-8 Querschliff einer Elektrogas-Schnellschweißung mit 30 % Metallpulverzusatz in Lage-Gegenlage-Technik, Schutzgas: CO_2
Schweißparameter I_S=550 A, U_S=35 V, v_S=14 m/h, Streckenenergie 47 kJ/cm

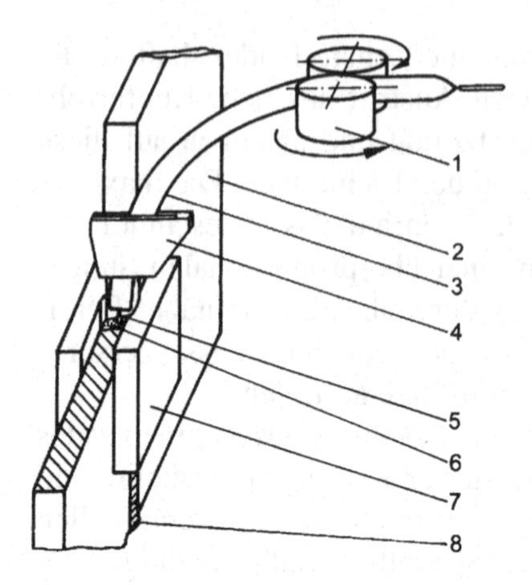

Abb. 6-9 Verfahrensprinzip des Elektrogasschweißens mit Bandelektrode
1 Umformvorrichtung und Bandvorschub; 2 Werkstück; 3 Bandelektrode und Führung; 4 wassergekühlter Schweißkopf mit Kontaktierung; 5 Lichtbogen; 6 Schmelzbad; 7 wassergekühlter Kupferbacken mit Schutzgaszufuhr; 8 Schweißnaht

Schweißbadbegrenzung, Schutzgaszuführung, etc.- entsprechen denen des konventionellen Elektrogas-Schweißens. Eingesetzt werden Füllbänder bis 35 mm Breite und maximaler Dicke von 1,8 mm, wodurch je nach Bandbreite Abschmelzleistungen von 15 bis 35 kg/h erzielt werden. Die verschweißbare Blechdicke liegt zwischen 10 und 40 mm, wobei als Nahtvorbereitung ein einfacher I-Stoß bei allen Wandstärken genügt. Gegenüber der konventionellen EG-Schweißtechnik besitzt das EG-Bandschweißen deutliche Vorteile in bezug auf Reduzierung der Energieeinbringung in den Grundwerkstoff durch das gegenüber dem Draht schnellere Abschmelzverhalten des Bandes bei gleichen Parametern.

Durch die höhere Abschmelzleistung und die geringere Spaltweite steigt die Schweißgeschwindigkeit und die Streckenenergie wird gesenkt. Die Folge ist eine geringere Ausdehnung der Grobkornzone im wärmebeeinflussten Grundwerkstoff und eine geringere Korngröße in dieser Zone.

6.3 Elektroschlackeschweißen

6.3.1 Verfahrensprinzip

Das Elektroschlacke-(ES)-Schweißen wurde Anfang der fünfziger Jahre entwickelt. Es ist ein vollmechanisiertes Widerstandsschmelzschweißverfahren sehr hoher Leistungsfähigkeit für senkrechte und annähernd senkrechte Schweißpositionen. Der apparative Aufbau der Schweißanlage ist dem des Elektrogasschweißens sehr ähnlich. Auch die Stromkontaktierung der Drahtelektroden über gekrümmte Schweißrüssel entspricht der im Kapitel 6.2 beim EG-Schweißen beschriebenen (Abb. 6-10). Als Wärmequelle zum Aufschmelzen der Blechkanten und zum Abschmelzen des Zusatzwerkstoffes dient jedoch ein durch Joulesche Widerstandserwärmung beim Stromdurchgang aufgeheiztes Schlackenbad, dessen Temperatur über der des zu verschweißenden Werkstoffs liegt (ca. 2000°C für Stahl). Im Gegensatz zum Elektrogasschweißen können eine oder mehrere Drahtelektroden eingesetzt werden. Der schmelzflüssige Grund- und Zusatzwerkstoff sammelt sich aufgrund seines höheren spezifischen Gewichtes unter der flüssigen Schlacke als Metallbad, das zum Schweißgut erstarrt. Wie beim Elektrogasschweißen ist die Schweißgeschwindigkeit identisch mit der Anstiegsgeschwindigkeit des Schmelzbades und somit direkt von der Abschmelzleistung abhängig.

Zur Erzeugung des Schlackenbades wird in einem Anlaufstück zu Beginn für kurze Zeit ein Lichtbogen gezündet, der das nichtleitende Schweißpulver zu leitender Schlacke aufschmilzt. Wenn der Widerstand des sich bildenden Schlackenbades geringer wird als der Widerstand der Lichtbogenstrecke, erlischt der Bogen. Ein stabiler, geräuscharmer und spritzerfreier Schweißvorgang wird erzielt, wenn die Schlackenbadhöhe

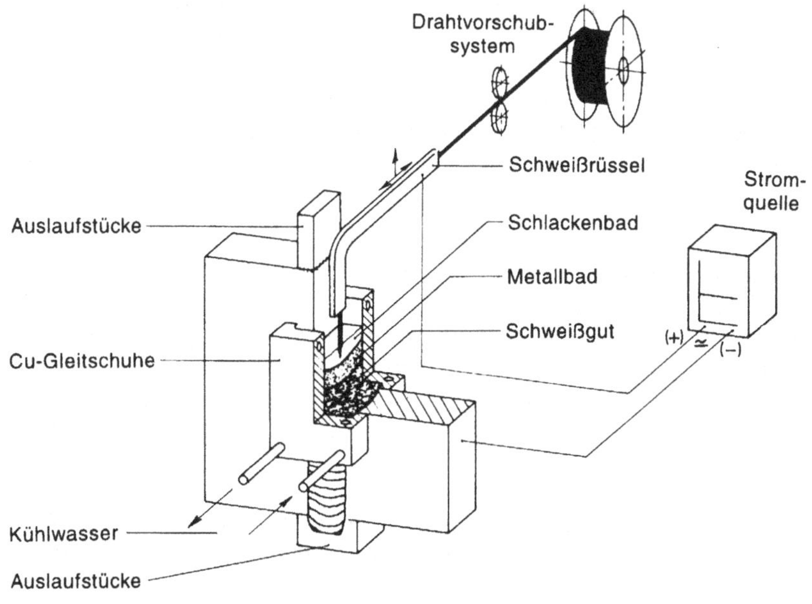

Abb. 6-10 Verfahrensprinzip des Elektroschlackeschweißens

auf 40 bis 50 mm gehalten wird. Durch die auf der Schweißnahtoberfläche erstarrte dünne Schlackenschicht und durch Abdampfen entstehen Schlackenverluste, die durch meist manuelle Schweißpulverzugabe während des Schweißfortschrittes ausgeglichen werden. Der Pulververbrauch ist wesentlich geringer als beim UP-Schweißen. Um unvermeidliche Fehler zu Beginn (unzureichender Einbrand, nicht aufgeschmolzenes Schweißpulver) und am Ende (Lunker, Schlackeneinschlüsse) der Schweißung aus dem eigentlichen Werkstück fernzuhalten, sind wie beim Elektrogas-Schweißen An- und Auslaufstücke vorzusehen; die Naht ist ohne Unterbrechung durchzuschweißen. Es kann mit Wechselstrom oder Gleichstrom (bei positiver oder negativer Polung der Drahtelektroden) gearbeitet werden.

6.3.2 Schweißpulver

Wie beim UP-Schweißen schützt die Schlacke die Schweißstelle vor den Einflüssen der Atmosphäre. Sie stellt aber auch gleichzeitig die Wärmequelle dar. Daraus ergeben sich grundlegend andere Anforderungen an das Schweißpulver als beim UP-Schweißen:

- hoher Siededruck, da eine Gasphase nicht erwünscht ist und die Abdampfverluste klein bleiben sollen,
- geringe Lichtbogenstabilität,
- genügend hohe elektrische Leitfähigkeit, um einen stabilen Schweißprozess zu gewährleisten, ohne dass die Spannung sehr hohe Werte annimmt.

Die Bezeichnung der Elektroschlacke-Pulver ist an die der UP-Pulver angelehnt und enthält Angaben über Herstellungsart, chemische Zusammensetzung und metallurgisches Verhalten.

6.3.3 Schweißanlage

Die Schweißmaschinen unterscheiden sich von den zum Elektrogasschweißen eingesetzten nur durch eine etwas schwerere Ausführung, veränderte Gleitschuhe (keine Gasbohrungen) sowie evtl. durch ein Drahtvorschubsystem für mehrere Elektroden. Auch hier wird unterschieden zwischen:

a) Ständermaschinen, die i.allg. im Werkstattbetrieb verwendet werden und Wanddicken bis 450 mm verschweißen können. Aufgrund ihrer Bauhöhe sind diese Maschinen relativ schwer und auf bestimmte Schweißnahtlängen begrenzt.

b) Klettergeräten, die im Baustellenbetrieb eingesetzt werden und verhältnismäßig leicht sind (von Hand versetzbar), dafür aber nur begrenzte Wanddicken (< 100 mm) schweißen können. Diese Geräte werden z.B. durch ein Schienensystem geführt und durch einen Kettenantrieb bewegt, so dass sie in der Schweißnahtlänge praktisch nicht begrenzt sind. Als Stromquelle eignen sich Transformatoren und Gleichrichter mit möglichst flach fallender Kennlinie und hoher Leistung. Die Arbeitsspannung ist etwas höher als beim Lichtbogenschweißen (bis rd. 50 V).

6.3.4 Einsatzmöglichkeiten

Die große Wirtschaftlichkeit des ES-Verfahrens ist bedingt durch sehr hohe Abschmelzleistungen. Pro zugeführter Drahtelektrode lassen sich 18 bis 24 kg/h Zusatzwerkstoff abschmelzen. Übliche Schweißdaten sind 600 A Stromstärke bei einer Spannung von 39 bis 40 V für einen Drahtdurchmesser von 3 mm und einer Spaltbreite von 24 bis 30 mm. Die erreichbare Schweißgeschwindigkeit ist von der Blechdicke abhängig und beträgt z.B. an einem 40 mm dicken Blech ca. 1 m/h. Da die Schweißnaht in der Regel in einer Lage im I-Stoß fertiggestellt wird, ergeben sich großvolumige Schmelzbäder und lange Abkühlzeiten. Daraus resultiert ein sicherer, kerbfreier Einbrand in den Grundwerkstoff. Aufgrund der langsamen Abkühlung ist eine gute Entgasung und eine porenfreie und einschlussarme Erstarrung des Schmelzbades möglich. Bei Stählen mit hohem Kohlenstoffgehalt ist die Aufhärtung infolge der geringen Abkühlgeschwindigkeiten so gering, dass in der Regel keine Kaltrisse auftreten und auf eine Vorwärmung verzichtet werden kann.

Durch die langsamen Aufheiz- und Abkühlgeschwindigkeiten sowie die langen Verweilzeiten bei Temperaturen über 1000°C entsteht aber in der nahtnahen, wärmebeeinflussten Zone des Grundwerkstoffes ein sehr grobkörniges Gefüge mit schlechten Zähigkeitseigenschaften. Bei Stahl ist daher in der Regel ein Normalglühen zur Verfeinerung des Gefüges und Erhöhung der Zähigkeit notwendig. Diese Wärmenachbehandlung kann, je nach Größe der Werkstücke, im Ofen oder bei Wandstärken bis 55 mm durch beidseitig nachgeführte Gasbrenner erfolgen, die mit gleicher Geschwindigkeit dem Schweißprozess folgen. Die Verbesserung der Nahtqualität im Schweißzustand kann auch durch eine bessere Wärmeführung beim Schweißen selbst erreicht werden. Dies wird durch Erhöhung der Schweißgeschwindigkeit mittels Steigerung der Abschmelzleistung und/ oder Verringerung des aufzufüllenden Nahtvolumens erreicht werden.

Das Hauptanwendungsgebiet des Elektroschlackeschweißverfahrens ist das Schweißen gerader Nähte in steigender Schweißposition, wobei die Abweichung aus der Senkrechten bis zu 45° betragen kann. Seltener werden Rundnähte an dickwandigen Behältern erstellt. Industriezweige, in denen das Verfahren Anwendung findet, sind Schwermaschinenbau, Schiffbau sowie Großapparate- und Behälterbau. In einigen Fällen wird es auch zum Plattieren und zum Formgebenden Schweißen eingesetzt.

6.3.5 Verschweißbare Werkstoffe und Abmessungen

Mit dem ES-Verfahren lassen sich alle Stähle (auch solche mit hohem Kohlenstoffgehalt), Stahlguss, Aluminium-, Kupfer- und Titanwerkstoffe schweißen. Mit einer ungependelten Drahtelektrode können 10 bis 50 mm dicke Bleche verbunden werden. Die Pendelung der Elektrode in Blechdickenrichtung erweitert den Blechdickenbereich bis 150 mm. Daraus folgt, dass mit einer Dreidrahtmaschine mit Pendeleinrichtung Bleche bis 450 mm Dicke verarbeitet werden können. Mehr als drei Drähte werden normalerweise nicht eingesetzt.

6.3.6 Verfahrensvarianten

Zur Abschmelzleistungssteigerung beim Elektroschlacke-(ESS)-Schnellschweißen wird neben den stromführenden Drahtelektroden, die meistens in Doppeldrahtanordnung verwendet werden, Metallpulver in der Größenordnung von 80 bis 140% de abgeschmolzenen Drahtmasse ins Schmelzbad eingeleitet (Abb. 6-11).

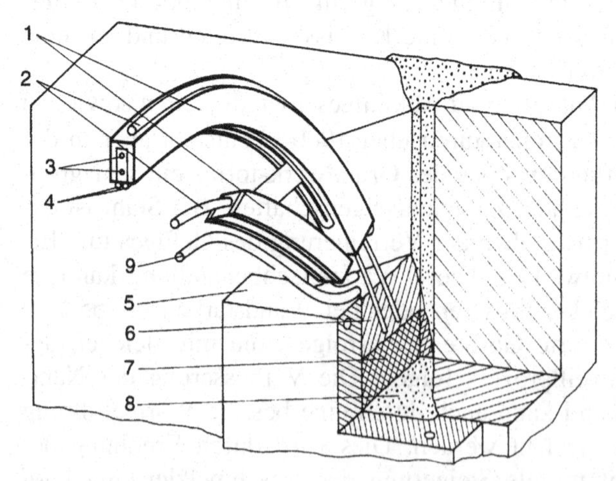

Abb. 6-11 Verfahrensprinzip des Elektroschlacke-Schnellschweißens in Lage-Gegenlage-Technik

1 magnetische Abschirmung; 2 Metallpulverzufuhr; 3 Tandemelektrode; 4 Wasserkühlung; 5 Kupferbacke, wassergekühlt; 6 Schlackenbad; 7 Schmelze; 8 erstarrte Schmelze; 9 Schmelzschweißpulverzufuhr

Wird zudem anstelle einer I-Stoß- eine Doppel-V-Nahtvorbereitung gewählt und die Verbindung als Zweilagenschweißung in Lage-Gegenlage-Technik ausgeführt, lässt sich die Schweißgeschwindigkeit um das 20- bis 30-fache gegenüber der konventionellen Technik steigern. Durch die Zufuhr des Metallpulvers wird das Schmelzbad gekühlt und die Zahl der Kristallisationskeime erhöht. Die Folge ist ein feinkörnigeres Schweißgut. Durch die Steigerung der Schweißgeschwindigkeit sinkt die Streckenenergie und die Wärmeverluste werden kleiner. Die Folge ist eine geringere Ausdehnung der Grobkornzone im wärmebeeinflussten Grundwerkstoff und eine geringere Korngröße in dieser Zone (Abb. 6-12).

Die Vorteile der ES-Mehrlagentechnik können im Wanddickenbereich von 50 bis 100 mm genutzt werden. Hierbei wird das Schlacken- und Metallbad der ersten Lage entweder durch einen Formschuh und einen Flachgleitschuh (Lage-Gegenlage-Technik) oder durch zwei Formschuhe (3-Lagen-Technik) gehalten.

Die Anwendung von Technologien zum ES-Schweißen in zwei und drei Lagen bewirkt durch Verringerung des aufzufüllenden Schweißnahtquerschnittes sowohl eine Reduzierung der einzubringenden Menge an Zusatzwerkstoff als auch durch Erhöhung der Schweißgeschwindigkeit eine Verringerung der Energieeinbringung mit verbesserten Zähigkeitseigenschaften im Schweißgut und in der Wärmeeinflusszone. Nachteilig ist jedoch der erhöhte Aufwand für die Nahtvorbereitung und die Einhaltung der Toleranzen, da an die Fugengeometrie angepasste Formschuhe verwendet werden.

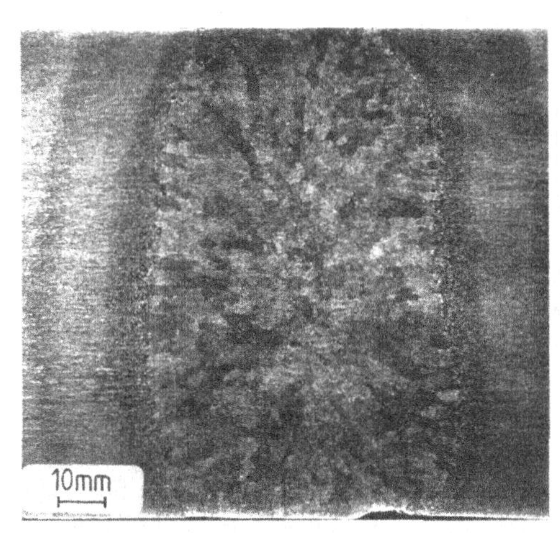

Abb. 6-12 Einbrandform und Schweißnahtausbildung verschiedener Elektroschlacke-Schweißtechnologien an 100 mm dicken Blechen
links: einlagige konventionelle ES-Schweißung;
rechts: dreilagige Schnellschweißung mit Metallpulver

Um dies zu umgehen, kann im Blechdickenbereich von 50 bis 100 mm auch unter der Beibehaltung des einfachen I-Stoßes allein durch Zugabe des Metallpulvers die Abschmelzleistung soweit gesteigert werden, dass die Versprödung der Schweißnaht und der Wärmeeinflusszone zurückgeht. Es werden zwei dünnere Doppeldrahtelektroden statt einer dicken Einzelelektrode eingesetzt sowie Metallpulver in der Größenordnung von 80 bis 140% des abgeschmolzenen Drahtgewichtes ins Schmelzbad eingeleitet. Durch die Metallpulverzugabe wird zusätzlich das Schmelzbad gekühlt und die Zahl der Kristallisationskeime erhöht, wodurch ein feinkörniges Schweißgut entsteht.

Eine maschinentechnisch sehr einfache Verfahrensvariante ist das Schweißen mit abschmelzender Drahtzuführung („Kanalschweißen"). Es wird für kurze Nähte (> 2500 mm), komplizierte Nahtformen (räumliche Krümmungen) und variable Blechdicken eingesetzt. Je nach Blechdicke kann mit einer oder mehreren Draht- bzw. Bandelektroden gearbeitet werden (Abb. 6-13).

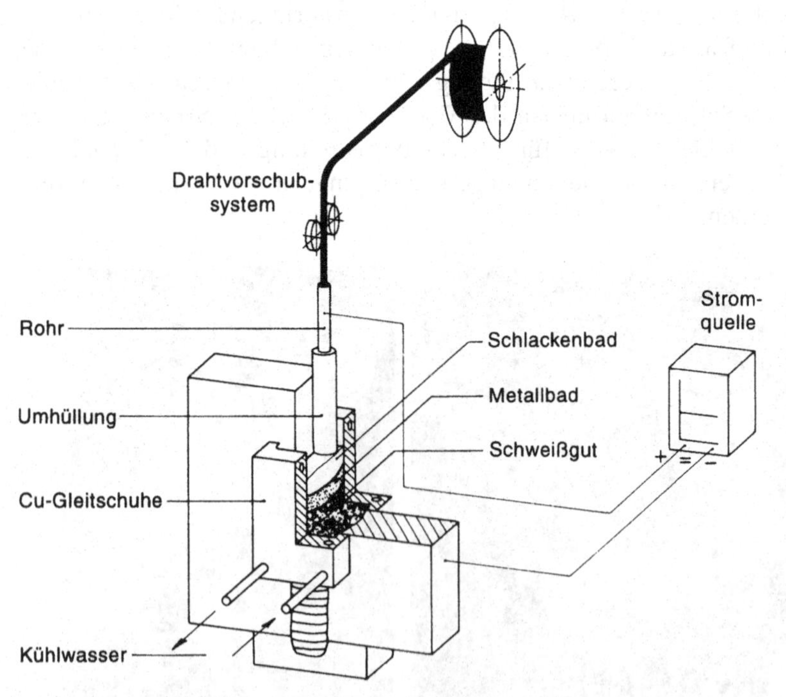

Abb. 6-13 Verfahrensprinzip des Elektroschlackeschweißens mit abschmelzender Drahtzuführung („Kanalschweißen") (Werkfoto: ESAB)

Dabei sind die Gleitschuhe durch feststehende Kühlleisten oder Schienen und der Schweißrüssel durch ein gegenüber den Fügeteilen elektrisch isoliertes Stahlrohr ersetzt. Das üblicherweise umhüllte Stahlrohr schmilzt während des Schweißvorgangs im aufsteigenden Schmelzbad ab. Die Schweißvorschubeinheit entfällt, die Fugenbreite kann gegenüber dem konventionellen Verfahren verringert werden, so dass das Verfahren vor allem beim Einsatz eines bandförmigen Zusatzwerkstoffes und abschmelzender Zuführung zu den Engspalttechniken zählt.

7 Pressverbindungsschweißen

7.1 Gaspressschweißen

7.1.1 Verfahrensprinzip

Beim Gaspressschweißen werden die Werkstückenden durch leistungsfähige Gasbrenner an der Fügestelle bis in die flüssige Phase erhitzt und dann stumpf zusammengepresst, wobei sich durch Werkstoffverdrängung ein Grat bildet. Als Wärmequelle dient in der Regel die Acetylen-Sauerstoff-Flamme. Die Stauchkraft wird überwiegend hydraulisch in einfachen Vorrichtungen aufgebracht.

Es werden zwei Varianten unterschieden (Abb. 7-1). Beim offenen Gaspressschweißen befindet sich der Brenner zwischen den Stirnflächen der Werkstücke und erwärmt diese. Nach Zurückziehen des Brenners werden die Werkstücke in Kontakt gebracht und die Schweißung durch Stauchen fertiggestellt. Beim heute überwiegend angewandten geschlossenen Gaspressschweißen berühren sich die Werkstückenden und werden durch einen Ringbrenner von außen her erwärmt, bis eine radiale Aufschmelzung bis zur Profilmitte erzielt ist. Durch die anschließende Stauchung verschweißen die Fügeteile miteinander. Die Form des Schweißbrenners muss

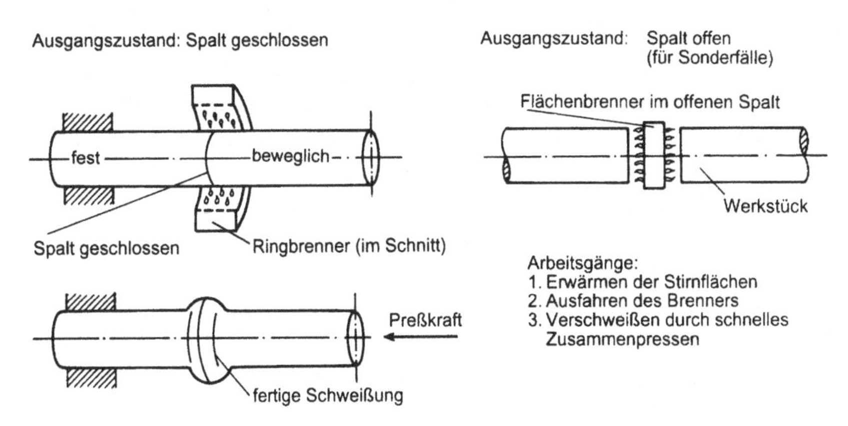

Abb. 7-1 Offenes und geschlossenes Gaspressschweißen

dem zu verschweißenden Profil angepasst sein. Schweißmaschinen zum Gaspressschweißen werden in stationärer und transportabler Ausführung gebaut.

7.1.2 Anwendungsbereiche und verschweißbare Werkstoffe

Vorteile des Verfahrens sind die gute Baustelleneignung durch Unabhängigkeit vom elektrischen Netz, geringes Gewicht der Einrichtung und die einfache Handhabung, die kein besonders geschultes Personal erfordert. Es eignet sich zum Verbinden von Stahl, Aluminium und Kupferwerkstoffen. Wegen der langandauernden Erwärmung entsteht jedoch ein grobkörniges Gefüge. Bei Stahl sind daher keine hohen Zähigkeitsanforderungen zu erfüllen. Anwendungsbereiche sind z.B. im Bauwesen das Schweißen von Bewehrungsstählen und von Rohren auf der Baustelle.

7.2 Pressstumpfschweißen

7.2.1 Verfahrensprinzip

Bei diesem Verfahren, das auch unter der Bezeichnung Wulstschweißen bekannt ist, erfolgt die Aufheizung der zu verbindenden Fügeteile durch elektrische Widerstandserwärmung. Die Fügeteile werden von Spannbacken gehalten, die auch die Stromzuführung übernehmen (Abb. 7-2). Nach Aufbringen des Kontaktdruckes wird der Stromkreis geschlossen. Hat die Fügestelle Schweißtemperatur (bei Stahl 1100°C bis 1300°C) erreicht, wird der Stauchdruck erhöht und der Strom abgeschaltet.

Damit eine gleichmäßige Stromdichte und Erwärmung der Stoßstelle gewährleistet ist, müssen die Stoßflächen der Werkstücke in Querschnittsgröße und -form übereinstimmen und planparallel sein. Außerdem müssen sie frei von Verunreinigungen und Oxiden gehalten werden. Wegen des relativ geringen Übergangswiderstandes durch den guten elektrischen Kontakt sind hohe Stromstärken und damit hohe Maschinenleistungen erforderlich. Dabei entstehen durch die Stoffwiderstände in den Fügeteilen breite axiale Erwärmungszonen beidseitig der Verbindungsebene. Da der Formänderungswiderstand mit zunehmender Temperatur abnimmt, wird durch den Axialdruck während des Stromflusses der Werkstoff in radialer Richtung verdrängt. Es bildet sich der für das Pressstumpfschweißen charakteristische dicke Wulst im Bereich der Verbindungsstelle.

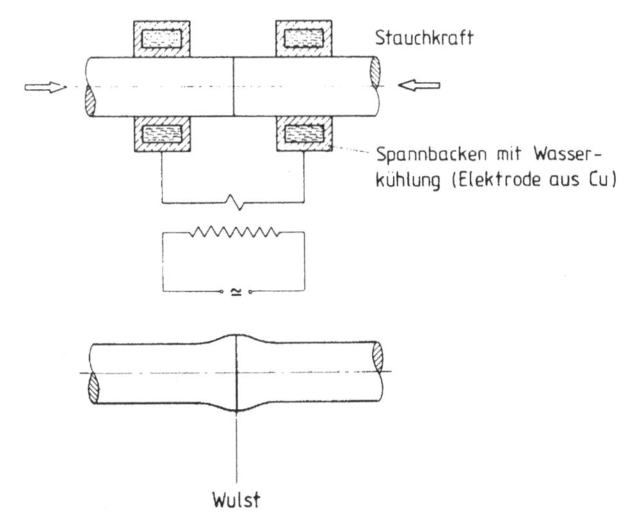

Abb. 7-2 Verfahrensprinzip des Pressstumpfschweißens

Da kein Schmelzfluss auftritt, ist es nicht möglich, vorhandene und neugebildete Oxide auf den Fügeflächen vollständig in den Schweißwulst zu verdrängen. Es können daher unter ungünstigen Bedingungen Bindefehler auftreten, die trotz ausreichender statischer Belastbarkeit der Verbindung bei plastischer Verformung ein sprödes Versagen herbeiführen. Als Folge dessen sind geringe Schwingfestigkeiten zu erwarten. Daher und aufgrund relativ hoher Netzanschlussleistungen der Anlagen ist der durch Pressstumpfschweißen zu verschweißende Querschnitt auf etwa 500 mm^2 bei einfachen Querschnittsformen, wie etwa Rundmaterial, begrenzt. Ein weiterer Nachteil ist die sehr unsymmetrische, hohe Netzbelastung.

7.2.2 Anwendungsbereiche und verschweißbare Werkstoffe

Anwendung findet das Verfahren bei der Fertigung von Ketten bis zu etwa 12 mm Drahtdurchmesser in besonderen Spezialmaschinen sowie bei der Verlängerung von Drähten in der Drahtzieherei. Schweißgeeignet sind unlegierte und niedriglegierte Stähle. Bei Aluminium- und Kupfer-Werkstoffen ist das Schweißen wegen der Oxidationsneigung dieser Werkstoffe und der guten elektrischen Leitfähigkeit nur begrenzt möglich.

7.3 Abbrennstumpfschweißen

7.3.1 Verfahrensprinzip

Die Abbrennstumpfschweißung arbeitet wie die Pressstumpfschweißung vollmechanisiert. Die Einspannung und Stromzuführung der Fügeteile im Sekundärkreis der Abbrennstumpfschweißmaschine ist prinzipiell gleich der beim Pressstumpfschweißen (Abb. 7-3). Auch die Übertragung der axialen Stauchkräfte ist vergleichbar. Während jedoch beim Pressstumpfschweißen die beiden zu verbindenden Teile stets fest zusammengepresst werden, wird beim Abbrennstumpfschweißen bewusst nur ein loser Kontakt (Schmorkontakt) hergestellt. Abbildung 7-4 zeigt die zeitlichen Verläufe von Strom, Weg und Kraft beim Abbrennstumpfschweißen.

Beim Abbrennstumpfschweißen ohne Vorwärmung wird bei angelegter elektrischer Spannung (< 15 V) ein axial bewegliches Fügeteil stumpf gegen das feststehende bewegt, bis ein loser Kontakt an den Berührungsstellen entsteht. Der Stromkreis schließt sich über diese Kontaktbrücken. Infolge der hohen Stromdichte werden die Kontaktstellen sehr schnell erwärmt, der Werkstoff wird örtlich verflüssigt und teilweise verdampft (Dampfdruck in der Schweißfuge 500 bis 1500 bar). Dabei reißen die Leiterbrücken unter der Bildung absterbender Lichtbögen ab und es

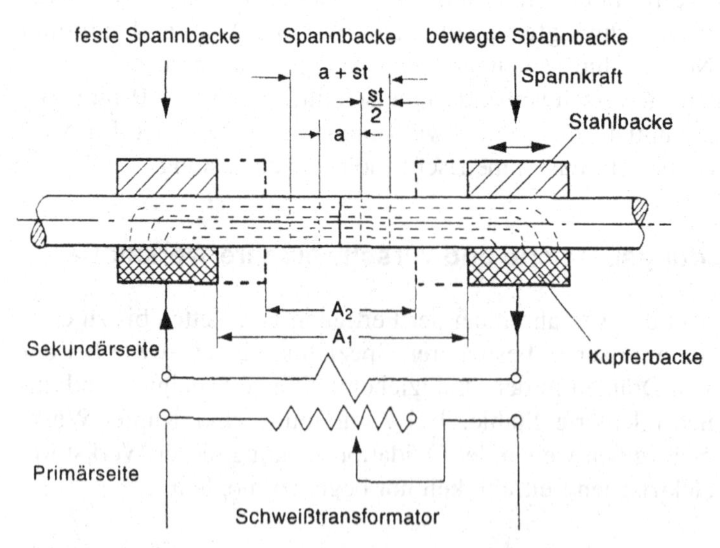

Abb. 7-3 Schematischer Aufbau einer Abbrennstumpfschweißmaschine
A_1 Backenabstand vor der Schweißung; A_2 Backenabstand nach der Schweißung; a Gesamtabbrandlänge; st Gesamtstauchverkürzung

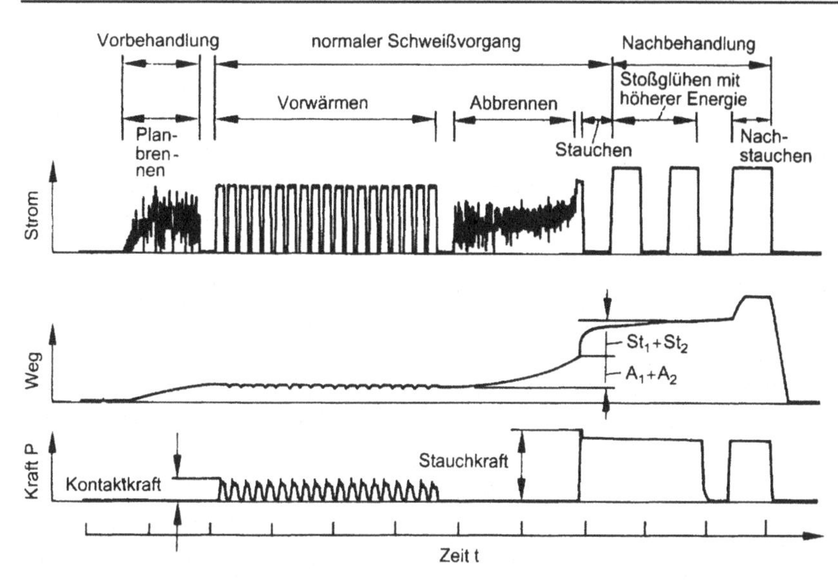

Abb. 7-4 Zeitlicher Verlauf von Strom, Weg und Kraft beim Abbrennstumpfschweißen

kommt zur Bildung neuer Kontakte an anderen Stellen des Querschnitts. Der hohe Dampfdruck schleudert einen Teil des verflüssigten Werkstoffes aus der Schweißfuge heraus und verhindert so den Luftkontakt der Fügeflächen, so dass mit Ausnahme der Rohrschweißungen ohne Schutzgas gearbeitet werden kann. Durch stete Bildung und Zerstörung der Schmorkontakte schmelzen die Stoßflächen ausgehend von den vorstehenden Stellen unter heftigem sprühregenartigem Auswurf feiner Werkstofftröpfchen ab (Abbrennphase). Entsprechend dem Materialverlust werden die Teile aufeinander zubewegt, wobei die Vorschubgeschwindigkeit (0,5–3 mm/s) so auf den Abbrand abgestimmt sein muss, dass ein ununterbrochenes Abbrennen gewährleistet ist. Bei zu schnellem Vorschub würde der Schmorkontakt wie bei der Pressstumpfschweißung in einen festen Kontakt übergehen. Bei zu langsamer Vorschubgeschwindigkeit würden Pausen im Stromfluss mit Störungen des Abbrennprozesses auftreten, die zu Fehlern in der Verbindung führen. Sind die Stoßflächen gleichmäßig verflüssigt, wird die Schweißstelle durch schlagartiges Stauchen im unmittelbaren Anschluss an die Abbrennphase geschlossen. Die spezifische Stauchkraft liegt bei un- und niedriglegierten Stählen zwischen 20 und 250 N/mm^2. In der Anfangsphase der Stauchung werden die geschmolzenen Werkstückenden weiter durch den elektrischen Strom erwärmt (0,1–5 s), um Schlacke, Zunder und Verunreinigungen zusammen mit dem flüssigen Werkstoff restlos aus dem Schweißstoß zu verdrängen. Gleichzeitig werden die beim Abbrennvorgang gebildeten Oberflächenkrater geschlossen. Der zweite Teil der Stauchung erfolgt bei abgeschaltetem Strom. Wegen des steilen axialen Temperaturgradienten im Werkstück bildet sich ein schmaler, scharfer Stauchgrat aus. Dieser wird zumeist im warmen Zustand manuell mit einem Meißel oder maschinell durch Abscheren oder spanende Bearbeitung entfernt. Bei Rohren wird der innere Schweißgrat unmittelbar nach dem Stauchen mit einem Dorn ausgestoßen.

Beim Abbrennstumpfschweißen mit Vorwärmung werden die Werkstückenden durch Widerstandserwärmung (Stromdichte 2,5 bis 10 A/mm^2) in der Maschine vorgewärmt. Diese Verfahrensvariante hat gegenüber dem Abbrennstumpfschweißen ohne Vorwärmung den Vorteil, dass hierbei mit gleicher Maschinenleistung ca. 20fach größere Querschnitte verschweißt werden können.

Die dem eigentlichen Abbrennvorgang vorgeschaltete Widerstandserwärmung erfolgt durch „Reversieren". Die Werkstücke werden dabei zunächst wie beim Pressstumpfschweißen mit relativ großem Druck zusammengefahren, nach kurzer Zeit jedoch durch Zurückziehen des Schlittens wieder getrennt, wie in Abb. 7-4 dargestellt. So kommen immer wieder neue Bereiche des Querschnittes in Kontakt, so dass bis zum Ende des Vorwärmvorgangs das Verschweißen größerer Bereiche verhindert wird. Sind die Verbindungsenden genügend vorgewärmt, wird meist selbsttätig der Abbrennvorgang eingeleitet. Der weitere Prozess läuft dann wie beim Abbrennstumpfschweißen ohne Vorwärmung ab. Durch diese Arbeitsweise erzielt man bei längeren Gesamtschweißzeiten und kleinerer Maschinenleistung ein kleineres Temperaturgefälle im Werkstück von der Schweißstelle zu den Einspannenden hin und verringert somit die Abkühlgeschwindigkeit. Dies bietet Vorteile beim Schweißen der zur Aufhärtung neigenden Stähle mit höherem Kohlenstoffgehalt oder Legierungszusätzen. Zusätzlich kann die Abkühlgeschwindigkeit durch eine dem Schweißvorgang nachgeschaltete konduktive oder induktive Erwärmung gesenkt werden. Das Nachwärmen in der Maschine lässt sich auch für ein anschließendes Stauchen auf Maß nutzen.

Die Stoßflächen sollten grundsätzlich in Form und Größe übereinstimmen und möglichst planparallel sein. Eine glatte, von Verunreinigungen gesäuberte Oberfläche ist beim Abbrennstumpfschweißen nicht erforderlich. Weichen die Stoßflächen stark von der gewünschten Planparallelität ab, so kann dem eigentlichen Schweißprozess ein Planbrennvorgang (kurzzeitiges Abbrennen mit niedriger Geschwindigkeit und hoher Energie) vorgeschaltet werden. Es wird überwiegend mit Wechselstrom gearbeitet.

Abbrennstumpfschweißmaschinen werden zur Übertragung der für Stahl erforderlichen großen Stauchkräfte als schwere und mechanisch steife Konstruktionen ausgelegt. Sie enthalten alle Steuerungseinheiten für den

Elektrodenweg während der Vorwärm-, Abbrenn-, Stauch- und Normalisierungsphase. Mit Abbrennstumpfschweißmaschinen sind auch Pressstumpfschweißungen möglich. Vorteile gegenüber dem Pressschweißen sind der größere verschweißbare Querschnitt der zu fügenden Teile bzw. die geringere Maschinenleistung, die nicht zwingend erforderliche Bearbeitung der Stoßflächen und die bessere Qualität der Verbindung. Nachteilig ist das teilweise erhebliche Spritzen von flüssigen Metalltropfen in der Abbrennphase.

Fehlschweißungen können in vielen Fällen bereits durch Beobachtung des Schweißvorganges direkt erkannt werden, weil sie sich durch Unterbrechung des Abbrennvorgangs, zu groben Sprühregen, zu kleine oder zu große Erwärmungszone, stark abweichende Schweißzeit, zu geringen Stauchlängenverlust oder rutschen der Werkstücke in den Spannbacken bemerkbar machen. Zudem gibt das Erscheinungsbild des Schweißgrates dem Fachmann einen guten Anhaltspunkt über die Qualität der Naht. Oftmals werden zur Überwachung des Schweißvorgangs die zeitlichen Verläufe des Schweißstromes, des Schlittenweges und der Stauchkraft herangezogen.

7.3.2 Anwendungsbereiche und verschweißbare Werkstoffe

Das Abbrennstumpfschweißen eignet sich zum Verschweißen von Profilen aller Art im stumpfen Stoß. Es lässt sich bevorzugt anwenden, wenn die zu verschweißenden Teile in größeren Stückzahlen und gleichen Abmessungen vorliegen. So werden häufig Werkzeuge aus hochwertigem Werkstoff auf diese Art mit dem weniger beanspruchten Schaft aus billigem, unlegiertem Stahl verbunden. Auch können die Arbeitsgänge der Bearbeitung bei einem kompliziert gestalteten Bauteil oftmals sehr vereinfacht werden, wenn die Herstellung aus mehreren Einzelstücken erfolgen kann, die anschließend stumpf verschweißt werden. Das Verfahren findet z.B. Anwendung beim Verbinden von Schienen, im Automobilbau bei der Fertigung von Wellen, Achsen und Felgen, im Maschinenbau zum Verschweißen von Wellen und Kettengliedern, im Rohrleitungsbau zur Erstellung von Endlosbändern für die Fertigung geschweißter Stahlrohre sowie bei der Herstellung von Werkzeugen.

Da beim Abbrennstumpfschweißen grundsätzlich der gesamte Querschnitt gleichzeitig verschweißt und die Schrumpfung durch die Stauchkraft unterstützt wird, sind die Schweißeigenspannungen niedriger als bei Verfahren mit kontinuierlicher Schweißung. Daher können mit diesem Verfahren auch Stähle mit höherem Kohlenstoffgehalt verschweißt werden. Nachteilig wirkt sich aber der durch den Schweißvorgang an Kohlenstoff und weiteren Begleitelementen verarmte Bereich um die Schweißverbindung aus. Da diese Verarmungszone sehr grobkörnig ist, weist sie schlechtere Zähigkeitswerte als der Grundwerkstoff und alle anderen, durch den Schweißvorgang beeinflussten Zonen auf (Abb. 7-5).

Eine Möglichkeit zur Verbesserung der Zähigkeitseigenschaften der Verbindungszone von Abbrennstumpfschweißverbindungen an unlegierten Stählen bietet das Stoßnormalisieren. Mit Hilfe dieses Verfahrens werden die Werkstücke nach dem Schweißen durch ein- oder mehrmalige Stromstöße (Pendeln um Ac_3) in der Maschine auf Temperaturen wenig oberhalb der Austenitisierungstemperatur örtlich erwärmt. Wegen der ungleichmäßig schnellen Abkühlung über den Querschnitt ist diese Art der Wärmenachbehandlung z.B. bei Rundmaterialien auf Durchmesser unter 40 mm beschränkt.

Mittels Abbrennstumpfschweißen lassen sich unlegierte, niedriglegierte und hochlegierte Stähle bis 70.000 mm^2 (Rohre bis 120.000 mm^2), Aluminiumwerkstoffe bis etwa 12.000 mm^2, Nickel bis ca. 10.000 mm^2 und Kupfer bis etwa 1.500 mm^2 Querschnittsfläche wirtschaftlich verbinden. Es gibt jedoch auch Sondermaschinen für noch größere Querschnitte. Auch Werkstoffkombinationen wie Stahl/Temperguss, Betonstahl/nichtrostender Stahl oder Kupfer/Aluminium lassen sich verschweißen.

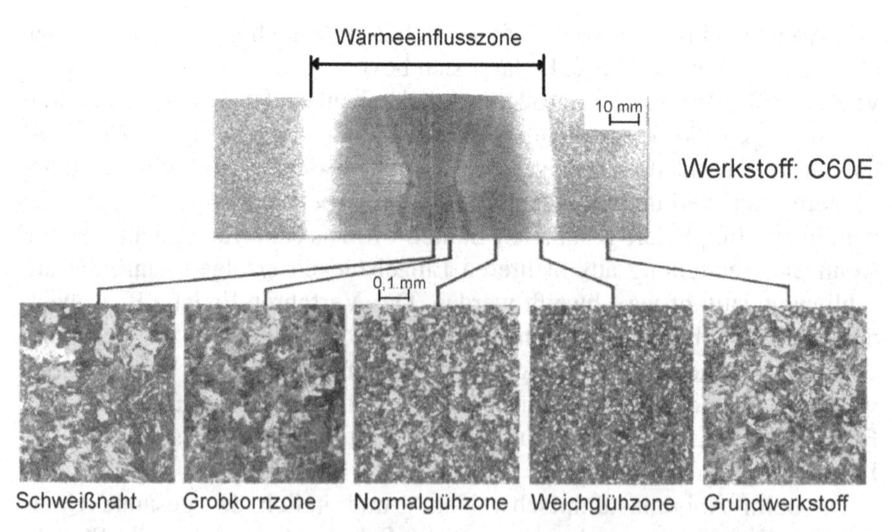

Abb. 7-5 Ausbildung des Nahtgefüges beim Abbrennstumpfschweißen

7.4 Reibschweißen

7.4.1 Verfahrensprinzip

Das Reibschweißen ist ein Pressschweißverfahren, bei dem die zur Verbindungsbildung notwendige Temperatur durch mechanische Reibung erzeugt wird. Diese Reibung wird durch eine Relativbewegung zwischen einem rotierenden und einem feststehenden Fügeteil unter Einwirkung einer Axialkraft erzeugt. Dabei kommt es zur Bildung und Zerstörung lokaler Schweißstellen („Fressstellen") und später zur Warmtorsion des plastifizierten Verbindungsbereichs. Örtlich kann dabei Schmelzfluss auftreten, was zur Erzielung einer optimalen Verbindung jedoch nicht erforderlich ist. Sind die Stoßflächen ausreichend erwärmt, wird die Relativbewegung aufgehoben und die Reibkraft auf den Wert der Stauchkraft erhöht. Es entsteht ein für das Verfahren typischer gleichmäßiger, lippenförmiger Wulst, der durch besondere Zusatzvorrichtungen sofort in der Schweißanlage im warmen Zustand durch Abdrehen oder -scheren entfernt werden kann. Die Ausbildung dieses Wulstes wird oftmals auch als erstes Kriterium zur Beurteilung der Schweißnahtqualität herangezogen. Das Verfahren wird überwiegend bei rotationssymmetrischen Teilen eingesetzt. Durch spezielle Weiterentwicklungen ist es heute aber auch möglich, Rechteck- und Vielkantquerschnitte miteinander zu verbinden. Dabei können zwei Werkstücke mittels einer Positioniereinrichtung mit einer Genauigkeit von weniger als 25 Winkelminuten exakt verbunden werden. Derartige Schweißungen werden zumeist unter Schutzgas durchgeführt, da durch die Relativbewegung Teile der Fügezone der Atmosphäre ausgesetzt werden.

Die am weitesten verbreiteten Varianten des Reibschweißens sind das Reibschweißen mit kontinuierlichem Antrieb und das Reibschweißen mit Schwungradantrieb. Beim Reibschweißen mit kontinuierlichem Antrieb wird das in der Maschine spindelseitig eingespannte Fügeteil durch einen Antrieb auf einer konstanten Nenndrehzahl (1000 - 3000 U/min^{-1}) gehalten, während das im Schlittenspannfutter gehaltene Fügeteil mit einer definierten Reibkraft angepresst wird (Abb. 7-6). Hat sich das gewünschte Temperaturprofil eingestellt, wird der Motor ausgekuppelt und die Relativbewegung durch unmittelbare Fremdbremsung aufgehoben. Zumeist wird nach Beendigung der Drehbewegung die Reibkraft auf den Betrag der Stauchkraft erhöht. Sofern Bremseinsatz- und Staucheinsatzpunkt frei und unabhängig voneinander gewählt werden können, bezeichnet man diese heute überwiegend eingesetzte Verfahrensvariante als „kombiniertes Reibschweißen". In diesem Fall wird die in Antriebsmotor, Spindel und Spannfutter gespeicherte Rotationsenergie ganz oder teilweise durch Eigenbremsung umgesetzt. Die Abbremsphase entspricht dann der des Schweißens

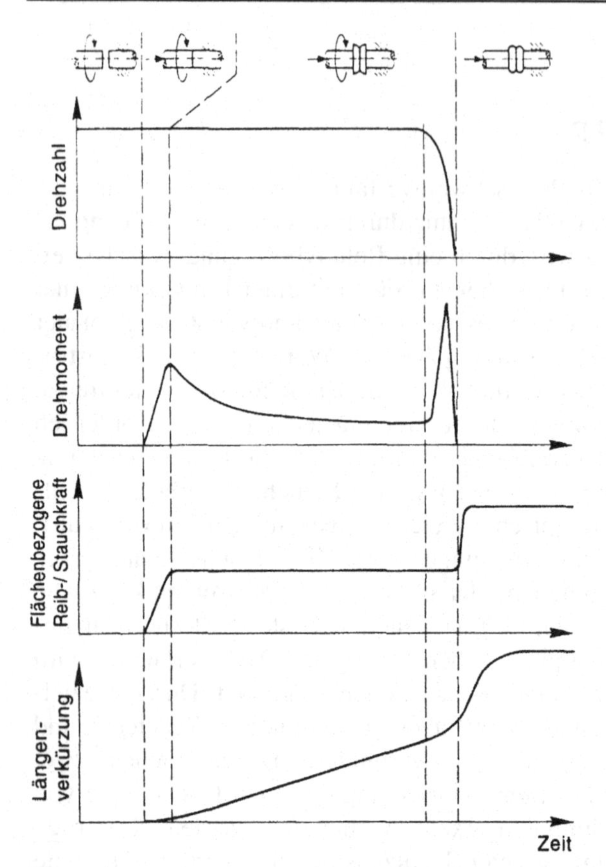

Abb. 7-6 Schematische Darstellung der zeitlichen Verläufe der Prozessgrößen beim Reibschweißen mit kontinuierlichem Antrieb

mit Schwungradantrieb. Mit Hilfe dieser Verfahrensvariation ist es möglich, das sich einstellende Schweißgefüge bei vielen Verbindungsaufgaben positiv zu beeinflussen. Außerdem kann das Drehmoment in seiner Größe durch die feinstufige Regelung der Bremseinleitung genau vorausbestimmt werden, so dass ein Durchrutschen der Bauteile im Spannfutter verhindert werden kann. Reibschweißmaschinen werden in vertikaler und horizontaler Bauweise ausgeführt. Bei vertikalem Aufbau lässt sich ein Atmosphärenschutz durch Reiben in einer Schutzflüssigkeit (z.B. in Öl) verwirklichen.

Beim Reibschweißen mit Schwungradantrieb wird eine Schwungmasse auf Nenndrehzahl (5000 - 7000 U/min^{-1}) gebracht (Abb. 7-7). Dann wird der Antriebsmotor abgekuppelt und das stehende Werkstück unter einer definierten Axialkraft, die über der Reibkraft des kontinuierlichen Verfahrens liegt, gegen das sich drehende Werkstück gepresst. Der Schweißpro-

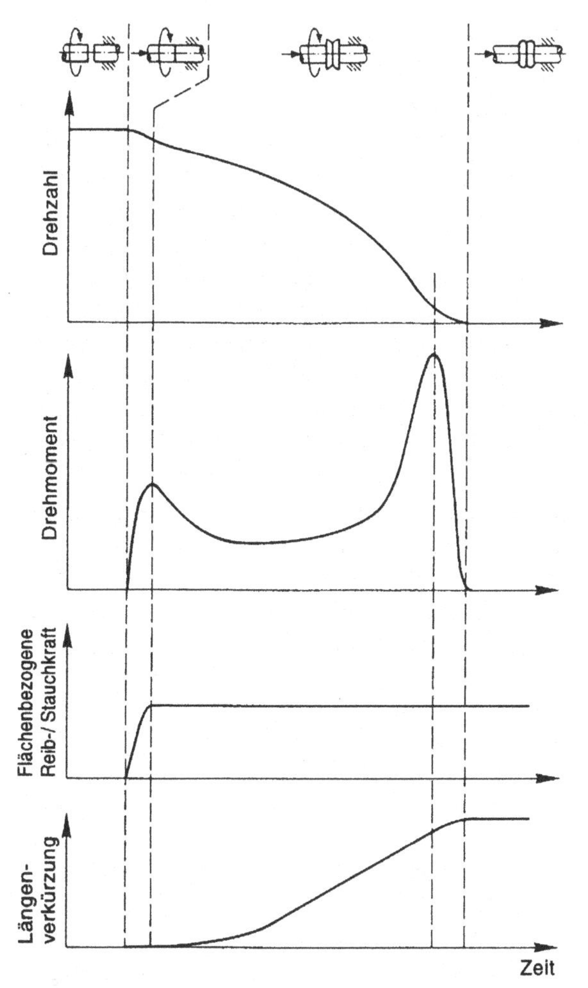

Abb. 7-7 Schematische Darstellung der zeitlichen Verläufe der Prozessgrößen beim Reibschweißen mit Schwungradantrieb

zess ist beendet, wenn die gesamte im Schwungrad gespeicherte Energie durch die Reibungsvorgänge aufgebraucht wurde. Man spricht daher in diesem Fall von einer Eigenbremsung des Systems. Dieses Verfahren findet immer dann Anwendung, wenn es gilt, aufgrund von metallurgischen Vorgängen oder hohen Wärmeleitfähigkeiten der zu verschweißenden Werkstoffe extrem kurze Schweißzeiten zu realisieren.

Weitere Verfahrensvarianten sind das Radialreibschweißen, das Orbitalreibschweißen, das Oszillationsreibschweißen und das Reibauftragschweißen. Diese Verfahren werden jedoch bis heute nur in Laborversuchen eingesetzt. Zum Reibbolzenschweißen sind in jüngster Zeit mehrere neue

Untersuchungen und Entwicklungen vorgestellt worden. Mit diesem Verfahren werden Bolzen auf Platten befestigt.

In den Abb. 7-6 und 7-7 sind ebenfalls die zeitlichen Verläufe der wichtigsten Prozessgrößen beim Reibschweißen mit kontinuierlichem und Schwungradantrieb aufgezeigt. Die zwei auftretenden Momentenmaxima lassen sich dabei wie folgt deuten. Das erste Maximum zu Beginn des Reibkontaktes erklärt sich durch das Entstehen von lokalen Verschweißungen und dem Abscheren derselben im Bereich niedriger Temperaturen. Dann fällt das Drehmoment infolge der mit zunehmender Plastifizierung erhöhten Temperatur und des damit verringerten Formänderungswiderstandes ab. Das zweite Momentenmaximum entsteht während der Abbremsphase vor dem Stillstand der Spindel. Es erklärt sich durch den erhöhten Formänderungswiderstand bei fallender Temperatur. Der Temperaturabfall im Bereich der Fügezone ist durch die mit fallender Drehzahl verringerte Energieeinbringung sowie die verstärkte radiale Verdrängung hocherhitzten Materials in den Schweißwulst zu erklären.

Eine Universalreibschweißmaschine ähnelt in ihrem Aufbau einer Drehbank, sie muss jedoch zur Übertragung der hohen Axialkräfte wesentlich steifer ausgelegt werden. Man unterscheidet im wesentlichen drei Ausführungsarten beim Reibschweißen:

- Reibschweißen mit Rotation eines Fügeteiles und Translation des Anderen.
- Reibschweißen mit Rotation und Translation eines Fügeteiles und Stillstand des anderen.
- Rotation und Translation zweier Fügeteile gegen ein feststehendes Zwischenstück.

Aufgrund des geringen Durchmessers und der damit verbundenen geringen Relativgeschwindigkeiten kann es erforderlich sein, zur Erzielung der zum Verschweißen notwendige Wärmemenge beide Fügeteile gegenläufig rotieren zu lassen.

7.4.2 Anwendungsbereiche und verschweißbare Werkstoffe

Abbildung 7-8 gibt einen Überblick über mögliche Verbindungsformen beim Reibschweißen. Die Probenvorbereitung der Fügeteile sollte möglichst so vorgenommen werden, dass die Wärmeeinbringung bzw. -abfuhr bei beiden Fügeteilen gleich ist. Dies vereinfacht die Verbindungsaufgabe je nach Werkstoffpaarung in entscheidendem Maße.

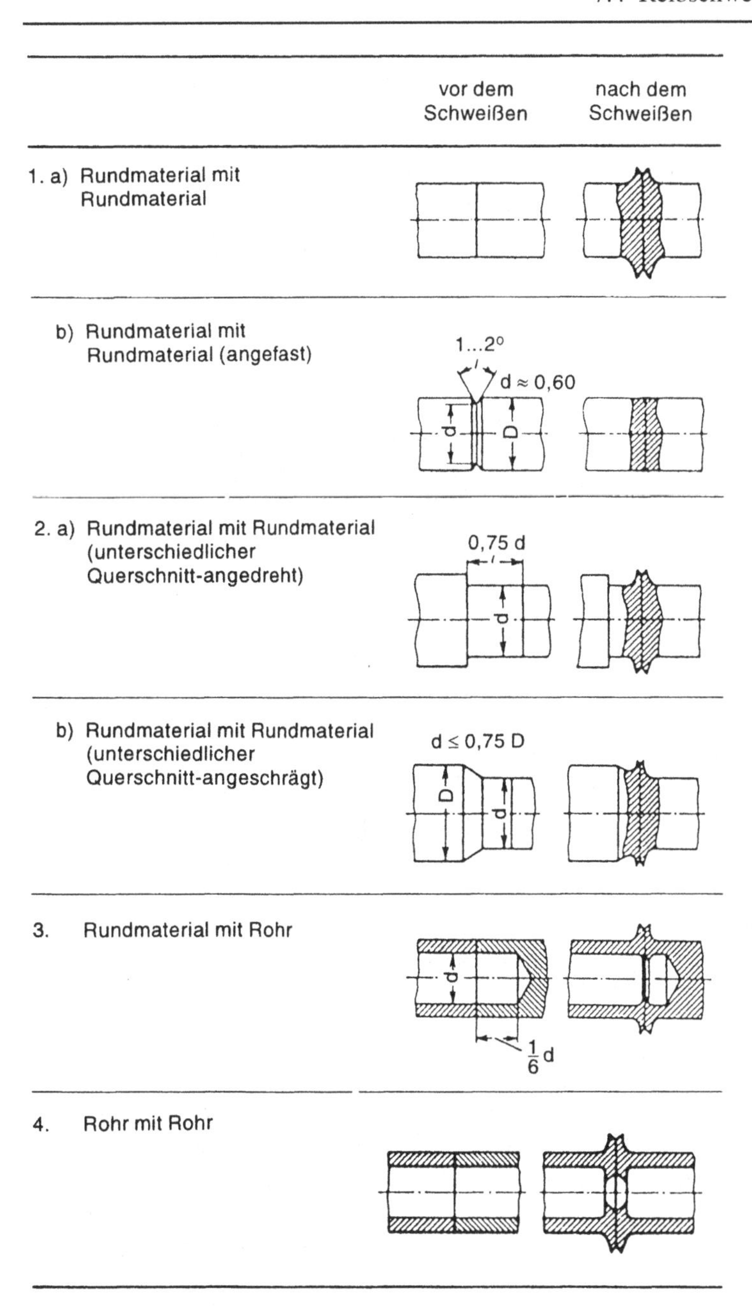

vor dem Schweißen
nach dem Schweißen
1. a) Rundmaterial mit Rundmaterial
b) Rundmaterial mit Rundmaterial (angefast)
1...2°
d ≈ 0,60
d
D
2. a) Rundmaterial mit Rundmaterial (unterschiedlicher Querschnitt-angedreht)
0,75 d
d
b) Rundmaterial mit Rundmaterial (unterschiedlicher Querschnitt-angeschrägt)
d ≤ 0,75 D
D
d
3. Rundmaterial mit Rohr
d
1/6 d
4. Rohr mit Rohr

Abb. 7-8 Verbindungsformen beim Reibschweißen

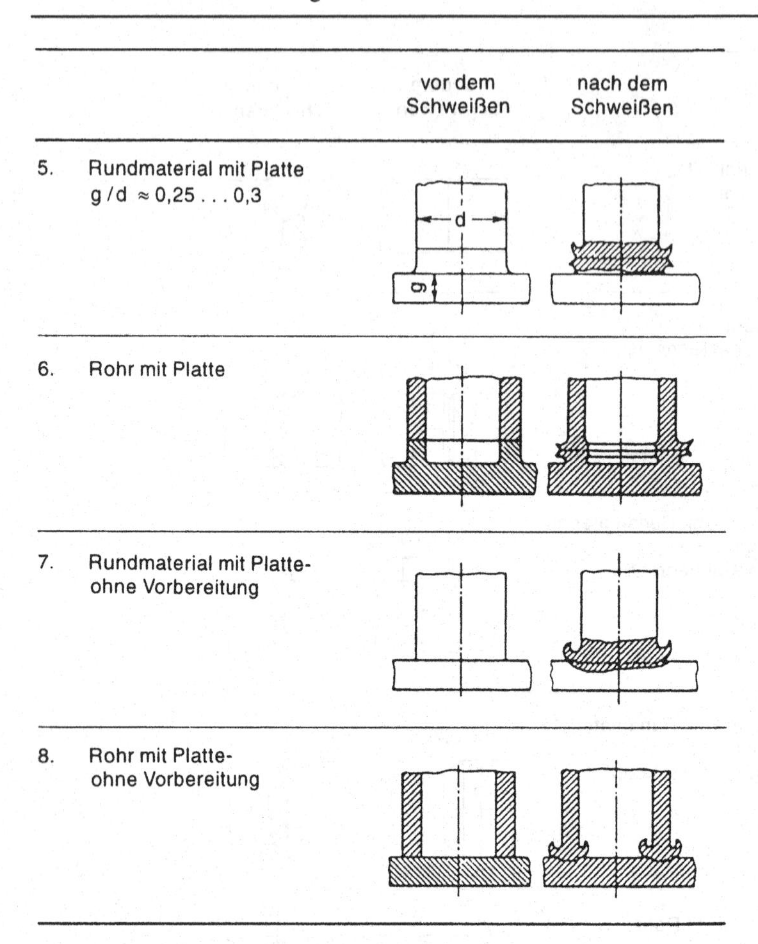

vor dem Schweißen
nach dem Schweißen
5. Rundmaterial mit Platte
g / d ≈ 0,25 . . . 0,3
d
g
6. Rohr mit Platte
7. Rundmaterial mit Platte-
ohne Vorbereitung
8. Rohr mit Platte-
ohne Vorbereitung

Abb. 7-8 Verbindungsformen beim Reibschweißen (Fortsetzung)

Die Stoßflächen sollten glatt und winkelig sein und gleiche Abmessungen besitzen. Ein einfacher Sägeschnitt ist dabei in vielen Anwendungsfällen völlig ausreichend. Werden besondere Anforderungen an die Maßhaltigkeit der Bauteile gestellt, so muss der Stoßflächenvorbereitung wesentlich mehr Beachtung geschenkt werden. Fremdstoffe, die die Reiberwärmung verhindern (wie z.B. Zunder, Walzhaut, Schmiermittel oder Bonderschichten), sollten vor Schweißbeginn von den Stoßflächen entfernt werden.

Die Art der Wärmeerzeugung bedingt eine vergleichsweise niedrige Fügetemperatur ($<T_S$). Dies ist der wesentliche Grund dafür, dass sich das Reibschweißen auch für schwierig zu verschweißende Werkstoffe und Werkstoffkombinationen eignet. So können auch Werkstoffkombinationen verbunden werden (z.B. Cu/Al oder Al/Stahl), die mit anderen Schweiß-

verfahren gar nicht oder nur mit erhöhtem Aufwand geschweißt werden können. Auch Keramikwerkstoffe (Al_2O_3, ZrO_2) können durch Reibschweißen gefügt werden. Die Sprödigkeit, die wenig angepassten Wärmeausdehnungskoeffizienten und die unterschiedlichen Bindungstypen sind jedoch vor allem bei Keramik-/Metallverbindungen problematisch. Abbildung 7-9 gibt eine Übersicht über die möglichen Werkstoffkombinationen.

Ursachen, die aus metallurgischen Gründen die Reibschweißeignung einschränken können, sind:

- Menge und Verteilung nichtmetallischer Einschlüsse, wie z.B. bei der Verwendung von Automatenstählen.
- Bildung niedrigschmelzender oder intermetallischer Phasen.
- Versprödung durch Gasaufnahme (allerdings kann selbst beim Reibschweißen von Titan und seinen Legierungen auf einen aufwendigen, inerten Gasschutz verzichtet werden).

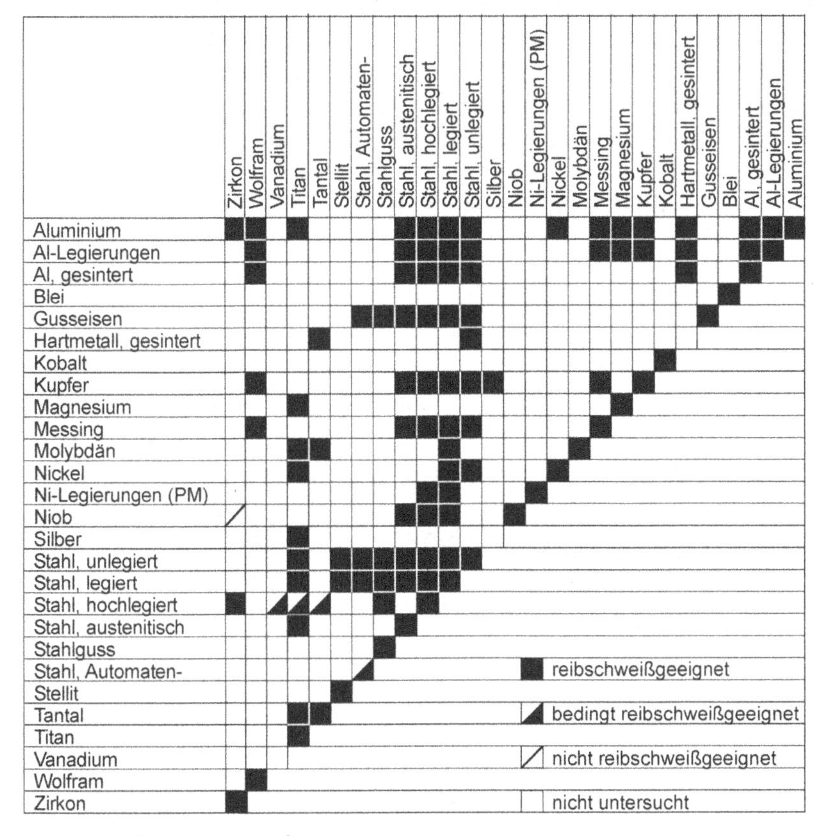

Abb. 7-9 Übersicht über die Reibschweißung metallischer Werkstoffkombinationen (PM: pulvermetallurgisch hergestellt)

- Entfestigung bei gehärteten oder ausgehärteten Werkstoffen.
- Aufhärtung infolge zu hoher Abkühlgeschwindigkeit.

Durch eine Anpassung der Schweißparameter an die jeweilige Verbindungsaufgabe können in den meisten Fällen dennoch Verbindungen mit hohen mechanisch-technologischen Eigenschaften erzielt werden. Dabei liegen die Festigkeiten der Verbindungen in der Regel oberhalb der Grundfestigkeit des schwächeren Werkstoffs.

Abbildung 7-10 zeigt das Sekundärgefüge entlang einer Reibschweißverbindung. Im Bereich der Fügezone hat sich infolge der ständig ablaufenden Rekristallisation ein extrem feinkörniges Gefüge (Schmiedegefüge) eingestellt. Dieses, für eine Reibschweißverbindung typische Gefüge, weist hohe Festigkeits- und Zähigkeitseigenschaften auf.

Reibschweißanlagen werden fast ausschließlich vollmechanisiert betrieben und lassen sich gut in Fertigungsstraßen integrieren. Mit Hilfe von Be- und Entladevorrichtungen, Dreheinheiten zur Vorbereitung der Stoßflächen und zum Entfernen des Wulstes sowie Speichereinheiten für komplette Schweißprogramme sind diese Anlagen gut zu automatisieren. Die Anlagen werden heute mit Parameterüberwachungssystemen ausgestattet. Dabei werden die Parameter Weg, Druck, Drehzahl und Zeit bei jeder Schweißung durch einen Sollwert/Istwert-Vergleich überwacht, wodurch eine indirekte Qualitätskontrolle möglich ist. Eine Ergänzung zur be-

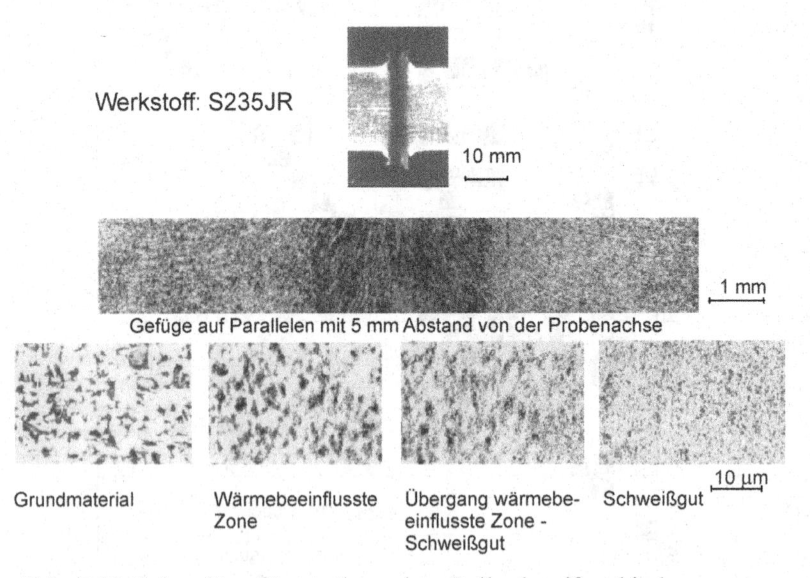

Abb. 7-10 Sekundärgefüge entlang einer Reibschweißverbindung
Schweißdaten: $p_R = 30\ \text{N/mm}^2$, $t_R = 6\ \text{s}$, $t_{St} = 150\ \text{N/mm}^2$, $n = 1500\ \text{min}^{-1}$

schriebenen Parameterüberwachung ist die Drehmomenterfassung. Diese Überwachungsmethode ist sehr aufwendig und kostenintensiv und kann aufgrund ihrer baulichen Abmessungen nicht bei allen Anwendungsfällen eingesetzt werden. Sie wird aber oftmals im Labor zur Interpretation der Reibungsverhältnisse herangezogen.

Reibschweißmaschinen werden vor allem in der Serien- und Massenfertigung eingesetzt. Sie kommen jedoch auch immer dann zur Anwendung, wenn es gilt, schwierig zu verschweißende Werkstoffe oder Werkstoffkombinationen sicher und kostengünstig miteinander zu verbinden. Mit den in Deutschland eingesetzten Maschinen können massive Werkstücke im Durchmesserbereich von 0,6 bis 250 mm verbunden werden. Bei Stahlrohren beträgt der gegenwärtig maximal zu verschweißende Durchmesser 900 mm, wobei die Wandstärke etwa 6 mm beträgt. Nach unten sind die zu verschweißenden Durchmesser wegen der sinkenden Relativgeschwindigkeit selbst bei hohen Drehzahlen auf 0,6 mm begrenzt.

7.4.3 Anwendungsbeispiele

Anwendung findet das Reibschweißen im Maschinenbau (Zahnräder, komplette Getriebewellen, Kolbenstangen, Hydraulikzylinder und Kurbelwellen), im Automobilbau (Achsen, Ventile, Gelenkwellen, Schaltstangen und Rohrwellen), in der Werkzeugfertigung (Schaft-Werkzeugverbindungen, z.B. für Bohrer und Reibahlen) sowie in der Luft- und Raumfahrttechnik für Wellen-Scheibenverbindungen an Turbinen.

Im Folgenden sind die wichtigsten Vorteile des Reibschweißens gegenüber dem konkurrierenden Abbrennstumpfschweißen dargelegt:

- saubere und gut kontrollierbare Wulstbildung,
- bessere Steuerung und Kontrolle der Wärmeeinbringung durch die Prozessparameter,
- keine Entmischungserscheinungen in der Bindezone (keine kohlenstoffverarmte Zone),
- durch Warmverformung (Torsion und Stauchung) ständige Erholungs- und Rekristallisationsvorgänge an der Schweißstelle, d.h. feinkörniges Gefüge mit sehr guten Festigkeits- und Zähigkeitseigenschaften (Schmiedegefüge),
- geringe Fehleranfälligkeit, extrem gute Reproduzierbarkeit in weiten Parameterbereichen,
- geringerer Energieverbrauch (beim konventionellen Verfahren 1/10, beim Schwungradverfahren 1/25 der zum Abbrennstumpfschweißen benötigten Energie),

- symmetrische Netzbelastung und höherer Wirkungsgrad (cos φ = 0,85 gegenüber 0,4 bis 0,6) bei wesentlich kleinerer Netzanschlussleistung,
- meist kürzere Schweißzeiten,
- größerer Freiheitsgrad in der Zahl der verschweißbaren Werkstoffe und Werkstoffkombinationen und
- geringe Umweltbelastung, da Rauch, Strahlung und Spritzer (Ausnahme Gusswerkstoffe) nicht auftreten.

Als Nachteile des Verfahrens sind zu nennen:

- Rotationssymmetrie mindestens eines Fügeteils in den meisten Anwendungsfällen erforderlich,
- Drehmomentsichere Einspannung der Fügeteile erforderlich,
- Maschinenbedingt kleinere maximal verschweißbare Querschnitte,
- Empfindlichkeit gegenüber nichtmetallischen Einflüssen, insbesondere wenn diese (wie z.B. Sulfide) eine niedrigere Schmelztemperatur als der metallische Werkstoff aufweisen (= spröde Brüche bei plastischer Verformung in der Bindezone),
- hohe Ansprüche bei geringeren geometrischen Fertigungstoleranzen (Axialversatz, Winkelabweichung der Fügeteile), die nur mit hohem Aufwand realisierbar sind und
- hohe Investitionskosten für die Maschine (gilt auch für Abbrennstumpfschweißanlagen).

7.5 Rührreibschweißen (Friction Stir Welding)

Das Rührreibschweißen oder auch Friction Stir Welding wurde 1991 basierend auf der konventionellen Methode des Reibschweißens entwickelt.

Bei diesem Verfahren wird ein zylindrisches, dornähnliches Werkzeug drehend in die Verbindungslinie zweier Bleche gedrückt, welche dann im Stumpfstoß längs der Verbindungslinie verschweißt werden, siehe Abb. 7-11.

Die zu fügenden Teile müssen fest gegeneinander und auf eine Unterlage gespannt werden, damit sie nicht verrutschen können. Reibwärme entsteht zwischen dem verschleißarmen Werkzeug und den Werkstücken [A]. Diese Wärme verursacht ein Erweichen des Grundwerkstoffes, ohne den Schmelzpunkt zu erreichen. Bei Aluminium, dem bevorzugt eingesetzten Material, wird mit einer Temperatur von ca. 500-550°C gearbeitet. Das plastische Material wird in Vorschubrichtung vor dem drehenden Dorn nach oben und hinten transportiert. Da es wegen der Schulter des Dornes

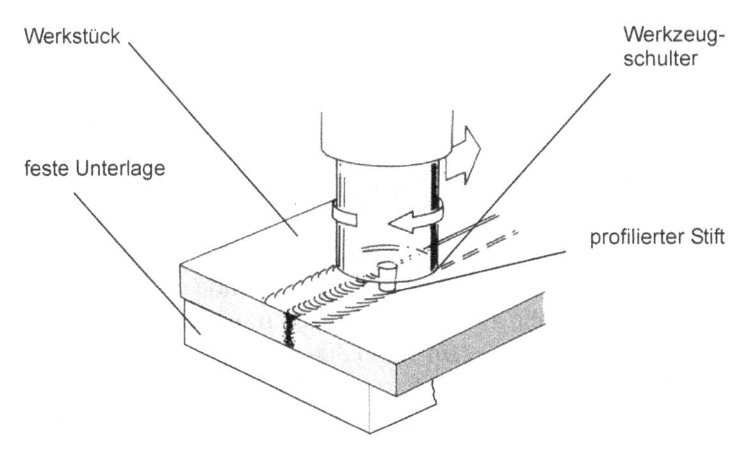

Abb. 7-11 Verfahrensprinzip Rührreibschweißen

nicht nach oben sowie wegen der festen Unterlage nicht nach unten ausweichen kann, findet längst der Verbindungslinie ein Fügeprozess in plastischem Zustand statt [A], [B].

Abbildung 7-12 zeigt eine Rührreib-Schweißnaht. Die zu fügende Blechdicke variiert zwischen 1,6 mm und 30 mm. Als Fügeformen sind der Stumpf- und der Überlappstoß möglich. Andere Fügeformen sind denkbar, wenn die hohen Kräfte in das Werkstück eingeleitet werden können.

Als Anwendungsbereich sind vor allem Aluminium und Aluminiumlegierungen zu nennen. Diese können sowohl als Bleche als auch als Strangpressprofile miteinander verbunden werden. Es ist zu erwarten, dass sich in den kommenden Jahren das Friction Stir Welding in größerem Maße in den Industriezweigen des Fahrzeugsbaus, den Bereichen der Luft- und Raumfahrt, dem Schiffsbau sowie dem Waggonbau etabliert.

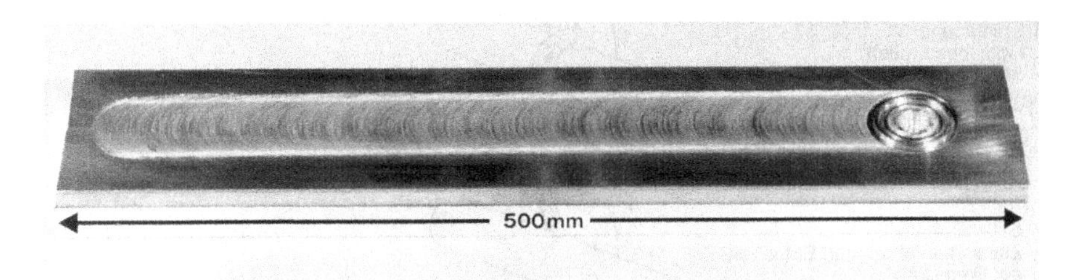

Abb. 7-12 Mit dem Rührreibschweißen erstellte Verbindung

7.6 Pressschweißen mit magnetisch bewegtem Lichtbogen

Das Pressschweißen mit magnetisch bewegtem Lichtbogen (auch unter den Bezeichnungen MBL-Verfahren und Magnetarc-Schweißen bekannt) ist ein Lichtbogen-Pressschweißverfahren zum Verbinden von geschlossenen Hohlprofilen, das bisher überwiegend in der Großserienfertigung eingesetzt wird. Die verschweißbaren Wandstärken liegen nach dem heutigen Entwicklungsstand zwischen 0,7 und 5 mm, der verschweißbare Durchmesserbereich liegt zwischen 5 und 300 mm.

Bei dem Verfahren wird ein zwischen den Stoßflächen gezündeter Lichtbogen durch äußere Magnetkräfte zum Rotieren gebracht. Dies wird durch ein Spulensystem erreicht, das ein magnetisches Feld erzeugt. Das Zusammenwirken dieses Feldes in Verbindung mit dem Magnetfeld des Lichtbogens (stromdurchflossener Leiter) bewirkt eine tangentiale Kraft auf den Lichtbogen (Lorentzkraft). Die Rotation des Lichtbogens führt zur Erwärmung und Anschmelzung der Stoßflächen (Abb. 7-13). Sind diese ausreichend erwärmt, werden die beiden Werkstückhälften stumpf verschweißt. Dabei entsteht ein gleichmäßiger Schweißwulst, der zumeist ab-

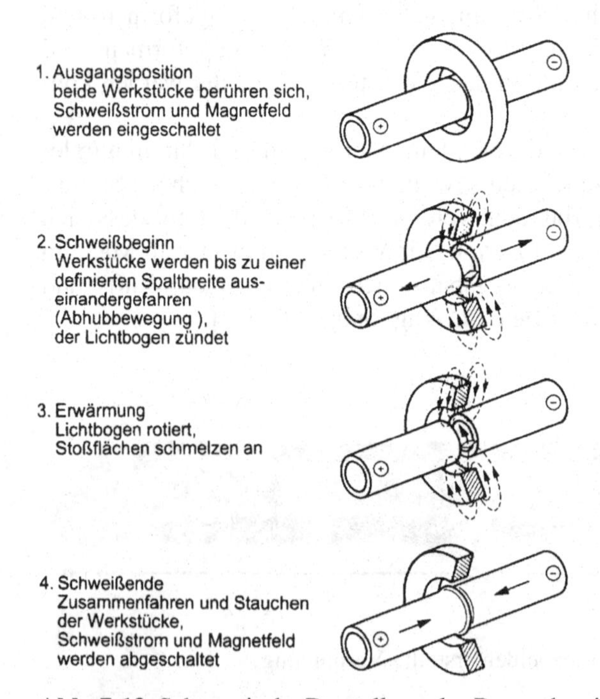

1. Ausgangsposition
beide Werkstücke berühren sich,
Schweißstrom und Magnetfeld
werden eingeschaltet
2. Schweißbeginn
Werkstücke werden bis zu einer
definierten Spaltbreite aus-
einandergefahren
(Abhubbewegung),
der Lichtbogen zündet
3. Erwärmung
Lichtbogen rotiert,
Stoßflächen schmelzen an
4. Schweißende
Zusammenfahren und Stauchen
der Werkstücke,
Schweißstrom und Magnetfeld
werden abgeschaltet

Abb. 7-13 Schematische Darstellung des Pressschweißens mit magnetisch bewegtem Lichtbogen (MBL-Schweißen)

gearbeitet wird. Bei dem Verfahren wird mit Schutzgas (hauptsächlich CO_2) gearbeitet. Jedoch hat das Schutzgas nicht nur die Aufgabe, die Schweißstelle vor der Atmosphäre zu schützen, sondern auch zur Stabilisierung des Lichtbogens beizutragen. Damit werden die Reproduzierbarkeit des Zünd- und Laufverhaltens des Lichtbogens und damit die Gleichmäßigkeit des Wulstes sowie der gesamten Schweißverbindung verbessert.

Grundvoraussetzung für die Eignung eines Werkstoffs zum Magnetarc-Schweißen sind seine elektrische Leitfähigkeit und Anschmelzbarkeit. Abbildung 7-14 gibt einen Überblick über die heute bereits unter Produktionsbedingungen verschweißten Werkstoffkombinationen.

Die Rissanfälligkeit der Verbindungen ist im Allgemeinen aufgrund der symmetrischen Wärmeeinbringung, des anschließenden Ausstauchens der flüssigen Phase sowie des Abkühlens unter Druck relativ gering. Dies wirkt sich besonders beim Schweißen von hochkohlenstoffhaltigen Stählen und Automatenstählen positiv aus.

Die Stoßflächen der Fügeteile müssen frei von Verunreinigungen wie Rost und Zunder sein. Zur Erzielung einer fehlerfreien Schweißung ist normalerweise ein einfacher Sägeschnitt als Stoßflächenvorbereitung ausreichend. Werden besondere Anforderungen an die Maßhaltigkeit der Verbindungen gestellt, müssen die Vorfertigungstoleranzen wie beim Reibschweißen entsprechend abgestimmt sein.

Werkstoffe	Stahl, unlegiert	Stahl, niedriglegiert	Automatenstahl	Stahlguss	Temperguss
Stahl, unlegiert	●	●	●	●	●
Stahl, niedriglegiert	●	●			
Automatenstahl	●		●		
Stahlguss	●			●	
Temperguss	●				●

● MBP-schweißgeeignet   □ nicht untersucht

Abb. 7-14 Unter Produktionsbedingungen verschweißte Werkstoffe

Die Schweißdaten sind vom Werkstoff und von dem zu verschweißenden Querschnitt abhängig. Geschweißt wird mit Gleichstrom (50–1500 A). Die sich aus dem eingestellten Schweißstrom ergebende Spannung liegt zwischen 20 und 40 V. Weitere Schweißparameter sind die Lichtbogenbrennzeit (0,4–15 s), die Stauchzeit (0,5 s), die flächenbezogene Stauchkraft (15–150 N/mm^2) und der Abstand der Stoßflächen (1,5–3 mm).

Bei dem Verfahren können die qualitätsbestimmenden Prozessgrößen (Abhub, Schweißstrom, Magnetspulenstrom, Lichtbogenbrennzeit, Stauchkraft und Stauchgeschwindigkeit, Werkstückverkürzung und Schutzgas-Durchflussmenge) messtechnisch erfasst und innerhalb vorgegebener Grenzwerte dokumentiert und überwacht werden. Fehlerhafte Schweißungen werden angezeigt. Darüber hinaus ist eine Kennzeichnung bzw. Zerstörung der fehlerhaften Bauteile sofort in der Maschine möglich. Bei gleichbleibender Qualität der zu verbindenden Komponenten in Bezug auf Werkstoffeigenschaften, Geometrie und Stoßflächenvorbereitung können nahezu gleich gute Eigenschaften der Verbindungen garantiert werden. Dazu müssen jedoch die Schweißparameter in wesentlich engeren Grenzen als z.B. beim Reibschweißen gehalten werden.

Je nach Aufgabenstellung kommen einfache Standardmaschinen oder auch Präzisionsmaschinen zum Einsatz. Man unterscheidet wie beim Reibschweißen je nach Stauchrichtung die horizontale und die vertikale Bauart. Bei horizontaler Bauart gleicht die Maschine vom äußeren einer Reibschweißanlage. Aufgrund der kleineren zu übertragenden Kräfte ist sie jedoch leichter ausgeführt. Die beiden Spulen sind oft zu einer kompakten Einheit, die sich über der Schweißstelle befindet, zusammengefasst. Sie müssen der Werkstückkontur angepasst sein. Zusatzeinrichtungen sind Prozessüberwachungssysteme, Einrichtungen zur Wärmenachbehandlung und zur Wulstentfernung.

Anwendung findet das Pressschweißens mit magnetisch bewegtem Lichtbogen vor allem im Bereich des Automobilbaus, z.B. für Hinterachsen und Antriebswellen, Lenkungsteile und verschiedene Filtergehäuse.

Vorteile dieses Verfahrens gegenüber den konkurrierenden Verfahren Reib- und Abbrennstumpfschweißen sind:

- geringerer Energiebedarf,
- Werkstoffeinsparung durch geringere Längenverluste,
- maßgenaueres Fügen besonders bei geringen Wandstärken.
- Gegenüber dem Reibschweißen geringerer Axialversatz der Teile (axiale Bewegung nur eines der Fügeteile),
- keine Beschränkung in der freien Einspannlänge,
- kleinerer und gleichmäßigerer Schweißgrat,
- keine Spritzerbildung.

Eine Verfahrensvariante des MBL-Schweißens ist das MBL-H-Verfahren. Hierbei brennt der Lichtbogen zwischen einer nichtabschmelzenden Ringelektrode und der Fügefläche (Abb. 7-15). Zur Lichtbogenablenkung in Umfangsrichtung wird die axiale Feldkomponente einer einzigen Spule ausgenutzt. Der Ablenkmechanismus entspricht ansonsten dem des bereits beschriebenen konventionellen Verfahrens.

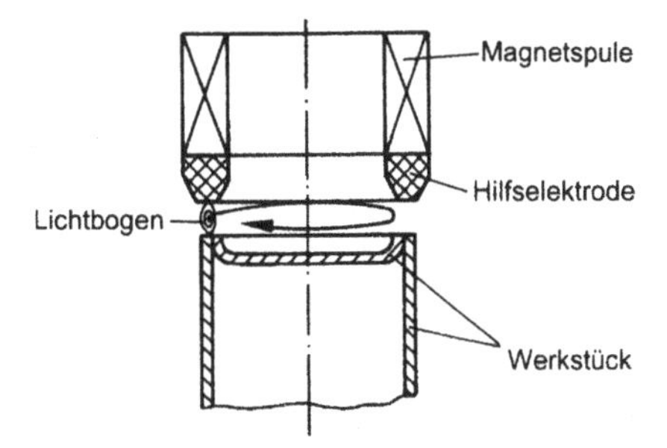

Abb. 7-15 Schmelzschweißen mit magnetisch bewegtem Lichtbogen (schematisch)

8 Widerstandsschweißverfahren

8.1 Widerstandspunktschweißen

8.1.1 Verfahrensprinzip

Zum Pressschweißen von Dünnblechen dient fast ausschließlich die elektrische Widerstandsschweißung, die punktförmig oder als linienförmige Nahtschweißung ausgeführt wird. Abbildung 8-1 zeigt die Einteilung der Pressschweißverfahren.

Das am weitesten verbreitete Pressschweißverfahren ist das Widerstandspunktschweißen. Dabei wird die Wärmeentwicklung, die infolge Joulescher Widerstandserwärmung in einem stromdurchflossenen Leiter entsteht, bei gleichzeitiger Druckeinwirkung auf die Fügeteile zum Schweißen ausgenutzt.

Die für die zugeführte Wärmemenge relevanten Faktoren sind nach der Gleichung

$$Q = \int_{t=t_0}^{t=t_s} I^2(t) R_{ges}(t) dt$$

die Stromstärke I, die Stromflusszeit t und der Widerstand R_{ges} an der Schweißstelle.

Die Stromstärke liegt beim Punktschweißen mit Werten bis zu 60 kA pro Punkt bei Spannungen bis 15 V wesentlich höher als bei den Schmelzschweißverfahren. Der Schweißstrom wird mit stiftförmigen, meist wassergekühlten Elektroden aus legiertem Kupfer beidseitig auf die überlappt angeordneten Blechfügeteile übertragen. Der Gesamtwiderstand R_{ges} setzt sich aus den Stoffwiderständen R_1, R_2, R_6, R_7 und den Kontaktwiderständen R_3, R_4, R_5 zusammen und ändert sich im Verlauf der Schweißzeit (Abb. 8-2). Dabei fällt einerseits der Kontaktwiderstand zwischen den beiden Werkstücken zu Beginn der Schweißzeit stark ab und verschwindet mit der Bildung der Schweißlinse, andererseits ist der Stoffwiderstand temperaturabhängig und nimmt wegen der steigenden Temperatur zu.

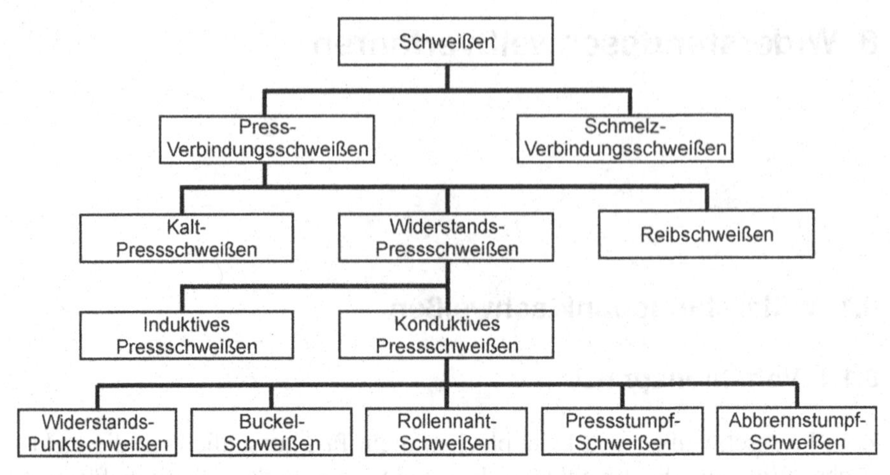

Abb. 8-1 Einteilung der Verfahren zum Press-Verbindungsschweißen

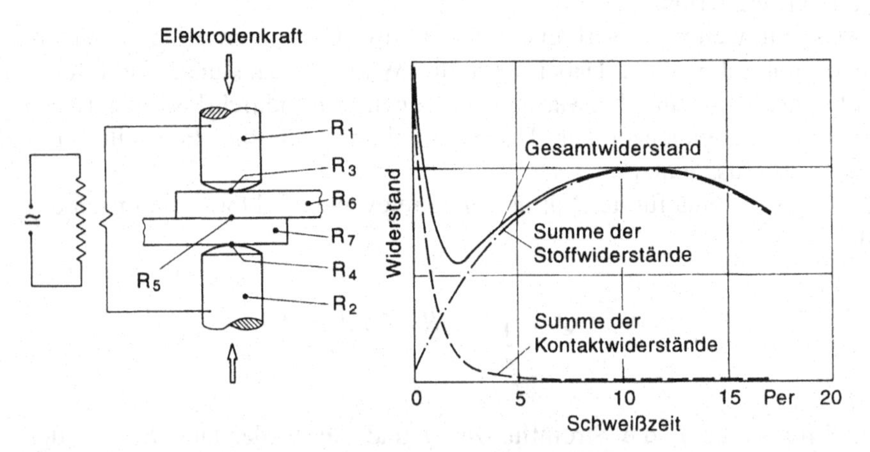

Abb. 8-2 Widerstände beim Widerstandspunktschweißen

Die Elektroden werden im Allgemeinen pneumatisch, hydraulisch, pneumohydraulisch oder über servogeregelte Elektromotoren auf die Schweißstelle gepresst. Hierdurch wird eine gute Anlage der Bleche an der Berührungsstelle erzielt und die Stromübergangsstelle durch lokale Verringerung des Übergangswiderstandes der beiden Blechoberflächen festgelegt.

Dann wird bei gleich hoher oder abgesenkter Elektrodenkraft der Stromkreis geschlossen, wodurch sich die Schweißstelle zunächst infolge der hohen Kontaktwiderstände und danach fast ausschließlich durch die mit der Temperatur zunehmenden Stoffwiderstände schnell erwärmt. In der

Schmelze starke Expansionskräfte. Aufgrund eines sich durch die Elektrodenkraft um die Schweißlinse bildenden Stützringes wird im Regelfall ein Herausspritzen des Werkstoffes verhindert, durch zu geringe Elektrodenkräfte kann es jedoch zu einem Herausschleudern von flüssigem Werkstoff aus der Fügeebene kommen. Weiterhin bewirken zu geringe Elektrodenkräfte einen größeren Übergangswiderstand und damit unter Umständen Schmorstellen auf der Blechoberfläche und an der Elektrodenarbeitsfläche.

Übliche Schweißzeiten des Widerstandspunktschweißens liegen je nach Werkstoff, Fügeteilabmessungen und erforderlichem Schweißlinsendurchmesser bei 2 bis 40 Perioden, bei Schweißungen mit 50 Hz Wechselstromfrequenz somit zwischen 40 und 800 ms. Nach Abschalten des Schweißstromes erkaltet die in der Regel bis zum Schmelzfluss erwärmte Schweißstelle unter Druck und ergibt so in der Fügeebene eine annähernd kreisflächenförmige Verbindung (Abb. 8-3). Die große Wärmeleitfähigkeit des zumeist wassergekühlten Elektrodenwerkstoffes bewirkt zusammen mit dem hohen Stoffwiderstand im Bereich der Fügeebene, dass die Schweißverbindung in der Mitte der zu verbindenden Bleche entsteht und eine meist linsenförmige Gestalt aufweist. Dabei nehmen die Elektroden bis zu 70 % der entstehenden Verlustwärme auf.

Die Elektroden bestimmen über ihre Kontaktfläche die Größe der entstehenden Schweißlinse. Form und Abmessungen der Elektroden haben maßgeblichen Einfluss auf die erstellte Punktschweißverbindung sowie auf die Größe der entstehenden Elektrodeneindrücke.

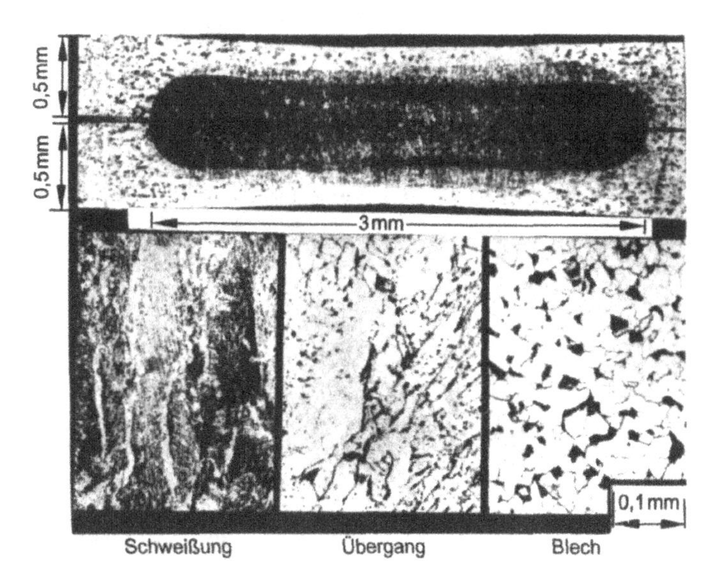

Abb. 8-3 Schliffbild und Gefügeausbildung einer Widerstandspunktschweißung

8.1.1 Anlagenaufbau

Bei Widerstandspunktschweißmaschinen werden folgende Bautypen unterschieden:

a) Ortsfeste Ständermaschinen (meist in C-förmiger Bauweise) erlauben eine mechanisch steife Konstruktion auch bei großen Ausladungen (Abb. 8-4). Es kann deshalb mit großen Elektrodenkräften und hohen Strömen gearbeitet werden. Das Werkstück muss beweglich sein und so dimensioniert, dass es an der Maschine positioniert werden kann. Bei Vielpunktschweißmaschinen können, begrenzt durch die Reparaturzugänglichkeit zu den dicht angeordneten Einzelzylindern, bis zu 80 Punkte an einem Bauteil gleichzeitig erstellt werden.

b) Punktschweißzangen werden als ortsveränderliche Maschinen eingesetzt, die über ein sekundärseitiges Kabel mit dem Transformator oder Gleichrichter verbunden sind oder bei denen Transformator bzw. Gleichrichter direkt in die Zange integriert sind (Abb. 8-5). Im letzteren Fall ist jedoch durch Gewicht und Abmessungen die Handhabung der Zange erschwert. Sie kann mit Gewichtsentlastung manuell oder ohne Entlastung von einem Schweißroboter bedient werden. Durch ihr geringes Gewicht und ihre günstigen Abmaße kann sie zum Werkstück geführt und positio-

Abb. 8-4 Ortsfeste Ständermaschinen zum Widerstandspunktschweißen (Werkfoto: Dalex)

Abb. 8-5 Schweißzange zum Widerstandspunktschweißen (Werkfoto: Nimak)

niert werden. Die erreichbaren Elektrodenkräfte sind kleiner als bei ortsfesten Maschinen. Durch schräges Ansetzen der Zange können Winkeländerungen der Blechebene gegenüber der Elektrodenachse erfolgen, die große Streuungen in der Belastbarkeit der Schweißpunkte hervorrufen können.

Von den sich gegenüberliegenden Elektroden beider Maschinentypen wird normalerweise nur eine beweglich ausgeführt, während bei Roboterpunktschweißzangen dagegen in der Regel beide Elektroden beweglich sind. Ihre Form muss an die Schweißaufgabe angepasst werden, wobei Elektroden mit balliger Arbeitsfläche in der Praxis universeller einsetzbar sind, da hierbei auch bei mechanisch weniger steifen Maschinen und nicht ganz fluchtenden Elektroden keine Verringerung der Elektrodenkontaktflächen entsteht. Allerdings ist bei vergleichbaren Elektrodenkräften mit tieferen Elektrodeneindrücken in der Blechoberfläche zu rechnen. Auch die Nacharbeit der Auflagefläche der Elektrode nach Verschleiß ist aufwendiger.

Die Elektroden werden entweder direkt in der Schweißanlage durch sogenannte Kappenfräser oder nach dem Austauschen nachgearbeitet. Besteht keine Möglichkeit zum Nachfräsen oder sind die Elektrodenkappen zu stark abgenutzt, werden sie wieder eingeschmolzen und recycelt. Eine weitere Möglichkeit der Nacharbeit stellt das sogenannte Nachschlagen der Elektrodenkappen dar. Hierbei werden die verschlissenen Elektroden auch mit auflegierten Arbeitsflächen erneut fließgepresst, so dass sie nach

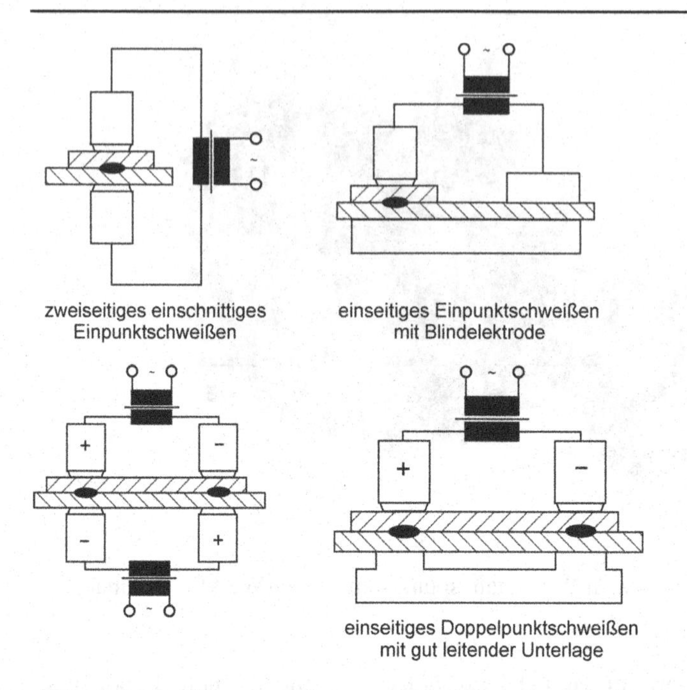

Abb. 8-6 Mögliche Anordnungen und elektrische Schaltungsarten von Punktschweißelektroden

diesem Vorgang wieder die Form einer neuen Elektrode besitzen. Abbildung 8-6 zeigt einige Möglichkeiten der Anordnung und der elektrischen Schaltung von Elektroden.

In Bezug auf die Auswahl des Elektrodenwerkstoffes muss ein Kompromiss zwischen guter elektrischer und thermischer Leitfähigkeit, großer Warmhärte, hoher Anlassbeständigkeit und Erweichungstemperatur und möglichst geringer Anlegierungsneigung zum Werkstück geschlossen werden. Die Forderung nach guter elektrischer und thermischer Leitfähigkeit lässt sich am wirtschaftlichsten mit reinem Kupfer erfüllen. Dieser Werkstoff genügt jedoch nicht den Anforderungen hinsichtlich Formbeständigkeit und Legierungsneigung. Deshalb werden Elektroden aus Kupferlegierungen eingesetzt, die eine geringere Leitfähigkeit besitzen als Elektrolytkupfer (Cu-Cr, Cu-Ag, Cu-Cr-Zr, Cu-W, Cu-Co, Cu-Co-Si, Cu-Ti, Cu-Cr-Be u.a.), wobei Cu-Cr-Legierungen am meisten verbreitet sind. Die wichtigsten Elektrodenwerkstoffe sind in DIN EN ISO 5182 festgelegt. Grundsätzlich müssen die Elektroden beim konventionellen Widerstandspunktschweißen gut gekühlt werden, um längere Standzeiten zu erreichen und ggf. das Anlegieren des Werkstoffes an die Elektroden zu vermindern.

Die Steuerung der Punktschweißanlage erfolgt im allgemeinen über netzsynchrone elektronische Steuerungseinrichtungen. Als Leistungsschalter werden dabei heute Thyristoren, in älteren Anlagen auch noch zündstiftgesteuerte Quecksilberdampf-Gleichrichter (Ignitrons) benutzt. Über eine Zündzeitverschiebung (Phasenanschnittsteuerung) kann die Leistung stufenlos eingestellt werden. Thyristoren sind gegenüber Ignitrons sowohl verschleiß- als auch stoßfester, aber hinsichtlich Spannungsspitzen empfindlicher.

Mittels Inverterstromtechnik lässt sich ein sehr glatter Gleichstrom aus gechoppten 1000 Hz-Strom herstellen. Vorteile dieser Technologie sind neben den besseren Stromanstiegs- und Regeleigenschaften die geringeren Transformatorgewichte und -größen.

Abbildung 8-7 zeigt die heute zum Widerstandspunktschweißen gebräuchlichen Stromformen.

Maschinen, die z.B. für das Schweißen von Leichtmetallen eingesetzt werden, sind zum Teil mit einer elektronischen Kraft-Strom-Programmsteuerung ausgestattet (Abb. 8-8). Je nach Schweißaufgabe können unterschiedliche Verläufe von Schweißstrom und Elektrodenkraft sinnvoll sein. Der Verlauf des Schweißstromes lässt sich durch die Einstellung eines individuellen Stromanstieges bzw. Stromabfalles beeinflussen.

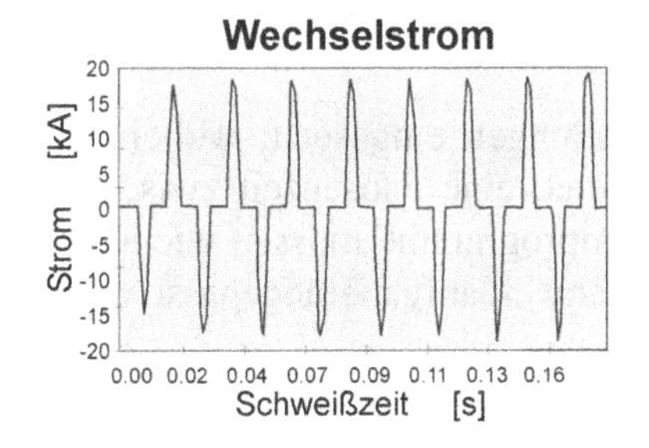

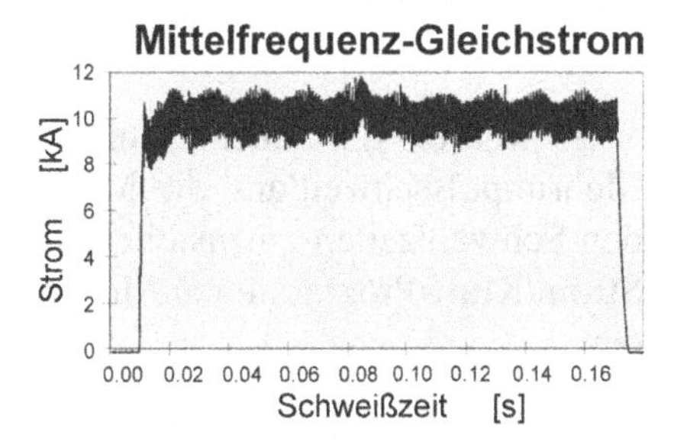

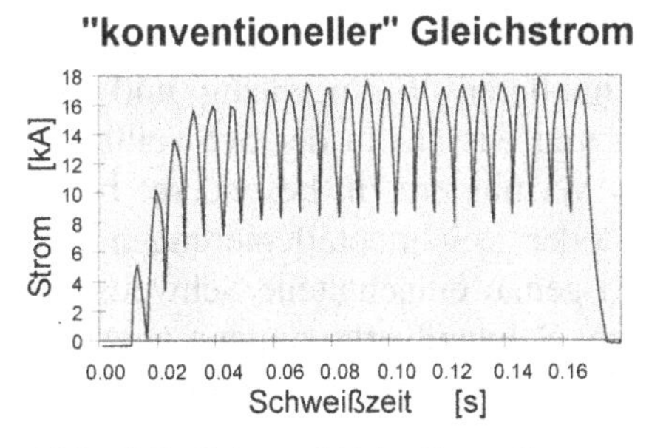

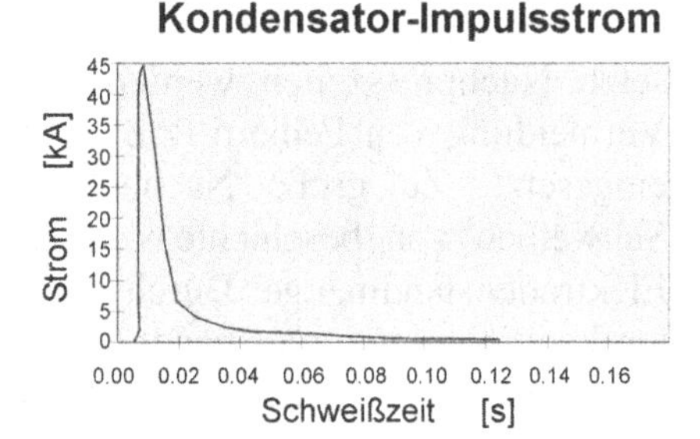

Abb. 8-7 Gebräuchliche Stromformen

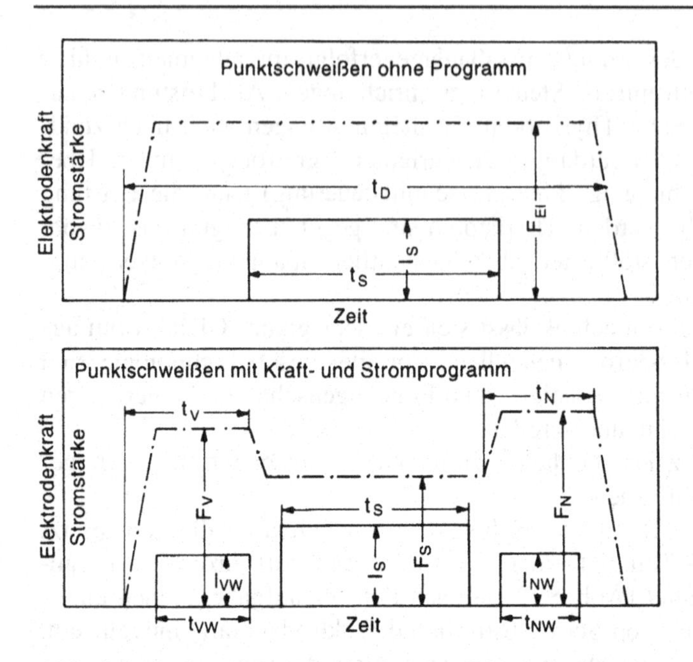

Abb. 8-8 Kraft und Strömverläufe beim Widerstandspunktschweiße
F_{EI} Elektrodenkraft; F_V Vorpresskraft; F_S Schweißpresskraft; F_N Nachpresskraft; I_{NW} Nachwärmestrom; I_S Schweißstrom; I_{VW} Vorwärmestrom; t_D Druckzeit; t_N Nachpresszeit; t_{NW} Nachwärmezeit; t_V Vorpresszeit; t_{VW} Vorwärmzeit.

Es werden Ein- oder Mehrimpulsschweißungen eingesetzt, wobei die Mehrimpulsschweißung die Möglichkeit bietet, eine Pausenzeit zwischen den Schweißzeiten einzustellen. Diese Stromprogramme müssen wie auch Strom/Kraft-Programme an die jeweilige Schweißaufgabe angepasst werden.

An üblichen Steuerungen sind neben den Vor- und Nachpresszeiten auch Vor- und Nachwärmströme einzustellen. Ein Nachwärmstrom wird zur Verringerung des Eigenspannungszustandes in der Verbindung eingesetzt. Nachpresszeiten werden zum schnelleren Wärmeentzug und zur Vermeidung von Fehlern (z.B. Lunkern und Rissen) in der Schweißlinse eingesetzt. Zu große Nachhaltezeiten vermindern insbesondere beim Schweißen von beschichteten Blechen oder Leichtmetallegierungen die Elektrodenstandmenge. Durch kurze und genau eingehaltene Schweißzeiten kann eine gleichbleibende Qualität der Schweißverbindungen gewährleistet, die Wirtschaftlichkeit erhöht und der Elektrodenverschleiß verringert werden.

Moderne Steuerungen für das Widerstandspunktschweißen werden in der Regel mit einer Konstantstromregelung (KSR) ausgestattet. Derartige

Regelungen ermöglichen in einstellbaren Grenzen ein Konstanthalten des Schweißstromes trotz auftretender Störungen, wie z.B. Netzspannungsschwankungen. Die Messung des Stromes erfolgt als Gesamteffektivwert aller Stromhalbwellen. Weiterhin ist es in modernen Steuerungen möglich, mehrere Schweißprogramme abzuspeichern, die bei Bedarf wieder aufgerufen werden. Die Minderung der Stromdichte durch Elektrodenverschleiß ist ein wesentlicher qualitätsmindernder Faktor und lässt sich erst durch den Einsatz von sogenannten Steppersteuerungen vermindern. Steppersteuerungen, wie sie heutzutage eingesetzt werden, erhöhen bei zuvor empirisch ermittelten Schweißpunktzahlen den Schweißstrom in vorgegebenen Stufen. Innerhalb dieser Stufe wird der Schweißstrom dann wieder von der KSR konstant gehalten.

8.1.3 Anwendungsbereiche und verschweißbare Werkstoffe

Das Widerstandspunktschweißen hat heute in der dünnblechverarbeitenden Industrie eine bedeutende Stellung erlangt. Hierfür sind die einfache Handhabung im teilmechanisierten Betrieb und die gute Mechanisierbarkeit bis hin zur Automatisierung mitentscheidend. Geringe Ansprüche an die Toleranzen der Fügeteile, keine Nahtvorbereitung, kurze Schweißzeiten, Einsetzbarkeit in allen Positionen und die meist nicht nötige Nacharbeit sind weitere Vorteile des Verfahrens. Da die Investitionskosten jedoch hoch sind, wird es in der Regel nur in der Serienfertigung eingesetzt. Nachteilig sind weiterhin die schlechte Prüfbarkeit der Verbindung mit zerstörungsfreien Methoden sowie die immer noch unbefriedigende Qualitätssicherung während der Fertigung. Notwendige Elektrodenwechselbzw. Nacharbeitszeitpunkte zu bestimmen und zuvor durch Nachregelung der Schweißparameter die Gebrauchsdauer der Elektroden zu verlängern ist auch heute noch ein Problem. Ein alle vielfältigen Störgrößen (wie z.B. elektrischer Nebenschluss, Stromdichteänderungen durch Elektrodenverschleiß, Netzspannungsschwankungen usw.) gleichermaßen berücksichtigendes, adaptiv arbeitendes Prozessregelgerät existiert noch nicht, obwohl viele Realisierungsansätze hierzu über den zeitlichen Verlauf des elektrischen Widerstandes, der Wärmeausdehnung der Schweißstelle, der Konstanz der Wärmeeinbringung usw. gemacht wurden.

Bei der Wechselstromschweißung ist ein Stromgleichrichter nicht notwendig, wodurch die Investitionskosten zum Teil erheblich verringert werden. Die Anwendung von Gleichstrom ist jedoch beim Schweißen mit sehr hohen Leistungen notwendig, da die unsymmetrische Netzbelastung im einphasigen Wechselstrombetrieb nur bis zu einer bestimmten Leistungsgrenze zulässig ist. Auch die insbesondere beim Schweißen großer ferromagnetischer Werkstücke auf Maschinen mit großem Fenster, d.h. weiter Elektrodenarmausladung, auftretenden induktiven Verluste werden im Gleichstrombetrieb geringer. Zum Schweißen von Werkstoffen mit hoher elektrischer und thermischer Leitfähigkeit eignet sich Gleichstrom ebenfalls besser.

Üblicherweise werden gleich dicke Bleche miteinander verschweißt. Beim Schweißen unterschiedlich starker Bleche ist auf das Dickenverhältnis zu achten, das einen Wert von maximal 3:1 nicht übersteigen sollte. Maßgeblich für die Lage der Schweißlinse sind die Bedingungen für Erzeugung und Abfuhr der Wärme. Der Kontaktwiderstand zwischen den Blechen spielt dabei keine bedeutende Rolle, da er bereits zu Beginn der Schweißung nach wenigen Millisekunden zusammenbricht (siehe Abb. 8-2). Angestrebt wird eine Verbindung, bei der der größte Linsendurchmesser in der Berührungsebene beider Bleche liegt. Bei großen Dickenunterschieden müssen daher die Kühlbedingungen über die Elektroden soweit verändert werden, dass eine Verlagerung der Schweißlinse in die Fügeebene erreicht wird, z.B. durch Verwendung unterschiedlicher Elektrodenauflageflächen.

Bei Blechdicken bis zu 3 mm wird mit einreihigen Punktschweißverbindungen bei statischer Scherzugbeanspruchung die Festigkeit des ungeschweißten Stahlbleches erreicht, wenn Abstand und Größe der Schweißpunkte richtig dimensioniert werden. Einen Anhaltswert für den üblichen Schweißlinsendurchmesser d bei einer gegebenen Blechdicke s gibt die Beziehung

$$d = 5\,s$$

Die Punktabstände (t = Teilung) richten sich nach Beanspruchung, Werkstoff, Blechdicke s und den Punktdurchmessern d. Bei Weichstahlblech geringer Streckgrenze und guter Tiefziehfähigkeit (Karosserieblech) wird ab einem Verhältnis von $t/d < 3$ für Blechdicken bis 3 mm im freien Scherzugversuch stets ein Bruch im Grundwerkstoff erzeugt. Infolge der durch Belastung am Rande der Schweißlinse hervorgerufenen Spannungskonzentration (geometrische und metallurgische Kerbwirkung) ist die Belastbarkeit der Punktschweißverbindung bei dynamischer Beanspruchung jedoch gering (bei schwellender Belastung ca. 15 % der statischen Scherzugkraft).

Bereiche, in denen das Verfahren bevorzugt Anwendung findet, liegen in der gesamten blech- und drahtverarbeitenden Industrie. Neben dem Karosseriebau in der Fahrzeugindustrie ist der Einsatz des Verfahrens in der Elektro- und Haushaltsgeräteindustrie (Anschweißen von Kontakten und Anschlüssen, Fertigung von Gehäusen) weit verbreitet. Weitere Anwendungsbeispiele lassen sich unter anderem im Apparate- und Leichtbau sowie bei der Flugzeugfertigung finden, z.B. zur Befestigung von Versteifungsrippen auf großflächigen Blechen.

Mit dem Widerstandspunktschweißen lassen sich alle Stähle und eine Vielzahl von Nichteisenmetallen verbinden. Als Beispiele seien Aluminium, Nickel, Kupfer, Messing und Titan genannt. Auch Werkstoffe mit metallischen oder einseitigen organischen Beschichtungen sowie Kombinationen unterschiedlicher Werkstoffe sind schweißbar.

Der Anwendungsbereich liegt für Stahl und Aluminium im allgemeinen bei Blechdicken von 0,5 bis 4 mm pro Blech, während Kupfer infolge der hohen Wärmeleitfähigkeit nur etwa bis 1 mm Blechdicke auf wirtschaftlich geschweißt werden kann. In besonderen Fällen werden aber auch dünne Folien und Bleche über 10 mm Dicke geschweißt (Stahlbauvorfertigung).

8.1.4 Kondensator-Impulsschweißen

Eine Verfahrensvariante des Widerstandspunktschweißens ist das Kondensator-Impulsschweißen. Hierbei wird die zur Erwärmung der Verbindungsstelle erforderliche Energie zunächst bei hoher Spannung in einer Kondensatorbatterie gespeichert. Die Ladung der Kondensatoren erfolgt in den Schweißpausen mit einer im Vergleich zum Widerstandspunktschweißen sehr geringen Netzbelastung. Für schwächer dimensionierte elektrische Netze ist dieses Verfahren daher besonders gut geeignet, da es zudem unanfällig gegen Netzspannungsschwankungen ist. Zur Schweißung werden die Kondensatoren über einen Impulstransformator, der die erforderliche, hohe Stromstärke bei kleiner Arbeitsspannung erzeugt, in sehr kurzer Zeit entladen (Abb. 8-9). Übliche Schweißzeiten liegen zwischen drei und neun Millisekunden.

Da der Schweißvorgang sehr schnell abläuft, spielen Wärmeverluste durch Wärmeableitung in das Bauteil praktisch keine Rolle, so dass auch wärmeempfindliche und thermisch gut leitende Teile ohne weiteres verschweißt werden können und z.B. im Falle beschichteter Bleche die Beschichtung durch den Schweißvorgang nicht beschädigt wird. Die Oxidation unbeschichteter Blechoberflächen an der Schweißstelle wird ebenfalls vermieden und es entstehen nahezu „unsichtbare“ Schweißpunkte, wenn die Elektrodenauflagefläche sauber genug bearbeitet wurde. Die Umgebung der Schweißstelle bleibt relativ kalt, so dass z.B. auch einseitig kunststoffbeschichtete, 0,8 mm dicke Stahlbleche von einer Seite ohne Beschädigung der Beschichtung geschweißt werden können. Daraus resultieren weiterhin hohe Elektrodenstandzeiten und auf eine Elektrodenkühlung kann verzichtet werden. Aufgrund der hohen thermischen Belastung der

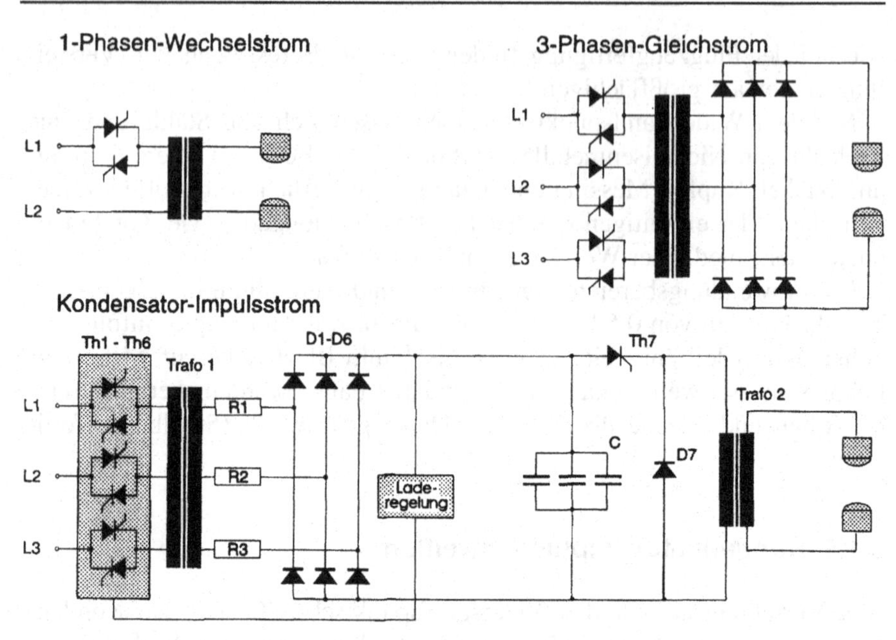

Abb. 8-9 Elektrische Schaltbilder verschiedener Schweißanlagen

Punktschweißelektroden werden mit dem Kondensator-Impulsschweißen nur dünne Bleche und Folien punktgeschweißt.

Ein weiterer Vorteil der sehr kurzen Schweißzeit ist die Ausbildung eines feinkörnigen Gefüges und einer sehr kleinen Wärmeeinflusszone (WEZ) an der Schweißstelle. Nahezu die gesamte eingebrachte Energie wird zur Bildung der Schweißlinse genutzt, so dass der Verzug extrem gering ist.

Der Anwendungsbereich des Kondensator-Impulsschweißens ist sehr groß und reicht von Mikroschweißungen bis zu Ringbuckeln von 85 mm Durchmesser. Neben Stahl sind Kupfer, Messing, Silber und Gold sowohl untereinander verschweißbar als auch in Kombination mit anderen Werkstoffen wie Bronze, Nickel, Chromnickelstahl, Titan usw.. Das Impulsschweißen ist bei der Verbindung zweier Stahlteile immer dann vorteilhaft, wenn große Maßhaltigkeit, geringe Nacharbeit und gutes Aussehen der Schweißung sowie eine hohe Wiederholgenauigkeit der erzielten Nahtgüte gefordert wird.

Aufgrund ihres technischen Aufbaus sind Impulsschweißmaschinen in der Anschaffung teurer als herkömmliche Widerstandspunktschweißmaschinen. Dabei ist jedoch zu beachten, dass Energieverbrauch und Netzanschlussleistung beim Impulsverfahren wesentlich geringer sind und durch die Einsparung der Elektrodenkühlung und die hohen Elektrodenstandzeiten die Wirtschaftlichkeit steigt. Auch die geringe Streuung der Festigkeitswerte und somit reduzierte Fehlerkosten sowie die entfallende bzw. reduzierte Nacharbeit an den geschweißten Werkstücken steigern die Produktivität.

8.2 Buckelschweißen

8.2.1 Verfahrensprinzip

Das Buckelschweißen stellt eine Verfahrensvariante des Widerstandspunktschweißens dar, bei welcher der Strompfad nicht durch die Elektrodengeometrie, sondern durch die Form des Fügeteiles bestimmt wird (Abb. 8-10). Als Elektroden können dabei auch zwei ebene Kupferplatten Verwendung finden. Die Buckel werden in eines oder beides der zu verschweißenden Teile meist durch einen Zieh- oder Pressvorgang eingeprägt. Beim Schweißen ungleich dicker Bleche bzw. verschiedener Werkstoffe sollten die Buckel in das dickere bzw. höher schmelzende Werkstückteil eingearbeitet werden. Abbildung 8-11 zeigt die gebräuchlichsten Buckelarten.

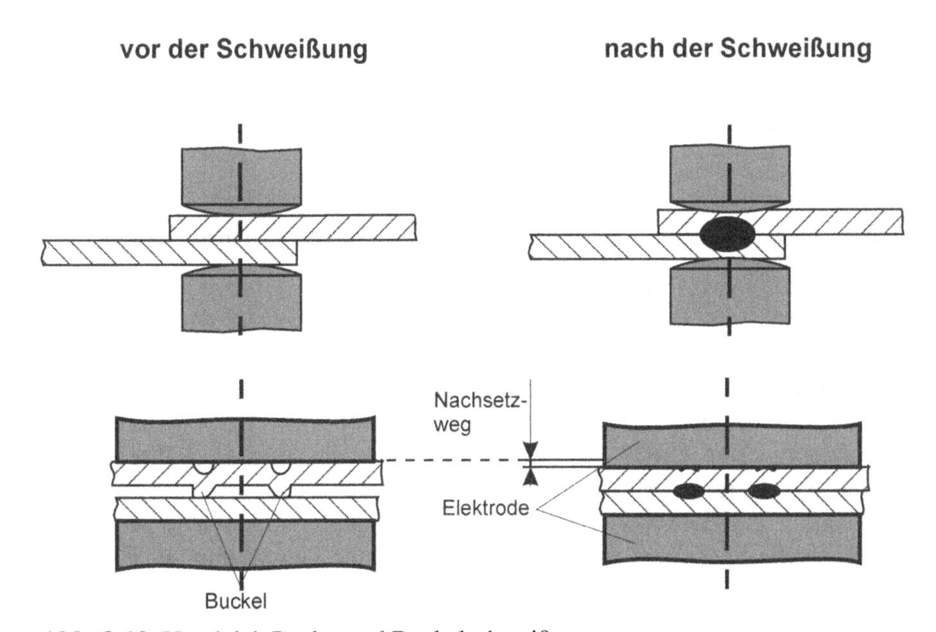

Abb. 8-10 Vergleich Punkt- und Buckelschweißen

Geprägte Buckel	Massivbuckel	Natürliche Buckel
freigepresst formgepresst	geschlagen spanend geformt geschnitten angeschoben	
Rundbuckel Langbuckel Ringbuckel	Rundbuckel Langbuckel Ringbuckel unterbrochener Ringbuckel	punktförmige Berührung linienförmige Berührung
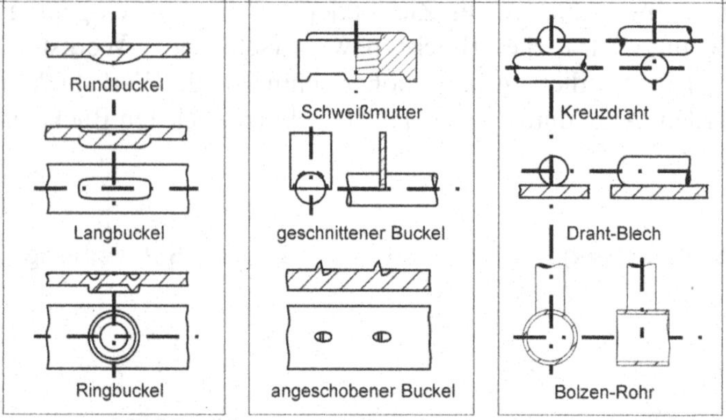 Rundbuckel Langbuckel Ringbuckel	Schweißmutter geschnittener Buckel angeschobener Buckel	Kreuzdraht Draht-Blech Bolzen-Rohr

Abb. 8-11 Übersicht über die gebräuchlichsten Buckelarten beim Widerstandsbuckelschweißen

Die Höhe der Buckel entspricht etwa dem 0,3- bis 1,0fachen der Blechdicke. In einer Schweißpresse mit großflächigen, ebenen Plattenelektroden entstehen entsprechend der Anzahl der Buckel mehrere Schweißstellen gleichzeitig. Der Druck der Elektrode ebnet die Buckel während des Schweißvorganges bei Massivbuckeln weitgehend, bei geprägten Buckeln vollständig ein. Die verwendeten Schweißbuckel müssen eine so große mechanische Steifigkeit aufweisen, dass sie unter Einwirkung der Elektrodenkraft vor Beginn der Schweißzeit nicht vollständig zurückverformt oder sogar eingeebnet werden.

Je nach Maschinenleistung können mehr als 20 Buckel gleichzeitig verschweißt werden. Bei einer Blechdicke von 1 mm muss dabei mit etwa 10 bis 20 kVA Leistungsaufnahme pro rundem Buckel gerechnet werden. Infolge der relativ niedrigen Flächenpressung und der geringen spezifischen Stromdichte ist die Abnutzung der Elektroden sehr gering. Werden Einzelbuckel oder bis zu drei nahe beieinander liegende Buckel hintereinander unter denselben Bedingungen erstellt, wird eine höhere Gleichmäßigkeit der Qualität als bei Punktschweißungen erreicht. Bei gleichzeitig erstellten Mehrfachbuckelschweißungen können dagegen relativ große Streuungen der Festigkeitswerte auftreten. Die Gründe liegen in der Nichteinhaltung von Maßtoleranzen bei der Herstellung der Buckel (z.B. Höhentoleranzen), einer nicht planparallelen Führung der Elektrodenplatten und/oder unterschiedlichen Strompfadwiderständen bei ungleichen Entfernungen der Buckel vom Transformator. Diesem Nachteil kann jedoch zum Beispiel durch Verwendung von Einzelzylindern auf der Seite des gebuckelten Bleches und die Anpassung der Teilströme durch Vorwiderstände begegnet werden. Die Abweichungen in der Prägehöhe der verwendeten Buckel sollten ±10 % nicht überschreiten. Das Verfahren findet in der Automobil-, Haushaltsgeräte- und Elektroindustrie sowie in der Massenfertigung von Stahlgittern verbreitet Anwendung (Abb. 8-12).

Abb. 8-12 Schweißen von Stahlgittern/Moniereisen (Werkfoto: Schlatter)

8.2.2 Buckelschweißen mit Kondensator-Impulsschweißmaschinen

Im Buckelschweißen liegt auch ein Hauptanwendungsbereich des Kondensator-Impulsschweißens. Im Vergleich zum herkömmlichen Buckelschweißen sind bei der Verarbeitung von Drahtgeweben, Litzen, Drähten und dergleichen keine zusätzlichen Vorbereitungen erforderlich, da die aufeinandergelegten Querschnitte quasi als Buckel wirken. Werden geprägte Buckel verschweißt, so verlangt ihre Herstellung höhere Fertigungsgenauigkeiten als beim WPS-Verfahren, da große Höhenunterschiede zwischen den Buckeln während der kurzen Schweißzeit kaum ausgeglichen werden können. Durch gleichbleibende Buckelgeometrien wird die Voraussetzung für eine gleichbleibende Qualität der Verbindung geschaffen. Die Schweißelektroden müssen während des Zusammenbrechens der Schweißbuckel während der sehr geringen Stromflusszeit in extrem kurzer Zeit nachsetzen. Dazu sind nahezu trägheitslos arbeitende Nachsetzeinheiten erforderlich (Abb. 8-13).

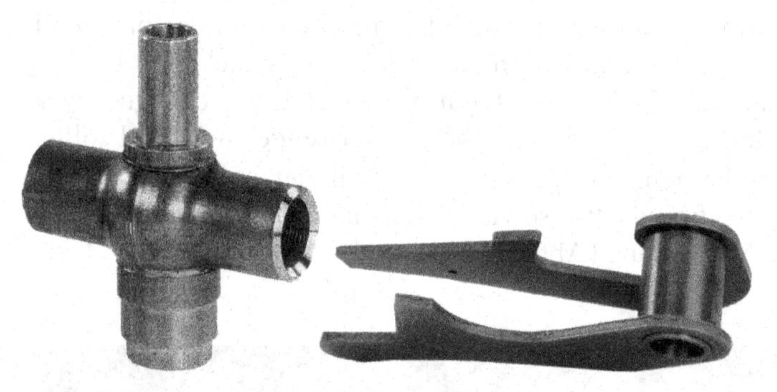

Abb. 8-13 Armatur (Ms/Stahl) und Doppelhebel (Stahl) Kondensator-Impulsbuckelgeschweißt (Werkfoto: Impulsphysik)

8.3 Rollennahtschweißen

8.3.1 Verfahrensprinzip

Das Rollennahtschweißen wurde zur Herstellung von Punktreihen mit geringem Punktabstand oder linienförmigen Dichtnähten unmittelbar aus dem Widerstandspunktschweißen abgeleitet. Dabei werden anstelle von stiftförmigen Elektroden zwei Rollenelektroden verwendet (Abb. 8-14). Die Einzelpunkte überlappen sich bei richtiger Abstimmung zwischen Schweißgeschwindigkeit, Frequenz und Verhältnis von Stromimpuls- zu Pausenzeit gegenseitig. Die Rollen berühren das Werkstück unter Druck nur auf einer kleinen Fläche, so dass der Strom durch einen beschränkten Querschnitt des Werkstückes fließt und einen Schweißpunkt erzeugen kann. Der Rollenantrieb erfolgt zumeist motorisch synchron oder mit einer Schlepprolle durch Reibung, so dass eine Relativbewegung zwischen Werkstück und Elektrode entsteht. Durch angeflanschte Schabevor-

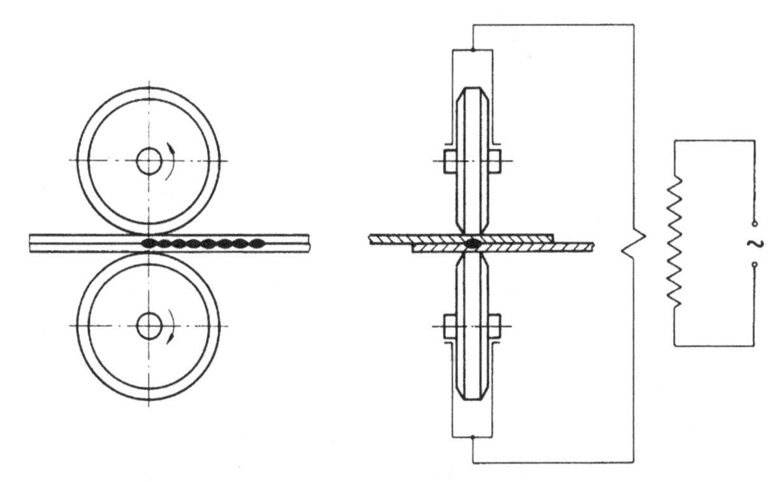

Abb. 8-14 Prinzip des Rollennahtschweißens

richtungen und Profilierrollen können die Rollenelektroden von anhaftenden Verunreinigungen befreit und nachprofiliert werden. Dies geschieht entweder in periodischen Zeitabständen oder fortlaufend während des Schweißens.

Die Möglichkeit, sowohl die Schweißgeschwindigkeit als auch den Stromfluss gleichförmig oder intermittierend zu gestalten, führt zu folgenden Arbeitsweisen:

a) Schweißen mit kontinuierlicher Vorschubbewegung und konstanter Geschwindigkeit sowie Dauerstrom ermöglicht die höchsten Schweißgeschwindigkeiten. Beim Wechselstromschweißen erzeugt hier jede Halbwelle einen Schweißpunkt. Der Punktabstand hängt von der Schweißgeschwindigkeit und der verwendeten Frequenz des Wechselstroms ab. Dieses Prinzip wird vorzugsweise für leicht verschweißbare Werkstoffe, insbesondere un- und niedrig legierte Stähle bis zu einer Blechdicke von 1,5 mm, verwendet. Allerdings wirken sich schon geringfügige Schwankungen in der Blechdicke oder der Oberflächenqualität von Werkstück und Elektroden nachteilig auf die Schweißgüte aus. Nachteilig sind zudem die Neigung zum Anlegieren und der Verschleiß der Elektroden durch ihre relativ hohe thermische Belastung. Beim Herstellen von Quetschnähten an Weißblechgebinden wird zur Erhöhung der Schweißgeschwindigkeit die Frequenz des Wechselstromes durch drehende oder statische Umformer erhöht. Wird Dauergleichstrom verwendet, entsteht im Gegensatz zur Dauerwechselstromschweißung eine nahezu gleichförmige, ununterbrochene Schweißnaht. Mit Dauerwechselstrom oder Gleichstrom werden blanke verzinnte oder verbleite Stahlbleche verschweißt. Beim Schweißen mit Gleichstrom kann es bedingt durch den Peltier-Effekt zu einer asymmetrischen thermischen Belastung der Elektroden und Ausbildung der Naht kommen.

b) Schweißen mit kontinuierlicher Vorschubbewegung und intermittierendem Strom (Strom-Pause-Programm) verringert die genannten Nachteile, reduziert zugleich aber auch die Schweißgeschwindigkeit. Diese Variante wird vorteilhaft beim Schweißen aluminierter und verzinkter Bleche eingesetzt, bei denen die Beschichtung zum Anlegieren an den Elektroden neigt. Es können sowohl Dichtnähte als auch unterbrochene Nähte (Rollpunktschweißen) hergestellt werden. Die Qualität der Schweißung ist höher als bei der Dauerstromschweißung.

c) Schweißen mit intermittierender Bewegung und impulsförmigem Strom erlaubt nur sehr kleine Schweißgeschwindigkeiten beim Nahtschweißen. Diese Variante wird daher vorzugsweise bei Werkstoffen eingesetzt, die schwer verschweißbar sind und zur Rissbildung neigen, wie z.B. bei hochlegierten Stählen und Aluminiumlegierungen. Zudem können mit diesem Verfahren auch Blechdicken über 1,5 mm gefügt werden. Da die Schweißung bei ruhender Elektrode erfolgt, erstarrt die Schweißlinse unter der Druckeinwirkung der Rollen. Dadurch werden Qualitäten erreicht, die mit denen des Punktschweißens vergleichbar ist.

Im Vergleich zum Nahtschweißen mit Punktelektroden hat das Rollennahtschweißen bedingt durch die vergrößerte Arbeitsfläche einen wesentlich geringeren Elektrodenverschleiß zur Folge. Wegen des geringen Punktabstandes bei der Dichtnahtschweißung wirkt die bereits geschweißte Naht jedoch als Nebenschluss. Da hiermit ein großer Teil des Schweißstromes von der Schweißstelle abgeleitet wird, gelten beim Rollennahtschweißen im Vergleich zum Punktschweißen engere Grenzen für die schweißbaren Werkstoffe und Blechdicken.

8.3.2 Verfahrensvarianten

Beim Quetschnahtschweißen wird für dünne Bleche (< 1 mm) eine sehr schmale Überlappung durch den Elektrodendruck in die Blechebene gequetscht und so eine Stumpfnaht erzeugt (Abb. 8-15).

Beim Foliennahtschweißen wird eine Stumpfnaht für Stahlbleche der Dicke 0,8 bis 4,5 mm dadurch erzeugt, dass ein I-Stoß beidseitig durch eine dünne Folie (Foliendicke = 10 bis 20 % der Blechdicke) kontinuierlich abgedeckt wird. Dadurch wird auch bei größeren Breiten der Elektrodenrollen eine Stromkonzentration erreicht und durch Verringerung der Wärmeableitung eine vollkommene Durchschweißung der Blechdicke ohne Kontakt der flüssigen Schweißlinse mit der Elektrodenauflagefläche er-

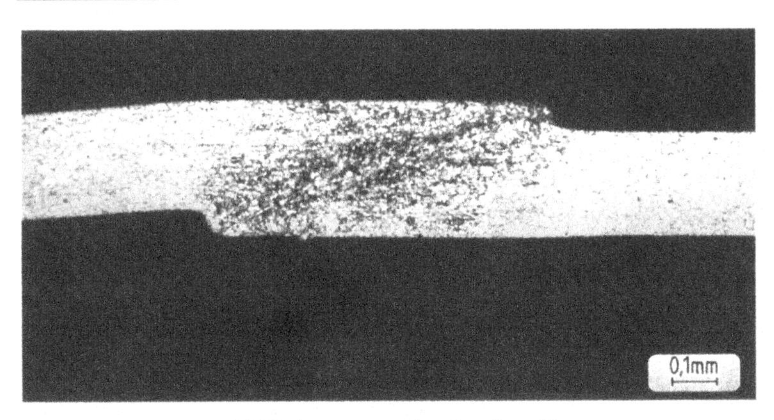

Abb. 8-15 Makroschliff einer Quetschnahtschweißung

zielt. Es können somit auch Bleche mit niedrigschmelzenden metallischen Überzügen (Sn, Zn) bei guter Elektrodenstandzeit geschweißt werden. Die Folie ist nach der Schweißung blecheben eingedrückt.

Hauptmerkmal des Widerstandsrollennahtschweißen mit Drahtzwischenelektrode ist eine nicht von der Rollenelektrode zum Werkstück, sondern über einen zwischenliegenden Kupferdraht erfolgende Strom- und Kraftübertragung (Abb. 8-16). Die als Zwischenelektrode genutzten Kupferdrähte werden aus Vorratsspulen oder Fässern entnommen. Somit wird

Abb. 8-16 Widerstandsrollennahtschweißen mit Drahtzwischenelektrode (Werkfoto: Soudronic)

die Elektrodenoberfläche laufend erneuert, so dass sich gleichmäßige Nahtgüten, hohe Oberflächenqualitäten und große Standlängen der Elektrodenträgerrolle auch beim Schweißen von Blechen mit metallischen Überzügen ergeben. Infolge der starken Stromkonzentration, die sich aus der geringen Breite der Kontaktfläche ergibt, werden schmale und verzugsarme Schweißnähte erzeugt.

Aufgrund der genannten Vorteile wird das Verfahren bevorzugt beim Überlapp- und Quetschnahtschweißen von metallisch beschichteten Blechen bis 1,2 mm Dicke eingesetzt. Hauptanwendungsgebiete sind in Verpackungsmittel- und Automobilindustrie sowie im Bauwesen und in der Metallwarenindustrie zu finden.

9 Elektronenstrahlschweißen

9.1 Verfahrensprinzip

Die Anwendung hochbeschleunigter Elektronen als Werkzeug zur Materialbearbeitung im Schmelz-, Bohr- und Schweißprozess ist bereits seit den fünfziger Jahren bekannt. Seitdem hat sich das Elektronenstrahlschweißen (**E**lectron-**B**eam-**W**elding) von einem Laborverfahren für spezielle Anwendungsfälle, wie der Verbindung von Werkstoffen und Werkstoffkombinationen, die mit anderen Verfahren nicht-schweißbar sind, zu einem verbreiteten Fügeverfahren in der Einzelteil- bis zur Großserienfertigung auch im allgemeinen Maschinenbau entwickelt.

Die Elektronenstrahlschweißtechnik nutzt die physikalischen Vorgänge bei der Umsetzung kinetischer Energie in Wärme beim Auftreffen eines scharf gebündelten Strahls hochbeschleunigter Elektronen auf feste Materie aus (Abb. 9-1). Aus einer im Vakuum beheizten Wolframkathode werden durch thermische Emission Elektronen freigesetzt. Im Gegensatz zu direkt beheizten Kathoden werden indirekt beheizte Kathoden durch Elektronenbeschuss einer Hilfskathode erwärmt. Durch eine Steuerspannung zwischen der Kathode und einer Steuerelektrode, dem Wehneltzylinder, wird ein Sperrfeld erzeugt, das die Elektronen zur Kathode zurückdrängt, so dass diese zu einer Elektronenwolke kumulieren. Der Strahlstrom kann durch Veränderungen der Steuerspannung geregelt werden, da durch ein Absenken der Steuerspannung mehr Elektronen das Sperrfeld zur Anode passieren. Der Wehnelt-Zylinder bewirkt durch seine spezielle Form eine elektrostatische Bündelung des Elektronenstrahls, vergleichbar mit einem Hohlspiegel in der Lichtoptik. Diese fokussierende Wirkung erzeugt eine Einschnürung des Elektronenstrahls, den so genannten Crossover. Die Elektronen werden durch ein zwischen Kathode und durchbohrter Anode anliegendes elektrisches Spannungspotential auf ca. 2/3 Lichtgeschwindigkeit beschleunigt.

Der nach Passieren der Anodenbohrung leicht divergierende Elektronenstrahl wird durch das sich anschließende Strahlführungssystem auf einen Fleckdurchmesser von 0,1 und 1,0 mm fokussiert, um die nötige Leistungsdichte von 10^6 bis 10^7 W/cm^2 zu erreichen. Zunächst richtet die Justierspule den Strahl auf die optische Achse des Fokussierobjektes. Eine

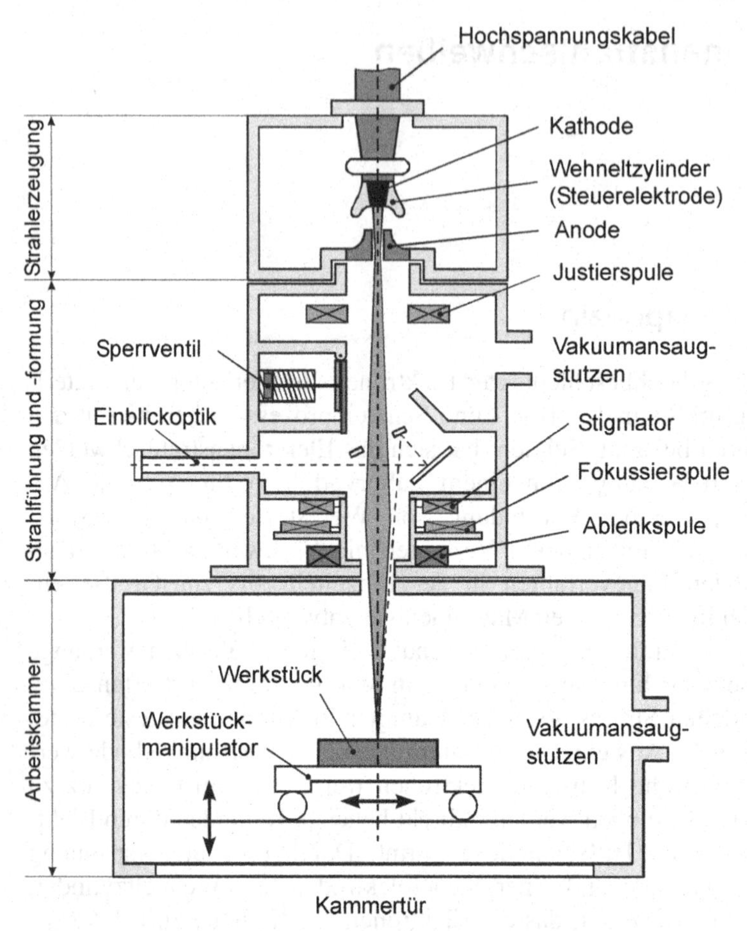

Abb. 9-1 Schematische Darstellung einer Elektronenstrahlanlage

oder mehrere elektromagnetische Linsen bündeln den Strahl auf das Werkstück in der Vakuum-Arbeitskammer. Durch Ablenkspulen, die an verschiedenen Stellen des Strahlerzeugers angebracht sind, kann der Elektronenstrahl abgelenkt oder oszillierend bewegt werden.

Beim Aufprall der zum Korpuskularstrahl dicht gebündelten Elektronen auf die Werkstückoberfläche werden die Elektronen stark abgebremst und dringen zunächst nur wenige Mikrometer in den festen Körper ein. Dabei wird ein großer Teil ihrer kinetischen Energie in Form von Wärme umgesetzt. Aufgrund der hohen Leistungsdichte an der Aufschlagstelle verdampft der Werkstoff, worauf nachfolgende Elektronen tiefer in das Werkstück eindringen können, so dass eine Dampfkapillare über der gesamten Nahttiefe entsteht (Abb. 9-2). Die mit Metalldampf gefüllte Kapillare

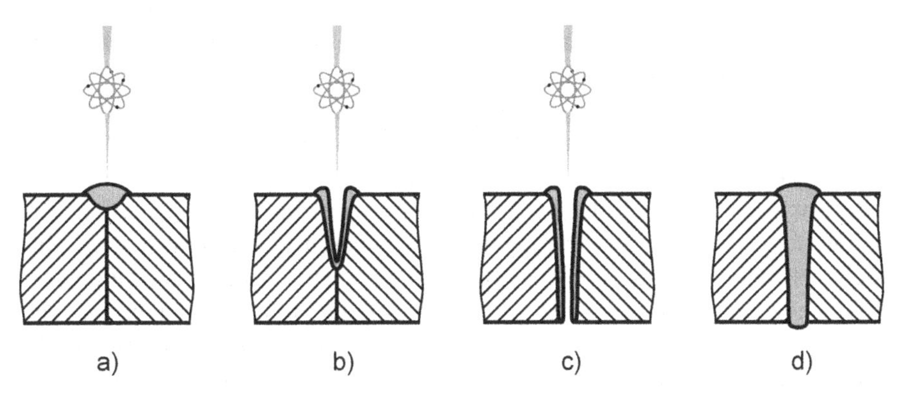

Abb. 9-2 Prinzip des Tiefschweißeffektes

ist von einem zylinderförmigen Mantel aus flüssigem Werkstoff umgeben. Der Durchmesser der Kapillare entspricht ungefähr dem Strahldurchmesser. Damit der Dampfkanal ständig geöffnet bleibt, muss der Dampfdruck die die Dampfsäule umgebende flüssige Schmelze gegen ihren hydrostatischen Druck und die Oberflächenspannung an die Kanalwand drücken. Zum Schweißen führt man die Fuge zweier zu verbindender Teile genau in die Achse des Elektronenstrahls. Durch eine Relativbewegung in Richtung der Schweißfuge zwischen Werkstück und Elektronenstrahl bewegt sich die Kapillare durch das Material. Dabei wird an ihrer Vorderseite neuer Werkstoff aufgeschmolzen, der zum Teil verdampft, größtenteils aber aufgrund der Oberflächenspannung um die Kapillare herumfließt und an ihrer Rückseite rasch erkaltet.

Die zeitlichen Druck- und Temperaturverhältnisse in der Kapillare sowie ihr jeweiliger, momentaner Durchmesser sind dynamischen Veränderungen unterworfen. Unter dem Einfluss der sich dabei dynamisch verändernden Geometrie der Dampfkapillare können bei ungünstiger Wahl der Schweißparameter Metalldampfblasen eingeschlossen werden und Lunker entstehen. Durch eine der Schweißaufgabe angepasste Schweißparameterkombination, insbesondere durch Auswahl geeigneter Pendelcharakteristiken, gilt es für eine stetig geöffnete Dampfkapillare und eine anschließend kontinuierliche Erstarrung der Schmelze Sorge zu tragen, um derartige Fehler zu vermeiden. Übliche Strahloszillationen sind Kreis-, Sinus-, Doppelparabel- oder Dreieckfunktionen.

Die Leistung des Elektronenstrahls berechnet sich aus dem Produkt von Strahlstromstärke und Beschleunigungsspannung. Die erzielbare Einschweißtiefe ist nicht nur eine Funktion der Strahlleistung, sondern verhält sich auch umgekehrt proportional zur Schweißgeschwindigkeit. Auch die Güte des Arbeitsvakuums hat einen wesentlichen Einfluss auf die erzielbaren Schweißergebnisse. Das Fokussiersystem der Strahlkanone bündelt den Elektronenstrahl im Fokus. Übliche Strahldurchmesser im Bereich dieses Konvergenzpunktes liegen zwischen 0,5 und 2 mm. Zum Schweißen wird der Fokuspunkt des Elektronenstrahls auf die Werkstückoberfläche oder darunter positioniert (Unterfokussierung). Neben Strahldurchmesser und Fokuslage ist auch der Strahlöffnungswinkel im Fokus (Apertur) von Bedeutung für das Schweißergebnis. Mit neueren Fokussiersystemen, die sich aus mehr als einer Fokussierspule zusammensetzen, ist bei modernen EB-Schweißanlagen die Variation der Apertur ohne Veränderung der Werkstückposition möglich. Entscheidend für die erreichbare Schweißnahtqualität ist weiterhin die Wahl einer geeigneten Strahlpendelcharakteristik.

9.2 Anlagenaufbau

Eine Elektronenstrahlschweißanlage besteht aus einer Vielzahl einzelner Komponenten, Abb. 9-3. Kernstück der Anlage ist die Elektronenstrahlerzeuger, in dem der Elektronenstrahl im Hochvakuum erzeugt wird, durch elektromagnetische Ablenkspulen beeinflusst, und auf das Werkstück in der Arbeitskammer fokussiert wird. Da der Elektronenstrahl unter Atmosphärendruck durch die Kollision mit Luftmolekülen stark divergiert und somit an Leistungsdichte verliert, verläuft der Schweißprozess in der Regel in einer Arbeitskammer im Fein- oder Hochvakuum. Zur Vakuumerzeugung im Strahlerzeuger und in der Arbeitskammer werden verschiedene Vakuumpumpstände eingesetzt. Während im Strahlerzeuger ein Hochvakuum ($p<10^{-5}$mbar) zur Isolierung und zur Vermeidung von Kathodenoxidation unerlässlich ist, variieren die möglichen Arbeitsdrücke in der Arbeitskammer zwischen Hochvakuum ($p<10^{-4}$ mbar) und atmosphärischem Druck.

Ein zwischen Strahlerzeuger und Arbeitskammer angebrachtes Absperrventil ermöglicht die Aufrechterhaltung des Strahlerzeugervakuums, auch bei geflutetem Arbeitsrezipienten. Neben den bereits beschriebenen Modulen sind die Hochspannungsversorgung und die dazugehörigen Steuerungen, die Pumpstände, die NC des Arbeitstisches sowie Bedienfelder erforderlich. Die Anlage wird über ein Bedienpult gesteuert, an dem alle relevanten Prozessparameter eingestellt und überwacht werden können. Bei modernen Anlagen kann die Parameterwahl und -steuerung auch extern von einem Computer und entsprechender Software übernommen werden. Zur Bestimmung der optimalen Schweißparameter für die Prozesssteuerung und die Anpassung des Elektronenstrahls an das Werkstück

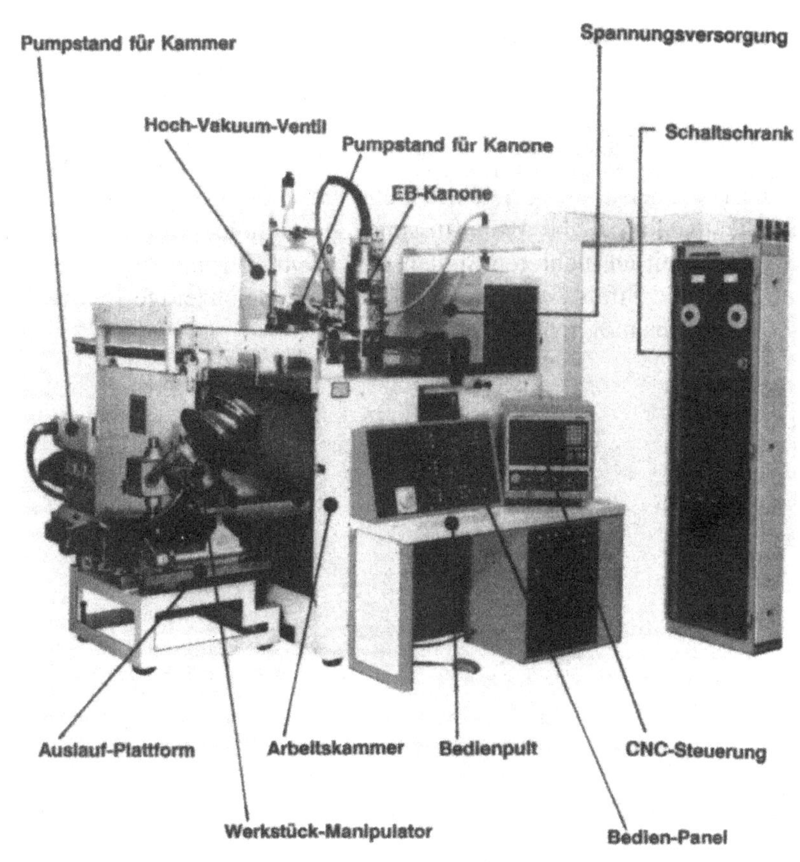

Abb. 9-3 Elektronenstrahlschweißanlage mit Peripherie (Werkfoto: PTR, Maintal)

werden Einblicksysteme benötigt. Einfache, lichtoptische Einblickoptiken mit Teleskop oder Kamerasystem und Monitor, die zum Teil den jeweiligen Ausschnitt vergrößert darstellen, als auch elektronenoptische Systeme kommen zum Einsatz. Bei diesen Systemen tastet der Elektronenstrahl die Oberfläche des Werkstückes mit so geringer Leistung ab, dass sie nicht angeschmolzen wird. Die dabei rückgestreuten Sekundärelektronen zeigen, wie beim REM, ein Abbild der Werkstückoberfläche.

Nachteilig wirken sich mit wachsender Beschleunigungsspannung die exponentiell zunehmende Röntgenstrahlung sowie die ebenfalls größere Empfindlichkeit gegen Spannungsüberschläge aus. In der Industrie wird zwischen Hochspannungsanlagen mit Beschleunigungsspannungen von 120 kV bis 180 kV und Niederspannungsanlagen mit Beschleunigungsspannungen von maximal 60 kV unterschieden. Strahlleistungen von bis zu 200 kW werden eingesetzt.

9.2.1 Potentiale schneller Strahlführung

Da der Elektronenstrahl ein nahezu masseloses Schweißwerkzeug darstellt, das sich berührungslos und nahezu trägheitslos ablenken lässt, ist es möglich, den Strahl extrem hochfrequent zu oszillieren. Bei dieser Technik springt der Elektronenstrahl so hochfrequent zwischen mehreren Positionen, dass die metallurgische Beeinflussung des Gefüges wegen dessen thermischer Trägheit an mehreren Stellen gleichzeitig erfolgt. Es ist heutzutage möglich, den Strahl so zu steuern, dass eine gleichzeitige Bearbeitung des Werkstoffes möglich ist, Abb. 9-4.

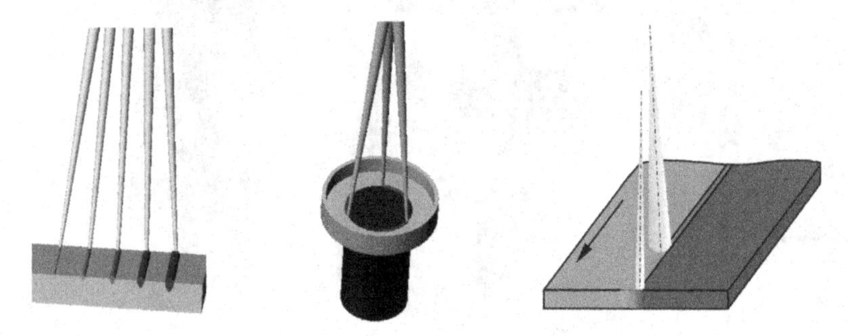

Abb. 9-4 Mehrstrahltechnik

9.3 Anlagenkonzepte

Neben der Weiterentwicklung der Strahlerzeuger ist es für den industriellen Einsatz des Elektronenstrahlschweißens von erheblicher Bedeutung, die Anlagen den unterschiedlichen Anwendungen anzupassen. Durch angepasste Rezipienten lassen sich bei vielen Applikationen die Evakuierungszeiten soweit reduzieren, dass die erforderlichen Nebenzeiten kein entscheidendes Kriterium gegen die Anwendung der EB-Technologie darstellen. Für EB-Schweißanlagen stehen heute eine Reihe unterschiedlicher Arbeitskammersysteme zur Verfügung, Abb. 9-5.

9.3.1 Kammermaschinen

Die flexibelste Variante ist die Universalkammer. Darin bewegt sich das Werkstück in zwei oder drei Ebenen.

Alternativ zu einem NC-Koordinatentisch kommen Drehvorrichtungen mit horizontaler oder vertikaler Drehachse zum Einsatz. Typische Kammergrößen reichen von 0.1-20m^3; wobei bereits Anlagen mit Kammervolumen von bis zu 3500m^3 eingesetzt werden, Abb. 9-6.

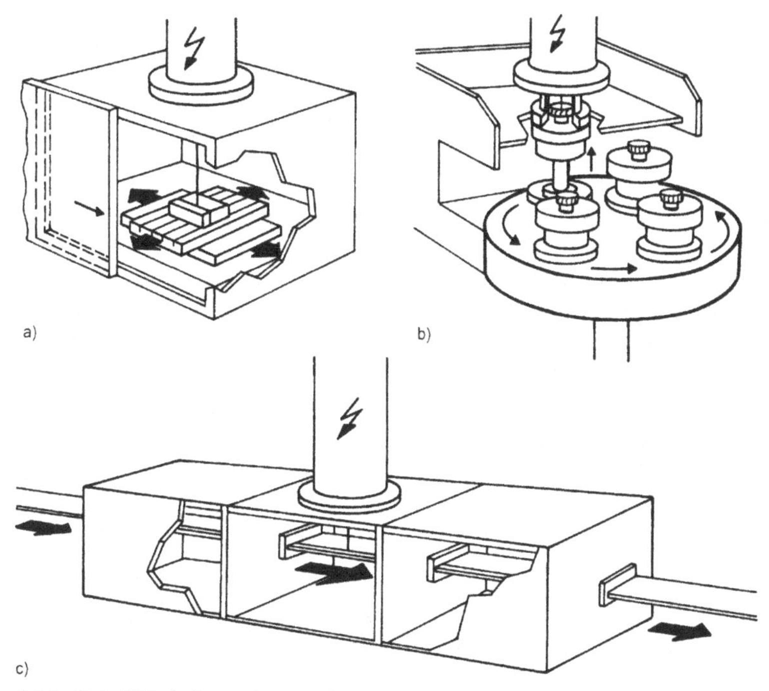

Abb. 9-5 EB-Anlagenkonzepte
a) Universalanlage; b) Taktanlage; c) Durchlaufanlage

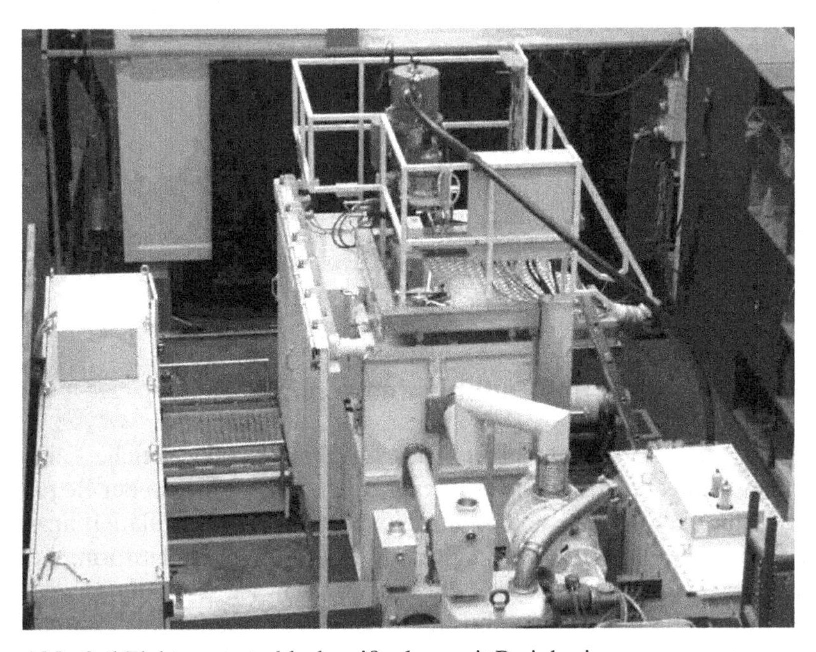

Abb. 9-6 Elektronenstrahlschweißanlage mit Peripherie

Dieses Arbeitskammerkonzept bringt jedoch vergleichsweise hohe Nebenzeiten mit sich, da die Arbeitsschritte „Werkzeug aufspannen", „Einfahren in den Rezipienten", „Evakuieren", „Schweißen", „Belüften" und „Werkstückentnahme" nacheinander durchlaufen werden müssen.

9.3.2 Doppelkammer- und Schleusenmaschinen

Bei Doppelkammermaschinen sind zwei Arbeitskammern nebeneinander angeordnet. Der Strahlerzeuger wird entweder zwischen beiden hin- und herbewegt, oder der Strahl wird jeweils zu einer Kammer abgelenkt. So kann in einer Kammer geschweißt werden, während die andere zeitgleich be- und entladen und evakuiert wird. Abbildung 9-7 links zeigt eine der Varianten einer Doppelkammermaschine.

Ein weiteres Anlagenkonzept bieten die Schleusenanlagen, Abb. 9-7 rechts. Bei diesen Anlagen befindet sich in der Kammer, in der geschweißt wird, permanent ein Hochvakuum. Mit Hilfe der Manipulationseinrichtungen werden die Werkstücke über ein oder zwei Vorkammern geschleust. Die Maschinen verfügen über eine Position, in der be- und entladen wird, eine Schleuse zum Be- und Entlüften und die Schweißstelle.

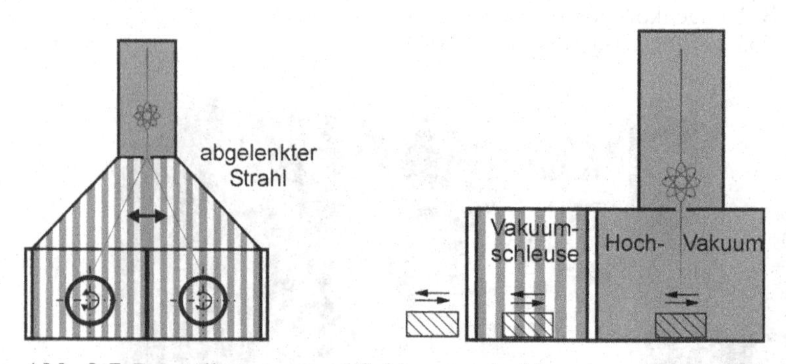

Abb. 9-7 Doppelkammer- und Schleusenmaschine

9.3.3 Taktmaschinen und Durchlaufmaschinen

Der Einsatz von Taktmaschinen bietet sich für ähnliche oder gleiche Teile mit gleichen Nahtgeometrien und Axialnähten an. Unter einer in der Regel sehr kleinvolumigen Kammer, die entsprechend nur kurze Evakuierungszeiten erfordert, befindet sich eine Schwenk- oder eine Drehplattform, die mit einer oder mehreren Beladestationen ausgerüstet ist. So kann gleichzeitig be- und entladen und geschweißt werden. Bei modernen Taktmaschinen rotiert die Schwenkplattform ständig im Feinvakuum. Dies führt zu kürzeren Evakuierungszeiten von der Atmosphäre zum Feinvakuum an der Beladeposition und vom Feinvakuum zum Hochvakuum an den Schweißpositionen.

Speziell für die Herstellung von Sägebändern hat sich ein Maschinentyp, der zwar der produktivste, jedoch auch der unflexibelste ist, auf dem Markt durchgesetzt – die Durchlaufmaschine. Diese Maschinen arbeiten nach demselben Prinzip wie die Schleusenmaschinen, wo das Werkstück kontinuierlich über Dichtlippen durch die Schleusenkammern in die Schweißkammer transportiert wird und von dort wiederum durch eine Schleusenkammer geleitet wird. Die hierbei unvermeidliche Leckage muss durch die Vakuumtechnik ausgeglichen werden.

9.4 Elektronenstrahlschweißen an Atmosphäre (Non-Vacuum)

Bereits zu Beginn der Entwicklung der Elektronenstrahltechnologie wurde durch deutsche Grundlagenforschung das Verfahren entwickelt, den Elektronenstrahl aus der Vakuumumgebung des Strahlgenerators heraus an die Atmosphäre zu führen. Dadurch wurde das EB-Schweißen auch an Atmosphäre (NV-EBW) möglich. Dabei werden nicht die enormen Nahttiefen erzielt, die den Elektronenstrahl im Vakuum aufgrund seiner Leistungsdichte auszeichnen. Die Stärken des NV-EBW liegen vor allem in der Hochgeschwindigkeitsfertigung. Schweißgeschwindigkeiten von bis zu 60m/min bei Aluminiumblechen und bis zu 25m/min bei Stahlblechen können erzielt werden. Dabei werden aus Gründen der besseren Energieeinkopplung am Werkstück bis heute Strahlerzeuger mit 175 kV Beschleunigungsspannung eingesetzt.

9.4.1 Grundlagen des NV-EBW

Die Lösung der vakuumbedingten Einschränkungen wird nach heutigem Stand der Technik dadurch erreicht, dass der im Vakuum erzeugte Elektronenstrahl nach Verlassen des Strahlgenerators über ein mehrstufiges Druckstufen- und Düsensystem an die Atmosphäre geführt wird, Abb. 9-8. Der Elektronenstrahl wird auf die Austrittsdüse fokussiert, die einen Innendurchmesser von 1-2 mm aufweist. Nach Austritt an die Atmosphäre kollidiert der Elektronenstrahl mit den Luftmolekülen und weitet sich auf.

Wie beim Vakuum-Elektronenstrahlschweißen muss die Röntgenstrahlung durch einen ausreichenden Strahlenschutz abgeschirmt werden. Die Ionisation der Luft verursacht zusätzlich Ozon, das neutralisiert werden muss.

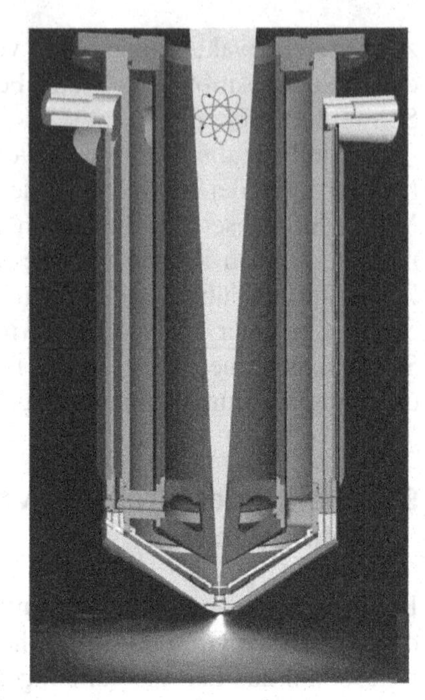

Abb. 9-8 Abbildung und Prinzip des ISF-Non-Vacuum - Düsensystems

9.4.2 Anwendungen des NV-EBW

Das NV-EBW Verfahren hat einen hohen Energiewirkungsgrad und die hohe verfügbare Strahlleistung ergibt selbst bei aufgeweitetem Strahl eine sehr große Leistungsdichte und ermöglicht somit hohe Schweißgeschwindigkeiten, Abb. 9-9.

Die bisher mit dem NV-EBW-Verfahren untersuchten Werkstoffe reichen von unbeschichteten und beschichteten Stählen über Leichtmetalle wie Aluminium und Magnesium bis hin zu NE-Metallen wie Messing und Kupfer. Materialkombinationen wie die Verbindung von Stahl mit Kupfer lassen sich mit vergleichbaren Ergebnissen wie beim Vakuum-EBW erstellen, natürlich ohne die hohen Nahttiefen des Vakuum-EBW zu erreichen. Ergänzend wurden Anwendungsuntersuchungen zum Einsatz von Zusatzdraht beim NV-EBW durchgeführt. Eine NV-EBW Serienanwendung aus dem Automobilbereich ist in Abb. 9-10 dargestellt.

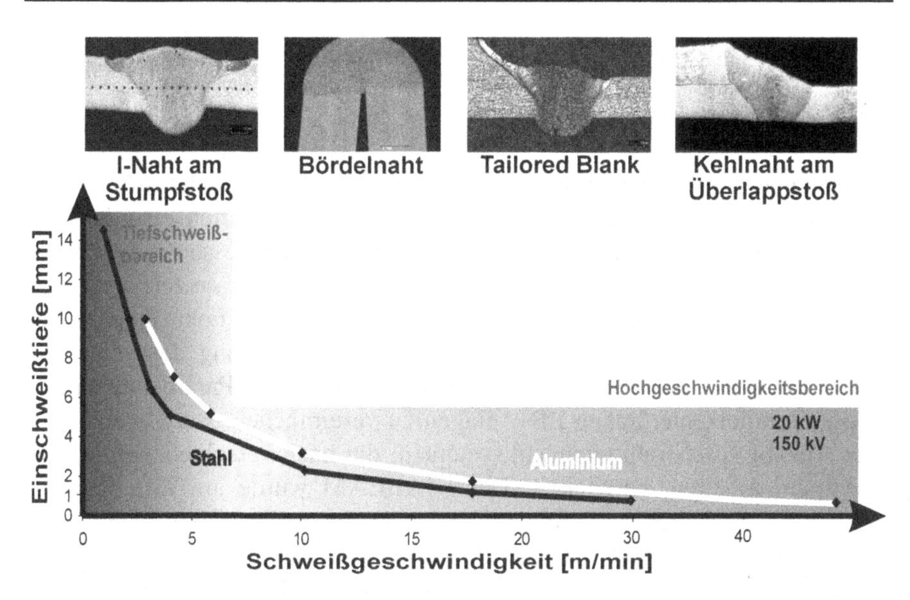

Abb. 9-9 Arbeitsbereich des NV-EBW mit einer Beschleunigungsspannung von 150kV

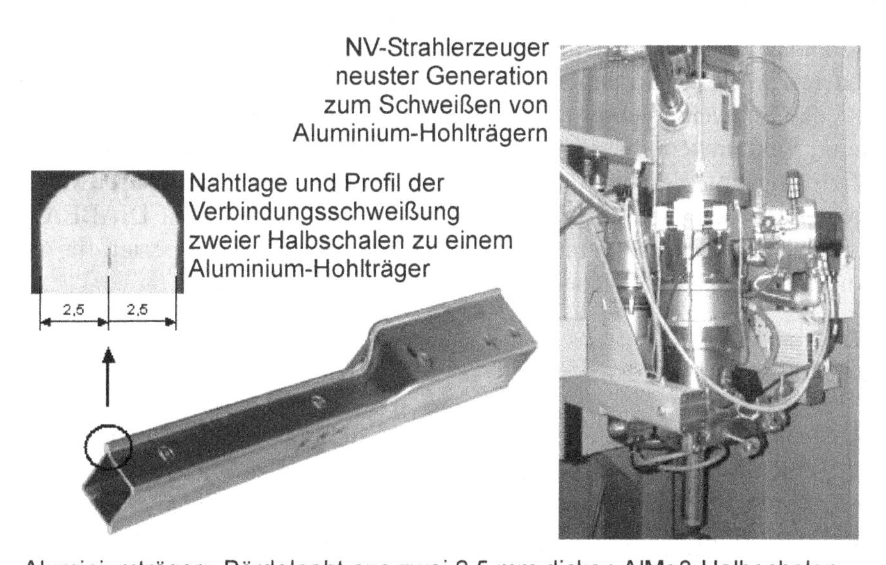

Aluminiumträger: Bördelnaht aus zwei 2,5 mm dicken AlMg3-Halbschalen
Schweißgeschwindigkeit: 12 m/min; Strahlleistung: 18 kW

Abb. 9-10 NV-EBW-Anlage zur Herstellung von Al-Hohlprofilen

9.5 Qualitätssicherung

9.5.1 Strahlvermessung

Zur vollständigen Nutzung der Vorteile des Elektronenstrahls als Schweißwerkzeug ist die Kenntnis aller Strahleigenschaften erforderlich. Die beim Elektronenstrahlschweißen ablaufenden Prozesse sind äußerst komplex und durch eine Vielzahl unterschiedlicher Parameter, wie beispielsweise Beschleunigungsspannung, Strahlstrom, Fokuslage oder Leistungssdichteverteilung gekennzeichnet. Zur Ermittlung der verschiedenen Parameter des Strahls und nicht zuletzt, um einen Parametertransfer zwischen unterschiedlichen EB-Anlagen zu vereinfachen, werden zur Zeit eine Anzahl von Strahldiagnostiksystemen, die nach verschiedenen Messprinzipien arbeiten, entwickelt. Der DIABEAM wurde am ISF, RWTH Aachen, entwickelt. Dieses System kann an nahezu allen EB-Anlagen eingesetzt werden und ermöglicht die Signalerfassung des Elektronenstrahls bis zu einer Leistung von 100kW. Das DIABEAM Meßsystem wurde zur einfachen Ermittlung der Fokusposition mittels einer Schlitzblendenmessung oder eines rotierenden Drahtes entwickelt, eine Methode, die komplexe und teure Schweißversuche überflüssig macht. Die Messung und das dreidimensionale Display der Leistungsdichteverteilung über den Strahldurchmesser kann mit Hilfe einer Lochblende durchgeführt werden. Der andere Zweck der Strahldiagnostik ist die Vermeidung negativer Einflüsse auf das Schweißergebnis, die z.B. Kathodenjustierung, Kathodenverdrehung, Vakuumveränderungen usw. verursacht werden, durch in-time Identifizierung von Veränderungen der Strahlcharakteristik. Diese drei Messprozesse (Loch, Schlitz, rotierender Draht) verschaffen dem DIABEAM Strahldiagnostiksystem einen breiten Anwendungsbereich, speziell für die Analyse und Qualitätssicherung des Strahls.

9.5.2 Sensorsysteme

Scannen/Abtasten kann alternativ über eine Schlitz- oder Lochblende oder über einen rotierenden Wolframdraht erfolgen. Bei der Schlitzblendenmessung mit Schlitzbreiten von 20 µm stehen die vergleichsweise schnelle und einfache Ermittlung eines Signals, das proportional zur Strahlintensität ist und die Ermittlung des Strahldurchmessers im Vordergrund. Das Prinzip der Schlitzblendenmessung mit entsprechendem Spannungssignal über den Strahlquerschnitt wird in Abb. 9-11 links, gezeigt.

Mit Hilfe der Schlitzblendenmessungen können die Kern- und Randbereiche des Strahls mittels fünf verschiedener, wählbarer Durchmesser verglichen werden. Durch die Messung des Strahldurchmessers bei unterschiedlichen Arbeitsabständen ist eine Bestimmung und Darstellung der Strahlkaustik möglich, Abb. 9-11 rechts. Somit kann die Strahlapertur exakt berechnet werden, was dem Schweißer die Auswahl elektrischer und geometrischer Parameter wesentlich erleichtert.

Mittels Doppelschlitzvariante kann auch die Geschwindigkeit der Strahlablenkung online gemessen werden, was die Präzision der Messung noch steigert. Bei diesem Messprinzip wird der Strahl zu Beginn einer Messung aus seiner Ruheposition quer über beide Schlitzsensoren abgelenkt. Dabei erfolgt keine Auslenkung in Längsschlitzrichtung. Durch die gemessene zeitliche Differenz der Signale am ersten und zweiten Schlitz lässt sich die Ablenkgeschwindigkeit ermitteln.

Abbildung 9-12 zeigt die beiden verschiedenen Sensortypen. Links ist ein Doppelschlitzsensor abgebildet, rechts ein rotierender Sensor.

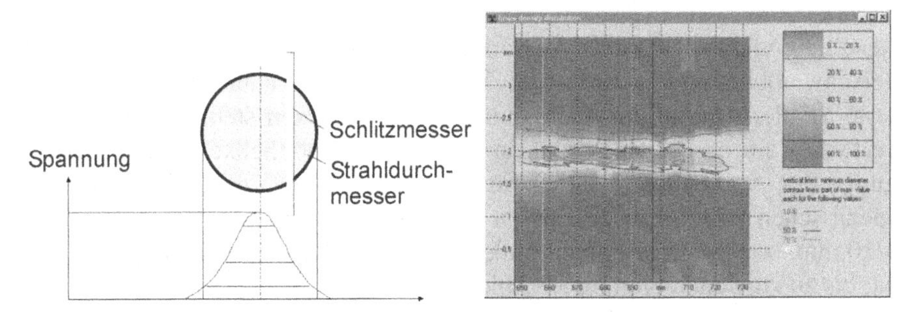

Abb. 9-11 links: Prinzip der Schlitzblendenmessung, rechts: Ergebnisse einer Serie von Schlitzblendenmessungen

Abb. 9-12 Doppelschlitzsensor und rotierender Sensor

Eine weitere Möglichkeit der Strahldiagnostik bietet der Einsatz eines rotierenden Sensors. Der Grund, diese neue Messvariante zusätzlich zu den beiden bereits beschriebenen zu entwickeln, lag in der Frage, ob und inwieweit Metall-Ionen die Leistungsdichteverteilung beeinflussen. Bei der Messung mit diesem Sensorprinzip bewegt sich ein rotierender Wolframdraht mit einem Durchmesser von 0.1mm up to 5mm mit bis zu $1.000s^{-1}$ durch den Strahl. Dabei ist es hier nicht erforderlich, den Strahl abzulenken. Der Wolframdraht ist mit einer massiven Kupferplatte verbunden, um die Wärmeableitung zu erhöhen. Der vom Draht abgeleitete Strom wird in Form eines Spannungssignals gemessen. Das Messprinzip ist mit dem Schlitzblendenmessprinzip vergleichbar, vorausgesetzt, der Durchmesser des Wolframdrahtes ist kleiner als der Durchmesser des Strahls.

9.6 Anwendungsbereiche

Resultierend aus der großen Variationsbreite der mit dem Elektronenstrahl verschweißbaren Werkstoffe (u.a. Wolfram, Titan, Tantal, Kupfer, warmfeste Stähle, Aluminium, Gold) und Werkstoffdicken steht diesem Fügeverfahren ein breites Spektrum an Anwendungsmöglichkeiten zur Verfügung. Der Anwendungsbereich für diese Technologie erstreckt sich vom spezifischen Mikroschweißen von Blechen mit Dicken von weniger als 1/10 mm, wo die geringe und äußerst präzise Wärmeeinbringung wichtig ist, bis zu Anwendungen im Dickblechbereich.

Bei Dickblechschweißungen kommen der verfahrensspezifische Vorteil des Tiefschweißeffektes und damit das Fügen dicker Querschnitte in einem Arbeitsgang bei hoher Schweißgeschwindigkeit, geringer Wärmeeinbringung und geringer Nahtbreite voll zur Geltung. Mit moderner Schweißausrüstung werden Wanddicken von mehr als 300 mm (Aluminiumlegierungen) und von mehr als 150 mm (niedrig und hochlegierte Stahlwerkstoffe mit Länge-Breite-Verhältnissen von ca. 50:1) schnell und präzise in einer Lage und ohne Zusatzwerkstoffe gefügt, Abb. 9-13. Im Folgenden sind einige Anwendungsbeispiele aus verschiedenen Industriezweigen, in denen sich der Elektronenstrahl als Werkzeug zur Werkstoffverarbeitung etabliert hat, genannt:

- Reaktorbau und chemischer Apparatebau: Schweißen hochlegierter Werkstoffe, Schweißen von Werkstoffen mit großer Sauerstoffaffinität, Fertigung von Brennelementen und von Rundnähten an dickwandigen Druckgefäßen und Rohren,
- Pipelineindustrie,
- Turbinenbau: Herstellung von Leitschaufeln und Leitschaufelkränzen,

- Flugzeugbau: Schweißen von tragenden Teilen aus Titan- und Aluminiumlegierungen und von Fahrwerksteilen aus hochfesten Stählen,
- Automobilindustrie: Schweißen von Getriebeteilen, Kolben, Ventilen, Achsrahmen und Lenksäulen,
- Elektronikindustrie,
- Werkzeugbau, z.B. Herstellung von Bimetall-Sägebändern,
- Oberflächenbearbeitung,
- Materialumschmelzung,
- Elektronenstrahlbohren mit bis zu 3,000 Bohrungen pro Sekunde.

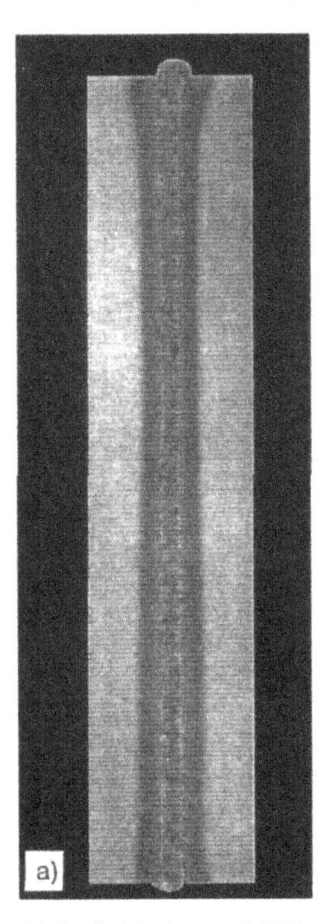

Abb. 9-13 Querschliff von EB- Schweißverbindungen
a) Typische EB-Schweißnaht, Blechdicke 150 mm (Werkfoto: TWI, Cambridge)
b) Beispiel vor eine Dreistoffverbindung (Werkfoto: ETN, Braunschweig)

Zahlreiche spezifische Vorteile rechtfertigen den zunehmenden Einsatz des Elektronenstrahlschweißens in der fertigungstechnischen Praxis, z.B. die minimale Werkstückerwärmung durch hohe Leistungsdichte, kleine Strahldurchmesser und hohe Schweißgeschwindigkeiten. Die geringe

Wärmeeinbringung lässt auch das Schweißen fertig bearbeiteter Teile zu. Die Wirtschaftlichkeit des Elektronenstrahlschweißens ist nicht nur auf die hohen Schweißgeschwindigkeiten und somit kurzen Taktzeiten zurückzuführen, sondern auch auf die hohe Qualität. Durch den sauberen Vakuumprozess ohne Sauerstoffeinfluss und die konstanten Prozessparameter sind die Schweißnähte gut reproduzierbar.

Diesen Vorteilen steht allerdings eine Reihe prozessbedingter Nachteile gegenüber. Da die zu verschweißenden Werkstücke elektrisch leitfähig sein müssen und wegen der hohen Abkühlgeschwindigkeiten eine Aufhärtungs- und Rissgefahr besteht, ist die schweißbare Werkstoffpalette begrenzt. Weil die Strahlablenkung durch Magnetfelder erfolgt und beim Schweißen Röntgenstrahlung entsteht, die abgeschirmt werden muss, entstehen hohe Investitionskosten.

10 Laserstrahlschweißen

10.1 Verfahrensprinzip

Das Wort Laser ist die Abkürzung des amerikanischen Ausdruckes „**L**ight **a**mplification by **s**timulated **e**mission of **r**adiation" (Lichtverstärkung durch stimulierte Strahlungsemission). Der Laser ist die Weiterentwicklung des Masers (M = **M**icrowave) (Tabelle 10-1). Das Prinzip der stimulierten Emission und die quantenmechanischen Grundlagen stammen bereits von Einstein aus dem Anfang des 20. Jahrhunderts. Der Weg zum Maser und Laser musste jedoch erst noch durch eine große Zahl von Materialuntersuchungen gebahnt werden, die genaue Kenntnisse über den Atomaufbau vermittelten. Nach umfangreichen theoretischen Vorarbeiten wurde 1960 in den Hughes Research Laboratories der erste Rubin-Laser entwickelt. Die folgenden Jahre waren durch eine rasante Entwicklung der Lasertechnologie gekennzeichnet.

Bereits seit 1970 und mit der Verfügbarkeit von Hochleistungslasern verstärkt seit Beginn der achtziger Jahre werden CO_2- und Festkörperlaser für die Materialbearbeitung eingesetzt. Die Zahl der jährlich verkauften Laserstrahlquellen ist in den letzten Jahren ständig gewachsen, wobei weitere Zuwachsraten mit zunehmender Zahl von Einsatzgebieten und neuen Laserstrahlquellen absehbar sind.

Abbildung 10-1 verdeutlicht die charakteristischen Eigenschaften des Laserstrahls. Aufgrund der induzierten oder stimulierten Emission ist die Strahlung kohärent und monochromatisch. Durch die erzielbare geringe Divergenz (Strahlaufweitung von nur wenigen zehntel rad) ergeben sich lange mögliche Übertragungswege des Laserstrahls ohne nennenswerte Strahlaufweitung.

Im sogenannten Resonator wird das Lasermedium (Gasmoleküle, Ionen) durch Energieeinbringung (elektrische Gasentladung, Blitzlampen) angeregt, d.h. auf ein höheres Energieniveau gebracht („Pumpen"). Beim Zurückfallen auf ein niedrigeres Niveau wird die Energie in Form eines Lichtquants frei. Die Wellenlänge ist dabei abhängig von der Energiedifferenz zwischen den beiden Anregungszuständen und somit charakteristisch für das jeweilige Lasermedium. Dieser Übergang kann entweder spontan

Tabelle 10-1 Entwicklungsgeschichte des Lasers

1917	Einstein schafft mit seinem Postulat zur stimulierten Emission die theoretische Grundlagen.
1950	Erarbeitung der physikalischen Grundlagen und Anregungen zur Verwirklichung eines Masers (Microwave Amplification by Stimulated Emission of Radiation) durch Towens, Prokhorov und Basov
1954	Bau des ersten Masers
1960	Bau des ersten Rubin-Lasers (Light Amplification by Stimulated Emission of Radiation); Modellentwicklung zur Verwendung anderer Lasermedien (HeNe, CO_2, Edelgase)
1961	Bau des ersten HeNe-Lasers und Nd:Glas-Festkörperlasers
1962	Entwicklung der ersten Halbleiterlaser
1964	Nobelpreis für Towens, Prokhorov und Basov für Arbeiten auf dem Gebiet der Maser Bau des ersten Nd:YAG-Festkörperlasers und CO_2-Gaslasers
1966	Laseremission an organischen Farbstoffen nachgewiesen
seit 1970	Zunehmender Einsatz der CO_2- und Festkörperlasertechnik in der industriellen Anwendung
1975	Erste Anwendungen des Laserstrahlschneidens in der blechverarbeitenden Industrie
1983	Markteinführung von 1 kW-CO_2-Lasern
1984	Erste Anwendungen des Laserstrahlschweißens in der industriellen Serienfertigung

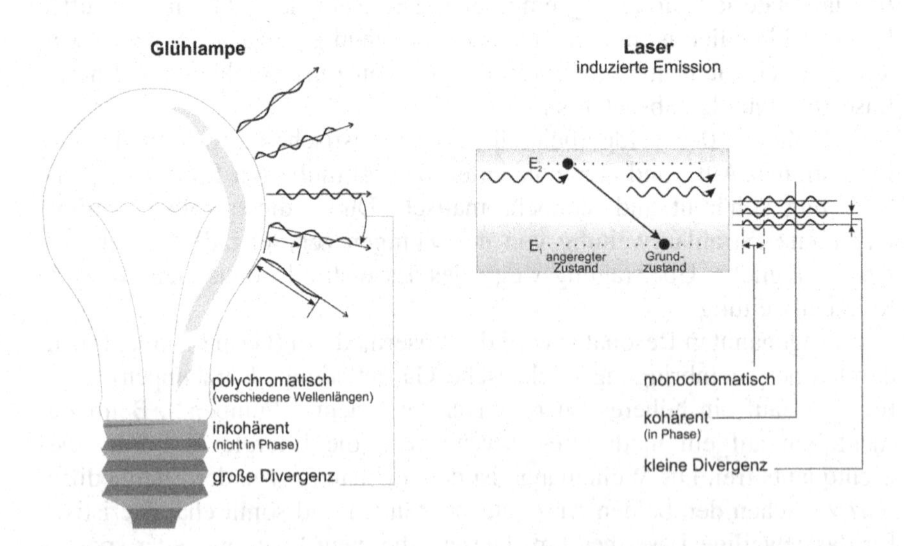

Abb. 10-1 Vergleich zwischen Glühlampenstrahl und Laserstrahl

oder induziert erfolgen. Während spontane Emission ungerichtet und inkohärent erfolgt (z.B. in Leuchtstoffröhren), wird Laserstrahlung durch induzierte Emission erzeugt, wenn ein Teilchen, das sich auf einem höheren Energieniveau befindet, von einem Lichtquant getroffen wird. Das erzeugte Lichtquant hat dabei dieselben Eigenschaften (Frequenz, Richtung, Phase) wie das einwirkende Lichtquant hat („Kohärenz"). Damit das Verhältnis der gewünschten induzierten Emission zur spontanen möglichst groß ist, muss das obere Energieniveau im Vergleich zum niedrigeren ständig überbesetzt sein, die sog. „Laserinversion". Dadurch kann sich zwischen den Endspiegeln des Resonators, von denen einer teildurchlässig ist, eine stehende Welle ausbilden, so dass immer wieder Teile des angeregten Lasermediums Licht emittieren (Abb. 10-2).

Im Falle des CO_2-Lasers mit einer Füllung aus einem N_2-CO_2-He-Gemisch erfolgt das Pumpen über Schwingungsanregung der schweren Stickstoffmoleküle, die ihrerseits durch Stöße die CO_2-Moleküle zu Schwingungen anregen (Abb. 10-3). Beim Übergang auf das niedrigere Energieniveau emittieren die CO_2-Moleküle Strahlung der Wellenlänge 10,6 µm. Die Heliumatome führen die CO_2-Moleküle schließlich auf ihr Grundenergieniveau zurück.

Die Intensität des Laserstrahls ist nicht über seinen Querschnitt konstant. Ihre Verteilung wird beim idealen Strahl durch TEM-Moden (Abb. 10-4) beschrieben (**T**ransversal-**E**lectronic-**M**agnetic). Im Grundmode TEM00 nimmt die Leistungsdichte von der Mitte zum Rand hin einer Gaußschen Normalverteilung entsprechend ab.

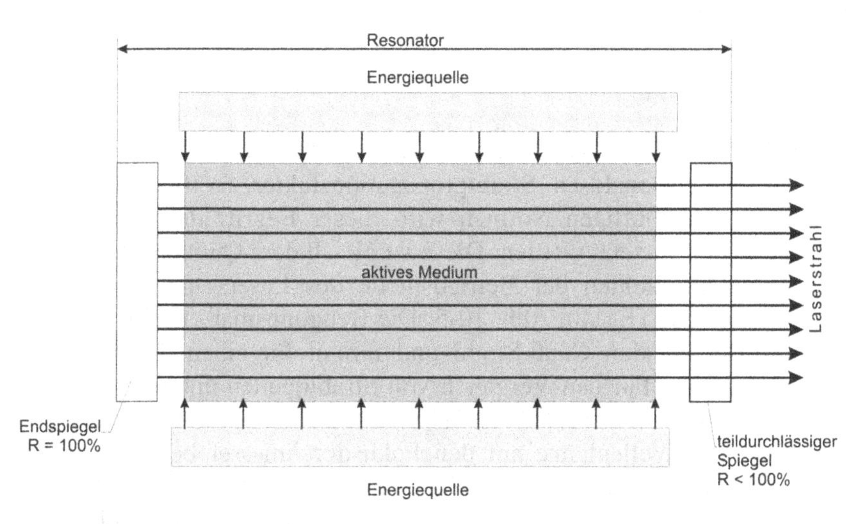

Abb. 10-2 Laserprinzip

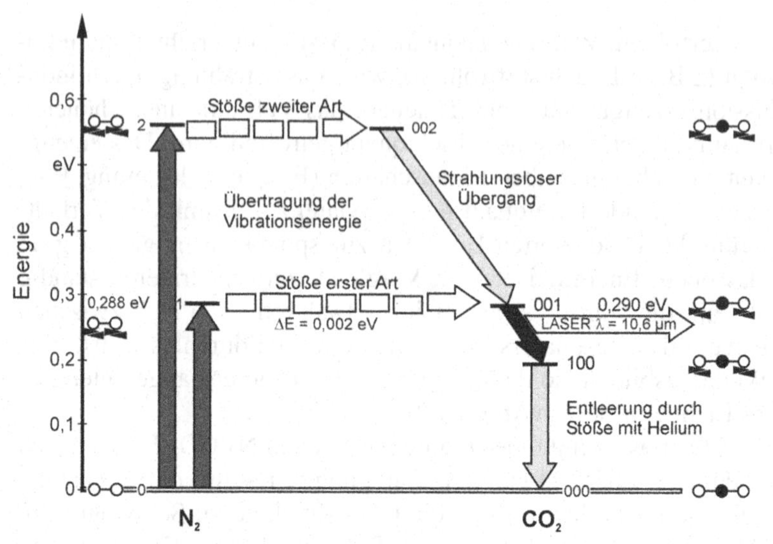

Abb. 10-3 Energietermschema des CO_2-Lasers

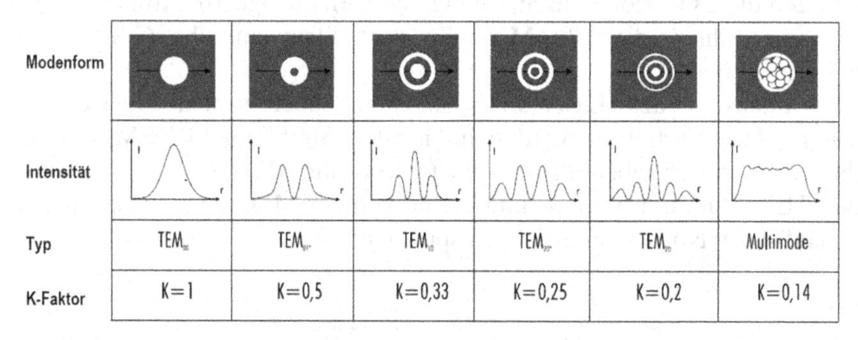

Abb. 10-4 Rotationssymmetrische Strahlmoden

In der Praxis wird die Qualität eines Laserstrahls nach DIN EN 11 145 durch den dimensionslosen Strahlpropagationsfaktor K (0...1) gekennzeichnet. In den künftigen Normen wird dieser Begriff durch die Beugungsmaßzahl M^2 ersetzt werden. Diese ist gleich dem Quotienten aus den Strahlparameterprodukten der Betriebsmode des Lasers und der Gaußschen Grundmode (TEM_{00}), Abb. 10-5. Die Beugungsmaßzahl ist 1 für einen theoretisch idealen Gauß-Strahl und nimmt für einen realen Strahl Werte größer 1 an. Für den Vergleich von Strahlquellen unterschiedlicher Wellenlänge eignet sich besonders das Strahlparameterprodukt, da hierbei der Einfluss der Wellenlänge auf den Fokusdurchmesser bereits berücksichtigt ist. Das Strahlparameterprodukt ist ein Produkt aus dem Durchmesser der Strahltaille und dem Divergenzwinkel geteilt durch vier, $q = d_{\sigma 0} * \Theta_\sigma / 4$.

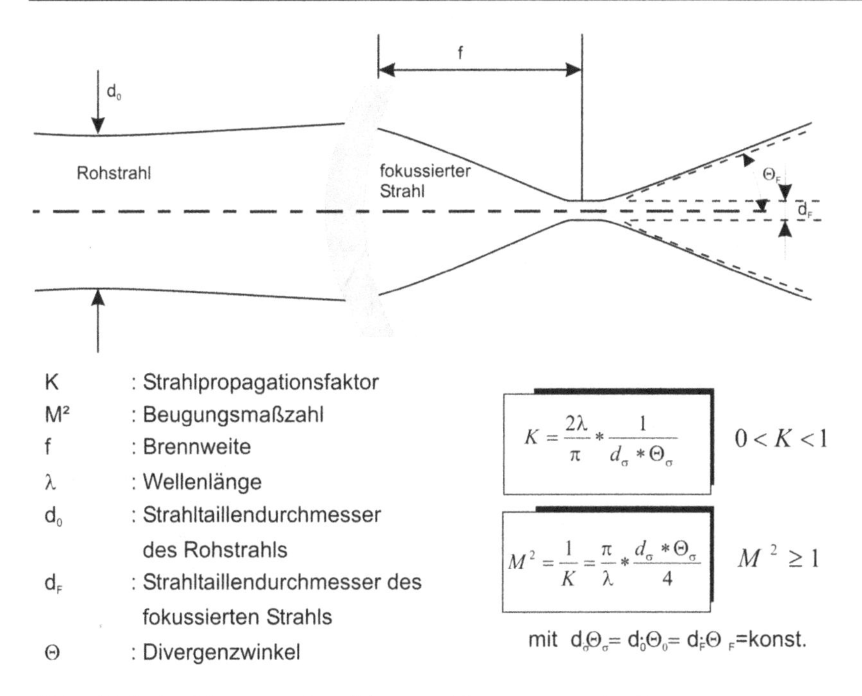

Abb. 10-5 Strahlpropagationsfaktor und Beugungsmaßzahl

10.2 Absorption der Laserstrahlung

Für die Energieeinkopplung bei der Lasermaterialbearbeitung spielt die Absorption der Strahlung eine bedeutende Rolle. Neben der Oberflächenbeschaffenheit ist diese Größe sowohl wellenlängen- als auch werkstoffabhängig (Abb. 10-6). Kupfer wird, da es ein hochreflektierendes Metall mit gleichzeitig hoher Wärmeleitfähigkeit ist, als Spiegelwerkstoff eingesetzt. Stahl weist bei einer Wellenlänge von 10,6 µm lediglich eine Absorption von ca. 10% auf, Aluminium eine noch geringere.

Die Einstellbarkeit der Intensität an der Bearbeitungsoberfläche durch die Fokuslage bei gleichzeitiger Variation der Bearbeitungsgeschwindigkeit machen aus dem Laser ein flexibles, berührungslos arbeitendes Werkzeug. Die Verfahren Schweißen und Schneiden erfordern hohe Intensitäten im Fokuspunkt (Abb. 10-7). Gleichzeitig werden dabei höchste Genauigkeits- und Qualitätsanforderungen an alle Anlagenkomponenten (Handling, Optik, Resonator, Strahlführung usw.) gestellt.

Stahlwerkstoffe mit technischen Oberflächen reflektieren die Laserstrahlung bis zu 95%. So ist bei niedrigen Intensitäten ($I \leq 10^5$ W/cm^2) allenfalls ein Aufschmelzen von Werkstückoberflächen bzw. -kanten und

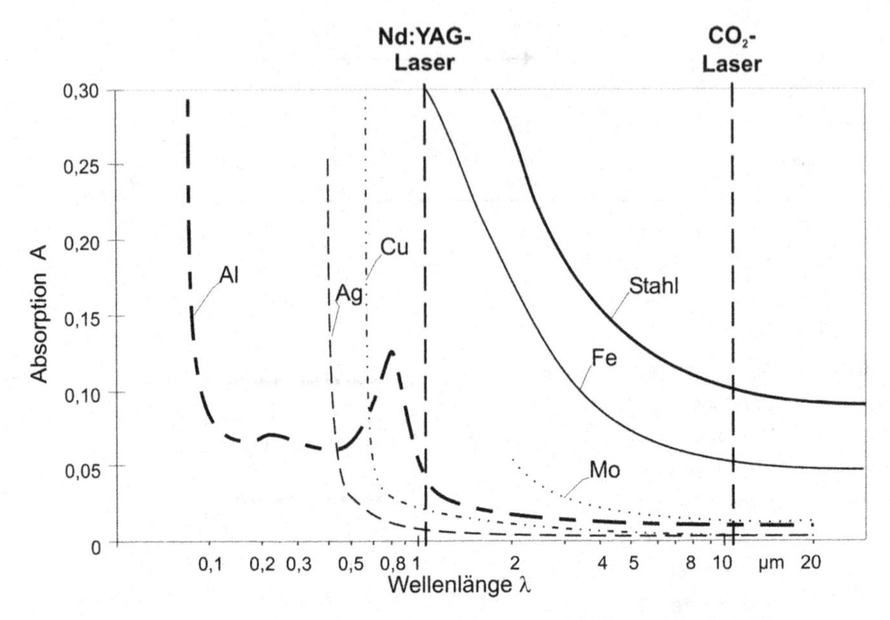

Abb. 10-6 Wellenlängeabhängige Absorption verschiedener Werkstoffe

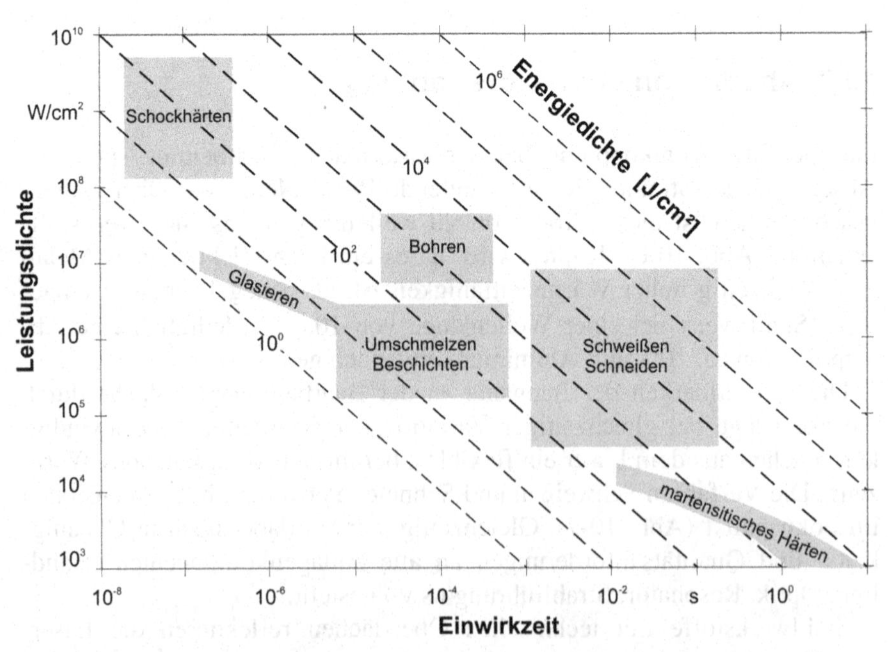

Abb. 10-7 Einsatzbereiche des Lasers in der Metallbearbeitung

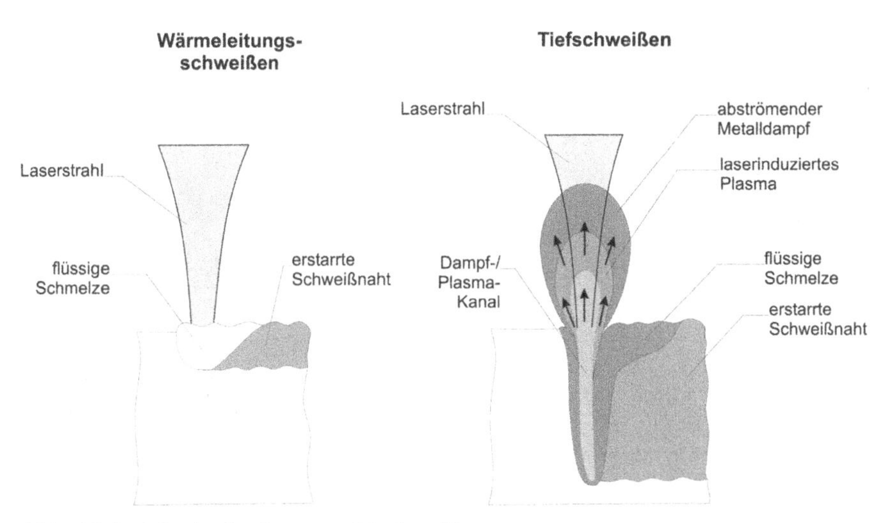

Abb. 10-8 Prinzip des Laserstrahlschweißens

damit ein Wärmeleitungsschweißen geringer Tiefenwirkung möglich (Abb. 10-8). Die oben genannten Eigenschaften von festen und flüssigen Phasen ändern sich jedoch oberhalb einer „kritischen Intensität" ($I \geq 10^6$ W/cm^2) mit dem Entstehen eines laserinduzierten Plasmas (Abb. 10-9). Ist die in einer sehr dünnen Schicht der festen und flüssigen Körperoberfläche absorbierte Laserleistung größer als die pro Zeiteinheit durch Wärmeleitung abgeführte Energie, so findet hier ein Phasenübergang statt. Sowohl im abströmenden Dampf als auch in dieser Absorptionsschicht kann sich bei ausreichender Strahlungsintensität ein laserinduziertes Plasma ausbilden, dessen Absorptionseigenschaften von der Strahlungsintensität und der Dichte des erzeugten Metalldampfes abhängen.

Bei geeigneter Parameterwahl kann eine nahezu vollständige Energieeinkopplung in das Werkstück erzielt werden. Es kann jedoch auch in Abhängigkeit von Elektronendichte im Plasma und eingestrahlter Laserintensität zu einer Abschirmung der Bearbeitungszone durch ein sich von der Werkstückoberfläche lösendes Plasma kommen. Dieses absorbiert dabei so viel Strahlleistung, dass nur noch ein Bruchteil das Werkstück erreicht. Zur Plasmakontrolle werden aus diesem Grunde beim Laserstrahlschweißen Gase eingesetzt, deren Ionisationspotential möglichst hoch liegen sollte, da auch die Bildung so genannter Arbeitsgasplasmen möglich ist, welche die Energieeinkopplung wiederum verringern. Am besten geeignet ist Helium, jedoch wird aufgrund seines hohen Preises in Europa auch auf Argon oder Stickstoff zurückgegriffen. Da die Strahlabsorption im Plasma auch stark wellenlängenabhängig ist, kann beim Schweißen mit Nd:YAG-Lasern zumeist auf ein Arbeitsgas zur Plasmakontrolle verzichtet werden.

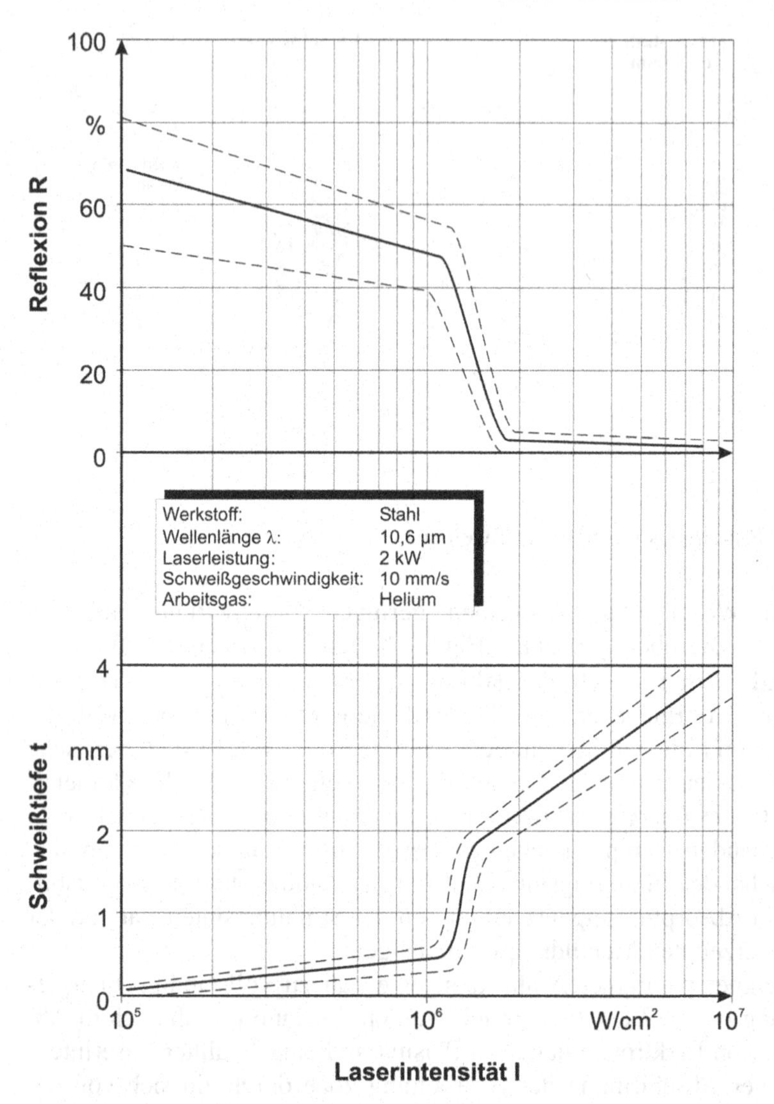

Abb. 10-9 Reflexionen und Schweißtiefe in Abhängigkeit von der Laserintensität

Nach Erreichen der Verdampfungstemperatur bildet sich wie beim Elektronenstrahlschweißen im Werkstück eine Dampfkapillare. Der nach oben entweichende Metalldampf ermöglicht ein tieferes Eindringen des Laserstrahls und damit ein Verdampfen weiteren Materials („Tiefschweißeffekt"). Der Dampfdruck verhindert dabei das Schließen der Kapillare, welche von schmelzflüssigem Material umgeben ist. Der größte Teil der Schmelze umströmt die durch die Fügezone bewegte Dampfkapillare. Der

Rest des Werkstoffs verdampft und kondensiert entweder an der Kapillarenwand oder strömt in ionisierter Form ab.

Nur ein Teil der Strahlenergie aus dem Resonator wird zum Schmelzen des Werkstoffs, dem eigentlichen Schweißen umgesetzt (Abb. 10-10). Ein Teil wird bereits im Strahlführungssystem durch die Optiken absorbiert, ein anderer geht durch Reflexion oder Transmission (Strahldurchtritt durch die Dampfkapillare) verloren. Weitere Anteile fließen über die Wärmeleitung ins Werkstück.

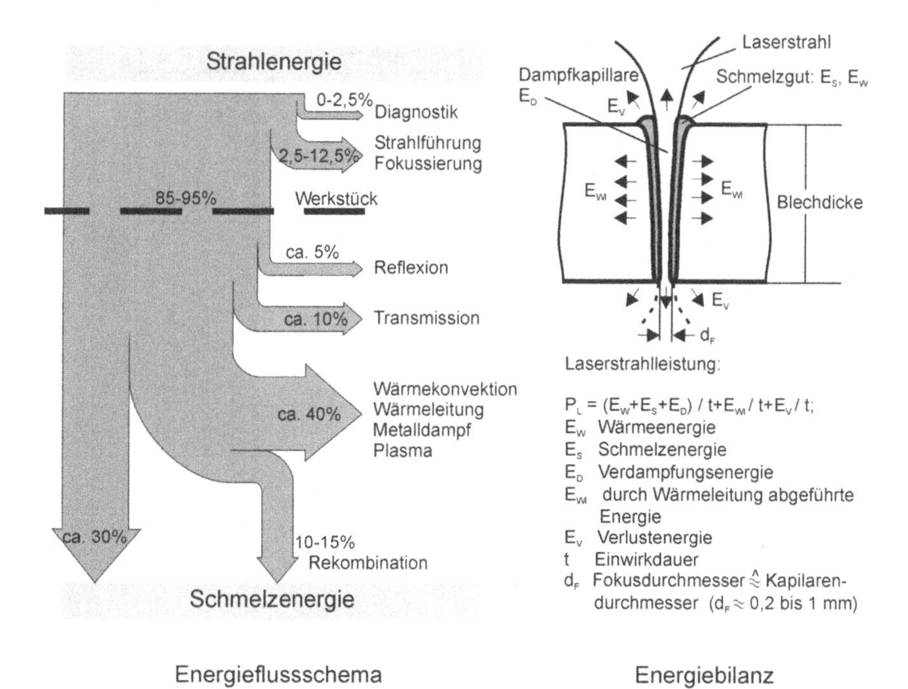

Abb. 10-10 Energiebilanz und Energieflussschema beim Laserstrahlschweißen

10.3 Vor- und Nachteile des Laserstrahlschweißens

In Tabelle 10-2 werden die wichtigsten Vor- und Nachteile des Laserstrahlschweißens stichpunktartig aufgezählt.

Abbildung 10-11 zeigt die erreichbaren Einschweißtiefen in Abhängigkeit von der Laserleistung und der Schweißgeschwindigkeit. Weitere relevante Einflussgrößen sind unter anderem der Werkstoff (Wärmeleitfähigkeit), die Resonatorbauart (Strahlqualität und Wellenlänge), die Fokuslage sowie die verwendete Optik (Brennweite, Fokusdurchmesser).

Tabelle 10-2 Vor- und Nachteile des Laserstrahlschweißens

	Vorteile	Nachteile
Prozess	- hohe Leistungsdichte - kleiner Strahldurchmesser - hohe Schweißgeschwindigkeit - berührungsloses Werkzeug - Schweißen unter Atmosphäre möglich	- hohe Reflexion an Metallen - begrenzte Einschweißtiefe (≤ 25 mm)
Werkstück	- minimale thermische Belastung - geringer Verzug - Schweißen fertig bearbeiteter Teile möglich - Schweißen an schwer zugänglichen Stellen - unterschiedliche Werkstoffe schweißbar	- aufwendige Nahtvorbereitung - exakte Positionierung notwendig - Aufhärtungsgefahr - Rissgefahr - Al, Cu schwer schweißbar
Anlage	- kurze Taktzeiten - Mehrstationenbetrieb möglich - Anlagenverfügbarkeit > 90% - gut automatisierbar	- aufwendige Strahlführung und -formung - Leistungsverluste an optischen Elementen - Schutz vor Laserstrahlung notwendig - hohe Investitionskosten - schlechter Wirkungsgrad (CO_2-Laser: < 20%, Nd:YAG: < 5%)

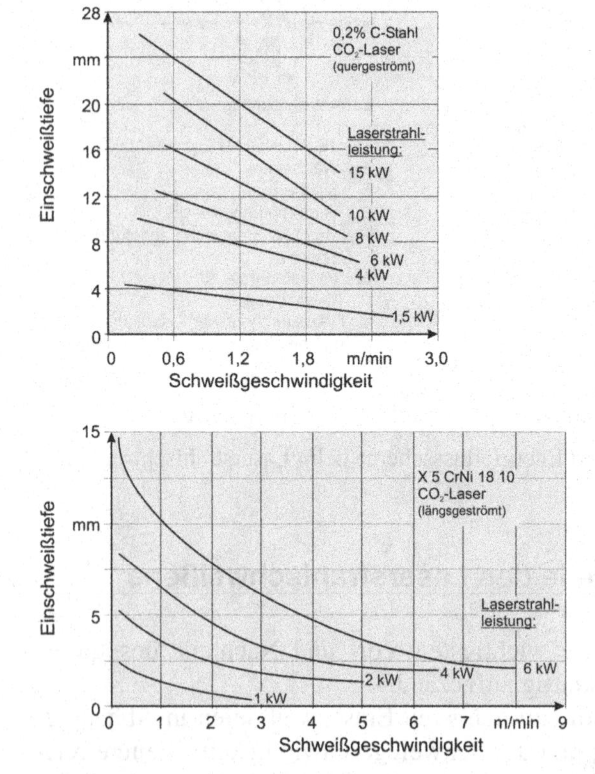

Abb. 10-11 Vergleich der Einschweißtiefen beim Laserstrahlschweißen in Abhängigkeit von Laserleistung und Schweißgeschwindigkeit
(Quelle: The Industrial Laser Annual Handbook 1989)

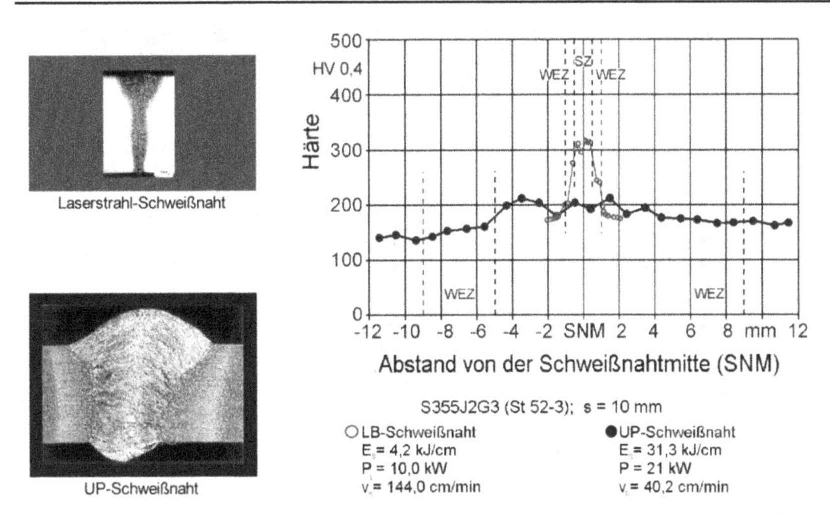

Abb. 10-12 Einbrandformen und Härteverläufe von UP-Schweißnaht (links) und von Laserstrahlschweißnaht (rechts)
Härtemessung in Blechdickenmitte quer zur Schweißnaht

Die geringe Wärmeeinbringung und die damit verbundene hohe Abkühlgeschwindigkeit beim Laserstrahlschweißen führt bei umwandelnden Stahlwerkstoffen zu deutlich höheren Härtewerten (bis über 400 HV) als bei anderen Schweißverfahren (Abb. 10-12). Diese hohen Werte können insbesondere bei mehrachsigen Spannungszuständen kritisch sein.

Der geringe Strahldurchmesser im Fokus erfordert eine hohe Führungs- und Positioniergenauigkeit des Werkstücks gegenüber dem Strahl und eine exakte Nahtvorbereitung (Abb. 10-13). Bindefehler, Nahtdurchhang oder Wurzelrückfall sind sonst mögliche resultierende Schweißnahtfehler.

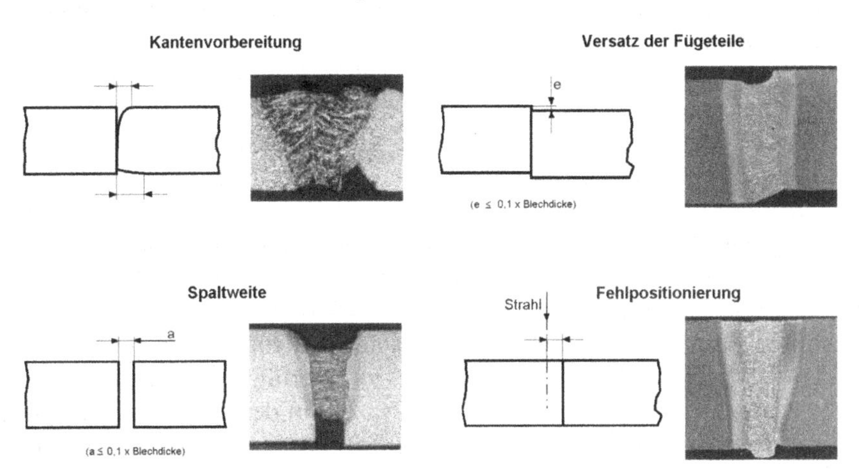

Abb. 10-13 Schweißnahtfehler

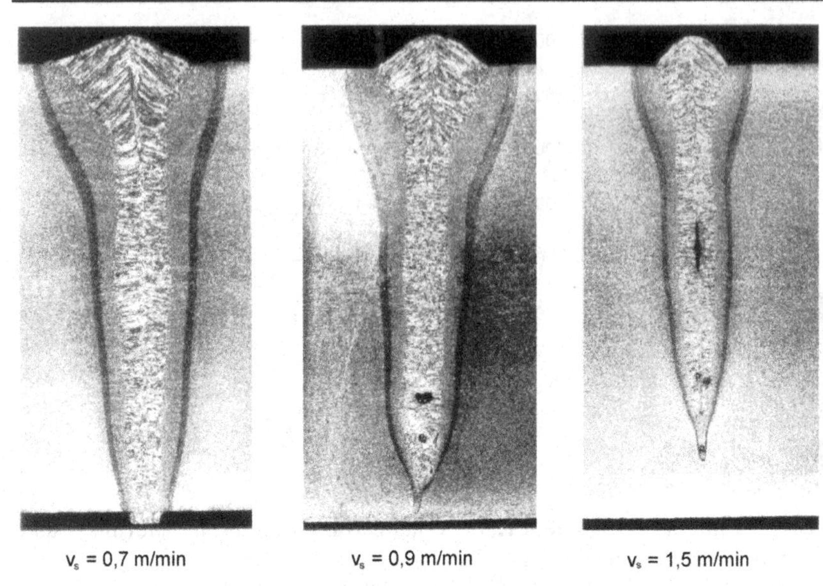

Abb. 10-14 Laserstrahl-Blindschweißnähte
Werkstoff StE 460; s = 20 mm; P_L = 15 kW

Bedingt durch die hohe Abkühlgeschwindigkeit und der damit verbundenen schlechten Entgasungmöglichkeit der Schmelze kann es beim Laserstrahlschweißen insbesondere bei dicken Blechen (große Nahttiefe), Einschweißungen (fehlende Entgasung über die Nahtwurzel) oder speziellen Werkstoffen (z.B. AlMg-Legierungen) zu Porenbildung kommen (Abb. 10-14). Eine zu geringe Schweißgeschwindigkeit kann jedoch auch zur Porenbildung führen, wenn die Schmelze dann an der Wurzelseite Gase aufnehmen kann.

Die Anwendbarkeit des Laserstrahlschweißens lässt sich durch den Einsatz von Zusatzwerkstoffen erweitern. Dieser bietet sowohl die Möglichkeit, durch fehlendes Nahtvolumen entstehende Schweißnahtfehler zu vermeiden, als auch gezielt Einfluss auf die chemische Zusammensetzung und Metallurgie des Schweißgutes hinsichtlich günstiger mechanisch-technologischer Eigenschaften zu nehmen (Aufhärtung, Werkstoffkombinationen) (Abb. 10-15). Die Verwendung von Draht bietet im Gegensatz zu Folien oder Metallpulver hinsichtlich der Handhabung sowie aufgrund der breiten Palette an Drahtwerkstoffen und Drahtvorschubeinheiten, die aus dem Bereich des Schutzgasschweißens zur Verfügung stehen, erhebliche Vorteile. Der Zusatzdraht wird dem Prozess in der Regel stechend oder schleppend in der Schweißnahtebene zugeführt, wobei sich Winkel zur Blechebene im Bereich 30°-40° bisher als günstig erwiesen haben. Bei

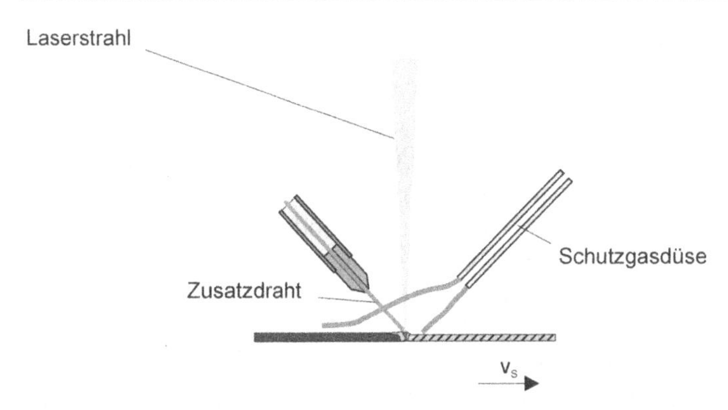

Abb. 10-15 Laserstrahlschweißen mit Zusatzdraht (schematisch)

kleinen Schmelzbädern und Positionierung der Drahtspitze auf die Dampfkapillare ist jedoch auf eine exakte Positionierung im Bereich weniger Zehntelmillimeter zu achten.

In der Regel ist jedoch bei längeren Schweißnähten mit variierenden Spaltweiten zu rechnen, so dass die Drahtzuführgeschwindigkeit entsprechend angepasst werden muss (Abb. 10-16).

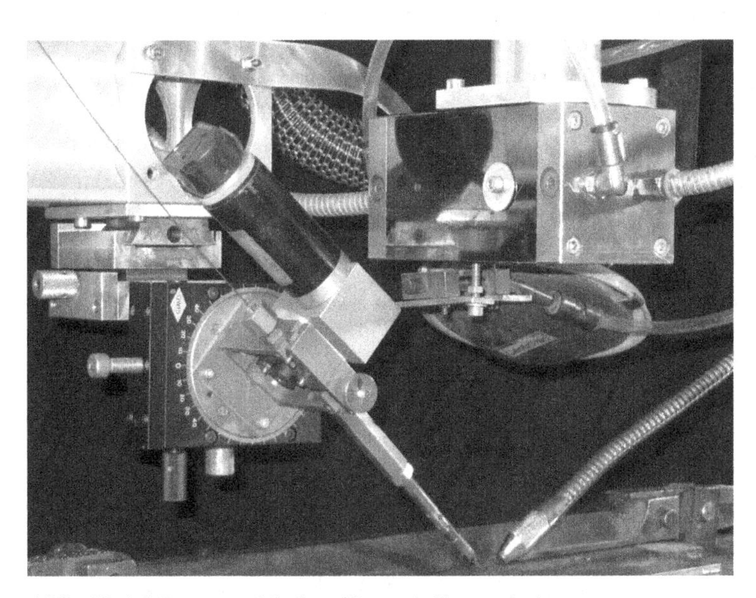

Abb. 10-16 Laserstrahlschweißen mit Zusatzdraht

10.4 Laserstrahlquellen

Tabelle 10-3 gibt einen Überblick über die heute für unterschiedliche Zwecke verfügbaren Laser, die Medien, Pumpquellen, Betriebsarten und Leistungen. Für die Materialbearbeitung (insbesondere Schweißen) werden überwiegend CO_2-, Neodym (Nd):YAG- und Diodenlaser eingesetzt, da sie die für diese Zwecke erforderlichen Leistungen auch im cw (continuous wave = Dauerstrichbetrieb) erbringen können. Nach der rasanten Entwicklung des Faserlasers wird auch dieser in der Materialbearbeitung eingesetzt. Industrielle Standardwerte für CO_2-Laser liegen heute bei 2-15 kW, im Laborbereich bis 40 kW. Im Bereich der Festkörperlaser sind heute mittlere Ausgangsleistungen bis zu 6 kW erzielbar, Faserlaser stehen schon mit Leistungen über 10 kW zur Verfügung.

In der Schweißtechnik eingesetzte Hochleistungslaser verfügen über Wirkungsgrade von 3-15%, Diodenlaser auch darüber. Der Verlustanteil tritt in Form von Wärme auf und muss aus dem Resonator abgeführt werden.

Tabelle 10-3 Technische Daten unterschiedlicher Lasertypen

Vorteile	Nachteile
Prozess	*Prozess*
- hohe Leistungsdichte	- hohe Reflexion an Metallen
- kleiner Strahldurchmesser	- begrenzte Einschweißtiefe (O 25 mm)
- hohe Schweißgeschwindigkeit	
- berührungsloses Werkzeug	*Werkstück*
- Schweißen unter Atmosphäre möglich	- aufwendige Nahtvorbereitung
	- exakte Positionierung notwendig
Werkstück	- Aufhärtungsgefahr
	- Rissgefahr
- minimale thermische Belastung	- Al, Cu schwer schweißbar
- geringer Verzug	
- Schweißen fertig bearbeiteter Teile möglich	*Werkstück*
- Schweißen an schwer zugänglichen Stellen	- aufwendige Strahlführung und -formung
	- Leistungsverluste an optischen Elementen
- unterschiedliche Werkstoffe schweißbar	- Schutz vor Laserstrahlung notwendig
	- hohe Investitionskosten
Anlage	- schlechter Wirkungsgrad (CO_2-Laser: < 20%, Nd-YAG-Laser: < 5%)
- kurze Taktzeiten	
- Mehrstationenbetrieb möglich	
- Anlagenverfügbarkeit > 90%	
- gut automatisierbar	

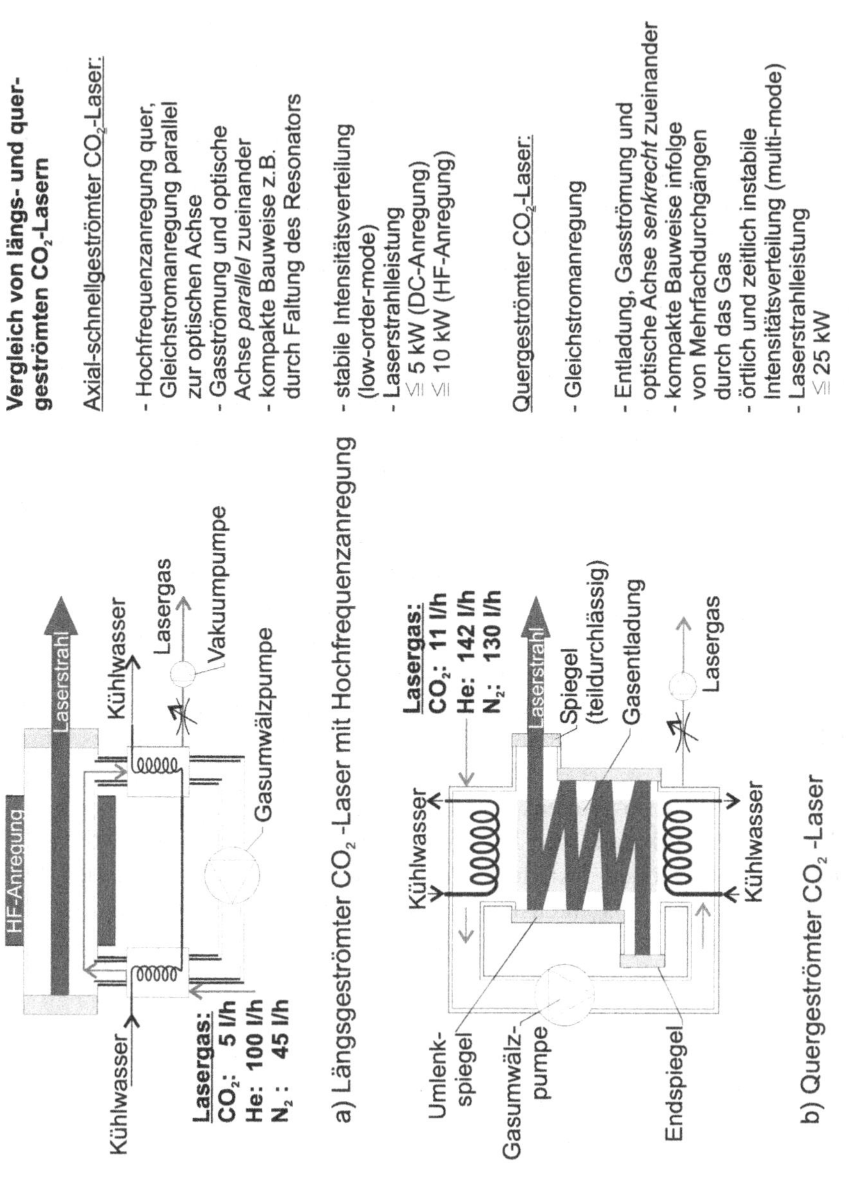

HF-Anregung

Laserstrahl

Kühlwasser

Kühlwasser

Lasergas

Vakuumpumpe

Gasumwälzpumpe

Lasergas:
CO_2: 5 l/h
He: 100 l/h
N_2: 45 l/h

a) Längsgeströmter CO_2 -Laser mit Hochfrequenzanregung

Umlenk-spiegel

Gasumwälz-pumpe

Endspiegel

Kühlwasser

Kühlwasser

Lasergas:
CO_2: 11 l/h
He: 142 l/h
N_2: 130 l/h

Laserstrahl

Spiegel (teildurchlässig)

Gasentladung

Lasergas

b) Quergeströmter CO_2 -Laser

Vergleich von längs- und quer-geströmten CO_2-Lasern

Axial-schnellgeströmter CO_2-Laser:

- Hochfrequenzanregung quer, Gleichstromanregung parallel zur optischen Achse
- Gasströmung und optische Achse *parallel* zueinander
- kompakte Bauweise z.B. durch Faltung des Resonators

- stabile Intensitätsverteilung (low-order-mode)
- Laserstrahlleistung
  $\leqq$ 5 kW (DC-Anregung)
  $\leqq$ 10 kW (HF-Anregung)

Quergeströmter CO_2-Laser:

- Gleichstromanregung

- Entladung, Gasströmung und optische Achse *senkrecht* zueinander
- kompakte Bauweise infolge von Mehrfachdurchgängen durch das Gas
- örtlich und zeitlich instabile Intensitätsverteilung (multi-mode)
- Laserstrahlleistung
  $\leqq$ 25 kW

Abb. 10-17 Verschiedene CO_2-Lasertypen

Beim geströmten CO_2-Laser wird das Gasgemisch dazu ständig über Wärmetauscher umgewälzt. Je nach Art des Gastransports wird zwischen längs- und quergeströmten Lasersystemen unterschieden (Abb. 10-17). Bei den quergeströmten Systemen können bei kompakter Bauweise aufgrund der Mehrfachfaltung des Strahls höhere Ausgangsleistungen bei gleichzeitig jedoch schlechterer Strahlqualität als bei den längsgeströmten Systemen erreicht werden. Bei diffusionsgekühlten CO_2-Lasern wird die Wärme ohne Strömung über die Elektrodenplatten abgeführt, und es werden auf geringem Raum Strahlen hoher Qualität erzeugt. Außerdem ist so gut wie kein Gasaustausch notwendig (Abb. 10-18).

Bei der Gleichstromanregung mit Hochspannung befinden sich die Elektroden innerhalb der Gasentladungskammer. Durch Wechselwirkung des Elektrodenmaterials mit den Gasmolekülen entsteht ein Elektrodenabbrand. Dieser hat neben einem Elektrodenverschleiß auch eine Verunreinigung des Lasergases zur Folge. Ein Teil des Gasgemisches muss daher permanent ausgetauscht werden.

Bei der hochfrequenten Wechselstromanregung können die Elektroden außerhalb des Gasentladungsrohres angebracht oder dielektrisch beschichtet werden, wobei die elektrische Energie kapazitiv eingekoppelt wird. Dies führt zu einer deutlichen Reduzierung der Menge des auszutauschenden Lasergases und somit der Betriebskosten. Hohe Lebensdauer der Elektroden und hohe erzielbare Pulsfrequenzen kennzeichnen dieses Anregungsprinzip.

Beim Festkörperlaser dient der in der Regel zylindrische Festkörperstab lediglich zur Aufnahme der laseraktiven Ionen (im Falle des Nd:YAG-Lasers mit Nd^{3+}-Ionen dotierte Yttrium-Aluminium Granat-Kristalle). Die Pumpenergie wird als intensives Licht zugeführt. Die Wellenlänge der emittierten Strahlung beträgt 1064 nm.

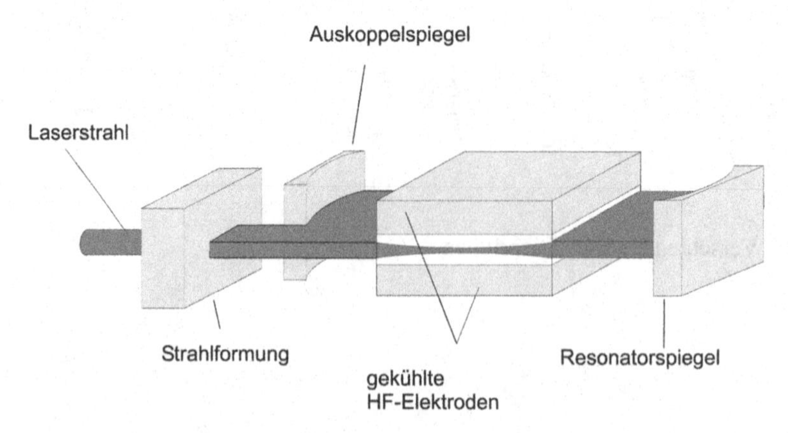

Abb. 10-18 Diffusionsgekühlter CO_2-Laser (Quelle: Rofin)

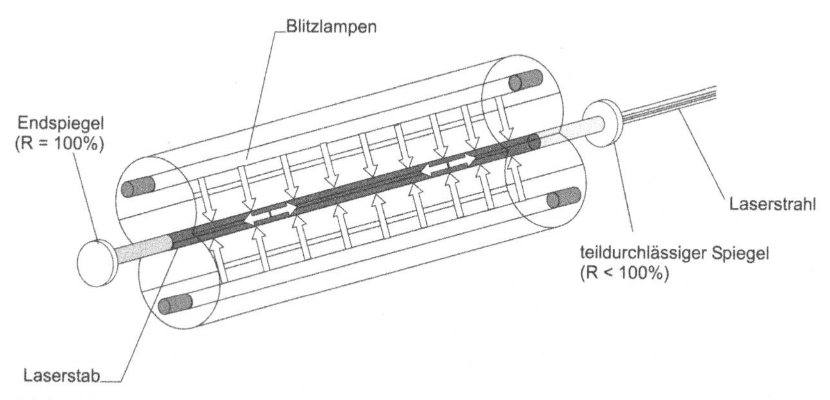

Abb. 10-19 Prinzipieller Aufbau eines Festkörperlasers

Eine Möglichkeit der Anregung ist durch Blitz- oder Bogenlampen, die zur optimalen Einkopplung der Anregungsenergie in einem Doppelellipsoid angeordnet sind, in deren gemeinsamem Brennpunkt der Festkörperstab liegt (Abb. 10-19).

Die Erwärmung durch das Pumplicht und die gleichzeitige Kühlung über die Außenflächen führen zu Temperaturgradienten im Material, die Spannungen und durch Deformation eine Linsenwirkung des Mediums induzieren. Die Spannung begrenzt dabei die maximal pro Kristalllänge und damit pro Laserkopf erreichbare Ausgangsleistung, die induzierte Brechkraft vergrößert das Strahlparameterprodukt und macht es von der absorbierten Leistung abhängig.

Diese thermischen Effekte lassen sich aber durch Erhöhung des Verhältnisses zwischen gekühlter Fläche und Volumen des aktiven Mediums verringern. Alternativ zu den bisher verwendeten Stäben bieten sich daher vor allem Medien in Platten- und Rohrform an. Trotzdem bleibt der Wirkungsgrad unter 4% und die Strahlqualität ist etwa zehnmal geringer als beim CO_2-Laser.

Zuverlässiger als die Blitzlichtanregung ist die Anregung über Dioden-Arrays, die in modernen Lasern vermehrt eingesetzt wird, Abb. 10-20. Sie führt zu einer verbesserten Strahlqualität und erhöht den Wirkungsgrad gegenüber lampengepumpten Lasern um mehr als Faktor 3. Außerdem weisen Dioden-Arrays als Pumpenergiequelle eine wesentlich höhere Standzeit auf (über 10000 h im cw-Betrieb) als Blitzlampen (weniger als 1000 h).

Beim diodengepumpten Scheibenlaser (Abb. 10-21) erfolgt die optische Anregung mittels Hochleistungs-Laserdiodenmodulen, die als Stapel (stacks) angeordnet sind. Das Pumplicht wird nach einer Strahlformung über einen parabolischen Reflektor auf eine nur wenige Zehntel Millimeter dünne Scheibe aus einem speziellen Yb:YAG Kristalls gelenkt.

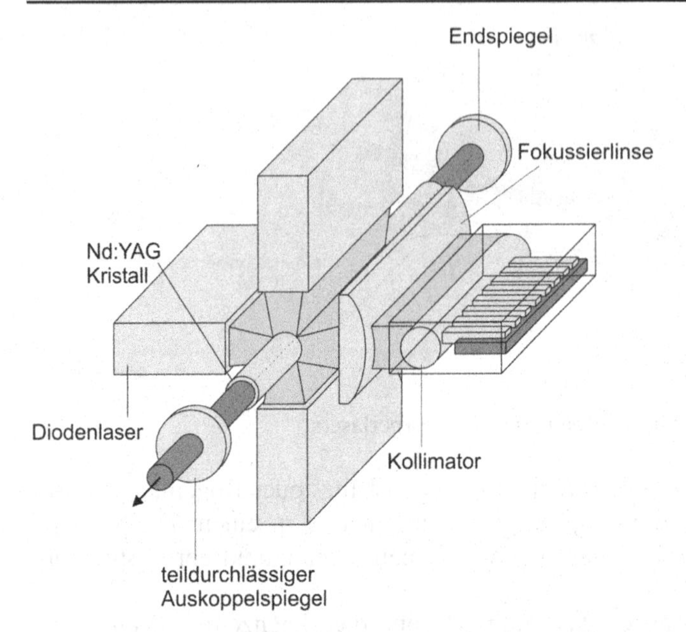

Abb. 10-20 Prinzipskizze eines diodengepumpten Nd:YAG-Lasers

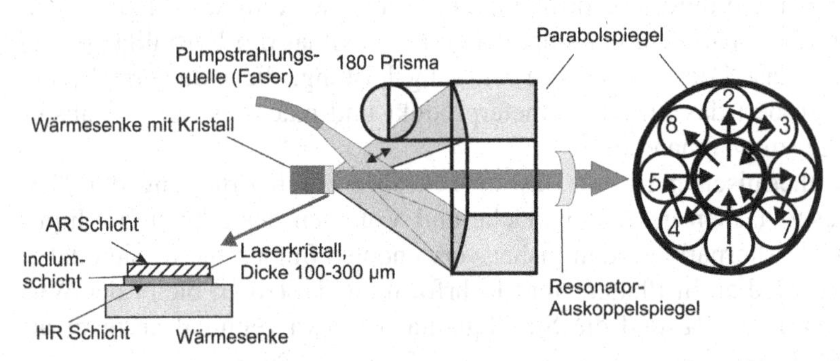

Abb. 10-21 Prinzipieller Aufbau eines Scheibenlasers (Quelle: Rofin)

Durch Reflektion an der beschichteten Rückseite der Scheibe trifft das nicht absorbierte Licht erneut auf den parabolischen Spiegel und wird von dort auf einen Retro-Reflektor geworfen. Dieser setzt das Pumplicht in einem festen Winkel um, so dass über den Parabolspiegel mehrfach Durchgänge durch den Laserkristall erfolgen bis das Pumplicht vollständig absorbiert ist.

Die beschichtete Scheibenrückseite und ein vor dem Parabolspiegel angeordneter Auskoppelspiegel bilden den Resonator. Aufgrund der geometrischen Verhältnisse von Anregung, Kühlung und Resonator entsteht bei den Scheibenlasern keine thermische Linse. Dadurch kann die Strahlqualität deutlich erhöht werden. Bei einer Strahlleistung von 2 kW ist ein Strahlparameterprodukt von 8 mm*mrad erreichbar. Eine weitere Steigerung der Laserleistung ist durch Serienanordnung mehrerer Scheiben möglich.

Mechanische Robustheit, hoher Wirkungsgrad und geringe Abmessungen kennzeichnen die Halbleiter- oder Diodenlaser, Abb. 10-22. Hochleistungsdiodenlaser ermöglichen das Schweißen von Metallen. Wegen der bisher verfügbaren geringen Strahlleistungen und einer relativ schlechten Strahlqualität konnte bislang nur vereinzelt ein Tiefschweißeffekt erzielt werden. Deshalb eignen sich Diodenlaser in der Fügetechnik vorwiegend für das Schweißen von Dünnblechen und Kunststoffen sowie Lötanwendungen.

Die Faserlaser (Abb. 10-23) fanden bis vor wenigen Jahren wegen ihrer geringen Leistungen den Einsatz nur in der Telekommunikation und in der Messtechnik. Erst die Entwicklung von Doppelkernfasern in Verbindung mit dem Einsatz von leistungsstarken Diodenlasern hoher Strahlqualität zum optischen Pumpen ermöglichte in den letzten Jahren eine rasante Steigerung der mittleren Leistungen von bis zu 17 kW, eine weitere Steigerung der Laserleistung ist technisch realisierbar. Faserlaser besitzen eine inhärent gute Strahlqualität und einen hohen Wirkungsgrad (ca. 30%).

Die Doppelkernfaser besteht aus einem dotierten und einem undotierten Faserkern, der die Pumpstrahlung führt. Diese wird während ihrer Ausbreitung längs der Faser vom Laserkern absorbiert. Zur Optimierung der Pumplichtabsorption ist der Querschnitt des Pumpkerns nicht kreisförmig, sondern besitzt eine gebrochene Symmetrie.

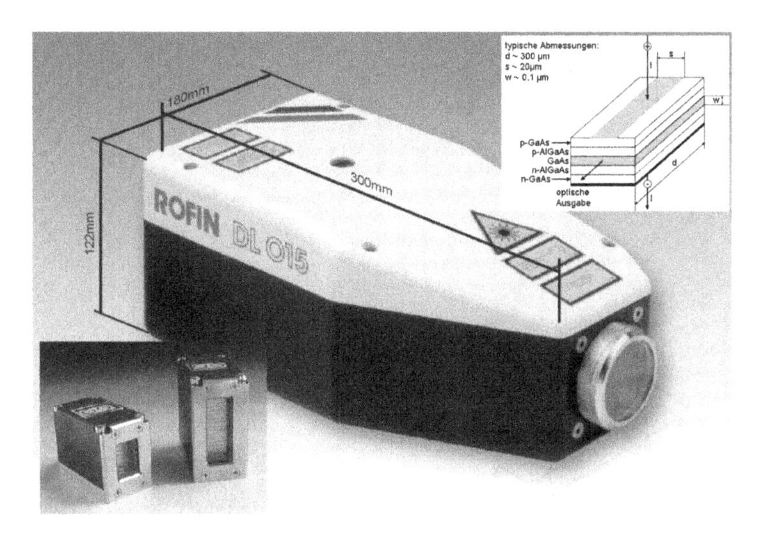

Abb. 10-22 Diodenlaser (Quelle: Rofin)

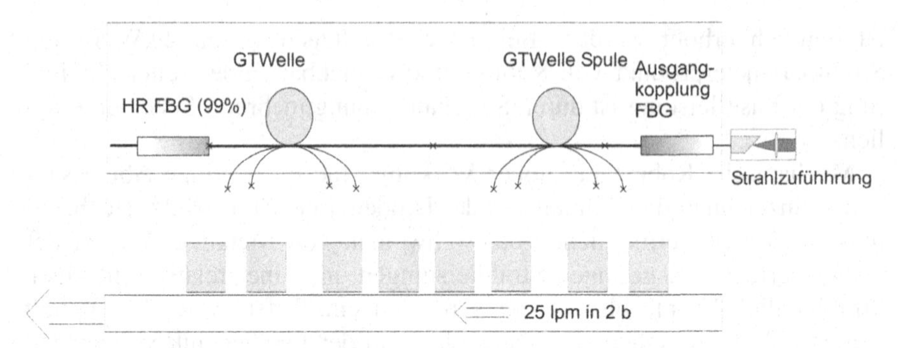

Abb. 10-23 Faserlaser (Quelle: IPG)

10.5 Strahlführung und Strahlformung

Zur Strahlfokussierung werden beim Schweißen mit CO_2-Lasern üblicherweise Spiegel-Optiken verwendet (Abb. 10-24). Als Werkstoff wird inder Regel wegen seiner hohen Wärmeleitfähigkeit Kupfer verwendet und zum Oberflächenschutz oft molybdänbeschichtet.

Linsen-Optiken können sich aufgrund von Absorption erwärmen, insbesondere bei hohen Leistungen und durch Verschmutzungen. Da die Wärme

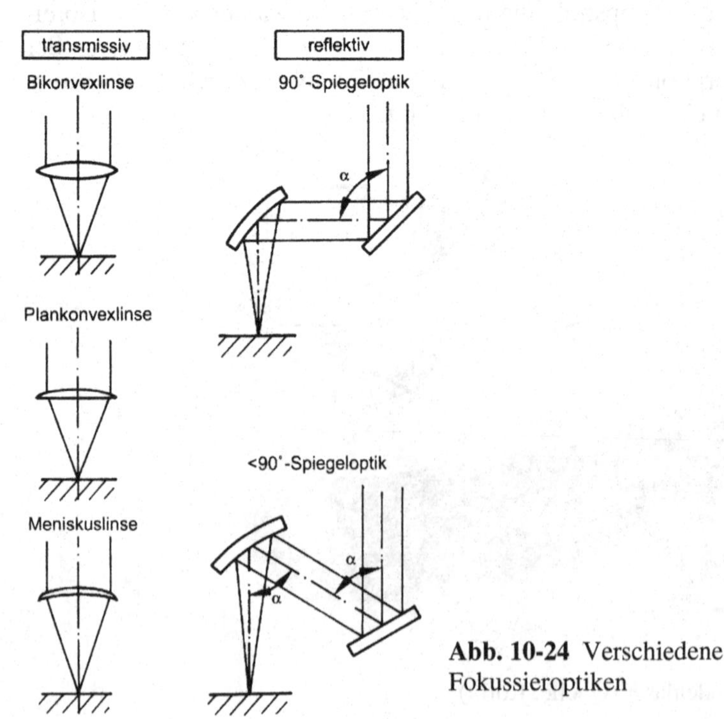

Abb. 10-24 Verschiedene Fokussieroptiken

lediglich über die Fassung abgeführt werden kann, besteht somit die Gefahr der Verformung (Veränderung der Brennweite) oder Zerstörung durch Überlastung. Im Umgang mit den hier verwendeten Materialien (ZnSe, GaSe) sind wegen ihrer Toxizität Vorsichtsmaßnahmen einzuhalten (Entsorgung und Arbeitsschutz im Falle der Zerstörung).

Die Absorption der Laserstrahlung ist wellenlängenabhängig. Die Linsen-Optiken werden überwiegend bei Nd:YAG, Dioden- und Faserlasern eingesetzt weil bei deren Wellenlänge der Absorptionsgrad der verwendeten Materialien niedriger liegt als bei einem CO_2-Laser.

Beide Arten von Optiken sind vor allem bei kurzen Brennweiten durch Gasströme koaxial oder quer zum Strahl unterhalb der Optik vor Schweißspritzern zu schützen.

Bei Verwendung langer Brennweiten ist im Hinblick auf eine 3-D-Bearbeitung mit hoher Schweißgeschwindigkeit die in Abhängigkeit der Brennweite zunehmende notwendige höhere Verfahrgeschwindigkeit der Handlingseinrichtung und die dabei zu gewährleistende Bahngenauigkeit zu berücksichtigen.

Der CO_2-Laserstrahl wird vom Resonator über ein aus Umlenkspiegeln bestehendes Strahlführungssystem zu einer oder mehreren Bearbeitungsstationen geführt (Abb. 10-25). Dort wird er mit Hilfe von Fokussieroptiken der Bearbeitungsaufgabe entsprechend geformt. Die Relativbewegung

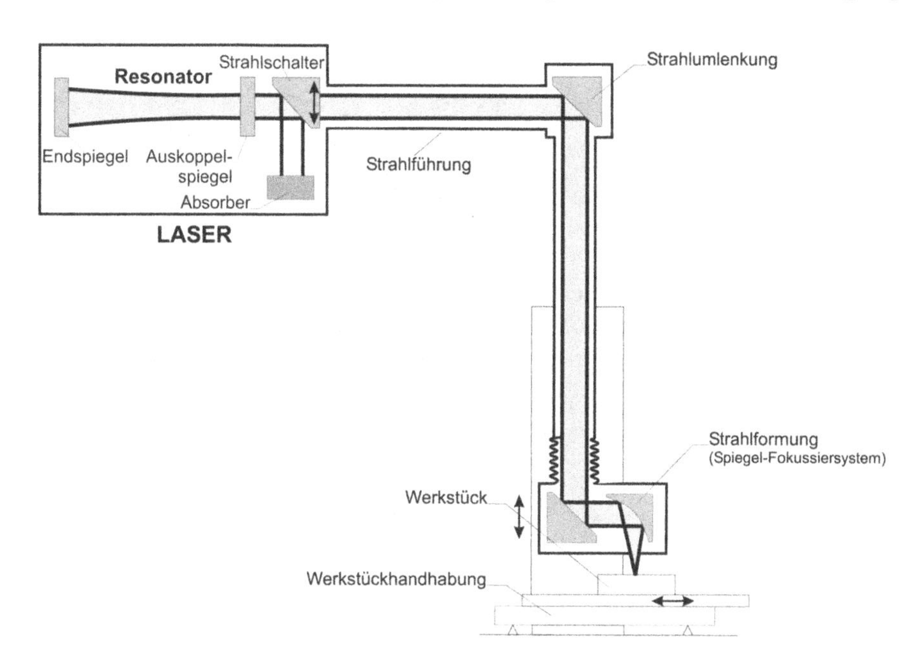

Abb. 10-25 Schematischer Aufbau einer Laserstrahlschweißanlage

zwischen Strahl und Werkstück kann auf unterschiedliche Art und Weise realisiert werden:

- bewegtes Werkstück, feste Optik,
- bewegte („fliegende“) Optik,
- Bewegung von Werkstück und Optik (zwei Handhabungsgeräte).

Der Ansatz, die Widerstandpunktschweißungen durch kurze Laserstrahlnähte zu ersetzen findet aufgrund der möglichen Flanschreduzierung und der daraus resultierenden Gewichtsersparnis in der Automobilbauindustrie große Resonanz. Mit konventionellen Strahlführungssystemen kann jedoch der Vorteil der kurzen Bearbeitungszeiten beim Laserstrahlschweißen aufgrund der notwendigen Positionierbewegungen nicht vollständig ausgenutzt werden.

Mit dem Remote-Welding-System (Abb. 10-26) kann der Laserstrahl in einer Ebene hochdynamisch abgelenkt werden. Der Laserstrahlfokus wird mittels eines in zwei Achsen drehbaren Spiegels positioniert. Beim Einsatz von Fokussieroptiken mit langen Brennweiten (ca. 1600 mm) bewirken kleine Winkelauslenkungen des Spiegels bereits lange Wege in der Bearbeitungsebene.

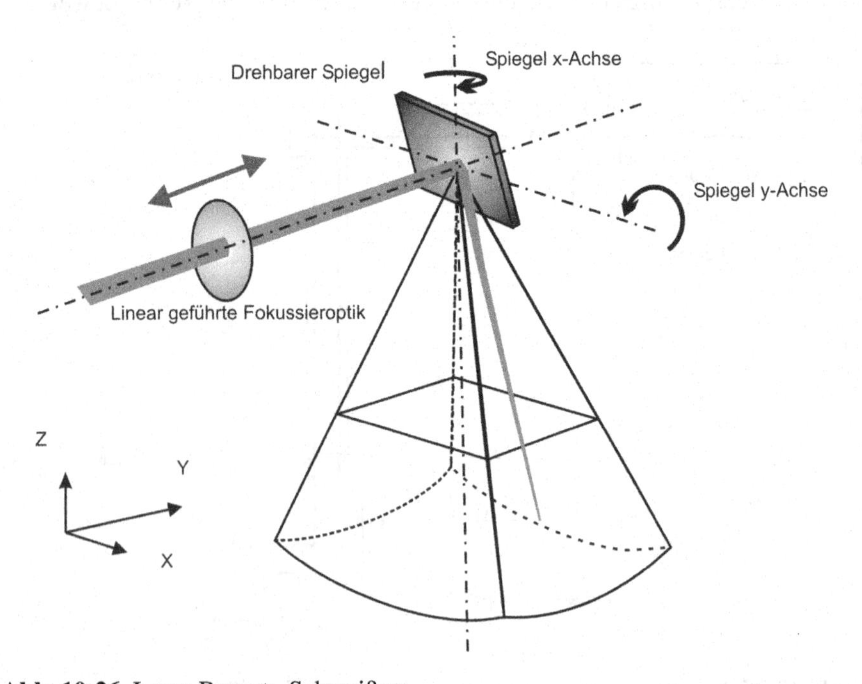

Abb. 10-26 Laser-Remote-Schweißen

Durch eine Verschiebung der Fokussieroptik mit einer weiteren Linearachse kann eine Positionierung des Fokuspunktes im Raum realisiert werden.

Zu den Vorteilen des Remote Welding zählen sehr kurze Amortisationszeiten verbunden mit einer Verringerung der Taktzeiten, Einsparung von Fläche in verketteten Fertigungslinien und Erweiterung der Konstruktionsmöglichkeiten durch Erhöhung der Geometrieflexibilität.

Die Möglichkeit, den Festkörper-Laserstrahl mittlerweile auch im Kilowatt-Bereich über flexible Lichtleiter zu führen (Abb. 10-27), prädestiniert diese Systeme für den Robotereinsatz, wo der CO_2-Laser nur über komplizierte und verlustreiche Spiegelsysteme eingesetzt werden kann. Einige Lichtleitfasern erlauben bei Faserdurchmessern unter 1 mm Biegeradien bis zu 100 mm. Über optische Schalter ist eine Mehrfachnutzung der Festkörperlaserquelle möglich, über Strahlteiler (meist mit festem Teilungsverhältnis) das Schweißen an mehreren Stationen gleichzeitig.

Durch verbesserte Herstellungsverfahren für die Lichtleitfasern konnten die Restabsorption des Quarzglases und damit die Verluste bei der Übertragung immer weiter reduziert werden, so dass auch die Übertragung über Distanzen von bis zu 100 m kein Problem mehr darstellt. Wichtiger sind die distanzunabhängigen Verluste, die bei Ein- und Auskopplung in die Faser entstehen. Zu beachten ist jedoch, dass die Strahlqualität sich aufgrund der Vielfachreflexion innerhalb der Lichtleitfaser verschlechtert, vermehrt mit kleinerem Faserdurchmesser.

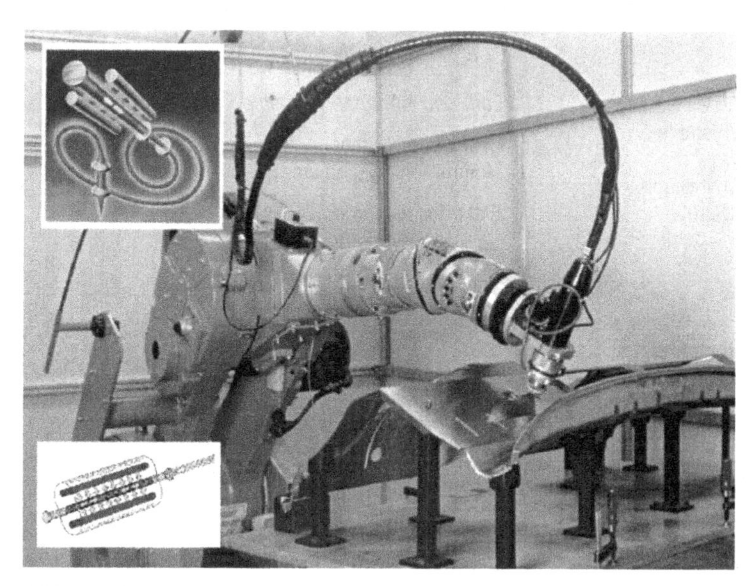

Abb. 10-27 Flexibler Lichtleiter

10.6 Anwendungsbereiche und verschweißbare Werkstoffe

Die Palette der mit dem Laser zu verschweißenden Werkstoffe reicht von den un- und niedriglegierten Stählen bis zu hochwertigen Titan- und Nickelbasislegierungen (Tabelle 10-4). Bei den umwandelnden Stahlwerkstoffen ist der Kohlenstoffgehalt wegen der hohen Abkühlgeschwindigkeit als kritische Einflussgröße zu betrachten. Als Anhaltswert kann C_{max} = 0,22% angegeben werden. Aluminium und Kupfer bereiten aufgrund ihrer

Tabelle 10-4 Verschweißbare Werkstoffe und Einsatzgebiete des Laserstrahlschweißens in der Praxis

Verschweißbare Werkstoffe	Einsatzgebiete
un- und niedriglegierte Stähle	*Automobilbau*
(C-Gehalt O 0,22%)	- Getriebeteile (Zahnräder, Planetengetriebe)
- Baustähle (z.B. S 355 J2G3)	- Karosseriebau
- Feinkornstähle (z.B. S 460 N, S 690 N)	(Bodenbleche, Außenhaut)
- warmfeste Stähle (z.B. H II, 13 CrMo 4 4)	- Motorenkomponenten (Tassenstößel, Diesel- Vorbrennkammer)
- Einsatzstähle (z.B. 16 MnCr 5)	*stahlverarbeitende Industrie*
- Vergütungsstähle (z.B. C 22, 25 CrMo; *C-Gehalt!*)	- Rohrherstellung - Fahrzeugaufbauten - Endlosbänder - Blechdosen
hochlegierte Stähle	*Luft- und Raumfahrtindustrie*
- ferritische Chromstähle (z.B. X 5 CrTi 12) - austenitische CrNi-Stähle (z.B. X 6 CrNi 18 10)	- Triebwerkskomponenten - Instrumentengehäuse
	Elektronikindustrie
NE-Metalle	- Leiterplatten - Batteriegehäuse - Trafobleche - Bildröhren
- Ni-Basis-Legierungen - Titan und Titanlegierungen	*Anlagen- und Apparatebau*
- Tantal - Aluminium (hohe Reflexion, hohe Wärmeleitfähigkeit, niedrige Ionisierungsenergie)	- Dichtschweißnähte an Gehäusen - Messsonden
- Kupfer (s. Aluminium)	*Medizintechnik*
	- Herzschrittmachergehäuse - Hüftgelenkprothesen

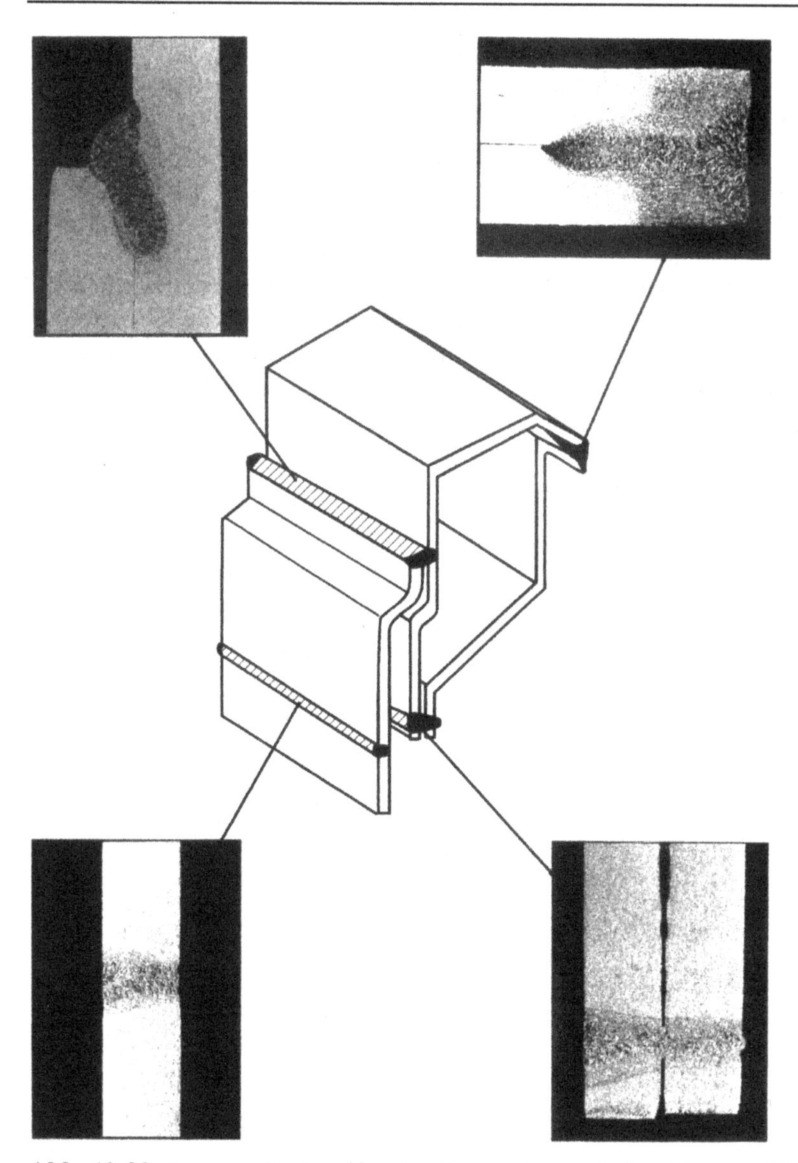

Abb. 10-28 Laserstrahlschweißen im Karosseriebau: Schweißen von Hohlprofilträgern

thermophysikalischen Materialeigenschaften Probleme bei der Energieeinkopplung und der Prozessstabilität. Hochreaktive Werkstoffe erfordern auch beim Laserstrahlschweißen einen ausreichenden Gasschutz bis über die Erstarrung der Schweißnaht hinaus, da der Einsatz von Arbeitsgasen allein in der Regel nicht ausreichend ist. Aufgrund der hohen Kosten, aber auch aufgrund der hohen Verfügbarkeit von Laseranlagen, wird das Laserstrahlschweißen bisher hauptsächlich in der automatisierten Serienfertigung (z.B. Automobilindustrie), bei rotationssymmetrischen Bauteilen (geringer Programmieraufwand) sowie zum Längsnahtschweißen von Rohren eingesetzt.

Hochleistungslasern bieten sich aufgrund der hohen Prozessgeschwindigkeit interessante Anwendungen zum Schweißen räumlicher Konturen (Karosseriebau) (Abb. 10-28). Der Laserstrahl kann dabei z.B. in ein von einem Standardindustrieroboter geführten Strahlführungssystem eingekoppelt werden. Solche Gerätekonfigurationen müssen sich durch eine hohe Führungsgenauigkeit auszeichnen. Einige Stoßformen, wie sie auch im Karosseriebau auftreten und mit Hilfe des Lasers geschweißt werden können, sind in Abb. 10-29 dargestellt.

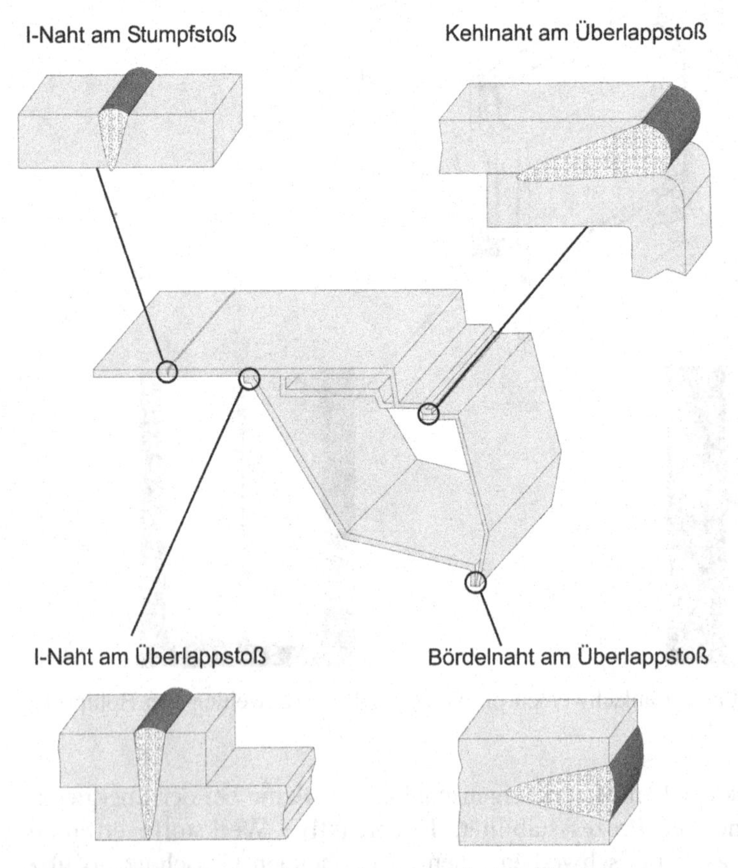

Abb. 10-29 Stoßformen für das Laserstrahlschweißen

10.7 Laser-Lichtbogen-Hybridschweißen

Die Einsatzmöglichkeiten des Laserstrahlschweißverfahrens können durch die Kombination mit dem Lichtbogenschweißverfahren beachtlich erweitert werden. Die Kopplung von Laserstrahlschweißprozess mit einem Lichtbogenprozess in nur einer einzigen Prozesszone (Plasma und Schmelze) wird als Hybridschweißverfahren bezeichnet.

Das Verfahrensprinzip ist in Abb. 10-30 dargestellt. Beide Prozesse arbeiten in einem gemeinsamen Schmelzbad. Der vorlaufende oder nachlaufende Laserstrahl ionisiert das Schutzgas und stabilisiert dabei den Lichtbogen. Beim Schweißen von Aluminiumlegierungen kann der vorlaufende Laserstrahl zusätzlich für das Aufbrechen der Oxidschicht genutzt werden.

Durch den Einsatz der Hybridtechnologie können die Vorteile der einzelnen Verfahren genutzt werden, gleichzeitig werden entsprechende Nachteile der Einzelverfahren kompensiert. So wird dem Nachteil der geringen Spaltüberbrückbarkeit beim Laserstrahlschweißen mit der Zusatzwerkstoffzugabe des MSG-Prozesses entgegengewirkt. Gegenüber dem Laserstrahlschweißen mit Kaltdrahtzuführung, wo der Zusatzwerkstoff vom Laserstrahl mit aufgeschmolzen werden muss, erfolgt die Zusatzwerkstoffzugabe durch den MSG-Anteil des Hybridprozesses kostengünstig.

Durch gezielte Prozessführung können darüber hinaus Synergieeffekte genutzt werden. Der Laserstrahl bewirkt eine erleichterte Zündung sowie eine Stabilisierung des Lichtbogens. Über die Verbesserung der Energieeinkopplung kann so beim Hybridschweißverfahren eine größere Schweißtiefe bzw. Schweißgeschwindigkeit sowie eine Reduzierung der Streckenenergie im Vergleich zum MSG-Schweißen erreicht werden (Abb. 10-31).

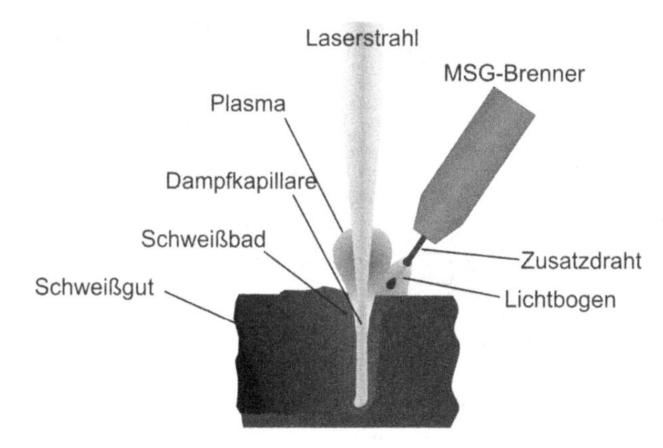

Abb. 10-30 Prinzipskizze Laser-MSG-Hybridschweißen

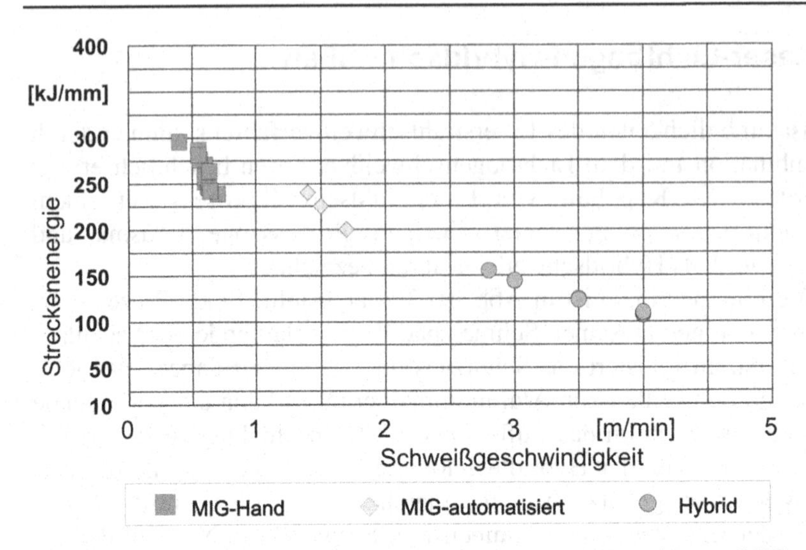

Abb. 10-31 Vergleich der Streckenenergien beim MSG- und Laser-MIG-Hybridschweißen von Aluminium-Legierungen

Durch den Einsatz von zwei MSG-Brennern im Hydra-Verfahren (neutrale Stellung beider Brenner) kann die Energieeinbringung weiterhin reduziert werden. Zeitaufwendige Richt-, Anpass- und Nacharbeiten können in der Fertigung auf diese Weise reduziert oder vollständig vermieden werden.

Eine der ersten industriellen Anwendungen der Hybridtechnologie war der Einsatz des Laser-MSG-Hybridschweißverfahrens in der Paneelfertigung (Abb. 10-32). In der Automobilindustrie wird das Laser-MIG-

Abb. 10-32 Paneelfertigung (Werkfoto: Meyer Werft)

Hybridschweißen bei der Fertigung von Aluminium-Türrahmen und zum Anschweißen von Funktionsblechen an den Aluminium-Dachrahmen eingesetzt (Abb. 10-33).

Neben dem MSG-Prozess kann das Laserstrahlschweißen mit anderen Schweißprozessen gekoppelt werden. Beim Laser-WIG- und Laserplasmaschweißen brennt der Lichtbogen zwischen dem Werkstück und einer nicht abschmelzenden Elektrode. Für eine bessere Spaltüberbrückbarkeit oder zwecks metallurgischer Beeinflussung des Schweißgutes kann bei beiden Verfahrensvarianten Zusatzwerkstoff als Draht oder Pulver zugeführt werden.

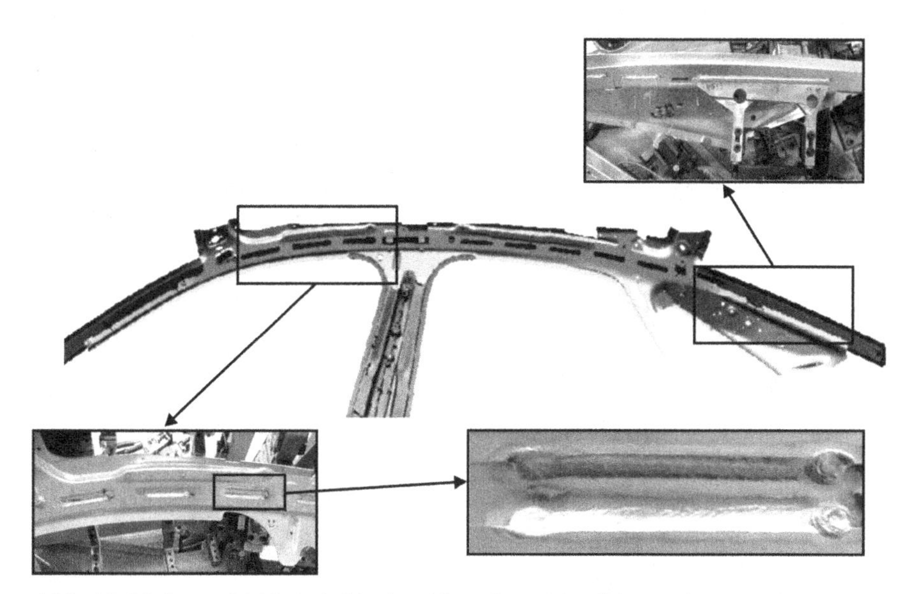

Abb. 10-33 Laser-MIG-Hybridschweißen eines Aluminium PKW-Dachrahmens (Quelle: Audi)

Laserleistung P_L = 3,8 kW; Schweißgeschwindigkeit v_S = 3,6 m/min; Drahtvorschubgeschwindigkeit v_D = 4,5 m/min

11 Auftragschweißen

11.1 Verfahrensprinzip

Als Auftragschweißen wird das Beschichten eines Werkstücks durch Schweißen bezeichnet. Es kann je nach eingesetztem Schweißzusatz gegliedert werden in Auftragschweißen zu Reparaturzwecken und Auftragschweißen zur Erzeugung eines Werkstoffverbundes mit bestimmten Funktionen. Auftragschweißen mit gegenüber dem Grundwerkstoff vorzugsweise verschleißfestem Auftragwerkstoff wird als Panzern, Auftragschweißen mit gegenüber dem Grundwerkstoff vorzugsweise chemisch beständigem Auftragwerkstoff wird als Plattieren bezeichnet. Das Auftragschweißen eines Zusatzwerkstoffes mit Eigenschaften, die zwischen nicht artgleichen Werkstoffen eine beanspruchungsgerechte Verbindung gewährleisten, wird Puffern genannt.

Der Aufmischung des Schweißzusatzwerkstoffes mit dem Grundwerkstoff kommt eine wichtige Bedeutung zu, da sich die gewünschten, hochwertigen Eigenschaften der Auftragschicht mit steigendem Aufmischungsgrad verschlechtern (Abb. 11-1). Eine Schweißparameteroptimierung zielt deshalb u.a. darauf ab, den Aufmischungsgrad unter Beachtung einer ausreichenden Schichthaftung zu minimieren. Zur überschlägigen Bestimmung von A dient die planimetrische Ermittlung von Auftrag- und Ein-

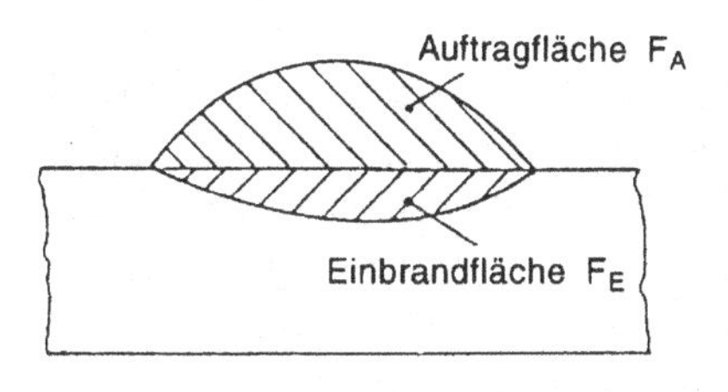

$$A = \frac{F_E}{F_E + F_A}$$

$$A = \frac{(\text{X-Gehalt}_{\text{Auftragschicht}} - \text{X-Gehalt}_{\text{Zusatzwerkstoff}})\ \text{in Masse-\%}}{(\text{X-Gehalt}_{\text{Grundwerkstoff}} - \text{X-Gehalt}_{\text{Zusatzwerkstoff}})\ \text{in Masse-\%}} \cdot 100 \text{ in \%}.$$

Abb. 11-1 Definition des Aufmischungsgrades

brandfläche im Querschliff. Eine genauere Bestimmung ist bei bekannten Analysen des Grund- und Zusatzwerkstoffes durch Ermittlung des Gehaltes eines bestimmten Elementes in der Auftragschicht möglich (vorwiegend wird zur Berechnung Fe herangezogen).

11.1.1 Verfahrensvarianten

Zum thermischen Beschichten mittels Auftragschweißen eignen sich nahezu alle Schmelzschweißverfahren. Einige davon, wie das Elektronenstrahl- oder Gießschmelzschweißen, aber auch das Reibauftragschweißen aus der Gruppe der Pressschweißverfahren, haben jedoch bislang keine große Bedeutung erlangt. Das Elektroschlacke-Auftragschweißen als Widerstandsschmelzschweißverfahren hat inzwischen das Unterpulver-Auftragschweißen in vielen Bereichen wegen seines geringen Einbrandes und seiner hohen Prozessstabilität ersetzt.

Etliche zum Verbindungsschweißen eingesetzte Verfahren werden jedoch ohne oder mit nur geringen Modifikationen des Verfahrensablaufs in größerem Umfang auch zum Auftragschweißen eingesetzt. Hierzu zählen das Gasschmelzschweißen mit seiner Variante des Gas-Pulver-Auftragschweißens, bei der pulverförmiger Zusatzwerkstoff direkt im Brenner oder von außerhalb in die Flamme geführt wird, ferner das Lichtbogenhand- und das WIG-Schweißen. Vorteile dieser Verfahren sind die leichte Handhabung, die geringen Investitionskosten und die kurzen Rüstzeiten, die eine hohe Flexibilität ermöglichen. Sie werden häufig eingesetzt und dienen insbesondere dazu, kurzfristige Reparaturen durchzuführen. Der Aufmischungsgrad ist dabei jedoch durch unregelmäßigen, vergleichsweise tiefen Einbrand hoch.

Das Metall-Schutzgasschweißen findet in der gleichen Technik, die auch zum Verbindungschweißen benutzt wird, eine breite Anwendung. Da es eine größere Abschmelzleistung erlaubt als die o.g. Verfahren, können auch großflächige Teile in Reparatur und Neufertigung beschichtet werden. Neben der Reparatur mit artgleichem Schweißzusatz und dem Plattieren sind auch Panzerungen mit verschleißfestem Werkstoff in Drahtform üblich. Da jedoch mit der Härte des Werkstoffes seine Ziehbarkeit abnimmt (und damit die Möglichkeit, Massivdrähte herzustellen), haben auf diesem Gebiet die Fülldrähte große Bedeutung erlangt. Im Gegensatz zum Verbindungsschweißen werden diese auch häufig ohne zusätzlichen Gasschutz verschweißt („selbstschützende Fülldrähte"). Ein weiterer Vorteil der Fülldrähte gegenüber Massivdrähten ist das Erreichen einer höheren Abschmelzleistung. Nachteilig sind jedoch die höheren Kosten der Fülldrähte sowie die starke Rauch- und Spritzerbildung.

Die genannten Schweißverfahren sind in den vorangegangenen Abschnitten beschrieben. Deshalb wird hier nicht weiter auf sie eingegangen. Daneben gibt es aber auch eine Reihe von Verfahren, die speziell für die Auftragschweißung entwickelt wurden. Sie werden nachstehend beschrieben.

11.1.2 Spezielle Auftragschweißverfahren

11.1.2.1 Plasma-Heißdraht-Auftragschweißen

Beim Plasma-Heißdraht-Auftragschweißen wird der Grundwerkstoff durch einen oszillierenden Plasmabrenner aufgeschmolzen (Abb. 11-2). Als Schweißzusatzwerkstoff dienen zwei zugeführte Drähte, die von einer separaten Stromquelle gespeist und durch Widerstandserwärmung fast bis zur Schmelztemperatur erhitzt werden. Das endgültige Aufschmelzen erfolgt im Plasmalichtbogen. Der Plattierungswerkstoff kann weitgehend unabhängig von der Aufschmelzung des Grundwerkstoffs zugeführt werden. Der Plasmalichtbogen mit einer Lichtbogenlänge von rd. 20 mm führt gemeinsam mit den unter einem Winkel von rd. 30° V-förmig zugeführten Heißdrähten eine von der gewünschten Schweißraupenbreite abhängige Pendelbewegung mit einer Pendelbreite von 20 bis 50 mm aus.

Neben den beiden Stromquellen und dem Plasmabrenner bzw. der Heißdrahtzuführung sind Drahtvorschubmotor und Richtrollen als wesentliche Anlagenelemente zu benennen. Eine Brennerhöhenregelung sorgt für

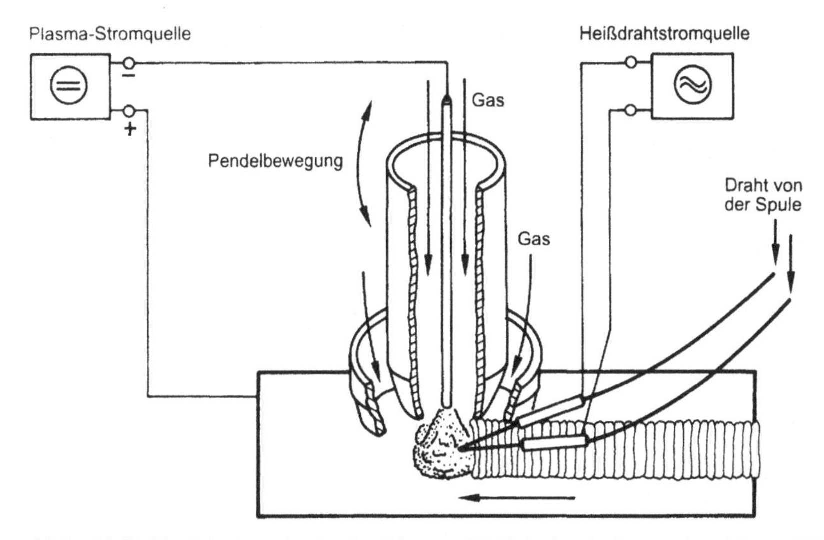

Abb. 11-2 Verfahrensprinzip des Plasma-Heißdraht-Auftragschweißens (PHA)

eine konstante Plasmalichtbogenlänge und einen konstanten Punkt der Zuführung des Heißdrahtes.

Der prozessbedingte Vorteil des PHA-Verfahrens ergibt sich aus der Trennung der zum Auftragschweißen erforderlichen Funktionen. Daraus resultiert eine unabhängige Einstellbarkeit der Aufmischung sowie eine schmale Übergangs- und Wärmeeinflusszone.

Das Plasma-Heißdraht-Auftragschweißen kann in einem weiten Parameterbereich je nach Anwendungszweck mit Aufmischungen von unter 5 bis 60 %, Schichtdicken von 2 bis 7 mm, Abschmelzleistungen von 10 bis 30 kg/h betrieben werden. Es werden Bauteile u.a. der Kunststoff- und der chemischen Industrie, des Apparate- und Maschinenbaus zur Neufertigung oder zur Regenerierung beschichtet.

11.1.2.2 Plasma-Pulver-Auftragschweißen

Beim Plasma-Pulver-Auftragschweißen wird die Kupferdüse, welche die Wolframelektrode ringförmig umgibt und den Lichtbogen einschnürt, positiv (Anode), das auftragzuschweißende Werkstück ebenfalls positiv und die Wolframelektrode selbst als Kathode negativ gepolt (Abb. 11-3). Es bildet sich innerhalb des Brenners einerseits ein sog. nichtübertragener Lichtbogen (Pilotlichtbogen) aus, welcher das zugeführte Plasmagas

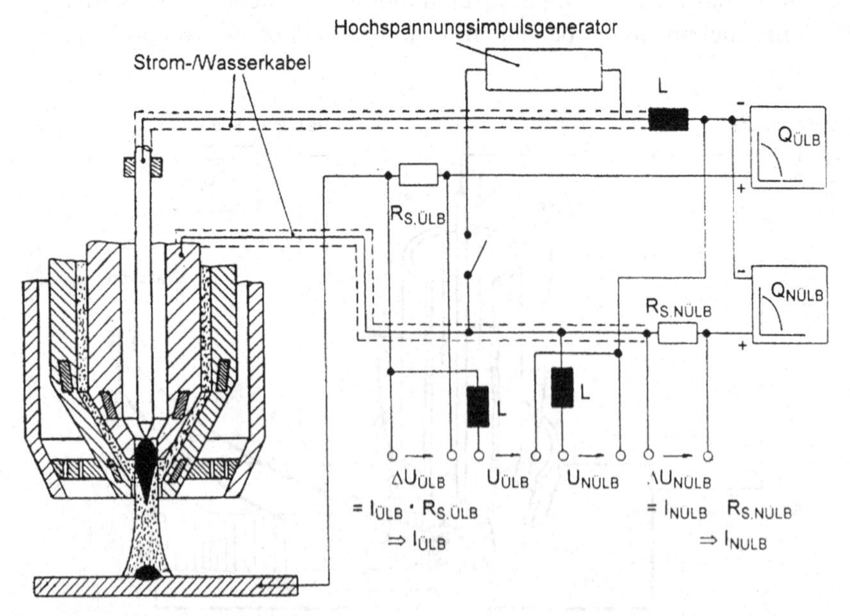

Abb. 11-3 Verfahrensprinzip des Plasma-Pulver-Auftragschweißens (PPA)

durch Energiezufuhr ionisiert. Die Zündung des Pilotlichtbogens wird durch hochfrequente Hochspannungsimpulse eingeleitet. Zum anderen wird zwischen Kathode und Werkstück der übertragene Lichtbogen (Hauptlichtbogen) gezündet. Der vom Pilotlichtbogen erzeugte, energiereiche Plasmastrahl tritt aus der Düse aus und steht als thermisches Werkzeug zur Verfügung. Dieser Plasmastrahl dient zur Erzeugung von Ladungsträgern, welche eine Zündung des Hauptlichtbogens erst ermöglichen, zur Hauptlichtbogenstabilisierung und zur Aufschmelzung des pulverförmigen Schweißzusatzes.Das Pulver wird, aus einem Dosiergerät kommend, dem Brenner mittels Fördergas zugeführt und mit Hilfe einer, die Anode konzentrisch umgebenden, sog. Fördergasdüse in das Lichtbogenplasma eingekoppelt. Dadurch tritt der (teil-) erschmolzene Pulverstrahl mit dem Plasma aus der Fördergasdüse aus und verbindet sich mit dem vom Hauptlichtbogen erschmolzenen Grundwerkstoff. Eine weitere, ebenfalls konzentrisch angeordnete Düse (Schutzgasdüse) mit einem größeren Austrittsdurchmesser leitet das Schutzgas auf die er starrende Schmelze und die angrenzende Hochtemperaturzone, um diese vor Oxidation zu schützen. Alle drei Gasströme bestehen üblicherweise aus Argon. Auf jeden Fall muss das Plasmagas zum Schutz der Wolframelektrode vor Oxidation ein Inertgas sein.

Die Stromversorgung besteht aus zwei getrennt regelbaren Gleichstromquellen mit üblicherweise fallender statischer Kennlinie. Zur Zündung des Pilotlichtbogens wird ein Hochspannungsimpulsgenerator eingesetzt. Neben einem Pulverdosiergerät mit hoher, gleichförmiger Massenstromgenauigkeit sind als weitere wesentliche Anlagenkomponenten eine Steuerungs- und Überwachungseinheit, Vorschub- und Brennerpendeleinrichtungen, und ein Wasserkühlaggregat erforderlich.

Neben den geometrischen Daten des Schweißgerätes sind als Verfahrensparameter die Stromstärken der beiden Lichtbögen, die Durchflussmengen der drei Gasströme, die Pendelfrequenz des Schweißgerätes, die Schweißgeschwindigkeit und die Pulverförderrate für ein zufriedenstellendes Schweißergebnis verantwortlich.

Abschmelzleistung und Einbrandtiefe können bei diesem Verfahren innerhalb weiter Grenzen eingestellt werden. Ein wesentliches Kennzeichen der Plasma-Pulver-Auftragschweißung ist die erzielbare geringe Aufmischung. Diese Tatsache gewinnt in der letzten Zeit an Bedeutung, da bei der Brennerentwicklung zunehmend angestrebt wird, die Stromstärke des übertragenen Lichtbogens bei gleichzeitiger Steigerung der Stromstärke des nicht-übertragenen Lichtbogens zu reduzieren. Dadurch wird die Aufschmelzung des Pulvers im Wesentlichen durch den „inneren“, die des Grundwerkstoffs durch den „äußeren“ Lichtbogen bewirkt.

Im Allgemeinen wird das Plasma-Pulver-Auftragschweißen für nicht zu großflächige Beschichtungen im Reaktor- und Apparatebau, bei der Fertigung von Motoren und im Maschinenbau eingesetzt. Typische Anwendungsfälle sind das Beschichten von Ventilsitzen, Schieberlaufflächen, Schnittkanten von Werkzeugen sowie das Panzern von Walzen, Förderschnecken und Baggerzähnen (Abb. 11-4).

Als Grundwerkstoffe kommen alle niedrig- und hochlegierten Stähle aber auch Sonderwerkstoffe wie Nickel- oder Aluminiumlegierungen in Frage. Die Oberflächen der Werkstücke müssen sauber, fettfrei und metallisch blank sein. Wegen der hohen Plasmatemperaturen (einige 10.000 K) können praktisch alle pulverförmigen metallischen Beschichtungswerkstoffe (Korngröße 50 bis 200 µm), selbst solche mit hohen Schmelztemperaturen, verarbeitet werden. Es kommen im Wesentlichen harte, heißgas-

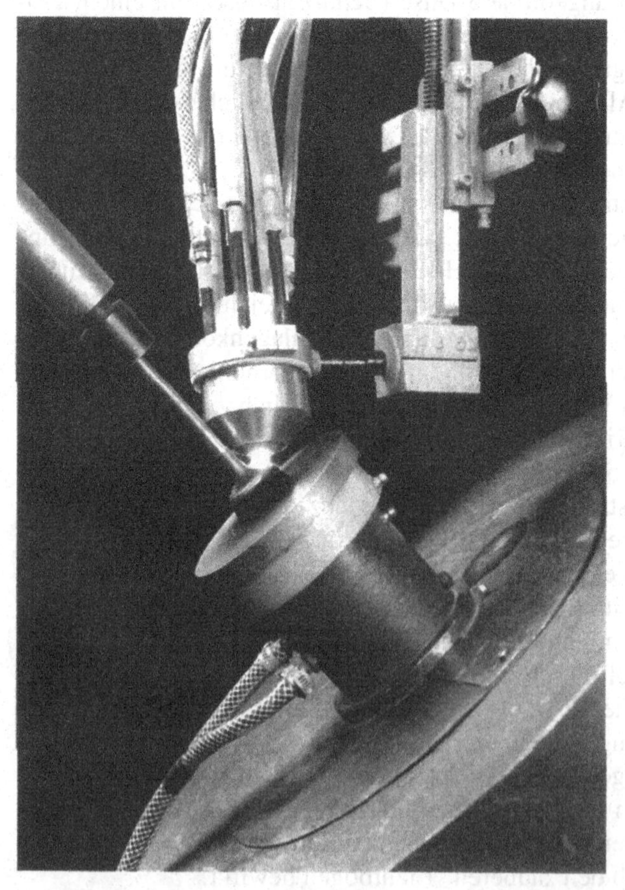

Abb. 11-4 Beschichten von Ventilsitzen mittels Plasma-Pulver-Auftragschweißen

und korrosionsbeständige sowie verschleißfeste Legierungen in Frage, die teilweise auch durch Mischung dem jeweiligen Anwendungsfall angepasst werden können. Neueste Untersuchungen beschäftigen sich mit dem gleichzeitigen Auftragen von keramischen und metallischen Pulvern mit einem einzigen Brenner. Die drei zur Verfügung stehenden metallischen Pulvergrundtypen sind Fe-, Ni- und Co-Basiswerkstoffe. Durch entsprechende Legierungstechnik lassen sich die für das Auftragschweißen relevanten Eigenschaften der Schmelze (Schmelzpunkt, Viskosität) beeinflussen. Ein Borzusatz beispielsweise senkt Schmelzpunkt und Viskosität der Schmelze. Die in der Auftragschicht entstehenden Borkarbide erhöhen die Härte, aber auch die Sprödigkeit der Beschichtung, so dass in vielen Fällen Vorsichtsmaßnahmen (Vorwärmen, langsames Abkühlen) getroffen werden müssen, um Risse zu vermeiden.

Aluminium wird u.a. wegen seines geringen Gewichtes zunehmend für Transportmittel eingesetzt. Zum Schutz gegen Verschleiß und Temperatureinflüsse sind dabei oftmals Auftragschweißungen erforderlich, wofür überwiegend Cu- und Si-haltige Legierungen eingesetzt werden.

Mit diesem fast ausschließlich vollmechanisiert eingesetzten Verfahren können Schichtdicken von 0,5 bis 5 mm in den meisten Fällen in einer einzigen Lage aufgetragen werden, größere Schichtdicken werden durch Mehrlagenschweißungen erzielt. Die Auftragbreite liegt zwischen 3 und 5 mm, sie lässt sich durch eine Brennerpendelung auf 30 bis 35 mm erhöhen. Die sehr glatten Oberflächen sind endkonturnah und erfordern nur geringe mechanische Nacharbeit. Die Abschmelzleistungen können je nach eingesetztem Brenner 0,5 bis 10 kg/h betragen.

11.1.2.3 Unterpulver-Auftragschweißen mit Bandelektrode

Das UP-Schweißen mit Bandelektrode gleicht vom Verfahrensprinzip her dem UP-Schweißen mit Drahtelektrode (Abb. 11-5). Charakteristische Unterschiede sind:

- Verwendung einer Elektrode mit rechteckigem Querschnitt (Breite zu Dicke mindestens 16:1) bei Standardbreiten von 20, 30, 60 mm und Dicken von 0,5 und 1 mm.
- Großflächige Stromkontaktierung (Flächenkontakt gegenüber Linienkontakt; kupferne Kontaktbacken, die gegen Verschleiß durch Hartmetalleinlagen geschützt sein können). Dadurch besserer Stromübergang, höhere mögliche Stromstärke und geringerer Verschleiß.
- Kein stationärer, konzentriert brennender Lichtbogen, sondern unregelmäßige Lichtbogenbewegung entlang der Abschmelzkante. Bei breiten Bändern zeitweilig Stromaufteilung in mehrere Parallellichtbögen.

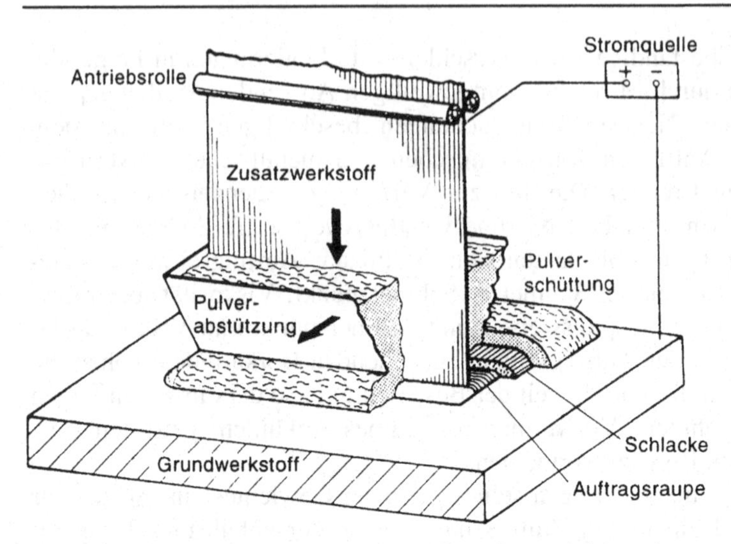

Abb. 11-5 Unterpulver-Auftragschweißen mit Bandelektrode

Das zuletzt genannte Lichtbogenverhalten hat zur Folge:

- Verteilung der eingebrachten Energie auf eine größere Fläche bei geringeren Verweilzeiten auch des werkstückseitigen Lichtbogenansatzpunktes; dadurch geringerer, gleichmäßigerer Einbrand.
- Höhere Strombelastbarkeit des Schweißpulvers.
- Keine Überhitzung der Zusatzwerkstofftropfen an der Elektrode; dadurch höhere Abschmelzleistung, kühleres Schmelzbad und kürzere Abkühlzeiten.
- Auch bei sehr hohen Stromstärken keine Formsteifigkeitsverluste der Bandelektrode, da nicht der gesamte Querschnitt gleichzeitig und gleichmäßig erhitzt wird, sondern nur eng begrenzte Strompfade mit hoher Stromdichte zum jeweiligen Lichtbogenansatz hin.
- Empfindliche Reaktion auf magnetische Blaswirkung.

Die Schweißung erfolgt in der Regel mit Gleichstrom bei positiver Elektrodenpolung. Durch die quergestellte Bandelektrode ist die Schweißgeschwindigkeit klein, die Flächenbeschichtungsleistung jedoch hoch.

Das Verfahren findet hauptsächlich Anwendung bei der Reaktorfertigung, im chemischen Apparatebau zur Innenauskleidung von Druckgefäßen mit korrosionsbeständiger Beschichtung, in der Fertigung von Komponenten für den Off-Shore-Bereich und im Schwermaschinenbau zur Panzerung von verschleißbeanspruchten Oberflächen.

An dem in Abb. 11-6 gezeigten Beispiel des Schweißplattierens einer Walze wird deutlich, wie die einzelnen Schweißraupen aneinandergereiht

Abb. 11-6 Außenplattierung von Walzen mit dem UP-Band-Auftragschweißverfahren

werden. Dabei überlappen sie um ca. 6 mm. Die zweite Lage wird dann um eine halbe Raupenbreite versetzt aufgebracht. Bei üblichen Schweißdaten von 28 V und 650 A (Pluspolung der Bandelektrode) entsteht mit einer Geschwindigkeit von 12 cm/min bei einem Standardband 60 x 0,5 mm^2 eine Schweißraupe mit rd. 58 mm Breite und ca. 6 mm Dicke. Die Einbrandtiefe beträgt 1,5 mm, die Aufmischung 15 %. Beim Panzern mit sehr harten und deshalb rissempfindlichen Werkstoffen verhindert die dicke Schlackenschicht ein zu schnelles Abkühlen des Schweißgutes. Das schlackebildende Schweißpulver wird vor dem Band mit Hilfe einer Pulverabstützung auf das Werkstück gegeben, hinter dem Band wieder abgesaugt und der Pulveraufbereitung zugeführt. Die sich auf der Raupe bildende Schlacke muss, sofern sie sich nicht von selbst abhebt, mechanisch entfernt werden, damit beim Überschweißen Schlackeeinschlüsse vermieden werden.

Eine Erhöhung der Abschmelzleistung ist durch die Verwendung von breiteren Bandelektroden (bis 180 mm) oder Doppelbändern möglich.

Bei breiten Bändern (> 60 mm) ist eine gezielte Lichtbogenpendelung durch Zusatzeinrichtungen (Elektrospulen) für eine gleichmäßige Raupenausbildung erforderlich. Schmalere Bänder (unter 20 mm) werden dagegen zum Plattieren kleiner Bauteile, geringer Blechdicken oder bei Innenplattierungen kleiner Innendurchmesser eingesetzt.

Es lassen sich alle Werkstoffe auftragen, die sich zu Band verarbeiten lassen und mit dem Grundwerkstoff Stahl im flüssigen Zustand keine sprö-

spröden Phasen bilden. Neuerdings werden auch Füllbänder eingesetzt, mit denen das Zulegieren bestimmter Elemente oder eine Steigerung der Abschmelzleistung möglich ist.

11.1.2.4 Elektroschlacke-Auftragschweißen

Das Elektroschlacke-Auftragschweißen ist dem UP-Auftragschweißen sehr ähnlich. Es kommt jedoch ein Schweißpulver zum Einsatz, dessen elektrischer Widerstand der flüssigen Schlacke geringer ist als der des Lichtbogens, so dass der Lichtbogen nach dem Aufschmelzen des Schweißpulvers zu Schlacke erlischt und der Schweißzusatz in der durch Joulesche Widerstandserwärmung erhitzten Schlacke abschmilzt. Die Bandbreiten betragen üblicherweise 60, 90 und 120 mm. In Japan werden unter der Bezeichnung Magley-Verfahren Elektroden bis 180 mm verwendet; im Labor wurden auch schon 300 mm breite Bänder eingesetzt.

Das Schweißpulver wird nur auf die Bandvorderseite dosiert, das Schmelzbad ist hinter der Elektrode sichtbar (Abb. 11-7).

Mittels Magnetsteuerung kann auch hier die Ausformung der Auftragnaht beeinflusst werden, empfehlenswert ist ein Einsatz ab einer Bandbreite von 30 mm.

Die Abschmelzleistung und Schweißgeschwindigkeit sind beim ES-Auftragschweißen höher als beim UP-Schweißen. Wegen des fehlenden

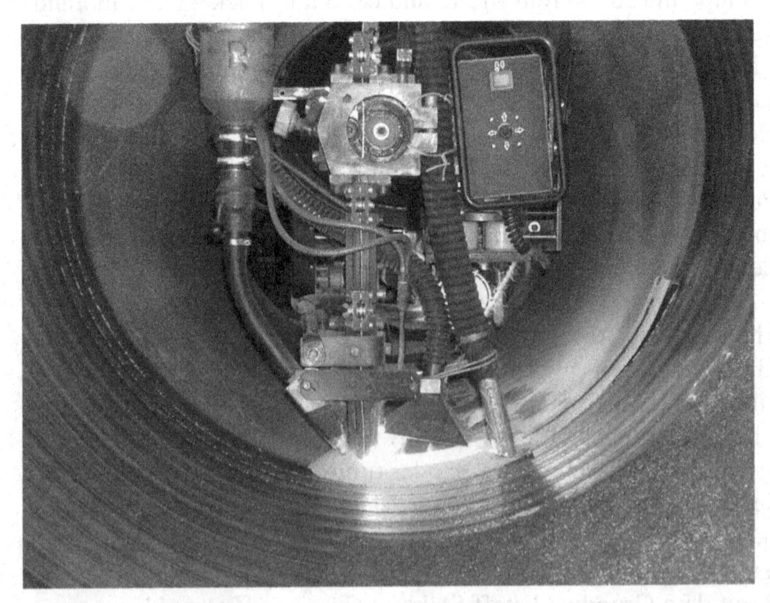

Abb. 11-7 RES Behälter-Innenplattierung

Lichtbogens ist die Einbrandtiefe und damit die Aufmischung geringer als beim Unterpulverschweißen. Aufmischungsgrade von unter 10% können bei geeigneter Wahl von Stromstärke und Schweißgeschwindigkeit erzielt werden und somit in der Regel eine Auftragschicht gegenüber dem herkömmlichen UP-Auftragschweißen eingespart werden.

Neuentwickelte Schweißpulver für Chrom-Nickel, als auch für Nickel-Basislegierungen ermöglichen hohe Stromstärken bei gleichzeitiger Lichtbogenunterdrückung und somit eine wesentliche Steigerung der Abschmelzleistung. Hierdurch sind Auftragschweißungen mit ausreichender Legierungssicherheit in einer einzigen Lage möglich. Durch diesen wirtschaftlichen Vorteil hat sich das RES-Auftragschweißen gegenüber dem UP-Verfahren durchgesetzt und wird mehrheitlich im Kesselbau und anderen Anwendungen eingesetzt.

11.1.2.5 Sprengschweißen

Ein Sonderverfahren der Kaltpressschweißung ist das Sprengschweißen. Prinzipielles Ziel des Pressschweißens ist es, die Atome zweier Bauteile (hier: Grundwerkstoff und Schweißzusatz) auf Atomgitterabstand zu bringen. Damit werden die atomaren Bindungskräfte wirksam, die einen Zusammenhalt der Materie (hier: Metall) bewirken. Dieses Zusammenführen auf „Gitterabstand" kann einerseits über Schmelzfluss und andererseits über mechanisches Zusammenfügen durch Druck oder ideal polierte Flächen (Rauhtiefe = 0) erzielt werden.

Beim Sprengschweißen wird die Wirkung der Druckwelle bei der Detonation von Sprengstoffen (Nitropenta, Hexogen, Trinitrotoloul, Nitroglycerin u.a.m.) zur Verschweißung überlappter Werkstücke ausgenutzt. Ein zusätzlicher Umformvorgang während des Plattierens ist möglich, so dass Flächen auch dreidimensional beschichtet werden können.

Die zu verbindenden Teile werden, wenn sie großflächig sind, parallel oder bei kleineren Abmessungen unter einem bestimmten Anstellwinkel übereinander angeordnet (Abb. 11-8 a). Die zu verbindenden Werkstückoberflächen sollen metallisch blank sein. Die Außenseite des Plattierungswerkstoffes wird direkt oder unter Zwischenschalten eines Puffermaterials mit dem Sprengstoff (in fester Form, platten- oder folienförmig) beschichtet. Art und Menge des angewandten Sprengstoffes sind abhängig von der Dicke der Auflage und den Eigenschaften der zu verbindenden Metalle. Die Sprengstofflage wird von einer Linie entlang der linken Blechkante oder auch von einem Punkt aus durch eine elektrische Zündkapsel zur Detonation gebracht. Die mit einer Geschwindigkeit von 2 bis 7 km/s wandernde Detonationsfront beschleunigt das Auflageblech nach unten bis zu einer Endgeschwindigkeit, der sogenannten Plattierungsgeschwindigkeit.

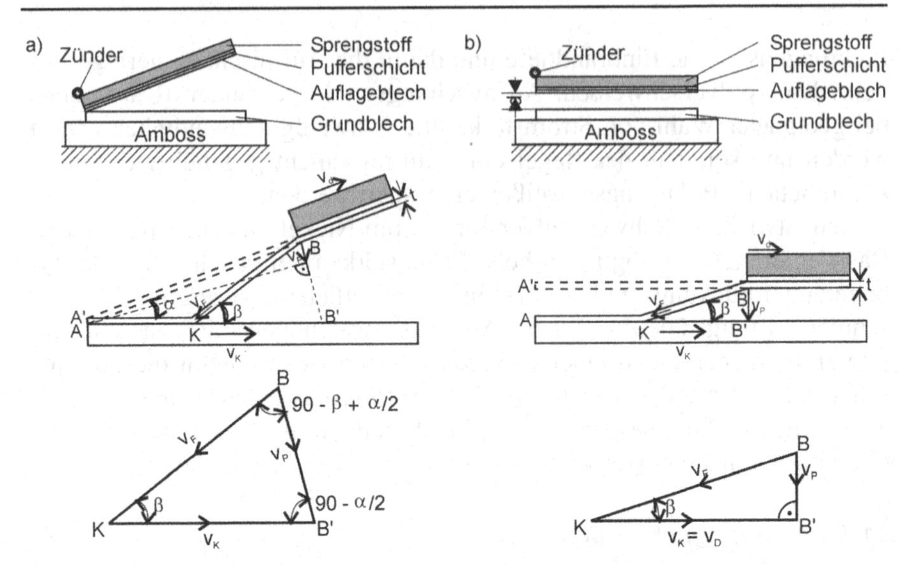

Abb. 11-8 Verfahrensablauf beim Sprengschweißen
a) Winkelanordnung der Fügeteile; b) Parallelanordnung der Fügeteile

Während dieses Vorganges knickt das Auflageblech ab, und es stellt sich im Kollisionspunkt ein dynamischer Biegewinkel ein (Abb. 11-8 b). Die Kollisionsgeschwindigkeit, welche die eigentliche Schweißgeschwindigkeit darstellt, entspricht bei paralleler Plattenanordnung der Detonationsgeschwindigkeit.

Zwischen den beiden Blechen bildet sich durch eine extrem hohe, lokale Druckbeanspruchung des Werkstoffes weit über die Fließgrenze hinaus ein flüssiger Metallstrahl aus, der im Kollisionspunkt die Metalle miteinander verbindet.

Die Verbindungsebene beider Werkstücke gestaltet sich dabei meistens wellenförmig (Abb. 11-9). Durch die starke, plastische Verformung und Verzahnung ist die Festigkeit der Verbindungszone mit Ausnahme der Randzonen der Bleche bei Wahl günstiger Versuchsbedingungen gut. Nachteilig ist die schlechte Prüfbarkeit der großflächigen Verbindung und hohe Umweltbelastung durch das Verfahren, das in der Regel außerhalb der sonstigen Fertigungsbereiche durchgeführt werden muss.

Das Sprengschweißen wird hauptsächlich zum Plattieren verwendet, also zum Beschichten eines Trägerwerkstoffes mit einer korrosions- oder verschleißbeständigen Schicht. Es ist besonders bei den Metallkombinationen von Interesse, die keine Mischkristalle erzeugen, deren Unterschiede in den Schmelztemperaturen und Formänderungen groß sind und/oder die spröde, intermetallische Verbindungen bilden. Unwirtschaftlich ist nach

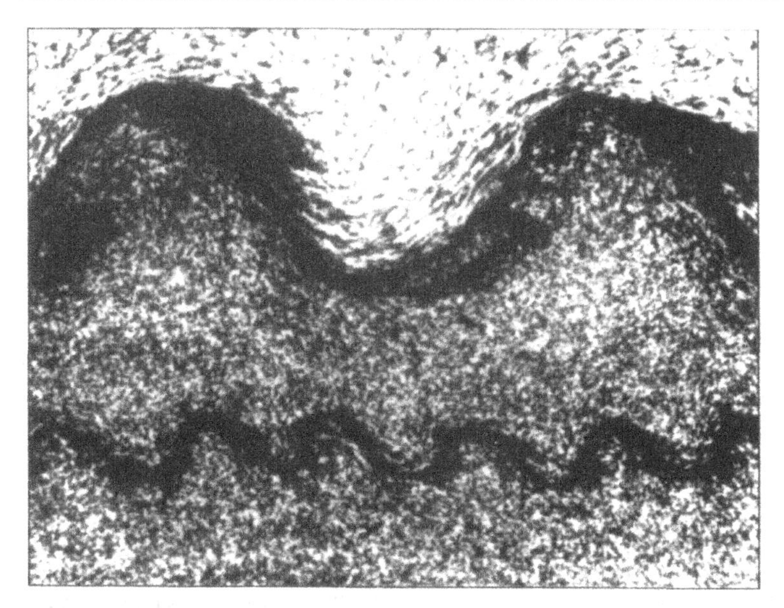

Abb. 11-9 Gefügeausbildung beim Sprengplattieren

den bisherigen Erfahrungen das Sprengplattieren von Werkstoffen, die durch konventionelle Verfahren beschichtet werden können. Der Vorteil dieses Verfahrens liegt in der Fertigung bisher nicht oder nur unter hohem Aufwand herstellbarer Verbundwerkstoffe. Dazu gehören Aufschweißungen von Sondermetallen wie Titan, Tantal und Molybdän auf Stähle und Verbindungen wie z.B. Aluminium mit unlegiertem und austenitischem Stahl, Kupfer mit Aluminium und Aluminum mit Inconel.

Praktische Anwendungsbeispiele sind das Plattieren von Blechen in der Einzelfertigung, das Innenplattieren von Kesselschüssen und Kesselböden, Verbindungsstücke für thermisch höher belastete elektrische Leiter sowie die Herstellung von Rohrverbindungen mit Rohrböden für Wärmetauscher.

11.1.2.6 Walzplattieren von Blechen

Wenn leicht plattierbare Werkstoffe miteinander verbunden werden sollen, z.B. Nickel und Kupfer bzw. deren Legierungen auf unlegiertes Kesselblech, so kann das Walzplattieren eingesetzt werden (Abb. 11-10). Hierbei werden sowohl die Plattierungsbleche als auch die gereinigten Platinen in sogenannte Knopfbleche eingeschlossen, um eine Oxidation der Fügeflächen zu verhindern. Nach Erhitzung auf Walztemperatur (1150 bis 1290° C) wird das gesamte Blechpaket im Walzwerk ausgewalzt. Anstriche verhindern eine Verschweißung der Knopfbleche mit den Fügeteilen. Eventuell vorhandene Knopfblechreste können abgebeizt werden.

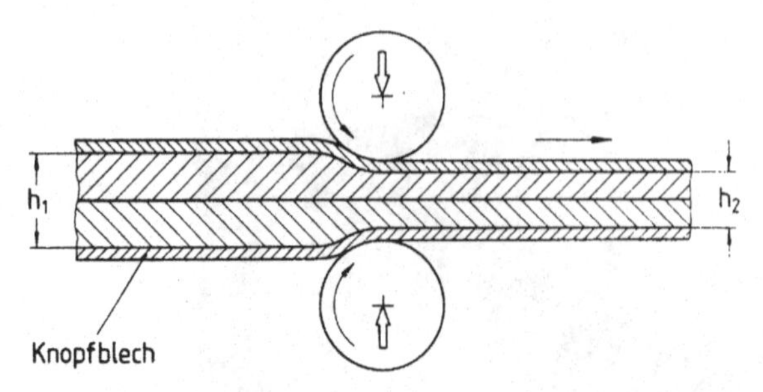

Abb. 11-10 Verfahrensprinzip des Walzplattierens

Bei Verwendung von nichtrostendem Stahl als Plattierungsschicht auf unlegiertem Grundmaterial werden auf die gereinigten Platinen zwecks besseren Schutzes vor Oxidation galvanische Ni-Schichten aufgetragen, und die Teile werden zu Paketen verschweißt. Anstelle der Ni-Galvanisierung ist auch das Einleiten eines Spülgasstromes in ein verschweißtes Blechpaket möglich. Die Bleche werden nach Erhitzung auf Arbeitstemperatur ausgewalzt. Die Walztemperaturen sind vom Schmelzpunkt des Plattierungsmaterials abhängig. Walzplattierte Stahlbleche bis zu Wanddicken von etwa 40 mm sind wirtschaftlich herstellbar. Bei größeren Blechdicken wird das Auftragschweißen eingesetzt.

In einigen Bereichen wird für nicht schweißbare Verbindungen (z.B. Aluminium-Stahl) diese Verfahren standardisiert eingesetzt, zumal in einigen Fällen eine höhere thermische Beständigkeit und Festigkeit gegenüber einer Sprengplattierung zu erwarten ist.

11.1.3 Thermisches Spritzen

Beim thermischen Spritzen wird im Gegensatz zum Auftragschweißen der Beschichtungswerkstoff in verflüssigter oder teilverflüssigter Form fein verteilt in einem Trägergasstrom auf den festen Grundkörper aufgebracht. Für den praktischen Einsatz thermisch gespritzter Schichten sind einige typische Eigenschaften dieser Auftragungen zu beachten. Die Schichten sind, bedingt durch die Art ihrer Entstehung, porös und inhomogen. Ihre Haftfestigkeit und die Verformungsfähigkeit ist im Vergleich zu Auftragschweißungen geringer. Außerdem wird der Einsatz von Spritzschichten durch die begrenzte Temperaturwechselbeständigkeit der Auftragungen eingeschränkt.

Die im schmelzflüssigen Zustand auf die Werkstoffoberfläche auftreffenden Werkstoffpartikeln deformieren sich und setzen sich unter Wärmeabgabe auf der Oberfläche fest, so dass die Haftung neben der Adhäsion und Kohäsion z. T. auf einer mechanischen Verklammerung der erstarrten

Spritzpartikel mit der Werkstoffoberfläche beruht. Im Gegensatz zu Metallspritzschichten, die mit der metallischen Unterlage in Mikrobereichen eine Teilverschweißung oder eine Bindung über Oxidschichten eingehen können, ist dies bei Keramikschichten unmöglich, da Metalle und Keramiken nicht ineinander löslich sind. Bei Keramikschichten kann dieser Haftmechanismus lediglich dann auftreten, wenn das Metall mit einem Oxidfilm überzogen ist, der mit den oxidischen Spritzteilchen chemisch reagieren und eine Lösung in flüssiger Phase eingehen kann. Im Fall des Aufspritzens von Aluminiumoxid auf oxidierten Stahl bildet sich beispielsweise eine Zwischenschicht aus Eisen-Tonerde-Spinell. Bei geeigneten Werkstoffpaarungen kann die Haftung zum Teil auch durch Chemosorption begründet sein.

Eine Adhäsionshaftung zwischen Schicht und Unterlage setzt voraus, dass sich die beiden in Kontakt tretenden Werkstoffe einander auf Gitterdimensionen nähern. Die Adhäsion zweier Stoffe ist ebenso wie die Kohäsion eines einheitlichen Werkstoffes durch zwischenatomare Kräfte bedingt. Diese Kräfte drücken sich in makroskopisch messbaren Größen, z.B. in der spezifischen Oberflächenenergie eines Stoffes bzw. der spezifischen Grenzflächenenergie zweier verschiedener Stoffe aus. Eine Adhäsions-/Kohäsionshaftung ist demnach an den energiereichen, aktiven Stellen der Oberfläche des Grundwerkstoffes zu erwarten. Die metallische Oberfläche weist im Allgemeinen energiearme sowie lokal extrem energiereiche Zonen auf. Derartige Bereiche werden aktiv genannt, weil sie spontan mit der Umgebung reagieren können. Diese energiereichen Zonen treten in der unmittelbaren Umgebung von Gitterfehlstellen (Gitterleerstellen, Korngrenzen, Mikrohohlräumen) auf. Durch eine plastische Verformung der Werkstückoberfläche, wie sie beim Sandstrahlen entsteht, steigt z.B. die Zahl der Gitterleerstellen und damit die Aktivität der Werkstückoberfläche.

Durch die Adsorption von Fremdstoffen an der freien Oberfläche wird diese Oberflächenenergie erheblich verringert. Eine notwendige Voraussetzung für eine erhöhte Reaktionsfähigkeit von Oberflächenschichten ist deshalb das Entfernen von artfremden Substanzen (Fett, Öl, Schmutz) und eine Oberflächenvorbereitung durch mechanisches Aufrauhen (Sandstrahlen).

Die Schichtdicken betragen normalerweise einige Zehntelmillimeter, können durch entsprechend häufiges Überspritzen jedoch auch 1 bis 2 mm dick werden.

11.1.3.1 Flammspritzen

Das Flammspritzen gestattet das Auftragen von Metallen nicht zu hoher Schmelztemperatur und von Kunststoffen, wobei das Spritzgut in Pulver-, Draht- oder Stabform in die Brenngasflamme eingebracht wird (Abb. 11-11 und 11-12). Als Brenngas dient je nach Schmelzpunkt des Spritzwerkstoffes Acetylen oder Propan.

Die Zerstäubung des Spritzgutes erfolgt durch Druckluft, insbesondere dann, wenn es in Draht- oder Stabform vorliegt. Die teilweise Oxidation der Spritzpartikel ist unumgänglich. Spritzverluste liegen normalerweise in der Größenordnung von 15%. Es lassen sich alle Werkstoffe spritzen, die zu Draht gezogen werden können. Beim Pulverflammspritzen werden bevorzugt Ni-Cr-B-Si-Legierungen und nicht ziehbare Hartstoffe verwendet.

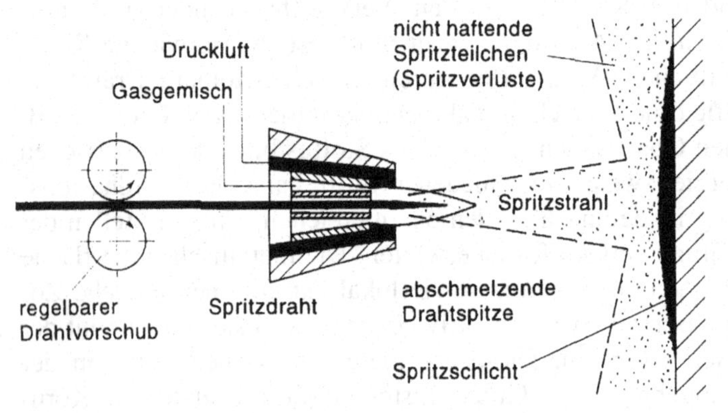

Abb. 11-11 Verfahrensprinzip des Draht-Flammspritzens

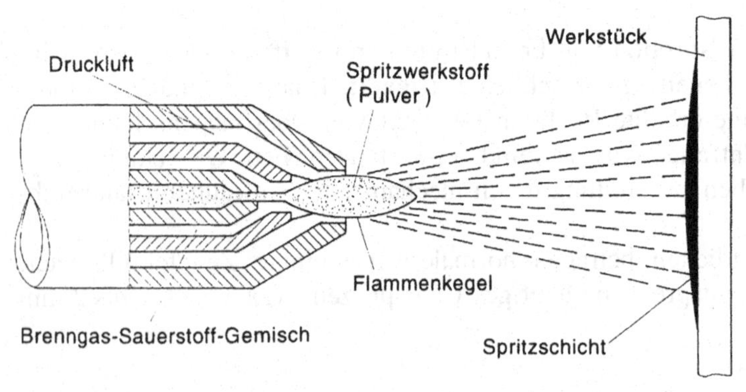

Abb. 11-12 Verfahrensprinzip des Pulver-Flammspritzens

11.1.3.2 Plasmaspritzen

Das Plasmaverfahren eignet sich wegen der Nutzung eines Plasmas bei nichtübertragenem Lichtbogen nicht nur zum Auftragen und Trennen von metallischen, elektrisch leitenden Werkstoffen, sondern auch für die spritztechnische Verarbeitung nichtmetallischer, elektrisch nichtleitender Werkstoffe (Abb. 11-13). Innerhalb des Düsenkanals wird über Zuführungskanäle durch ein Fördergas pulverförmiger Werkstoff in den mit hoher Geschwindigkeit strömenden Plasmastrahl eingebracht, dort aufgeschmolzen und in Richtung der zu beschichtenden Oberfläche beschleunigt.

Je nach Anwendungsfall und Randbedingungen kommen die Varianten Atmosphärisches (APS), Vakuum- (VPS), Unterwasser- (UPS), Hochgeschwindigkeits- (HPPS), Inertgas- (IPS) und Schutzgas-Plasmaspritzen (SPS) zum Einsatz.

Aufgrund der beschriebenen Mechanismen haften die Pulverteilchen auf der entfetteten und durch Sandstrahlen o.ä. vorbereiteten Werkstückoberfläche. Die entstehende Spritzschicht ist sowohl bei metallischen als auch bei nichtmetallischen Überzügen inhomogen und nicht porenfrei, Abb. 11-14. Wegen der hohen Temperatur des Plasmastrahls können auch Stoffe mit hohen Schmelztemperaturen, z.B. keramische Werkstoffe, gespritzt werden.

Beim Plasmaspritzen werden neben den Gasen Argon und Stickstoff verschiedene Mischungen dieser beiden Gase eingesetzt. Zum Aufspritzen schwer schmelzbarer Werkstoffe (Boride, Nitride, Karbide, Oxide) werden auch Argon-Wasserstoff bzw. Stickstoff-Wasserstoffgemische verwendet.

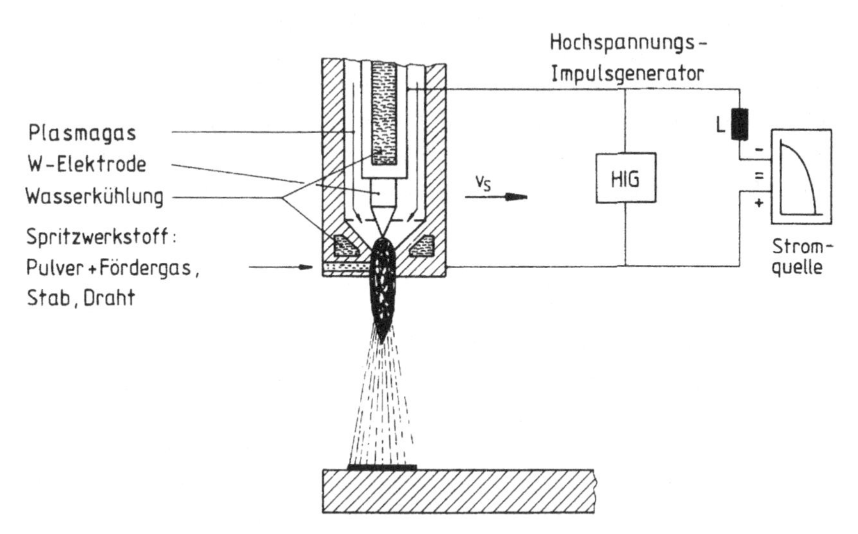

Abb. 11-13 Verfahrensprinzip des Plasmaspritzens

Abb. 11-14 Kobald – Basis – Spritzschicht

Bei der Auswahl der Gase ist in jedem Fall das chemische Verhalten der Spritzwerkstoffe zu berücksichtigen. Als Spritzwerkstoffe werden heute fast nur pulverförmige Metalle (Mo; W; Ti; Cr; CrNi, CoCr), Oxide (Al_2O_3; BeO; CeO_2; Cr_2O_3; HfO_2; TiO_2), Karbide (HfC; TaC, WC) und Boride (TiB_2; ZrB_2) verarbeitet.

Das Verfahren wird in der Praxis beim Aufspritzen von harten und verschleißfesten Schichten auf Ventile und Ventilsitze, bei der Herstellung von Dichtflächen in Pumpen und Schiebern, im Verschleißschutz von Teilen der Textilindustrie und in der Raumfahrt für die Auskleidung von Instrumentenkapseln mit wärmedämmenden Schichten eingesetzt. Weiterhin erlaubt dieses Verfahren das Aufbringen von Überzügen, wodurch verschlissene Teile (z.B. Wellenzapfen an Lagerstellen) sehr wirtschaftlich durch Spritzen mit artgleichem Werkstoff wieder maßgerecht aufgearbeitet werden können. Dabei nutzt man die Schrumpfkräfte für eine Verbesserung der Haftfestigkeit bei rotationssymmetrischen Außenbeschichtungen aus.

11.1.3.3 Sonderverfahren

Neben den beschriebenen Verfahren des Flamm- und Plasmaspritzens existieren weitere Spritzverfahren wie das Lichtbogen-, Flammschock- und Kondensator-Entladungsspritzen, von denen nur das erstgenannte eine gewisse Bedeutung erlangt hat. Dabei brennt der Lichtbogen zwischen zwei abschmelzenden Drahtenden oder zwischen dem Spritzdraht und einer permanenten Elektrode (Abb. 11-15). Die Zerstäubung des geschmol-

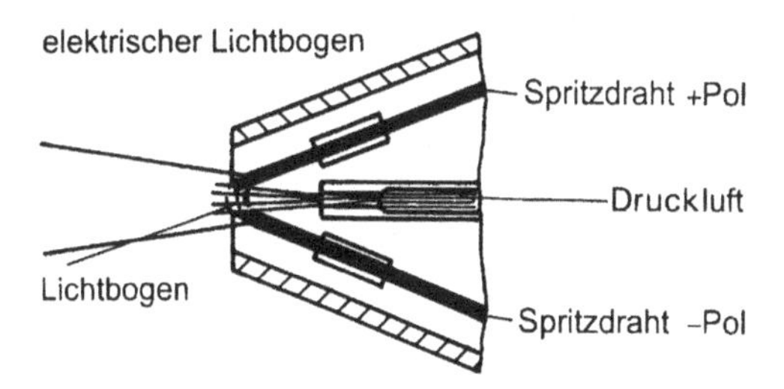

Abb. 11-15 Verfahrensprinzip des Lichtbogenspritzens

zenen Spritzgutes und der Transport der aufgeschmolzenen Werkstoffteilchen zum Werkstück übernimmt ein Druckgas (meistens Druckluft). Das Verfahren ist beschränkt auf elektrisch leitende Werkstoffe, die zu Draht gezogen werden können.

Eine andere Variante stellt das Spritz-Schmelz-Schweißen zur Oberflächenbeschichtung mit metallischen Werkstoffen dar. Dieses Verfahren läuft in zwei Arbeitsgängen ab. Zunächst wird eine dünne Schicht des vorgesehenen Werkstoffes auf die Werkstückoberfläche aufgespritzt. Anschließend wird diese Spritzschicht mit Hilfe eines Plasmastrahl-Schweißgerätes erschmolzen und somit großflächig mit dem Grundmaterial verschweißt. Auf diese Weise werden sehr dünne, in sich dichte und gleichmäßige Auftragschichten erreicht, die zuverlässig mit dem Grundwerkstoff verbunden sind. Die im Vergleich zum Auftragschweißen geringe Wärmeeinbringung führt zu lediglich geringem Verzug des Werkstückes. Das Verfahren eignet sich daher besonders zur Fertigteilbearbeitung.

Neuerdings wird das sogenannte Hochgeschwindigkeits-Flammspritzen vermehrt eingesetzt. Dabei wird die kinetische Energie der Pulverteilchen durch geeignete Steuerung des Brenngas/Sauerstoffgemisches über Gasdruck und Gasmenge stark erhöht. Die hohe Geschwindigkeit des heißen Gasstromes beschleunigen die Spritzpartikel auf die gewünschten Partikelgeschwindigkeiten.

Die mit dem Hochgeschwindigkeits-Flammspritzen hergestellten Schichten sind besonders porenarm. Daher ist das Verfahren besonders für das Aufbringen korrosionsbeanspruchte Schichten besser geeignet als andere thermische Spritzverfahren. Weiterhin erfahren die Karbide (z.B. WC-Co und Cr_3C_2) beim vergleichsweise schnellen Durchlauf durch den Heißgasprozess des Hochgeschwindigkeits-Flammspritzens eine nur geringe Umwandlung in Mischkarbide, wodurch die Oberflächenqualität gesteigert wird.

12 Formgebendes Schweißen

12.1 Verfahrensprinzip

Neben dem Verbinden von Fügeteilen und dem thermischen Beschichten werden schweißtechnische Fertigungsverfahren in jüngster Zeit bei der Produktion von Stahlformteilen meist größerer Abmessungen und Gewichte eingesetzt, die ausschließlich aus abgeschmolzenem Schweißgut erstellt werden. Auch für die schnelle und im Vergleich zu Urformverfahren kostengünstigen Herstellung von Einzelstücken bietet sich dieses Verfahren an (Rapid Prototyping)(Abb. 12-1).

Gegenüber gegossenen Teilen ergeben sich hierbei wesentlich günstigere mechanisch-technologische Werkstoffeigenschaften, insbesondere ein besseres Zähigkeitsverhalten. Die Gründe dafür liegen maßgeblich in der hohen Reinheit und Homogenität des aufgebrachten Schweißgutes, die

Abb. 12-1 Formgeschweißte Gefäße
Links: Trinkbecher aus niedriglegiertem Stahl (1936), rechts: Blumenschale, Inconel (1988)

durch den nochmaligen Umschmelzprozess durch metallurgische Schlackereaktionen gefördert wird. Durch die wiederholte thermische Behandlung bei der Viellagentechnik ist zudem eine günstige, feinkörnige Gefügeausbildung erzielbar.

Auch gegenüber üblicherweise durch Schmieden hergestellten Formteilen besitzen die durch Formgebendes Schweißen gefertigten Werkstücke Qualitätsvorteile, insbesondere in der Isotropie sowie der Gleichmäßigkeit der Festigkeits- und Zähigkeitseigenschaften bei größeren Werkstoffdicken. Bei größeren Druckbehältern wird die Zahl der Verbindungsnähte mit ihrem größeren Fertigungsaufwand und dem damit verbundenen Qualitätsrisiko erhöht, wenn diese aus zu vielen Einzelteilen zusammengesetzt werden. Mit dem formgebenden Schweißen können insbesondere rotationssymmetrische Körper, z.B. Behälter mit Boden und Flansch in einem Arbeitsgang „nahtlos" gefertigt werden. Um Fertigungszeiten und Fehlerrisiko zu minimieren und eine gleichmäßig gute Qualität sicherzustellen, kommen hierfür in der Regel nur mechanisierte Schweißverfahren mit hoher Abschmelzleistung und guter Betriebssicherheit in Frage. Trotzdem sollte bei hohen Zähigkeitsansprüchen das Volumen, insbesondere die Schichtdicke einer Einzellage, nicht zu groß sein, um eine Kornverfeinerung des Stahl-Schweißgutes während des Schweißprozesses der Deckschichten zu erzielen.

Aus den oben erwähnten Gründen wird in Deutschland zur Herstellung von großvolumigen Formteilen aus reinem Schweißgut vor allem das Unterpulverschweißen mit Drahtelektroden eingesetzt. Um die Fertigungsgeschwindigkeit zu steigern, werden mehrere axial versetzte Schweißköpfe mit Doppeldrahtelektroden in Tandemanordnung eingesetzt, die gleichzeitig arbeiten. Der Anfahrkörper wird in einer Vorrichtung gedreht (bei Vollwellen in der Regel eine geschmiedete Kernwelle kleinen Durchmessers, bei zylindrischen Gefäßen ein Rohr). Die Schweißköpfe bewegen sich entsprechend der Steigung der sich seitlich überlappenden schraubenlinienförmigen Einzelschweißraupen in axialer Richtung und werden am Ende wieder zum Anfang der nächsten Lage umgesetzt. Außerdem müssen Maßnahmen zur gleichmäßigen Temperaturführung und deren Überwachung getroffen werden (Vorwärmung zu Beginn und Kühlung während des Prozessfortschrittes zum Entzug der durch das Schweißen eingebrachten Wärmeenergie).

Grundsätzliche Vorteile dieser Fertigungsmethode sind:

- theoretisch unbegrenzte Stückgröße bzw. unbegrenzte Stückmasse möglich (> 500t),
- hohe Flexibilität hinsichtlich Form und Werkstoff des Bauteiles,

- verringerter Fertigungsaufwand und erhöhte Qualitätssicherheit durch weniger Verbindungsnähte,
- Werkstoffersparnis gegenüber Schmiedeteilen,
- keine Formwerkzeuge erforderlich, daher geringere Investitionen für die Anlage als bei Großschmieden,
- keine Abhängigkeit von Schmiedebetrieben und deren Lieferfristen,
- kurzfristige Umstellung auf andere Formen und Werkstoffe möglich,
- hohe Materialgüte infolge der mit dem Prozess gekoppelten Wärmebehandlung beim Mehrlagenschweißen, insbesondere gleichmäßiges, i-sotropes Zähigkeitsverhalten,
- erleichterte Reparaturmöglichkeiten,
- Ansetzen von Stutzen in Behälter mit derselben Fertigungsmethode ohne „Verbindungsnähte" möglich.

Abbildung 12-2 zeigt eine Anlage zum formgebenden Schweißen von Werkstücken bis 80 t. Der 72 t schwere Behälter aus dem Werkstoff 10 MnMoNi5-5 (Abb. 12-3) zeigte bei der Prüfung der Materialeigenschaften beachtliche mechanisch-technologische Gütewerte mit geringer Streuung, die ohne Ausnahme deutlich über denen lagen, die für konventionelle geschmiedete Schüsse für Reaktordruckbehälter gefordert werden.

Abb. 12-2 Formgebend geschweißter 72 t – Behälter, Werkfoto Thyssen
Material: 10MnMoNi55, Wanddicke: 300 mm, Behälterdurchmesser: 1811 mm, Länge: 5482 mm

Abb. 12-3 Anlage zum formgebenden Schweißen von Werkstücken bis 80 t (Werkfoto: Thyssen)

Auch das Elektroschlacke-Schweißen eignet sich zur Herstellung von Bauteilen aus reinem Schweißgut, wobei mit diesem Verfahren vorwiegend dickwandige Behälter und Rohre hergestellt werden. Wie beim Elektroschlacke-Verbindungsschweißen wird die zum Abschmelzen des Zusatzwerkstoffes und zum Aufschmelzen des schon aufgebrachten Materials bzw. des Ansatzstückes benötigte Wärme durch Joulesche Widerstandserwärmung bei Stromdurchgang durch eine elektrisch leitende, flüssige Schlacke erzeugt. Das Schlackenbad und das sich unterhalb der Schlacke bildende Metallbad werden durch das schon fertig geschweißte Material, welches dabei in dünner Schicht wieder aufgeschmolzen wird, und einer wassergekühlten Kupferform gehalten, deren Maße an die gewünschte Lagendicke und -breite angepasst werden.

Der Schweißprozess beginnt auf einem Ansatzstück oder Anfahrkörper, der nach Fertigstellung des Bauteils abgetrennt oder ausgearbeitet wird. Dabei steht die Schweißmaschine mit der Kupferform und den Drahtzuführungseinheiten fest, während das entstehende Bauteil so gedreht wird, dass die Schweißstelle sich stets in senkrecht-steigender Position befindet

Mit dem Elektroschlacke-Schweißverfahren lassen sich aufgrund der hohen erzielbaren Abschmelzleistungen breite und dicke Lagen Schweißgut in kurzer Zeit auftragen, woraus eine hohe Wirtschaftlichkeit resultiert. Ein weiterer Vorteil ist der im Vergleich zum Unterpulver-Schweißen sehr geringe Verbrauch an Schweißpulver, da das zu Beginn der Schweißung erzeugte Schlackenbad erhalten bleibt und während des Schweißprozesses nur die sich ergebenden Schlackenverluste zur Einhaltung einer konstanten

Badhöhe durch geringe Schweißpulverzugaben ausgeglichen werden müssen.

Die auf diese Weise entstehenden Schweißgüter zeichnen sich durch eine hohe chemische Reinheit und gleichmäßige Gefügestruktur aus, da durch intensive chemische Wechselwirkungen zwischen schmelzflüssigem Material und Schlackenbad Verunreinigungen wie Schwefel und Phosphor entzogen werden. Da beim Formgebenden Schweißen mit dem ES-Verfahren in der Regel sehr dicke Einzellagen aufgetragen werden, ist die Beeinflussung der schon geschweißten Lage durch die Wärme der nachfolgenden Lagen nicht durchgehend, so dass die Gefügestruktur schon geschweißter Lagen nur in den Randbereichen verändert wird. Der Großteil des Werkstückgefüges liegt nach der Fertigstellung in Gussstruktur vor. Da sich aber immer nur relativ kleine Materialmengen im schmelzflüssigen Zustand befinden und daher schnell erstarren, ist dieses Gussgefüge sehr feinkörnig und frei von Seigerungen.

Als weiteres Verfahren für Formgebendes Schweißen sei das Plasmapulverauftragschweißen mit Impulslichtbogen genannt. Es kann für das Auftragschweißen kleinster Geometrien bei geringer Auftragleistung (0,1 kg/h) aber auch für den herkömmlichen Bereich (7 kg/h) des Plasma-Auftragschweißens herangezogen werden. Von Vorteil gegenüber den anderen Verfahren sind die niedrige Streckenenergie und ein breites Anwendungsgebiet. Durch die geringe Wärmeeinbringung entsteht lediglich ein

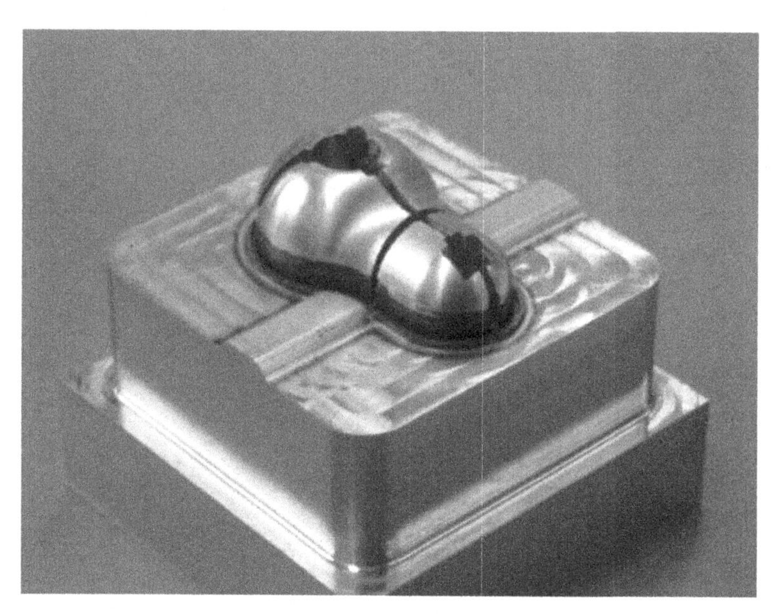

Abb. 12-4 PPA Rapid Prototyping eines Schmiedegesenks

geringer Verzug des Bauteils, so dass die spanende Nacharbeit minimiert und Kosten gesenkt werden können. Der Impulslichtbogen gestattet eine sichere Schmelzbadführung in der Pulsphase und verbesserte Wärmebedingungen in der Grundstromphase- Aus diesem Grund ist das Plasma-Pulverauftragschweißen mit Impulslichtbogen besonders für das Auftragschweißen an oder das Prototyping von filigranen Bauteilen geeignet, Abb. 12-4. Der Verfahrenvorteil, Metalllegierungen verschweißen zu können, die schmelzmetallurgisch nicht herstellbar sind, findet auch im Formgebenden Schweißen Anwendung, wodurch sehr hohe Werkstoffqualitäten erreicht werden können.

13 Thermisches Trennen

13.1 Physikalische Grundlagen thermischer Trennverfahren

Die thermischen Trennverfahren lassen sich hinsichtlich ihrer Abtragsphysik grundsätzlich in die drei Varianten Schmelzschneiden, Brennschneiden und Sublimierschneiden unterteilen, die im praktischen Einsatz in der Regel mehr oder weniger parallel auftreten. Wichtige Kriterien sind dabei die unterschiedliche Leistungsdichte in der Trennebene und der damit verbundene Phasenwechsel des Werkstoffs bzw. dessen chemische Reaktion.

13.1.1 Schmelzschneiden

Beim Schmelzschneiden wird an der Schnittstelle kontinuierlich soviel Energie zugeführt, dass der Werkstoff vom festen in den flüssigen Zustand überführt und anschließend durch einen inerten bzw. reaktionsträgen Gasstrom aus der Schnittfuge geblasen werden kann. Der Gasstrom soll außerdem die Oxidation der Schnittfugenkanten durch Verdrängung der Umgebungsluft verhindern. Die Schneidgeschwindigkeit wird somit praktisch durch die Geschwindigkeit der Energieabsorption durch den Werkstoff sowie dessen Wärmeleitfähigkeit begrenzt. Als Schneidgase werden in der Regel Argon oder Stickstoff eingesetzt, die mit hoher Strömungsgeschwindigkeit aus dem Schneidkopf austreten. Darüber hinaus werden auch Druckluft und Sauerstoff (Unterwasser-Plasmaschneiden mit Sauerstoff) verwendet.

Der physikalische Vorgang des Schmelzschneidens wird beim Laserstrahl-Schmelzschneiden und beim Plasmaschneiden verwirklicht. Infolge der hohen elektrischen Energieeinkopplung dominiert der Schmelzschneidvorgang auch beim Unterwasser-Plasmaschneiden mit Sauerstoff.

13.1.2 Brennschneiden

Beim Brennschneiden wird der Werkstoff auf Zündtemperatur erwärmt und im gleichzeitig zugeführten Sauerstoffstrom verbrannt. Die Schmelztemperatur der Metalle muss dabei größer als ihre Entzündungstemperatur in Sauerstoffatmosphäre sein, andernfalls wird die Qualität der Schnittflächen durch Anschmelzung und unregelmäßige Oxidation stark vermindert.

Die Reaktion mit Sauerstoff verläuft exotherm, wodurch die Energiezufuhr im Schnittbereich deutlich erhöht wird. Die Schneidgeschwindigkeit ist deshalb in Baustahl bei gleicher Energieeinbringung um ein Vielfaches (5 bis 10 mal) größer als beim Schmelzschneiden. Nachteilig kann sich allerdings die Schnittflächenbelegung mit einer fest haftenden Oxidschicht auswirken, die ggf. entfernt werden muss. Die Oxidschicht auf den Schnittflächen kann durch Zugabe von Wasser zum Schneidgasstrom vermieden werden, das außerdem den Werkstoff kühlt und die Schnittqualität erhöht. Viele Legierungselemente bilden allerdings hochschmelzende Oxide, die den Brennschneidprozess stören und die Schnittqualität einschränken. Darüber hinaus können Legierungselemente mit hoher Affinität zu Sauerstoff selektiv verbrennen und dadurch die Gebrauchseigenschaften geschnittener Bauteile vermindern.

Das Abtragprinzip des Brennschneidens wird beim autogenen Brennschneiden und Laserstrahl-Brennschneiden angewendet. Beim Laserstrahl-Brennschneiden können dabei wegen der konzentrierten Energieeinbringung (kleiner Fokuspunkt) auch solche Metalle in guter Schnittqualität getrennt werden, die aufgrund des Legierungselementegehalts einen größeren Anteil an Oxiden mit einem höheren Schmelzpunkt als das Metall selbst bilden.

13.1.3 Sublimierschneiden

Beim Sublimierschneiden wird der Werkstoff direkt vom festen in den gasförmigen Zustand überführt. Dazu ist eine besonders hohe Energieeinkopplung notwendig, die bei Metallen nur mit Hilfe von Elektronen- und Laserstrahlen eingebracht werden kann.

Zum Laserstrahl-Sublimierschneiden von Metallen müssen bis zu 10^7 W/cm^2 in den Werkstoff eingebracht werden, wobei der Werkstoff spontan verdampft. Der entstandene Dampf entweicht aufgrund seines Drucks und der Wirkung eines inerten Gasstrahles, so dass sich eine Dampfkapillare ausbildet. Darüber hinaus erhöht der Metalldampf die Absorptionsrate des Laserstrahles, so dass ein tiefes Eindringen ermöglicht wird. Dieser Vorgang macht sich besonders bei Werkstoffen mit einer Blechdicke von über 2 mm bemerkbar.

Das Sublimierschneiden wird fast ausschließlich bei nichtmetallischen sowohl organischen wie auch anorganischen Werkstoffen eingesetzt. Bei Metallen kann ein sinnvoller Einsatzbereich beim Einbringen haarfeiner Bohrungen und Einstiche sowie wegen der kontrollierten Wärmeeinbringung zum Schneiden filigraner Strukturen gesehen werden. Wegen der geringen Schneidgeschwindigkeit mit dem Laserstrahl-Sublimierschneiden werden jedoch in der Regel das Laserstrahl-Schmelzschneiden und das Laserstrahl-Brennschneiden zum Trennen von Metallen vorgezogen.

13.2 Thermische Trennverfahren

13.2.1 Autogenes Brennschneiden

Bei diesem thermischen Trennverfahren wird der Werkstoff durch eine Brenngas-Sauerstoff-Flamme örtlich auf Zündtemperatur erhitzt (bei Baustählen rd. 1200°C) und im Schneidsauerstoffstrom verbrannt (Abb. 13-1). Mit der kinetischen Energie des Sauerstoffstrahles werden die entstehende Schlacke (rd. 80%) und die Restschmelze (rd. 20%) aus der Schnittfuge ausgetrieben.

Der Schneidbrenner ist dem Autogenbrenner zum Schmelzschweißen vergleichbar; Sauerstoff und Brenngas werden im Volumenverhältnis von 1:1 gemischt und bilden nach dem Austritt aus der Schneiddüse die Vor-

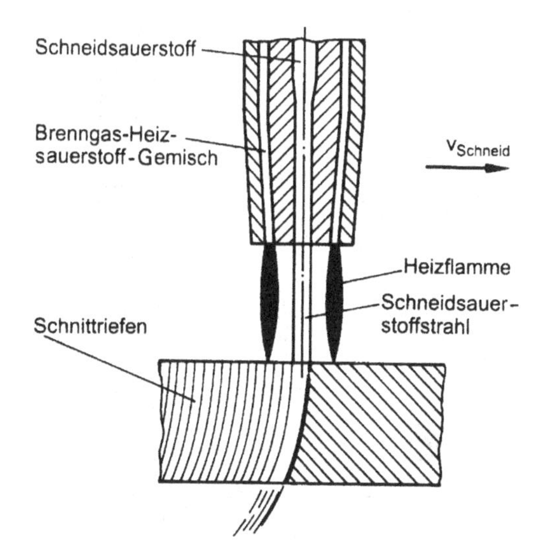

Abb. 13-1 Autogenes Brennschneiden (schematisch)

wärm- oder Heizflamme. Damit wird der Werkstoff vor Beginn des Schneidprozesses auf Entzündungstemperatur vorgewärmt, während des Schneidprozesses müssen die Energieverluste ausgeglichen werden, um die Entzündungstemperatur dauernd aufrechterhalten zu können. Im Gegensatz zum Schmelzschweißbrenner enthält der Schneidbrenner einen zusätzlichen Gaskanal mit eigener Austrittsbohrung, durch den Schneidsauerstoff dem Prozess zugeführt wird. Das Strömungsprofil, die kinetische Energie und die Reinheit dieses Schneidsauerstoffstrahls außerhalb der Düse bestimmen die erzielbare Schnittqualität und Schneidgeschwindigkeit. Das Strömungsprofil wird dabei wesentlich von der Ausformung des Schneidgaskanals bestimmt. Hochleistungsdüsen besitzen eine Laval-Kontur, so dass bei einem Sauerstoffdruck von 0,7 bis 0,9 MPa (7 bis 9 bar) Austrittsgeschwindigkeiten im Bereich der doppelten Schallgeschwindigkeit erreicht werden.

Die Schneidsauerstoffdüse kann von der Heizdüse (Brenngas-Sauerstoff-Gemisch) getrennt geführt werden. In der Regel befindet sich jedoch in einer Düse die Schneidsauerstoffbohrung, umgeben von den Heizgasbohrungen, um einen Schnitt richtungsunabhängig ausführen zu können (Abb. 13-2).

Zum autogenen Brennschneiden werden Handbrenner und Maschinenbrenner in unterschiedlichen Mechanisierungsgraden eingesetzt. Die einfachste flexibel einzusetzende Brennschneidanlage besteht wie beim Gas-

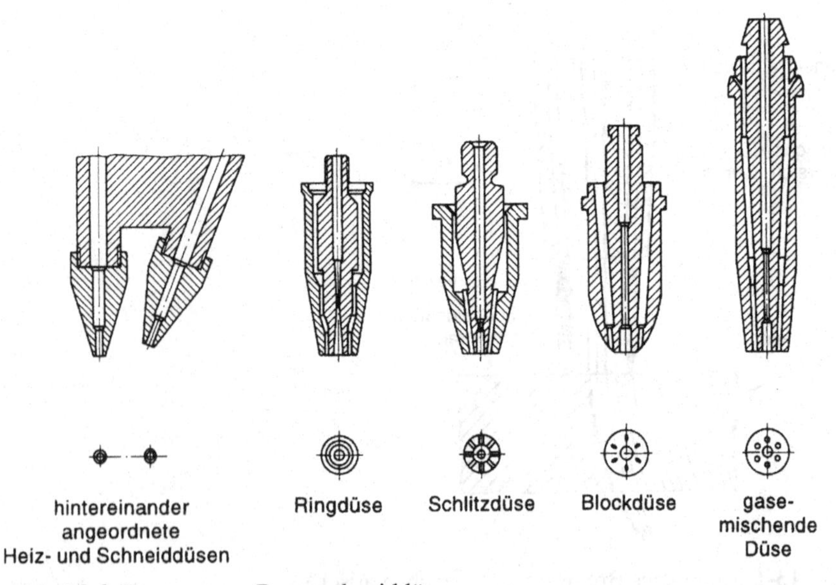

Abb. 13-2 Formen von Brennschneiddüsen

schmelzschweißen aus Handbrenner und Gasflaschen (siehe Kapitel 13.1). Dabei kann der Arbeitsabstand einfach durch Abstandsrollen am Brenner kontrolliert werden (Abb. 13-3a). Aufwendigere Handbrenner sind an kleinen Vorschubwagen (Traktor) montiert, die mit regelbarem Vorschub z. B. an einer angehefteten Führungsschiene selbsttätig entlangfahren (Abb. 13-3b).

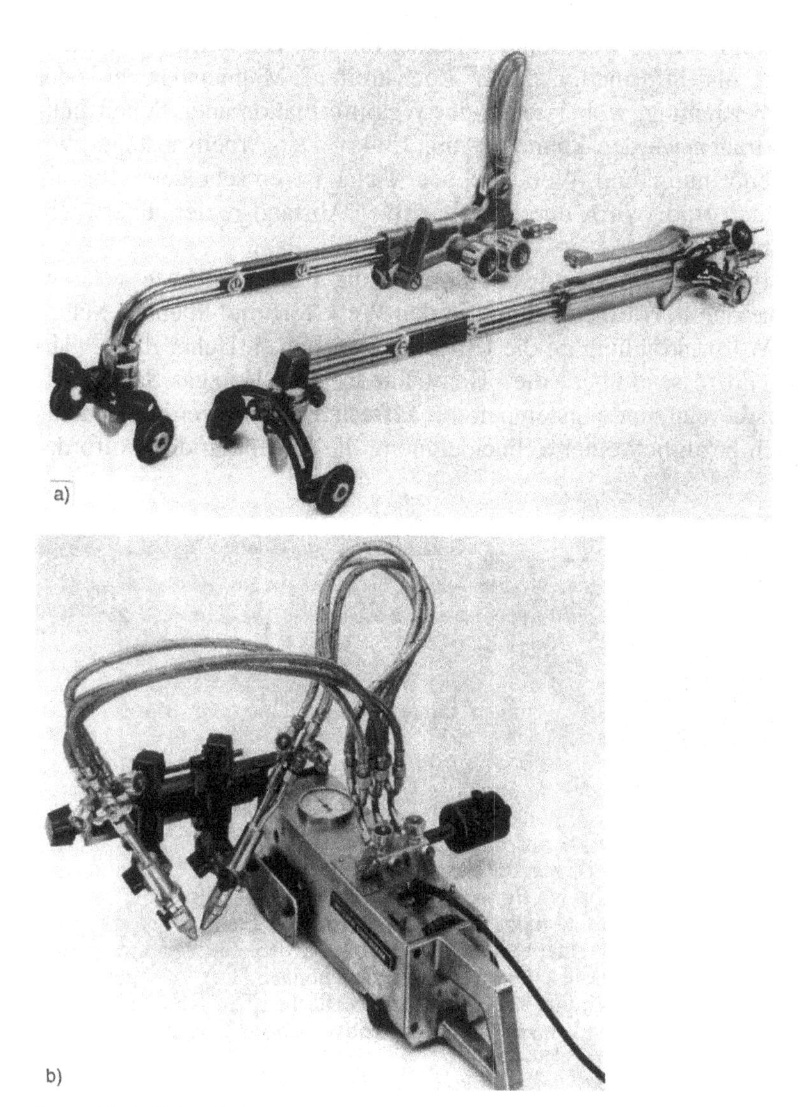

Abb. 13-3 Schneidbrenner
a) Handschneidbrenner mit Führungswagen (Werkfoto: Messer Griesheim)
b) Handbrennschneidmaschine (Werkfoto: Messer Griesheim)

Brennschneidanlagen größerer Bauart werden zumeist in Ausleger- oder Portalbauweise gebaut, wobei mehrere Einzelbrenner gleichzeitig eingesetzt werden können. Den Vorschub übernimmt ein Koordinatenantrieb mit fotoelektrischer oder numerischer Steuerung. Die fotoelektrische Steuerung tastet eine Zeichnung auf Strichmitte oder Strichkante berührungslos ab und überträgt sie auf das zu schneidende Blech. Diese Art der Steuerung ist gut geeignet für kleine und mittlere Betriebe ohne Großserienproduktion und mit häufig wechselnden Bauteilformen. Die numerische Steuerung nutzt als Informationsträger Lochstreifen, Magnetspeicher oder Datenfernübertragung, wobei neben der Weginformation auch Schaltfunktionen übertragen werden können (Abb. 13-4a). Der Arbeitsabstand zwischen Düsenöffnung und Werkstückoberfläche ist entscheidend für die Schnittqualität und wird durch kapazitive Abstandsregler überwacht (Abb. 13-4b).

Die exotherme Verbrennung ist durch hohe Energieverluste gekennzeichnet, die durch Wärmeableitung in den Werkstoff und über die Schlacke sowie Wärmestrahlung an die Umgebung entstehen. Daher muss während des Prozesses über die Heizflamme des Heizgas-Sauerstoff-Gemisches die Entzündungstemperatur aufrechterhalten werden. Daraus ergeben sich bezüglich einer Schneideignung die folgenden drei Anforderungen:

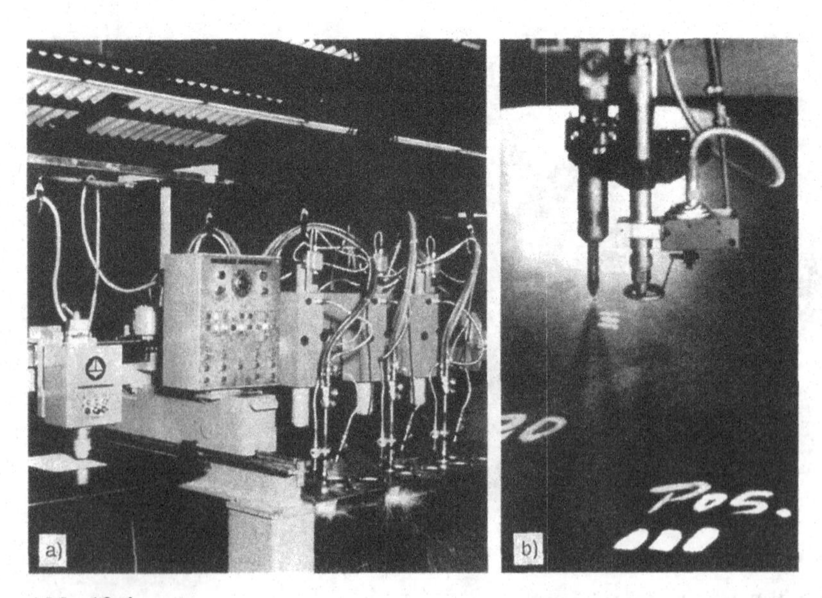

Abb. 13-4
a) Koordinaten-Brennschneidmaschine mit fotoelektrischer Steuerung
b) Einzelbrenner und Markierwerkzeug mit kapazitiver Brennerhöhenverstellung

- Eine dauernde Aufrechterhaltung der Zündtemperatur muss gewährleistet sein (positive Wärmebilanz).
- Die Schmelztemperatur der beim Brennschneiden entstehenden Oxide muss niedriger als die des Werkstoffs sein.
- Die Werkstoffentzündungstemperatur muss niedriger sein als die Schmelztemperatur.

Dementsprechend lassen sich un- und niedriglegierte Baustähle und Titanwerkstoffe autogen brennschneiden, wobei als Heizgase prinzipiell alle brennbaren Gase in Frage kommen. In erster Linie werden jedoch Acetylen (höchste Flammleistung), Erdgas und Propan eingesetzt.

Die Brennschneidbarkeit von Stahl wird nicht nur durch den Kohlenstoffgehalt, sondern auch durch die Anzahl und Menge anderer Legierungselemente beeinträchtigt (Tabelle 13-1). Bis zu einem Kohlenstoffgehalt von rd. 0,45 % können Stahlwerkstoffe ohne Vorwärmung geschnitten werden, bis zu 1,6% C mit Vorwärmung, da infolge des erhöhten Kohlenstoffgehalts der Wärmebedarf ansteigt. Andere Legierungselemente können hochschmelzende Oxide bilden, wodurch der Schlackenaustrieb behindert und die Wärmeleitfähigkeit beeinflusst wird. Damit kann die Brennschneidbarkeit von Stählen erheblich beeinflusst werden, wobei sich die einzelnen Legierungselemente in Ihrer Wirkung verstärken oder auch abschwächen können. Die Grenzgehalte der Legierungsbestandteile sind somit nur als Anhaltswerte zur Abschätzung der Brennschneidbarkeit geeignet, da die Schnittqualität in der Regel bereits bei geringeren Legie-

Tabelle 13-1 Grenzgehalte der Legierungsbestandteile brennschneidbarer Stähle

Legierungsbestandteil	oberer Grenzgehalt
Kohlenstoff	bis 0,45% kaltschneidbar bis 1,6% warmschneidbar
Silicium	bis 2,9% bis 4,0% bei max. 0,2% C
Mangan	bis 13,0% bei max. 1,3% C
Chrom	bis 1,5% – mit Vorwärmung: bis 10,0% bei max. 0,2% C
Wolfram	bis 10,0% bei max. 5,0% Cr; 0,2% Ni; 0,8% C bis 17,0% Cr mit Vorwärmung
Nickel	bis 7,0% bis 34,0% bei 0,3 < % C < 0,5
Molybdän	bis 0,8%, bei höheren W-, Cr- und C-Gehalten nicht schneidbar
Kupfer	bis 0,7%

rungsgehalten deutlich schlechter werden kann. Zur Abschätzung der Vorwärmtemperatur kann z. B. das Kohlenstoffäquivalent herangezogen werden:

$$C_{äqu} = C + 1/6\,Mn + 1/5\,(Cr + Mo + V) + 1/15\,(Cu + Ni).$$

Von großer Bedeutung für die mechanisch-technologischen Eigenschaften und Weiterverarbeitung geschnittener Bauteile ist die Veränderung der chemischen Zusammensetzung der schnittflächennahen Bereiche brenngeschnittener Werkstoffe.

An der Brennschnittkante reichert sich Kohlenstoff aus dem Werkstoff selbst an, der durch die Oxidschicht beim Brennschneiden zurückgehalten wird. Bei hohen Abkühlgeschwindigkeiten verursacht dieser Kohlenstoffanteil eine deutlich höhere Aufhärtung als der vorhandene Kohlenstoffanteil im Werkstoff ermöglichen würde. Eine Diffusion aus angrenzenden Werkstoffbereichen findet nicht statt.

Die Schnittoberkante wird im Gegensatz zu tieferliegenden Schnittflächenbereichen vom Sauerstoffstrahl direkt getroffen, so dass an dieser Stelle eine Entkohlung zu beobachten ist. Hat sich eine Oxidschicht auf der Schnittfläche ausgebildet, findet eine je nach Schneidbedingungen unterschiedlich starke Aufkohlung und Aufhärtung statt. Bei den Werkstoffen S355JO (St 52-3), 13CrMo4-5 (13 CrMo 4 4) und C 60 werden im unteren Bereich der Brennschnittfläche dementsprechend Härtewerte von 600 bis 700 HV 0,5 ermittelt. Generell können deshalb die Bauteileigenschaften bei Kohlenstoffgehalten von mehr als rd. 0,45% C durch Härterisse in Frage gestellt sein.

Andere Legierungselemente reichern sich wie Kohlenstoff an oder werden vom Sauerstoff oxidiert: In der ankristallisierten Schicht der Schnittfläche reichern sich die Elemente an, die eine geringere Affinität zu Sauerstoff besitzen als Eisen, also z.B. Kupfer, Nickel oder Molybdän. Dagegen verbrennen Elemente mit höherer Sauerstoffaffinität, wie Chrom, Mangan oder Silizium.

Die Aufhärtung an der Schnittfläche verursacht eine Erhöhung der statischen Festigkeit. Aufgrund der schnellen Abkühlung bilden sich im schnittflächennahen Bereich Martensit und Zwischenstufengefüge aus, das durch die Volumenvergrößerung Druckeigenspannungen verursacht, während die plastische Stauchung des Gefüges am Rand der WEZ nach dem Abkühlen einen Zugeigenspannungsanteil hinterlässt.

Die Schnittrillen auf den Schnittflächen bilden eine Vielzahl kleiner, in der Regel senkrecht zur Beanspruchungsrichtung liegender Kerben, welche die Dauerfestigkeit beeinträchtigen. Die Wirkung dieser nicht scharfen Kerben wird jedoch durch den Druckeigenspannungszustand erheblich reduziert, so dass vergleichsweise hohe Dauerfestigkeitswerte ermittelt werden. Ein mechanisches Abtragen der Rillen verringert die Kerbwirkung, der Eigenspannungszustand wird jedoch verschlechtert, so dass in vielen Fällen mit aufwendiger Nacharbeit nur geringfügige Verbesserungen erzielt werden können. Eine Wärmebehandlung ist nicht geeignet, die Verhältnisse zu verbessern, weil die Rillen nicht entfernt werden und sich der Eigenspannungszustand verschlechtert.

Die ausgeprägte thermische Beeinflussung des Werkstoffs bedingt bei geringen Blechdicken einen starken Verzug der Bleche, so dass ein sinnvoller Einsatzbereich erst im Blechdickenbereich von etwa 5 mm bis zu mehr als 2000 mm möglich ist. Um dünnere Bleche schneiden zu können und die Umweltbelastung so klein wie möglich zu halten, sind Brennschneidköpfe entwickelt worden, die mit einem Kühlaggregat mit Wasserdruckregler verbunden sind. Damit können die Verbrennungsgase abgebunden und der Werkstoff gekühlt werden.

Durch die Zugabe von Eisenpulver zur Schnittstelle kann ein zusätzlicher Energiebeitrag geleistet und die Viskosität der Schlacke reduziert werden. Damit lassen sich auch Edelstähle (allerdings erst ab einer Blechdicke von rd. 30 mm), Grauguss, Nickel usw. trennen. Wegen der z. T. geringen Schnittqualität sollten diese und ähnliche Maßnahmen, wie z. B. die Zugabe chemischer Mittel oder Quarzsand zur Vergrößerung des Einsatzbereiches Autogener Brennschneidanlagen nur bei geringen Qualitätsanforderungen angewandt werden. Darüber hinaus müssen bei diesen Varianten besondere Maßnahmen zum Gesundheitsschutz ergriffen werden.

13.2.2 Plasmaschneiden

Als Energieträger bzw. -überträger dient beim Plasmaschneiden ein eingeschnürter Lichtbogen, der sog. Plasmastrahl. Beim Auftreffen auf die Werkstückoberfläche werden die über den Lichtbogen übertragene Energie und die Rekombinationswärme freigesetzt, der Werkstoff wird aufgeschmolzen und durch die kinetische Energie des Plasmastrahls aus der Schnittfuge sprühregenartig ausgeblasen. Die zum Aufschmelzen erforderliche Energiedichte wird dabei durch eine Einschnürung des Strahls mit Hilfe einer gekühlten Düse erreicht (Abb. 13-5).

Im Auftreffpunkt des Plasmastrahls, dem Anodenfußpunkt, wird infolge Elektronenaufprall, Rekombination und Joulescher Wärme im Werkstück die meiste Energie eingebracht. Der Anodenfußpunkt wird durch die kinetische Energie des Plasmagases tief in die Schnittfuge gedrückt, springt jedoch immer wieder in Richtung Blechoberseite zurück (kHz-Bereich). Bei geeigneter Wahl der Schneidparameter ergibt sich eine gaußförmige Ver-

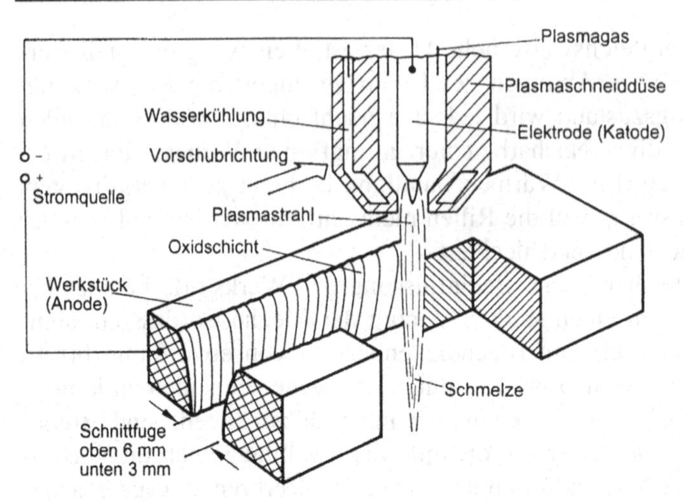

Abb. 13-5 Plasmaschneiden mit übertragenem Lichtbogen (schematisch)

teilung der Angriffsorte des Anodenfußpunkts über der Blechdicke mit einem Schwerpunkt in der Werkstückmitte.

Der über 20.000 K heiße Plasmakern ist von einem leuchtenden Heißgasmantel umgeben, dessen hohe Energiedichte eine Verbreiterung der Schnittfuge bedingt. Als Folge dessen können sich die typischen, im Strahleintrittsbereich breiteren Schnittfugen ausbilden.

Bei allen Verfahren des Plasmaschneidens wird zunächst mittels Hochspannungszündgerät ein Pilotlichtbogen zwischen der negativ gepolten Elektrode im Inneren der wassergekühlten Düse und dem Düsenkanal gezündet. Der Pilotlichtbogen wird entweder von einer eigenen Stromquelle oder direkt von der Hauptstromquelle über wassergekühlte Widerstände versorgt (Abb. 13-6). Der Pilotlichtbogen tritt in Form eines heißen Plasmastrahls stromlos aus der Plasmadüse aus und leitet beim Schneiden mit übertragenem Lichtbogen die Ausbildung des Haupt- oder Schneidlichtbogens zwischen Elektrode und Werkstück (Pluspol) ein. Prinzipiell kann bei nichtleitenden Werkstoffen auch die Plasmaflamme des Pilotlichtbogens zum Schneiden eingesetzt werden z. B. für Kunststofffolien. Das zwischen Elektrode und Düse zugeführte Plasmagas wird erst durch den Pilotlichtbogen und anschließend vom Hauptlichtbogen dissoziiert (mehratomige Gase) und teilweise ionisiert bzw. nur teilweise ionisiert (einatomige Gase) und verlässt als leitfähiger Plasmastrahl die Düse. Einen geringen Gasverbrauch gewährleisten dabei schlanke Feinstrahlbrenner, mit denen hohe Schneidgeschwindigkeiten und eine gute Schnittqualität erzielt werden können (Tabelle 13-2).

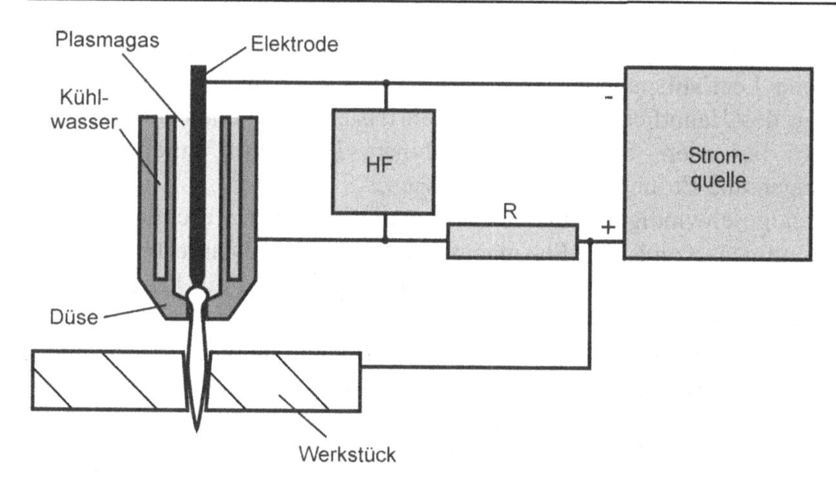

Abb. 13-6 Verfahrensprinzip des Plasmaschneidens

Tabelle 13-2 Schneidgeschwindigkeiten beim Plasmaschmelzschneiden mit übertragenem Lichtbogen (Herstellerangaben)

Blech-dicke	Düsen-durch-messer	Brenner-leistung	Schnitt-fugen-breite	Schneidgeschwindigkeit in m/min			
				Formschnitt		Trennschnitt	
				Bau- und Edel-stahl	Alu-minium	Bau- und Edel-stahl	Alu-minium
mm	mm	kW	mm				
6 bis 10	3	30	4,5 bis 5	2,0	3,0	3,0	4,0
10 bis 20	3	36	4,5 bis 5	1,2	2,2	1,7	2,5
20 bis 30	3	45	5,5	0,8	1,5	1,0	1,8
30 bis 40	3	50	6	0,4	0,8	0,6	1,1
40 bis 50	3	50	6	0,3	0,5	0,3	0,6
50 bis 60	4	70	6,5	0,28	0,45	0,28	0,55
60 bis 70	4	80	6,5	0,25	0,4	0,25	0,5
70 bis 80	4	100	7,5 bis 8	0,25	0,4	0,25	0,45
80 bis 90	4	100	7,5 bis 8	0,2	0,35	0,2	0,4
90 bis 100	4	100	7,5 bis 8	0,15	0,3	0,15	0,35

Plasmaschneidanlagen bestehen aus der eigentlichen Stromquelle, der Steuerung, dem Brenner und diversen Einrichtungen zum Führen des Brenners. Als Stromquelle werden im allgemeinen stufenlos einstellbare, transduktorgesteuerte Gleichstromquellen mit stark fallender statischer Kennlinie verwendet, die je nach Ausführung 1 bis 100 kW bei Stromstärken von bis zu 500 A und Spannungen bis über 100 V abgeben. Durch die Steuerung werden der Schneidstrom und das Plasmagas zeitlich aufeinander abgestimmt. Zusätzlich zur geforderten Leistung muss die Stromquelle eine hohe Leerlaufspannung (bis 380 V) bereitstellen, um eine sichere Zündung des Hauptlichtbogens zu gewährleisten. Die hohen Spannungen erfordern besondere Sicherheitsmaßnahmen. Dem wird durch Schutzschaltungen und Erdung Rechnung getragen.

Schneidgeschwindigkeit und Schnittqualität werden wesentlich durch die Zusammensetzung des Plasmagases und die Stromstärke beeinflusst. Das Plasmagas sollte eine hohe Wärmeleitfähigkeit und ein hohes Atomgewicht bzw. eine hohe Molekülmasse aufweisen (hoher Impuls auf die Schmelze). Die Gase Wasserstoff (hohe Wärmeleitfähigkeit, Dissoziation bei T>3000 K und geringe Molekülmasse), Argon (geringere Wärmeleitfähigkeit, Ionisation bei T>10000 K, hohes Atomgewicht) und Stickstoff (mittlere Wärmeleitfähigkeit, Dissoziation bei T>7000 K und mittlere Molekülmasse) besitzen entsprechende Eigenschaften. Eine Mischung aus Argon und Wasserstoff ermöglicht eine gute Schnittqualität bei nicht brennschneidbaren Werkstoffen, wobei zusätzliche Stickstoffanteile die Bartbildung reduzieren, dafür aber die Bildung von Schnittflächenbelägen und toxischen Rauchen begünstigen.

Zum Plasmaschneiden von Baustählen ist die Argon-Wasserstoff-Technik wegen der schlechten Schnittqualität ungeeignet. Ein feintropfiger Materialaustritt kann dagegen erzielt werden, wenn Sauerstoffatome bzw. -moleküle die Oberflächenspannung und Viskosität der Schmelze vermindern. Sauerstoff im Plasmagas würde jedoch unverzüglich zum Verbrennen der Wolframelektrode führen, so dass Sauerstoff lange Zeit nur als Sekundärgas, den eigentlichen Plasmastrahl umgebend, zugeführt werden konnte. Die Entwicklung von Elektroden aus Hafnium- und Zirkonlegierungen, die eine hochschmelzende Oxidschicht um die Elektroden bilden, ermöglichte in den letzten Jahren den Einsatz von Luft und sogar reinem Sauerstoff als Plasmagas. Der Einsatz von Sauerstoff als Plasmagas zum Plasmaschneiden von Baustahl ermöglicht eine deutlichen Verbesserung der Schnittqualität: weniger Kantenrundung, geringere Bartbildung und sehr kleine Flankenwinkel lassen sich bei hohen Schneidgeschwindigkeiten erzielen.

Hohe Schneidgeschwindigkeiten lassen sich auch beim Schneiden von Baustählen mit der Drucklufttechnik erzielen, die aufgrund des wirtschaftlichen Einsatzes und akzeptabler Schnittqualität ein breites Anwendungsspektrum aufweist. In Abb. 13-7 sind dazu die Schneidgeschwindigkeiten, die mit dem Plasmagas Argon und Wasserstoffanteilen (Ar-H_2-Technik) und dem Plasmagas Luft (Drucklufttechnik) beim Schneiden von unlegiertem Baustahl erzielt werden können, gegenübergestellt.

Eine weitere Entwicklung, das Plasmaschneiden mit Wasserinjektion (WIPC), verbessert die Einschnürung des Plasmabogens durch Wasser

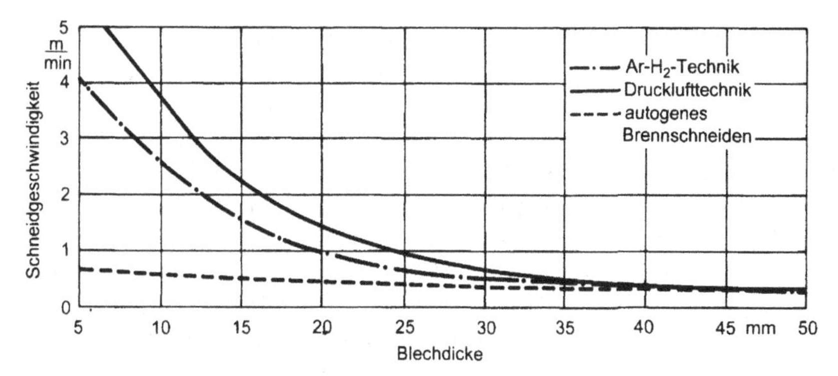

Abb. 13-7 Schneidgeschwindigkeiten beim Plasmaschneiden von unlegiertem Baustahl in Abhängigkeit von der Blechdicke

einwirbelung in den Plasmastrahl. Infolge der Dissoziation des Wassers können dem Prozess Sauerstoffatome zugeführt und die Energieeinbringung durch Rekombinationswärme erhöht werden. Wegen der Kühlwirkung und teilweisen Dissoziation des Wassers ist jedoch bei sonst gleichen Parametern, verglichen mit dem Plasmaschneiden ohne Wasserinjektion eine höhere Energieeinbringung erforderlich. Diese Technik kann z. B. auf oder unter Wasser eingesetzt werden, so dass Gase und Stäube abgebunden sowie Lärm und UV-Strahlung reduziert werden. Zudem wird eine vollständige Kühlung des Werkstückes gewährleistet (Abb. 13-8).

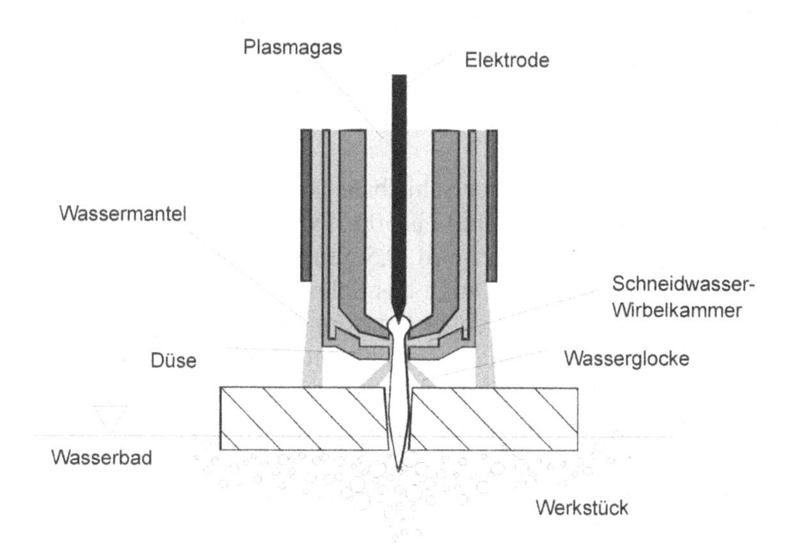

Abb. 13-8 Plasmaschneiden mit Wasserinjektion (WIPC)

Zum Schneiden unlegierter Baustahlbleche wird in der Regel Luft als Plasmagas eingesetzt, womit eine bessere Schnittqualität erzielt und wirtschaftlicher geschnitten werden kann als mit der Ar-H_2-Technik. Bleche aus unlegiertem Baustahl, die mit der Luft-Plasma-Technik geschnitten werden, weisen zwischen der Oxidschicht auf der Schnittfläche und der wärmebeeinflussten Zone einen Bereich mit hohen Stickstoffanteilen auf. Stickstoff wird vom geschmolzenen Werkstoff aufgenommen, dies gilt auch für die schmale angeschmolzene Schicht, die nicht ausgetrieben wird und rekristallisiert. Anschließend bildet sich eine feine Oxidschicht aus, die eine unüberwindliche Sperre für Stickstoff wie auch Kohlenstoff ist. Die maximale Stickstoffkonzentration kann in der Werkstückmitte 1,3 Masse-% und an der Unterseite 1,8 Masse-% betragen ($I_S = 150$ A, p_{DLuft}: 0,84 MPa, $v_S = 1{,}1$ m/min). Je nach Plasmaschneidverfahren härten die Schnittkanten unterschiedlich stark auf, und es ergeben sich unterschiedlich breite Wärmeeinflusszonen.

Aufgrund der realisierbaren hohen Schneidgeschwindigkeiten beim Plasmaschneiden ist die Wärmeeinflusszone in Blechen von weniger als 20 mm Dicke deutlich kleiner als beim autogenen Brennschneiden. Im Bereich vergleichbarer Schneidgeschwindigkeiten ($s = 30$ mm, $P = 30$ kW) ist die WEZ rd. 50% größer als beim Brennschneiden.

Ein Vergleich des Plasmaschneidens mit der Ar-H_2-Technik und der WIPC-Technik mit Stickstoff als Plasmagas an dem Werkstoff 48CrMoV6-7 verdeutlicht die unterschiedliche Werkstoffbeeinflussung der Verfahren. Bei Einsatz der Ar-H_2-Technik ergeben sich in einem rd. 0,3 mm breiten überhitzten Bereich Härten von 700 bis 750 HV 0,1, bei Einsatz der WIPC-Technik infolge der Wasserkühlung Härten von rd. 1050 HV 0,1 in einem etwa 0,1 mm breiten Bereich. Die wärmebeeinflusste Zone ist bei Einsatz der Ar-H_2-Technik somit deutlich breiter, die Aufhärtung aber geringer (Abb. 13-9).

An den Schnittflächen höherfester Schiffbaustähle (C-Gehalt rd. 0,15%) werden maximale Härtewerte von 460 bis 500 HV 3 ermittelt, die Wärmeeinflusszone ist an der Blechoberseite rd. 0,5 mm breit, in Blechmitte und an der Unterseite rd. 1 mm breit. Durch das Schmelzschneiden mit hohen Abkühlgeschwindigkeiten werden dabei Druckeigenspannungen bis zu einem Abstand von etwa 3 mm von der Schnittkante induziert. Unmittelbar an der Schnittkante werden nur Spannungen von 40 bis 120 N/mm² gemessen, die jedoch bis zu einem Maximalwert von 300 bis 350 N/mm² in einem Abstand von etwa 0,8 mm von der Schnittkante ansteigen.

Die Schnittfugen sind bei den üblicherweise eingesetzten Sauerstoff-Stickstoff-Gemischen zum Plasmaschneiden von un- und niedriglegierten Stählen stark konisch ausgebildet.

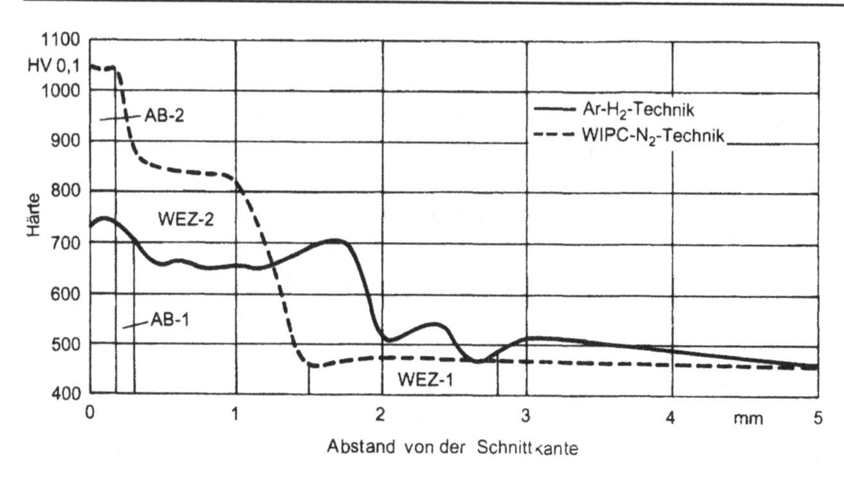

Abb. 13-9 Härteverlauf quer zur Schnittfläche in Abhängigkeit von der Plasmaschneidtechnik
Werkstoff: 48CrMoV6-7, s = 30 mm;
WEZ-1, WEZ-2: Wärmeeinflusszonen mit aufgeschmolzenem und überhitztem Bereich (AB-1, AB-2);
Ar-H_2-Technik: I_s = 100 A, U_s = 90 V, v_s = 0,12 m/min;
WIPC-N_2-Technik: I_s = 450 A, U_s =200 V, v_s = 0,9 m/min

Zum Plasmaschneiden von Chrom-Nickel-Stählen können Stickstoff und Argon-Wasserstoff-Gemische z.T. mit Stickstoffanteilen eingesetzt werden. Sauerstoffanteile begünstigen die Entstehung hochschmelzender Oxide und verschlechtern somit die Schnittqualität erheblich. Stickstoff verursacht hingegen eine ausgeprägte Rillenbildung, zudem ist die Schnittfuge auch bei deutlicher Verminderung der Schneidgeschwindigkeit noch konisch ausgebildet (s = 15 mm). Reiner Stickstoff ist somit für Qualitätsschnitte weniger geeignet, kann aber in bestimmten Fällen wegen der günstigeren Gaskosten interessant sein.

Parallele Schnittflanken lassen sich nur mit geringen Zugaben von Wasserstoff zum Argon und zum Stickstoffplasmagas erzielen. Bei Wasserstoffanteilen von über 30% ist die Wirkung der Verminderung des Plasmagasimpulses größer als die Wirkung der erhöhten Wärmeleitfähigkeit, so dass keine wesentliche Erhöhung der Schneidleistung mehr erzielt werden kann. Darüber hinaus tritt bei hohen Wasserstoffanteilen eine verstärkte Neigung zur Bartbildung auf, und die Schnittriefen prägen sich stärker aus. Verglichen mit Argon als Plasmagas sind die Riefen beim Plasmaschneiden mit Stickstoff-Wasserstoff-Gemischen aber insgesamt weitaus stärker ausgebildet.

Das Dreistoffgemisch Argon, Stickstoff und Wasserstoff ermöglicht bei sehr geringer Rauhtiefe ähnlich gute Ergebnisse wie Argon-Wasserstoff-Gemische. Bei geeigneter Zusammensetzung des Plasmagases ist die

Plasmagasmenge eine weitere Größe, die den Fugenwinkel über den Plasmagasimpuls und die mittlere Position des Anodenfußpunktes beeinflusst: Wird die Gasmenge zu groß eingestellt, öffnet sich die Fuge zur Blechunterseite (-), wird sie zu klein gewählt, zur Blechoberseite (+).

Die schneidbare Blechdicke ist wegen der Schwierigkeit, einen Plasmastrahl hoher Leistung außerhalb der Düse zu stabilisieren und zu formen, bei Baustählen auf rd. 150 mm begrenzt. Vorzugsweise wird das Plasmaschneiden zum Trennen von hochlegierten Stählen und Leichtmetallen, in den letzten Jahren aber auch zunehmend für Baustähle insbesondere im Blechdickenbereich von 2 bis 15 mm eingesetzt. Für diesen Blechdickenbereich wurden kleine und handliche Plasmaschneidanlagen in Drucklufttechnik mit Schneidströmen von $I_S \leq 90$ A entwickelt.

Der konischen Ausbildung der Schnittfugen un- und niedriglegierter Stähle kann durch geeignete Maßnahmen begegnet werden, so dass zumindest eine relativ senkrechte Schnittkante (Gutseite) und eine schräge Schnittkante (Schlechtseite) erzielt werden. Beim Luftplasmaschneiden muss dazu der Brenner geneigt werden, wohingegen beim WIPC verfahrensbedingt eine Gut- und eine Schlechtseite entstehen. Durch eine geeignete Schnittfolge können Teile in guter Schnittqualität erzielt werden. Beim Plasmaschneiden von Edelstahl mit Ar-H_2-Gemischen lassen sich demgegenüber relativ parallele Schnittflanken erzielen.

Beim Plasmaschneiden insbesondere in Verbindung mit Stickstoff und Sauerstoff werden nitrose Gase und Stäube gebildet. Es konnte nachgewiesen werden, dass während des Plasmaschneidens von Stahl mit Sauerstoff-Stickstoff-Gemischen unterschiedlicher Anteile jeweils etwa gleiche Mengen an NO_x entstehen, selbst bei Einsatz von reinem Sauerstoff. Größere Mengen an NO_x werden demnach erst außerhalb der Schnittfuge von aktivierten Sauerstoffatomen und -molekülen gebildet. Das WIPC bietet gegenüber dem „trockenen" Plasmaschneiden diesbezüglich deutliche Vorteile, da 99,5% der Rauche und ein großer Teil der entstehenden Gase abgebunden werden.

Das Plasmaschneiden mit Wasserinjektion bietet demnach Vorteile bzgl. der entstehenden Stäube; zur Reduktion von Gasen, insbesondere NO_x, ist eine zusätzliche Absaugung unabdingbar.

13.2.3 Laserstrahlschneiden

Der Laserstrahl wird durch eine Linse auf einen Brennfleck hoher Intensität fokussiert, so dass der Werkstoff auf Entzündungs- oder Schmelztemperatur erwärmt und sogar spontan verdampft werden kann. Das schmelzflüssige Material wird mit Hilfe des Schneidgasstrahls aus der Schnittfuge getrieben. Zum Laserstrahl-Brennschneiden wird dazu Sauerstoff eingesetzt, mit dem zusätzliche Energie in den Prozessbereich eingebracht wird. Ist eine Reaktion des Werkstoffs mit dem Sauerstoff unerwünscht, werden reaktionsträge oder inerte Schneidgase zum Laserstrahl-Schmelzschneiden verwendet. Das direkte Verdampfen des Werkstoffes (Laserstrahl-Sublimierschneiden) hat beim Schneiden von Metallen wegen der geringen Schneidgeschwindigkeit nur eine geringe Bedeutung. Ein sinnvoller Einsatzbereich kann z.B. im Einbringen haarfeiner Bohrungen gesehen werden.

Wie bereits in Kapitel 10 erläutert, besteht ein Laser im Wesentlichen aus dem Lasermedium, einem optischen Resonator und einer Stromquelle (Abb. 13-10). Zum Laserstrahlschneiden werden aus der Gruppe der Gaslaser der CO_2-Laser (emittierte Wellenlänge 10,6 µm) und aus der Gruppe der Festkörperlaser der Neodym-Yttrium-Aluminium-Granat-Laser (Wellenlänge 1,06 µm) am häufigsten eingesetzt.

Anlagen zum Schweißen und Schneiden mit Laserstrahlen unterscheiden sich prinzipiell nur im Prozessbereich. Von der Laserquelle bis zum Schneidkopf wird der Laserstrahl entweder raumfest oder über Spiegel mit rotatorischen bzw. linearen Bewegungsachsen geführt. Dabei wird zumeist eine mehrfache Umlenkung des Laserstrahls durch raumfeste Umlenkspiegel bis zum Werktisch vorgenommen. Im Schneidkopf wird der Laserstrahl durch eine Linse fokussiert, um eine hohe Leistungsdichte im Schneidbereich zu ermöglichen. Ein weiteres Element des Schneidkopfes ist die Düse, mit der der Schneidgasstrahl geformt wird.

Zur Fokussierung werden hauptsächlich konkav-konvex-gekrümmte Linsen (Meniskuslinse) aus Zinkselenid (ZnSe) eingesetzt, die gute Übertragungseigenschaften für die Laserstrahlung aufweisen und eine ausreichende Festigkeit besitzen. Die Brennweite beträgt zwischen 60 mm und 190 mm. Eine Antireflexbeschichtung vermindert die Absorption der Laserstrahlung. Infolge Verschmutzung und Abnutzung während des Arbeitseinsatzes kann der Absorptionsgrad deutlich ansteigen, so dass die optischen Eigenschaften der Linsen thermisch verändert werden.

Ein Strahlführungssystem ermöglicht die Realisierung der Relativbewegung zwischen Laserstrahl und Werkstück. Dabei müssen folgende Anforderungen gleichzeitig erfüllt werden:

- Der Laserstrahl soll jederzeit senkrecht auf die Werkstückoberfläche positioniert werden können.
- Die Prozessgeschwindigkeit soll möglichst hoch sein.
- Präzises An- und Abfahren der Schneidkanten zur Erzielung hoher Bearbeitungsgenauigkeit ist erforderlich.

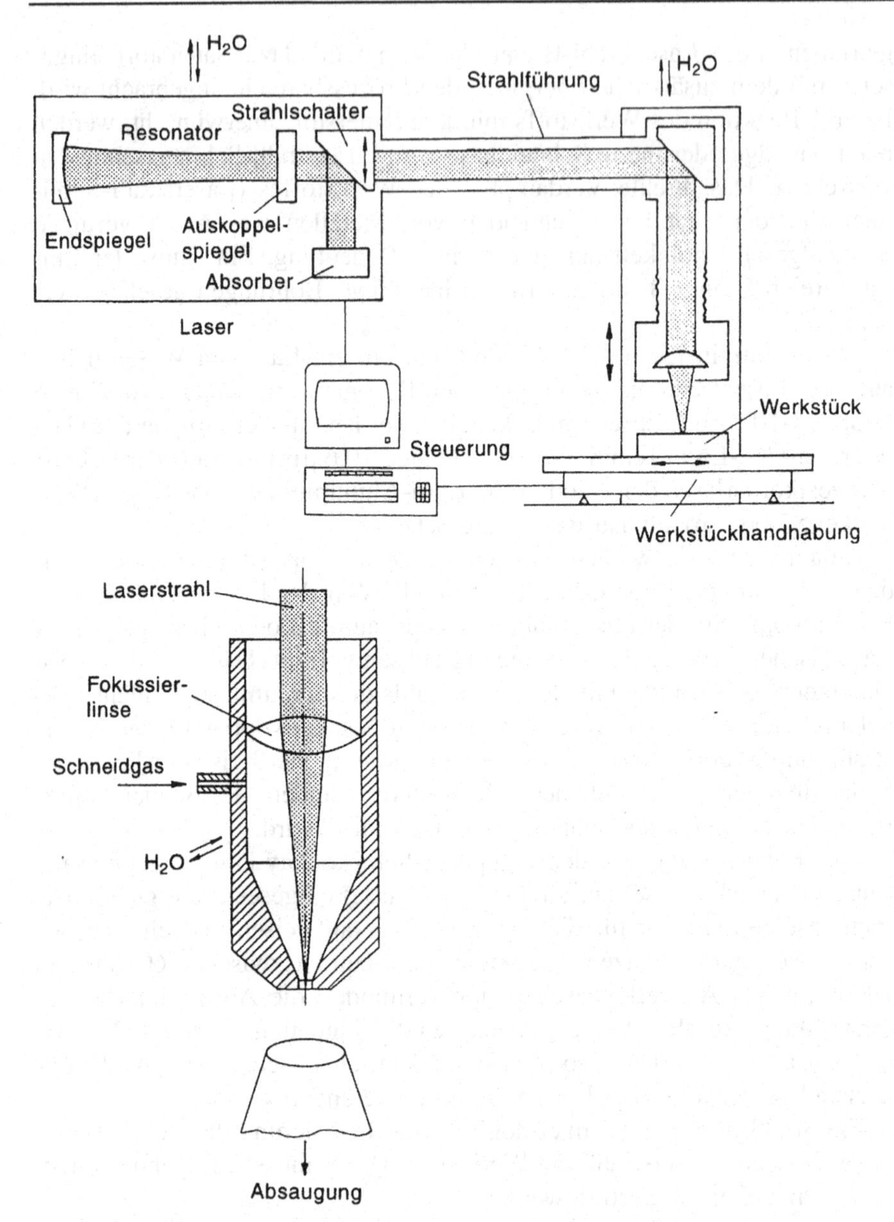

Abb. 13-10 Schematischer Aufbau einer Laserstrahlschneidanlage
unten: Schneidkopf mit Absaugung (vergrößert)

Die kinematische und konstruktive Auslegung des Strahlführungssystems wird dabei wesentlich vom Gewicht der zu bewegenden Teile und der notwendigen Präzision der Koordinatenführung bestimmt. Es lassen sich somit hinsichtlich der Realisierung der Relativbewegung zwischen Laserstrahl und Werkstück drei Möglichkeiten unterscheiden:

- Der Laser ist ortsfest aufgestellt (Optik stationär) und das Werkstück wird auf einem Koordinatentisch bewegt (für kleine Werkstücke).
- Das Werkstück steht fest und der Laser bewegt sich in x-Richtung auf einer Führungsschiene, wobei bewegte Umlenkspiegel eine Strahlablenkung in y-Richtung erlauben (für große Werkstücke).
- Sowohl das Werkstück als auch der Laser sind stationär aufgestellt. Die Strahlumlenkung erfolgt über ein voll geführtes Strahlumlenkungssystem mit linearen und rotatorischen Bewegungsachsen, der sog. fliegenden Optik, so dass nur relativ geringe und definierte Massen bewegt werden. Nachteilig sind hierbei die langen Strahlengangwege und die damit verbundene schlechte Strahlstabilität.

Die Einflussgrößen, welche die Qualität des Laserstrahlschnittes bestimmen, lassen sich in Laserstrahlparameter, Parameter des Schneidkopfes und Werkstück- bzw. Werkstoffparameter unterteilen.

Grundvoraussetzung für eine hohe Bearbeitungsqualität ist eine hohe Qualität des Laserstrahls, die im Wesentlichen durch die Faktoren Modenordnung und Stabilität der Leistungsabgabe (zeitlich und örtlich) sowie durch die Polarisationsebene relativ zur Bearbeitungsrichtung gekennzeichnet ist.

Der Mode geringster Ordnung einer gaußförmigen Intensitätsverteilung im Laserstrahl ermöglicht die höchste Leistungsdichte im Fokus, womit in der Regel die größtmögliche Schneidgeschwindigkeit und Schnittqualität erzielt werden. Diese gaußförmige Intensitätsverteilung ist vor allem bei der Gruppe der langsam axialgeströmten Laser vorzufinden. Zurzeit werden Laserstrahlen mit Strahlleistungen bis 1500 Watt und nahezu gaußförmiger Intensitätsverteilung angeboten. In Abb. 13-11 sind die Intensitätsverteilungen der Laser TLF 1500 bei 1500 W (TEM_{00}) und bei 1000 W Strahlleistung (TEM_{01*}) abgebildet, die während der Fertigung mit einem Strahldiagnosegerät aufgezeichnet wurden. Axialgeströmte Laser höherer Leistung aber geringerer Strahlqualität, die zum Schweißen eingesetzt werden, lassen sich z. T. so manipulieren, dass zum Schneiden eine hohe Strahlqualität bei geringeren Leistungen zur Verfügung gestellt werden kann. Dazu wird eine Lochblende in den Strahlengang geschoben, die die Anteile höherer Modenordnungen ausfiltert (Modenblende). Für Laser anderer Bauform werden optische Komponenten angeboten, mit denen die Strahlqualität verbessert werden kann.

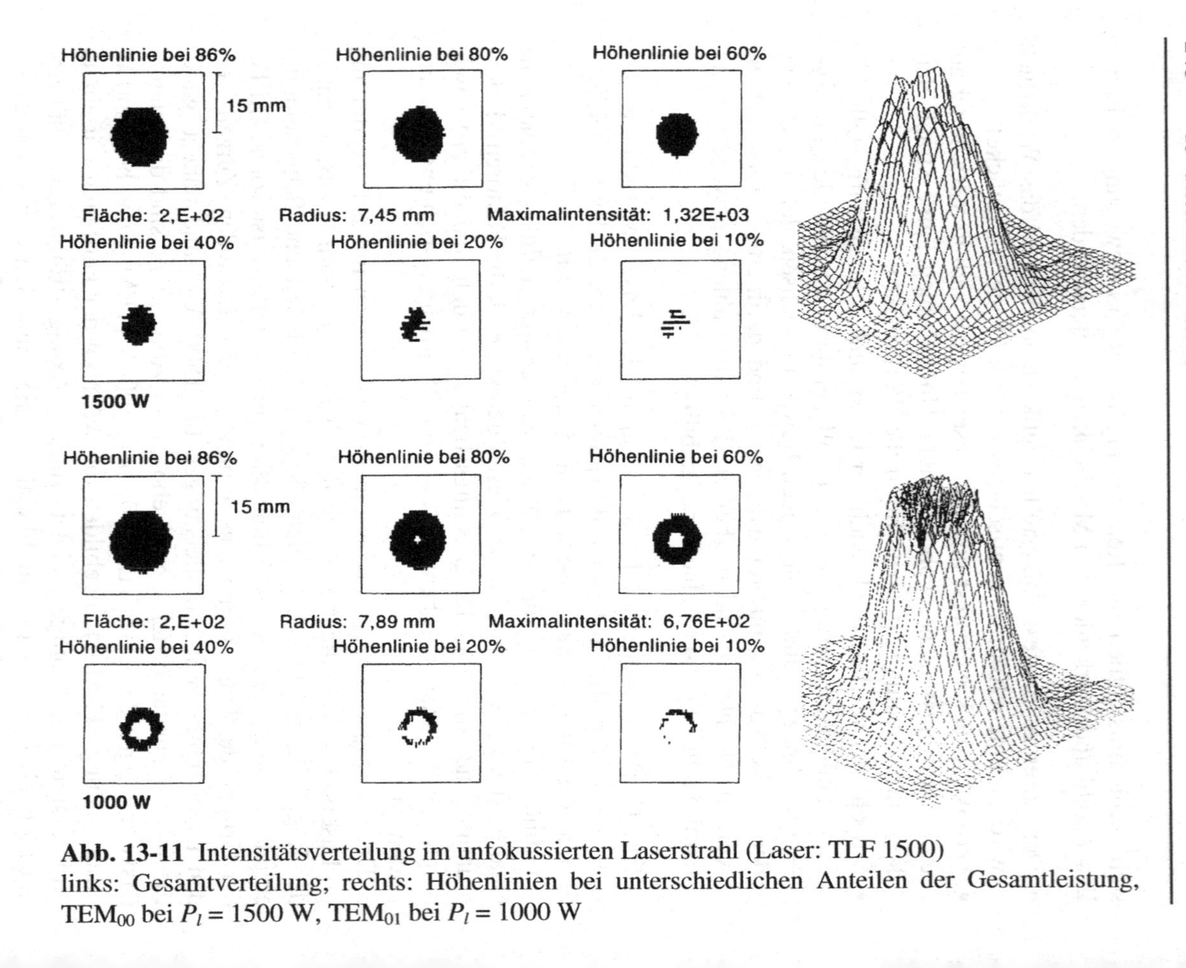

Abb. 13-11 Intensitätsverteilung im unfokussierten Laserstrahl (Laser: TLF 1500) links: Gesamtverteilung; rechts: Höhenlinien bei unterschiedlichen Anteilen der Gesamtleistung, TEM_{00} bei $P_l = 1500$ W, TEM_{01} bei $P_l = 1000$ W

Die Polarisation des Laserstrahls beschreibt die Ausrichtung der Schwingungsebene der elektromagnetischen Strahlung und beeinflusst den Absorptionsgrad der Strahlung am Auftreffpunkt. Linear in Schneidrichtung polarisierte Strahlung ermöglicht eine Steigerung der Schneidgeschwindigkeit um bis zu 50%, da die Strahlung im Bereich der Schnittfront optimal eingekoppelt wird. Zum Schneiden von Konturen wird wegen der Richtungsunabhängigkeit jedoch zumeist ein zirkular polarisierter Laserstrahl eingesetzt.

Bei der Betriebsart eines Lasers kann zwischen kontinuierlicher und gepulster Leistungsbereitstellung unterschieden werden. Hohe Schneidgeschwindigkeiten lassen sich im cw-Betrieb (continuous wave = Dauerbetrieb) realisieren. Beim Schneiden von Konturen mit deutlichen Richtungsänderungen sowie der Bearbeitung schlecht brennschneidbarer Werkstoffe ist es meistens notwendig, mit gepulstem Laserstrahl zu schneiden. Beim Pulsen des Laserstrahls werden gegenüber dem cw-Betrieb gleich hohe Spitzenleistungen (Normalpuls) oder sogar deutlich höhere Spitzenleistungen (Superpuls) bei allerdings geringen mittleren Leistungen erzielt und damit die Wärmeeinbringung deutlich reduziert. Der Normalpuls wird vorwiegend zum Schneiden spitzer Konturen (z. B. Schneidwinkel von weniger als 60°) in Baustählen eingesetzt, während der Superpulsbetrieb besonders für die Bearbeitung von hochlegierten Stahlwerkstoffen geeignet ist, da hierbei die hohe Leistungsdichte bei der Bearbeitung von Stählen mit hochschmelzenden Elementen und Oxiden eine entscheidende Rolle spielt.

Wesentliche und für den Schneidprozess entscheidende Elemente des Schneidkopfes sind die Fokussieroptik und die Schneidgasdüse. Die Fokussieroptik bestimmt in Abhängigkeit von der Laserstrahlleistung und Modenordnung die Höhe der Prozesstemperatur. Die Schneidgasdüse beeinflusst über die Ausbildung des Schneidgasstrahls die Schnittqualität.

Die Fokussieroptik bündelt den aus dem Resonator austretenden und über ein Spiegelsystem zum Schneidkopf geführten Laserstrahl je nach Linsenbrennweite auf einen Brennfleck von etwa 0,1 bis 0,3 mm Durchmesser. Im Gegensatz zu natürlichem Licht entsteht die Laserstrahlung nahezu räumlich kohärent, so dass seine Fokussierbarkeit im wesentlichen durch die Beugung an entsprechenden optischen Bauelementen begrenzt ist. Die Geometrie des Fokus ist dabei entscheidend für die Höhe der Intensität an der Bearbeitungsstelle, während die Fokusposition die Stelle höchster Intensität relativ zur Werkstückoberfläche festlegt.

Die Qualität der Fokussierung und die Fokussierbarkeit der Strahlung lassen sich am Fokusdurchmesser in Abhängigkeit von der Brennweite und der Rayleigh-Länge (Tiefenschärfe) erkennen. Als Fokusdurchmesser wie auch als Durchmesser des unfokussierten Laserstrahls wird derjenige Strahldurchmesser angegeben, bei dem 86% der Strahlleistung enthalten sind ($1 - 1/e^2$). Die Rayleigh-Länge kennzeichnet den Abstand von der Strahltaille, bei dem sich die Strahlfläche wieder verdoppelt hat (Abb. 13-12).

Der Brennfleck ist umso kleiner, je kleiner die Brennweite der Linse ist. Die Rayleighlänge nimmt jedoch mit abnehmender Brennweite quadratisch ab, der Strahl weitet also schneller wieder auf. Linsen kürzerer Brennweite ermöglichen somit bei gleicher Leistung und Strahlqualität höhere Intensitäten im Brennfleck als Linsen mit längeren Brennweiten, der Fokus ist aber wegen der kleineren Rayleigh-Länge schwieriger zu positionieren und geringe Änderungen der Fokuslage verursachen bereits deutliche Verschlechterungen der Schnittqualität.

Allgemein anerkannte und teilweise genormte Kennzahlen zur Beschreibung der Fokussierung und der Fokussierbarkeit (Strahlqualität) der Laserstrahlung sind die Fokussierkennzahl F (Fresnelsche Kennzahl)

$$F = f / d_S$$

und der Strahlpropagationsfaktor K (genormt nach: DIN EN ISO 11146)

$$K = 4\,\lambda \cdot F / (\pi \cdot d_F)$$

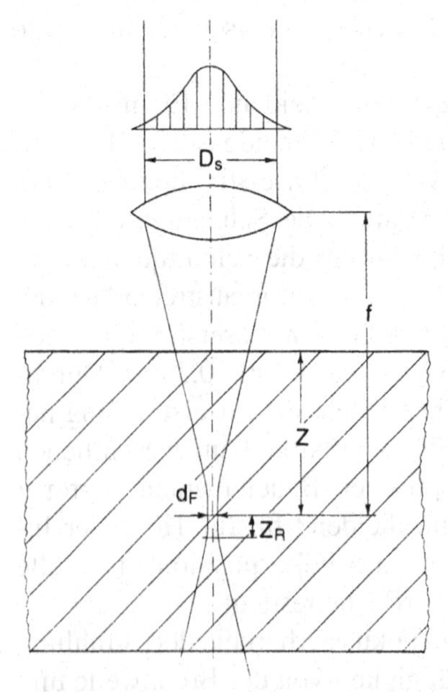

D_S Durchmesser des unfokussierten Laserstrahles an der Fokussieroptik;
d_F Fokusdurchmesser (86 % der Gesamtleistung);
Z_R Rayleigh-Länge = Abstand $\pi \cdot d_F^2/4 \rightarrow 2\pi \cdot d_F^2/4$;
f Brennweite;
Z Fokuslage relativ zur Werkstückoberfläche.

Abb. 13-12 Prinzipielle Kenngrößen fokussierter Laserstrahlung

Die Fokussierkennzahl F ist ein Maß für den Öffnungswinkel des fokussierten Strahls, der Strahlpropagationsfaktor beschreibt die Strahlqualität relativ zu einem idealen Gauß-Strahl ($K \approx 1$).

Die Lage des Fokuspunktes relativ zur Werkstückoberfläche ist für das Bearbeitungsergebnis entscheidend und muss in Abhängigkeit von der Variante des Laserstrahlschneidens sowie der Werkstoffzusammensetzung und -dicke gewählt werden.

Beim Laserstrahl-Brennschneiden wird der Fokus in der Regel auf der Werkstückoberfläche positioniert ($z = \pm 0$), da der Laserstrahl als eng begrenzte Hilfswärmequelle wirkt und den Werkstoff „vorwärmt". Demzufolge ist auch nur in einem engen Bereich der Fokuspositionierung von ±0,5 mm um den Sollwert eine optimale Schnittqualität möglich. Außerhalb dieses Bereiches kann Bartbildung auftreten, und die Schnittfugen werden deutlich weiter. Probleme können bei der Bearbeitung unebener Werkstücke entstehen, wenn Fokusposition und senkrechte Einstrahlrichtung nicht mit Hilfe von Sensoren korrigiert werden.

Beim Laserstrahl-Schmelzschneiden muss die Schnittfront über die gesamte Werkstückdicke vom Laserstrahl auf Schmelztemperatur erwärmt werden, wozu der Fokus im Werkstück positioniert werden muss ($z < 0$). Im Extremfall kann auch eine Fokusposition an der Blechunterseite sinnvoll sein, z. B. um die Bartbildung zu beeinflussen, die Schnittfuge ist dabei jedoch entsprechend der Strahlausbildung stark konisch ausgeformt.

Die Schneidgasdüse befindet sich an der dem Prozess zugewandten Seite des Schneidkopfes und ermöglicht die Ausbildung eines Schneidgasstrahls hoher Konzentrizität und Strömungsgeschwindigkeit. Der Schneidgasstrahl muss über einen Abstand von einem bis mehreren Millimetern zwischen Düse und Werkstück (Arbeitsabstand) seine Form beibehalten und einen effektiven Schmelzen- und Schlackentransport aus der Schnittfuge gewährleisten. Je nach Werkstoff und Schneidaufgabe können dazu unterschiedliche Schneidgase eingesetzt werden. Beim Laserstrahl-Brennschneiden wird dazu ein oxidierendes Schneidgas, beim Laserstrahl-Schmelz- und -Sublimierschneiden ein reaktionsvermindertes, reaktionsträges oder inertes Schneidgas eingesetzt.

Sauerstoff reagiert exotherm mit Eisen, wobei 100 bis 150 J/(mol*K) Wärme als zusätzlicher Energiebeitrag in den Schnittfrontbereich eingebracht wird, die bei Stählen eine deutliche Steigerung der Schneidgeschwindigkeit ermöglicht. Auf der Schnittfläche bildet sich beim Brennschneiden immer eine fest haftende Oxidschicht, die ggf. abgearbeitet werden muss. Beim Laserstrahl-Brennschneiden hochlegierter Stähle entstehen hochschmelzende Oxide, die den Schmelzen- bzw. Schlackenabgang behindern. Außerdem kann die Schnittfläche an einzelnen Legierungselementen hoher Sauerstoffaffinität verarmen, wodurch Werkstoffeigenschaften, wie z.B. Rostfreiheit, in Frage gestellt sind. Für die Höhe der realisierbaren Schneidgeschwindigkeit von Stahl ist die Sauerstoffreinheit entscheidend. Sauerstoff der Industriestandardklasse weist eine Reinheit von mindestens 99,6 % auf und ist für die meisten Schneidaufgaben geeignet. Wird die Sauerstoffreinheit auf 99,995 % erhöht, kann die Schneidgeschwindigkeit in Abhängigkeit vom Werkstoff und von der Blechdicke gesteigert werden, bei unlegiertem Baustahl in einer Blechdicke von 2 mm um etwa 10 %, bei größeren Blechdicken auch darüber. Eine geringere Reinheit als 99 % erlaubt nur deutlich geringere Schneidgeschwindigkeiten bei verminderter Schnittqualität.

Inerte Schneidgase sind Argon und Helium, reaktionsträge Stickstoff- und reaktionsverminderte Druckluft- oder Sauerstoff-Inertgas-Gemische mit geringen Sauerstoffanteilen. Bei un- und niedriglegierten Stählen ist der Einsatz von inerten Schneidgasen wegen der geringen Schneidgeschwindigkeit zumeist auf Sonderfälle beschränkt, z.B. um eine Oxidschichtbildung zu verhindern. Wegen der gegenüber Sauerstoff geringeren Energieeinbringung und der damit verbundenen geringeren Prozesstemperatur muss der Gasimpuls auf die Schmelze im Vergleich zu Sauerstoff erheblich erhöht werden. Während beim Laserstrahl-Brennschneiden Sauerstoffdrücke von weniger als 0,5 MPa (5 bar) eingesetzt werden, sind beim Schmelzschneiden Drücke von deutlich über 1 MPa (10 bar) notwendig, um die Schmelze effektiv aus der Fuge zu drücken.

Verschiedene Faktoren, z.B. die Dichte, die Legierungsbestandteile, die Oberflächenbeschaffenheit oder die Übergangstemperatur des Werkstoffs vom festen in den flüssigen oder gasförmigen Zustand, beeinflussen das Absorptions- bzw. Reflexionsvermögen eines Werkstoffes und damit die erzielbare Bearbeitungsqualität. Metalle wie Aluminium, Kupfer oder Messing reflektieren in der Regel einen hohen Teil der Laserstrahlung und besitzen eine hohe Wärmeleitfähigkeit, so dass die Bearbeitungsqualität eingeschränkt wird (Abb. 13-13). Das Schneiden von Stahl ist demgegenüber weniger problematisch, da das Absorptionsvermögen bei den in der Praxis eingesetzten Stahlwerkstücken infolge der Oberflächenrauheit und der auf der Oberfläche befindlichen Oxidationsprodukte deutlich höher ist als bei blanken Metalloberflächen.

Ab einer Strahlintensität von etwa 10^3 W/cm² beginnt der Werkstoff zu schmelzen (Festkörperlaser), wobei das Absorptionsvermögen bis auf das Niveau der polierten Oberfläche abnimmt. Ab etwa $3*10^4$ W/cm² verdampft der Werkstoff, und die Absorption steigt sprunghaft an.

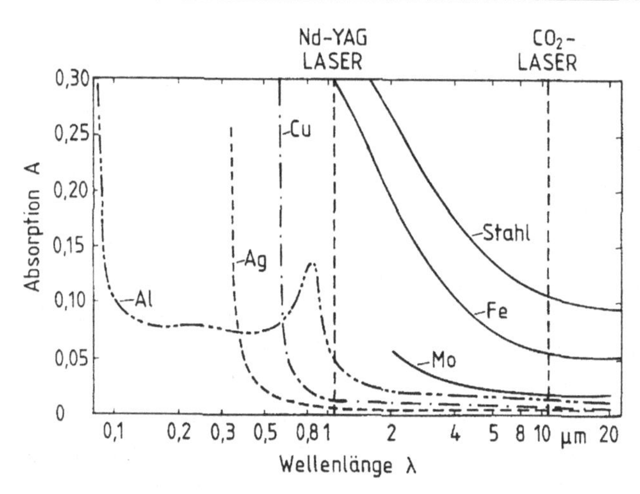

Abb. 13-13 Wellenlängenabhängige Absorption verschiedener Werkstoffe

Die Bandbreite der schneidbaren Eisenmetalle reicht vom Reineisen über un- und niedriglegierte bis zu hochlegierten Stählen. Mit steigendem Gehalt an Legierungselementen bilden sich beim Laserstrahl-Brennschneiden jedoch zunehmend hochschmelzende Oxide, die den Prozessablauf behindern. Darüber hinaus können die Bauteileigenschaften infolge Verarmung bzw. Anreicherung einzelner Legierungselemente im schnittflächennahen Bereich eingeschränkt werden.

Beim Laserstrahl-Brennschneiden sind wie beim autogenen Brennschneiden eine Aufkohlung der Schnittfläche und eine Anreicherung bzw. ein Abbrennen einzelner Legierungselemente festzustellen. Beim Laserstrahl-Brennschneiden von Edelstählen mit Sauerstoff oder Druckluft wird die Korrosionsbeständigkeit an der Schnittfläche zerstört.

Eine hohe Schneidgeschwindigkeit und Schnittqualität wird mit Laserstrahlleistungen bis zu 1500 W an Stahlblechen im Blechdickenbereich von bis zu 12 mm erzielt. Die weitergehende Entwicklung von Lasern hoher Strahlqualität (TEM_{00}) ermöglicht in naher Zukunft das Schneiden von bis zu rd. 20 mm dicken Stahlblechen mit einer Strahlleistung von 2000 W. Rostfreie Stähle lassen sich bis zu einer Blechdicke von 6 mm bartfrei in guter Schnittqualität trennen.

Nichteisenmetalle weisen eine unterschiedliche Schneideignung auf. Leicht- und Buntmetalle zeichnen sich z.B. durch einen hohen Reflexionsgrad und hohe Wärmeleitfähigkeit aus, die besondere Maßnahmen erfordern und die schneidbare Blechdicke einschränken. Die Schneidgeschwindigkeit in Aluminium lässt sich z.B. durch Schwärzen der Oberfläche um 50% steigern, wobei infolge heftiger Reaktion mit Sauerstoff jeweils eine stark zerklüftete Schnittfläche und ein fester Bart entstehen. Mit reaktionsträgen und inerten Schneidgasen lassen sich deutlich glattere Schnittflächen erzielen, und die Bartbildung kann im Blechdickenbereich bis rd. 2 mm mit hohen Schneidgasdrücken unterdrückt werden. Kupfer ist als guter Wärmeleiter mit hohem Schmelzpunkt und geringer Absorptionsrate für die Laserstrahlung ebenfalls schlecht zu schneiden.

Titan reagiert sehr heftig mit Sauerstoff, so dass der Schneidgasdruck der Schneidgeschwindigkeit angepasst werden muss. Mit einem Schneidgasdruck von weniger als 0,05 MPa (0,5 bar) lässt sich an einem Ti-Al 6 V 4-Blech eine akzeptable Schnittflächenqualität bei hohen Schneidgeschwindigkeiten erzielen. Eine weitere Verbesserung der Qualität der Schnittflächen kann durch die Verwendung inerter Schneidgase erreicht werden, wobei allerdings nur noch mit stark verminderter Geschwindigkeit gearbeitet werden kann und ein fester Bart entsteht. Im Superpulsbetrieb sind gratfreie Schnitte bis zu einer Blechdicke von 2 mm möglich.

Kobalt und Nickel können im Superpulsbetrieb bis zu einer Blechdicke von 6 mm gratfrei geschnitten werden. Als Schneidgase werden Sauerstoff, Druckluft und inerte Gase eingesetzt.

13.3 Abgrenzung thermischer Schneidverfahren

Zum Schneiden unlegierter Stähle im Blechdickenbereich von 2 bis 10 mm und hochlegierter Stähle im Blechdickenbereich von 2 bis 6 mm können prinzipiell alle thermischen Trennverfahren eingesetzt werden, so dass ein Verfahren ausgewählt werden muss, das den technologischen und wirtschaftlichen Anforderungen einer gestellten Schneidaufgabe am besten gerecht wird. Entscheidende technologische Anforderungen können dabei die Schneidgeschwindigkeit, mit der Werkstücke in Fertigteilqualität hergestellt werden können, und die mechanisch-technologischen Eigenschaften der geschnittenen Werkstücke sein.

Unlegierte Baustahlbleche können im Blechdickenbereich bis zu 10 mm mit dem Laserstrahl- und dem Plasmaschneiden mit hoher Schneidgeschwindigkeit getrennt werden (Abb. 13-14).

Unlegierte Stahlbleche können in einer Blechdicke von 10 mm mit den Verfahren Laserstrahl-Brennschneiden, autogenes Brennschneiden und WIPC mit Sauerstoff bartfrei geschnitten werden. Die gemittelte Rauhtiefe R_z beträgt jeweils 45 bis 50 µm. Deutliche Unterschiede ergeben sich dagegen im Hinblick auf die Schnittspaltweite und die Breite der WEZ. Während beim Laserstrahlschneiden ein Schnittspalt von 0,3 mm Weite

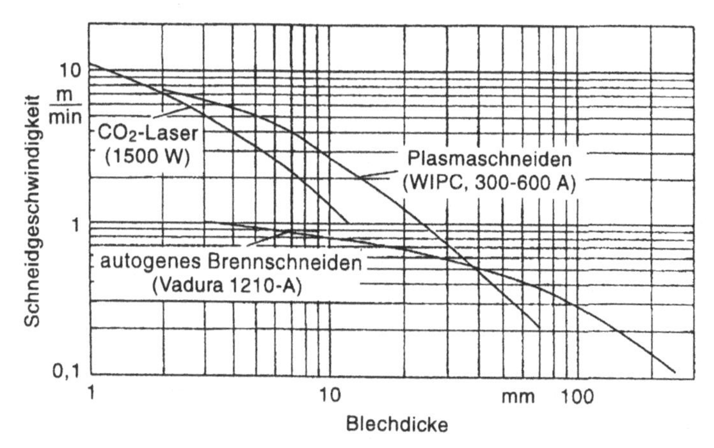

Abb. 13-14 Schneidgeschwindigkeiten thermischer Schneidverfahren

entsteht, ist der Spalt beim autogenen Brennschneiden rd. 2 mm und beim Plasmaschneiden rd. 3,6 mm weit. Die WEZ ist beim Laserstrahlschneiden rd. 0,6 mm, beim Plasmaschneiden rd. 4 mm und beim autogenen Brennschneiden infolge der Vorwärmflamme rd. 6 mm breit. Die Schnittflächen sind beim Laserstrahlschneiden nahezu parallel, beim autogenen Brennschneiden leicht konisch und beim Plasmaschneiden unterschiedlich (Gut-, Schlechtseite) ausgerichtet (Abb. 13-15).

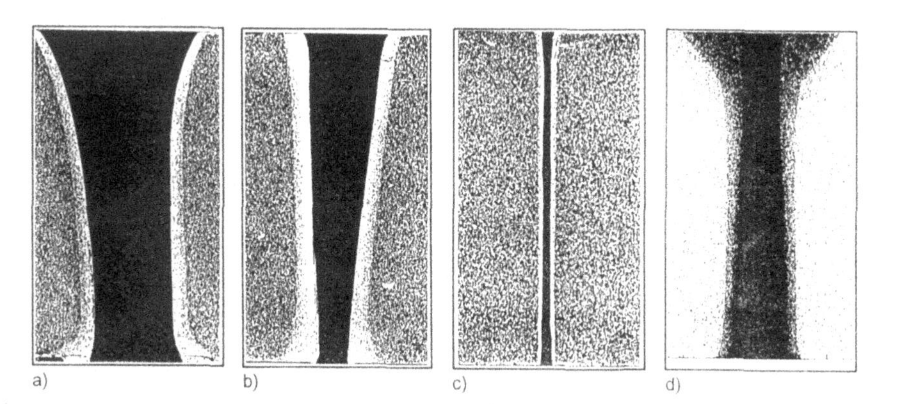

Abb. 13-15 Ausbildung der Schnittfugen beim Schneiden von 10 mm dickem unlegierten Stahlblech S235JRG2 (RSt 37-2) mit verschiedenen Schneidverfahren
$v_{S\,opt}$: optimierte Schneidgeschwindigkeit
a) WIPC-N_2;
b) Luftplasmaschneiden;
c) Laserstrahl-Brennschneiden, $P_l = 1500$ W;
d) autogenes Brennschneiden

14 Sonderfügeverfahren

14.1 Bolzenschweißen

Neben den in den vorhergehenden Kapiteln beschriebenen Schweißverfahren gibt es noch eine Vielzahl von Sonderverfahren, z.B. das Bolzenschweißen. In Abb. 14-1 werden als Beispiele einige Bolzenformen gezeigt. Die Bolzen können je nach Anwendungsfall mit Innen- oder Außengewinde versehen sein, auch angespitzte Bolzen oder Bolzen mit einer Riffelung des Bolzenschaftes werden eingesetzt. Grundsätzlich werden drei Lichtbogen-Bolzenschweißverfahren unterschieden. Abb. 14-2 zeigt schematisch die drei Verfahren, Unterschiede bestehen in der Art der Lichtbogenzündung und im Bewegungsablauf beim Schweißprozess.
Die Schaltungsanordnung einer Lichtbogen-Bolzenschweißanlage mit Hubzündung ist in Abb. 14-3 zu sehen. Neben einer Stromquelle, die kurzzeitig hohe Ströme liefert, ist ein Steuergerät und eine Hubvorrichtung notwendig. Beim Bolzenschweißen mit Hubzündung wird der Bolzen zunächst auf das Blech aufgesetzt. Beim Abheben des Bolzens wird der Lichtbogen gezündet und schmilzt nach kurzer Zeit den gesamten Bolzenquerschnitt an. Wenn Bolzen und Grundblech angeschmolzen sind, wird der Bolzen in das Schmelzbad eingetaucht, dabei formt der Keramikring die Naht. Nach dem Erstarren des Schmelzbades wird der Ring abgeschlagen (Abb. 14-4).

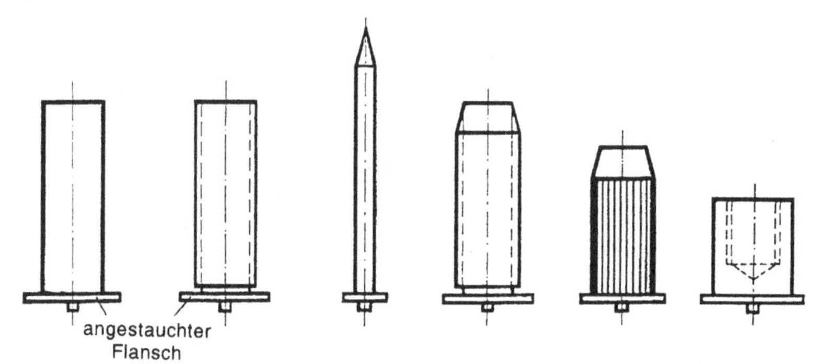

Abb. 14-1 Verschiedene Bolzenformen mit angestauchtem Flansch für die Spitzenzündung

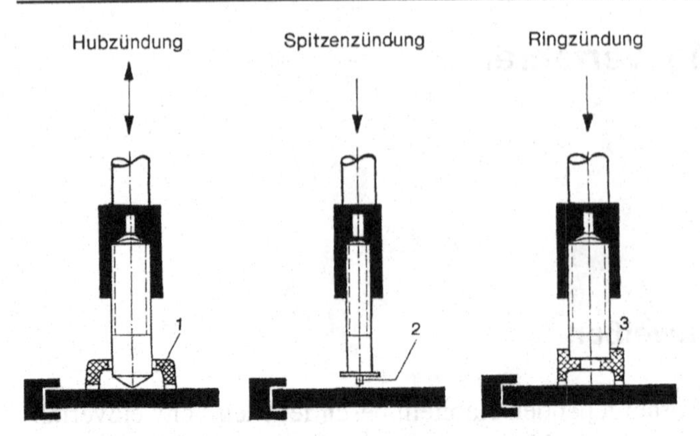

Abb. 14-2 Lichtbogen-Bolzenschweißverfahren

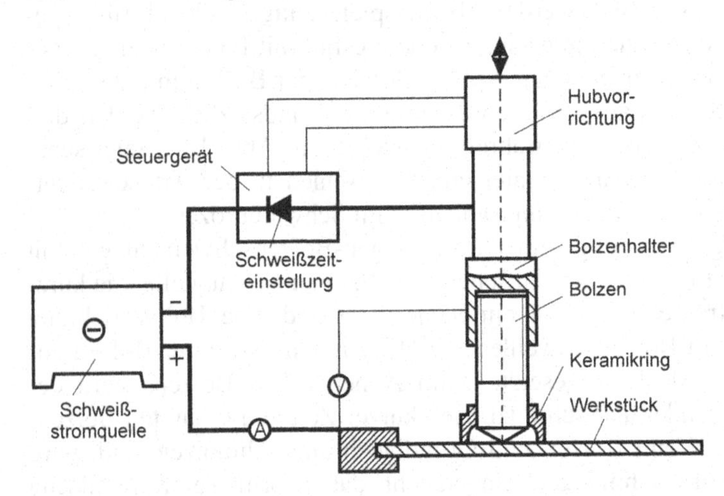

Abb. 14-3 Schaltungsanordnung beim Lichtbogen-Bolzenschweißen mit Hubzündung

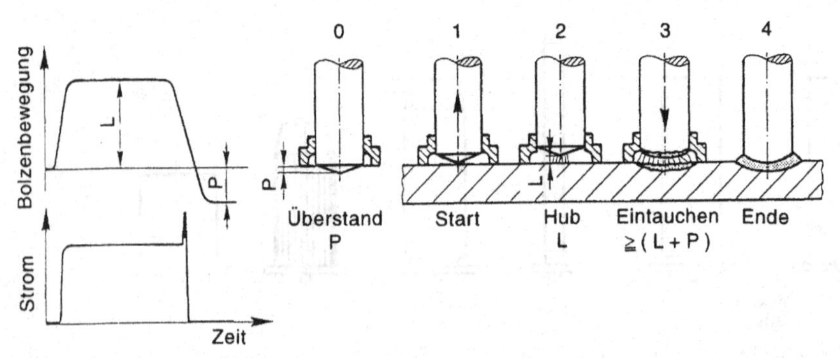

Abb. 14-4 Bolzenbewegung beim Bolzenschweißen mit Hubzündung

In Abb. 14-5 ist der Schweißvorgang mit Spitzenzündung dargestellt. Beim Aufsetzen der Spitze wird diese sofort abgeschmolzen und der Lichtbogen gezündet, ein Abheben des Bolzens entfällt. Ist die Bolzenfläche aufgeschmolzen, wird der Bolzen auf das angeschmolzene Werkstück aufgesetzt.

Mit den Bolzenschweißverfahren können Bolzen bis 22 mm Durchmesser bei Schweißströmen von mehr als 1000 A verschweißt und verschiedenen Werkstoffe miteinander verbunden werden (Tabelle 14-1). Dabei sind

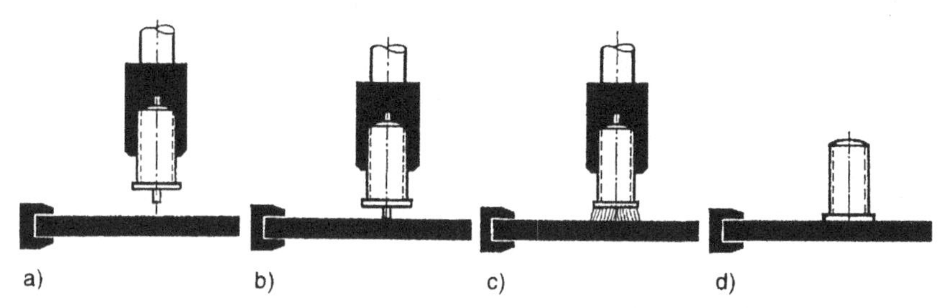

Abb. 14-5 Phasen des Schweißvorganges mit Spitzenzündung

Tabelle 14-1 Schweißeignung von Bolzen-Grundwerkstoff-Kombinationen beim Bolzenschweißen

Bolzenwerkstoff / Grundwerkstoff	unlegierter Baustahl St 37-3 bzw. vergleichbare Stähle	andere unlegierte Stähle	nichtrostende Stähle nach DIN 17400	hitzebeständige Stähle nach SEW 470	Aluminium und Aluminiumlegierungen
unlegierter Baustahl St 37, St 52 bzw. vergleichbare Stähle	1	2	3	2	0
andere unlegierte Stähle	2	2	3	2	0
nichtrostende Stähle nach DIN 17440	3	3	1	3	0
hitzebeständige Stähle nach SEW 470	2	2	2	2	0
Aluminium und Aluminiumlegierungen	0	0	0	0	2

Erläuterung der Zahlen für die Schweißeignung:

1 gut geeignet (für Kraftübertragung)
2 geeignet (für Kraftübertragung nur mit Einschränkung)
3 bedingt geeignet (nicht für Kraftübertragung)
0 nicht möglich

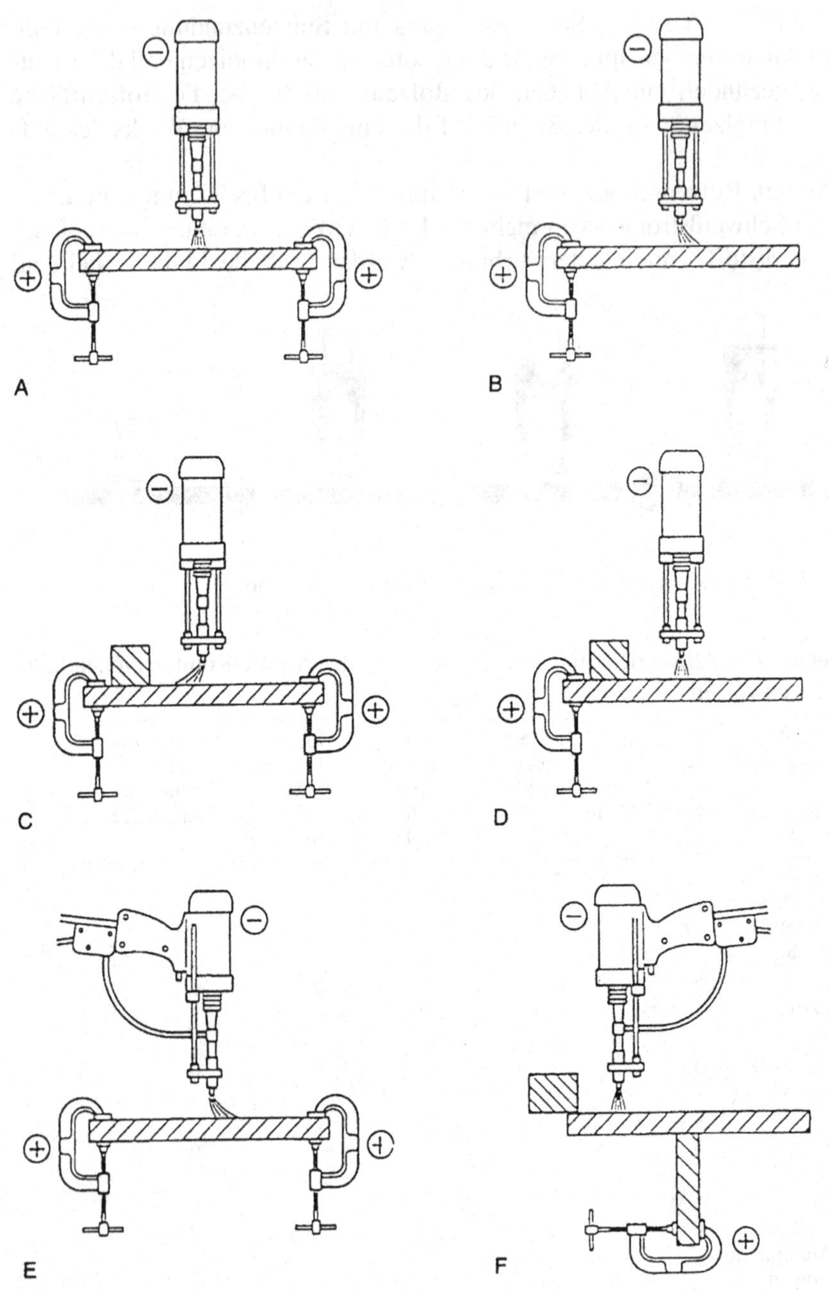

Abb. 14-6 Blaswirkung beim Bolzenschweißen und Möglichkeiten der Abhilfe

die unterschiedliche Wärmeableitung und Schmelzpunkte der einzelnen Materialien problematisch. So lassen sich z. B. Aluminiumbolzen nicht auf Stahl aufschweißen.
Durch die relativ hohen Schweißströme beim Bolzenschweißen macht sich die elektromagnetische Blaswirkung störend bemerkbar. In Abb. 14-6 sind verschiedene Anordnungen von Stromkontaktierung und Verlauf der Schweißstromkabel zu sehen, dabei ist die entstehende Lichtbogenauslenkung dargestellt (B, C, E). Maßnahmen zur Abhilfe sind in A, D und F aufgegeben.

14.2 Hochfrequenzschweißen

Beim Hochfrequenzschweißen von Rohren kann die Energie entweder durch Schleifkontakte (Abb. 14-7 a) oder durch Rollen in das Werkstück geführt werden (Abb. 14-7 b). Die Hochfrequenztechnik kommt zum Einsatz, weil nur so eine sichere Stromübertragung trotz Zunder- oder Oxidschichten möglich ist. Dabei fließt der Strom – durch den Skineffekt bedingt – nur an der Oberfläche, so dass bei dickwandigen Rohren keine vollständige Durchschweißung erzielt wird.

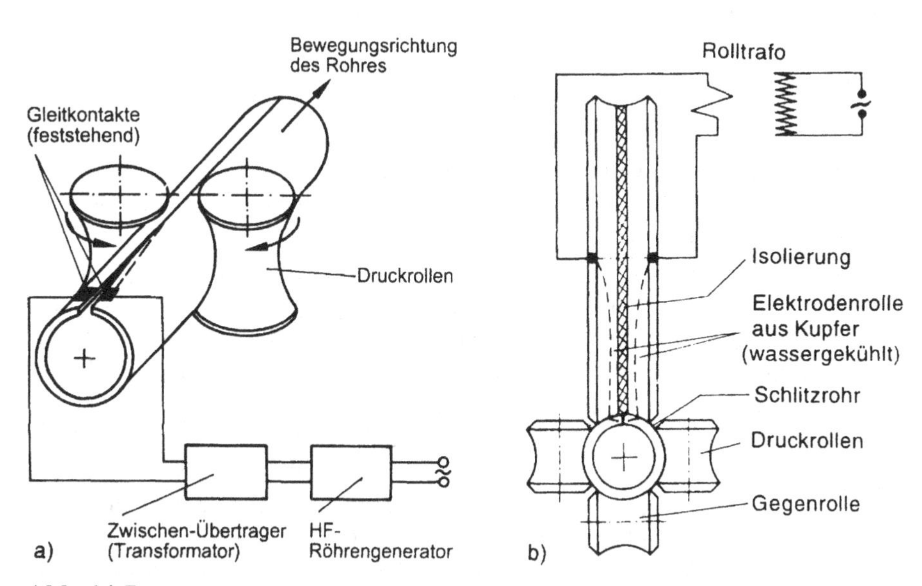

Abb. 14-7
a) Hochfrequenzschweißen von Rohren mit Schleifkontakten
b) Rollentransformatorschweißen

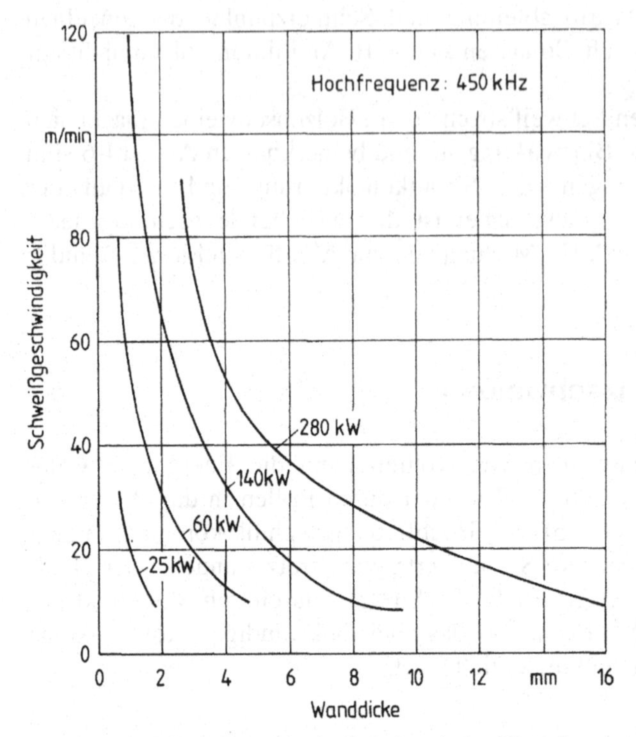

Abb. 14-8 Schweißgeschwindigkeiten beim Hochfrequenzschweißen mit induktiver Stromübertragung

Wirtschaftlich schweißbar sind nur kleine Wanddicken, da die Schweißgeschwindigkeit bei zunehmender Wanddicke stark verringert werden muss (Abb. 14-8).

Beim heute häufiger angewendeten Induktionsschweißen erfolgt die Energieeinführung berührungslos (Abb. 14-9). Durch wechselnde Magnetfelder werden Wirbelströme im Werkstück erzeugt, die eine Widerstandserwärmung im Schlitzrohr bewirken. Es werden Spuleninduktoren (links) und Linieninduktoren (rechts) unterschieden.

Auch beim Induktionsschweißen fließt der Strom nur im oberflächennahen Bereich des Rohres, wobei nur der Stromanteil genutzt werden kann, der zur Fügestelle gelangt und zum Aufschmelzen des Spaltes dient. In Abb. 14-10 sind zwei Stromverläufe dargestellt; links im Bild ist die Nutzstrombahn zu sehen, recht eine Fehlstrombahn, die nicht zum Aufschmelzen der Kanten beiträgt.

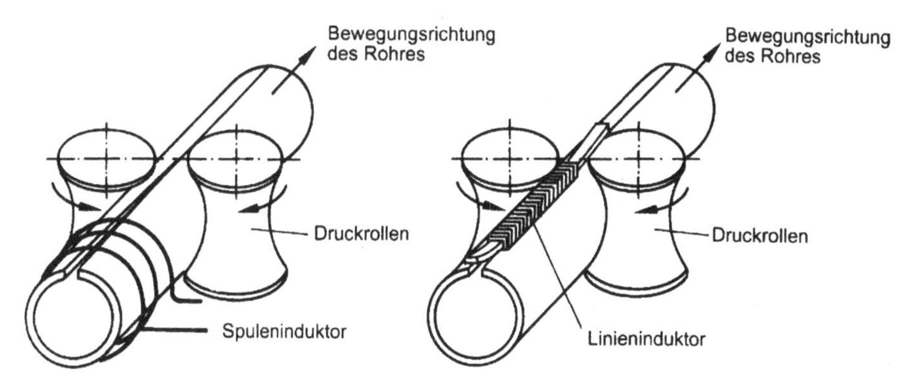

Abb. 14-9 Induktionsschweißen von Rohren
b Breite des Heizinduktors; *d* Außendurchmesser des Rohres; *l* Abstand zwischen Induktor und Schweißstelle; *s* Wanddicke des Rohres; δ_1 Eindringtiefe des Stromes auf dem Rohrrücken; δ_2 Eindringtiefe des Stromes an den Bandkanten

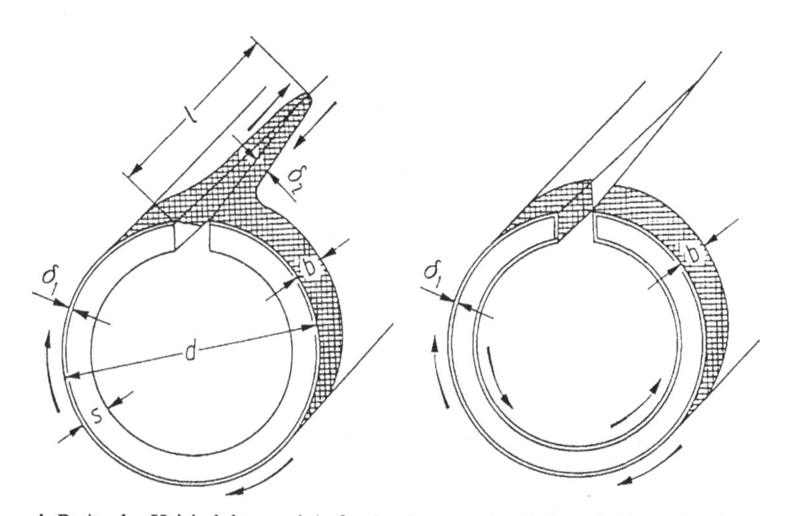

b Breite des Heizinduktors; d Außendurchmesser des Rohres; l Abstand zwischen Induktor und Schweißstelle; s Wanddicke des Rohres; δ_1 Eindringtiefe des Stromes auf dem Rohrrücken; δ_2 Eindringtiefe des Stromes an den Bandkanten.

Abb. 14-10 Strombahnen beim Induktionsschweißen
Links: Nutzstrombahn; Rechts: Fehlstrombahn

Die erzielbaren Schweißgeschwindigkeiten gehen aus Abb. 14-11 hervor.

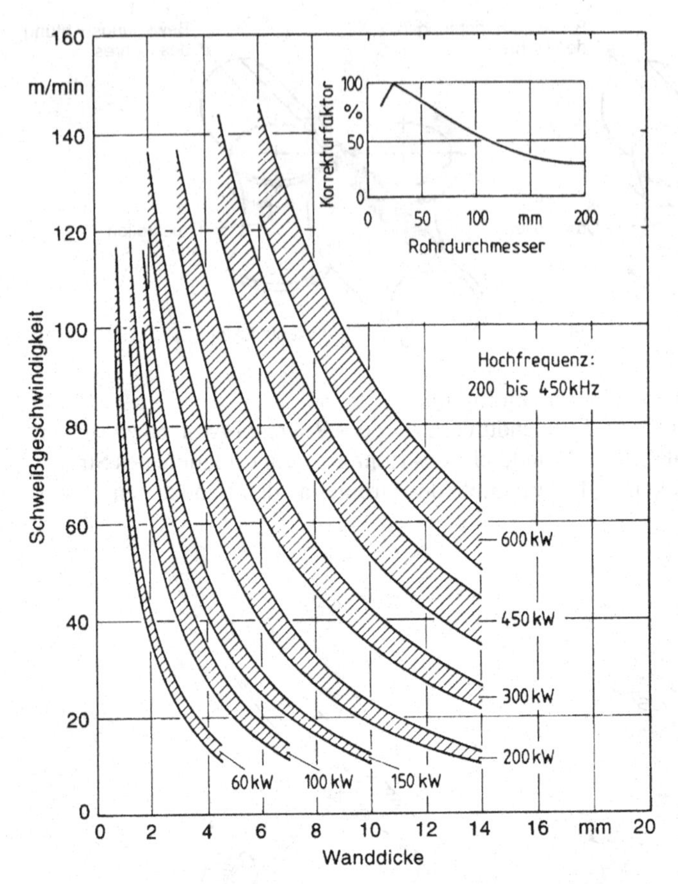

Abb. 14-11 Schweißgeschwindigkeiten beim Induktionsschweißen

14.3 Aluminothermisches Schweißen

Das aluminothermische Schmelzschweißen oder Gießschmelzschweißen (Thermitschweißen) wird hauptsächlich für das Verbinden von Schienensträngen auf Baustellen verwendet. In einen Tiegel wird ein Eisenoxid-Aluminiumpulver-Gemisch eingefüllt. Nach dem Entzünden des Gemisches setzt nach der Reaktionsgleichung

$$Fe_2O_3 + 2\,Al \rightarrow 2\,Fe + Al_2O_3 + 760\ kJ/mol$$

eine exotherme Reaktion ein, bei der das Aluminium oxidiert und das Eisenoxid zu Eisen reduziert wird. Das schmelzflüssige Eisen fließt dann in eine Keramikform, die der Kontur der Schiene angepasst ist. Nach dem Abkühlen der Schmelze wird die Form durch Abschlagen entfernt. Der Anlagenaufbau ist in Abb. 14-12 dargestellt.

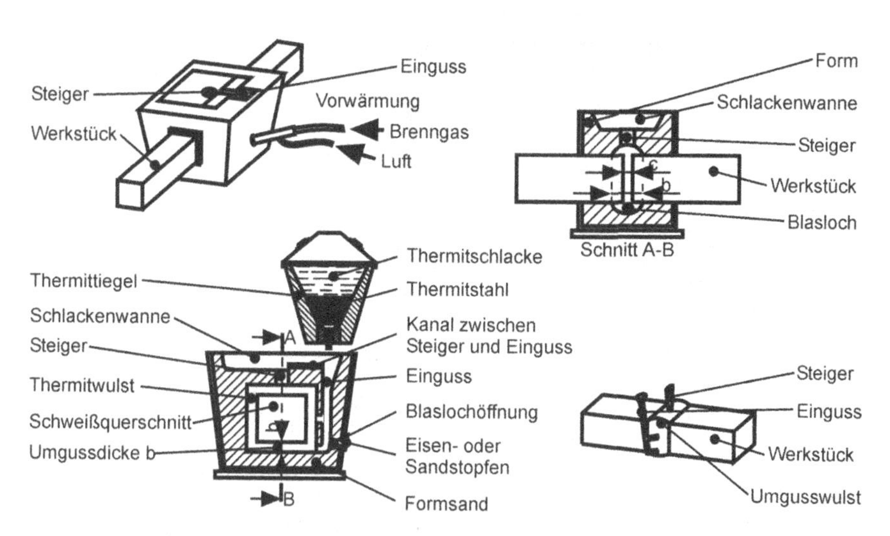

Abb. 14-12 Aluminothermisches Schweißen (Thermitschweißen)

14.4 Diffusionsschweißen

Abbildung 14-13 zeigt den Aufbau einer Diffusionsschweißanlage. Das Diffusionsschweißen wird als Schweißen im festen Zustand bezeichnet. Die zu verbindenden Oberflächen werden gereinigt, poliert und unter Druck und Temperatur im Vakuum zusammengefügt. Nach einer bestimmten Zeit (einige Minuten bis zu mehreren Tagen) wird eine Verbindung durch Diffusionsvorgänge erzielt.

Der Vorteil dieses relativ kostenintensiven und aufwendigen Schweißverfahrens besteht in der Möglichkeit, artfremde Werkstoffe zu verbinden, ohne dass eine Gefügeumwandlung durch Wärmezufuhr stattfindet. In Abb. 14-14 sind mögliche Werkstoffkombinationen zusammengestellt. Sollen zwei extrem unterschiedliche Werkstoffe, z.B. Austenit und eine Zirkonlegierung, miteinander verbunden werden, so ist dies durch mehrere Zwischenschichten möglich.

Abbildung 14-15 zeigt den Aufbau einer solchen Verbindung, wobei Nickel, Kupfer und Vanadium als Zwischenschichten verwendet wurden. Da die Diffusion der einzelnen Komponenten nur im oberflächennahen Bereich stattfindet, sind sehr dünne Verbindungsschichten möglich.

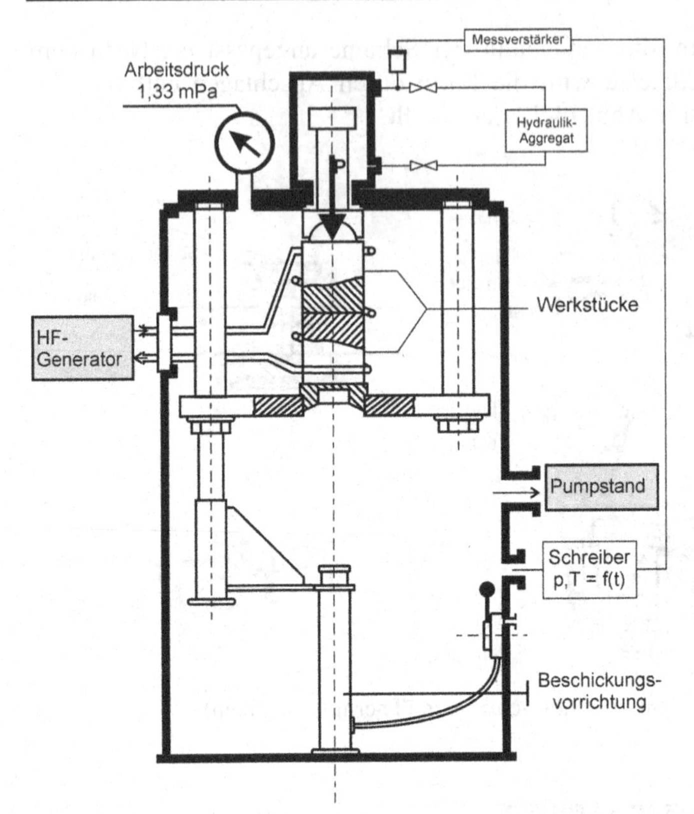

Abb. 14-13 Schematischer Aufbau einer Diffusionsschweißanlage

Werkstoff	Gusseisen	Baustahl	Werkzeugstahl	Nichtrostender Stahl	Aluminium	Kupfer	Nickel	Titan	Molybdän	Wolfram	Zirkon	Niob	Tantal
Tantal					●						⊠	●	⊠
Niob		●				⊠		●	●	●	⊠	⊠	
Zirkon				●	●						●		
Wolfram						●			●	■			
Molybdän		●		■		●		●	■				
Titan		●		●		■	⊠	■					
Nickel					⊠	⊠	■						
Kupfer		●		●	●	■							
Aluminium	⊠			●	■								
Nichtrostender Stahl		■		■									
Werkzeugstahl		●	■										
Baustahl	●	■											
Gusseisen	⊠												

■ sehr gute Schweißung
● gute Schweißung
⊠ schlechte Schweißung
□ nicht untersucht bzw. Ergebnisse nicht ausgewiesen

Abb. 14-14 Mögliche Werkstoffkombinationen beim Diffusionsschweißen

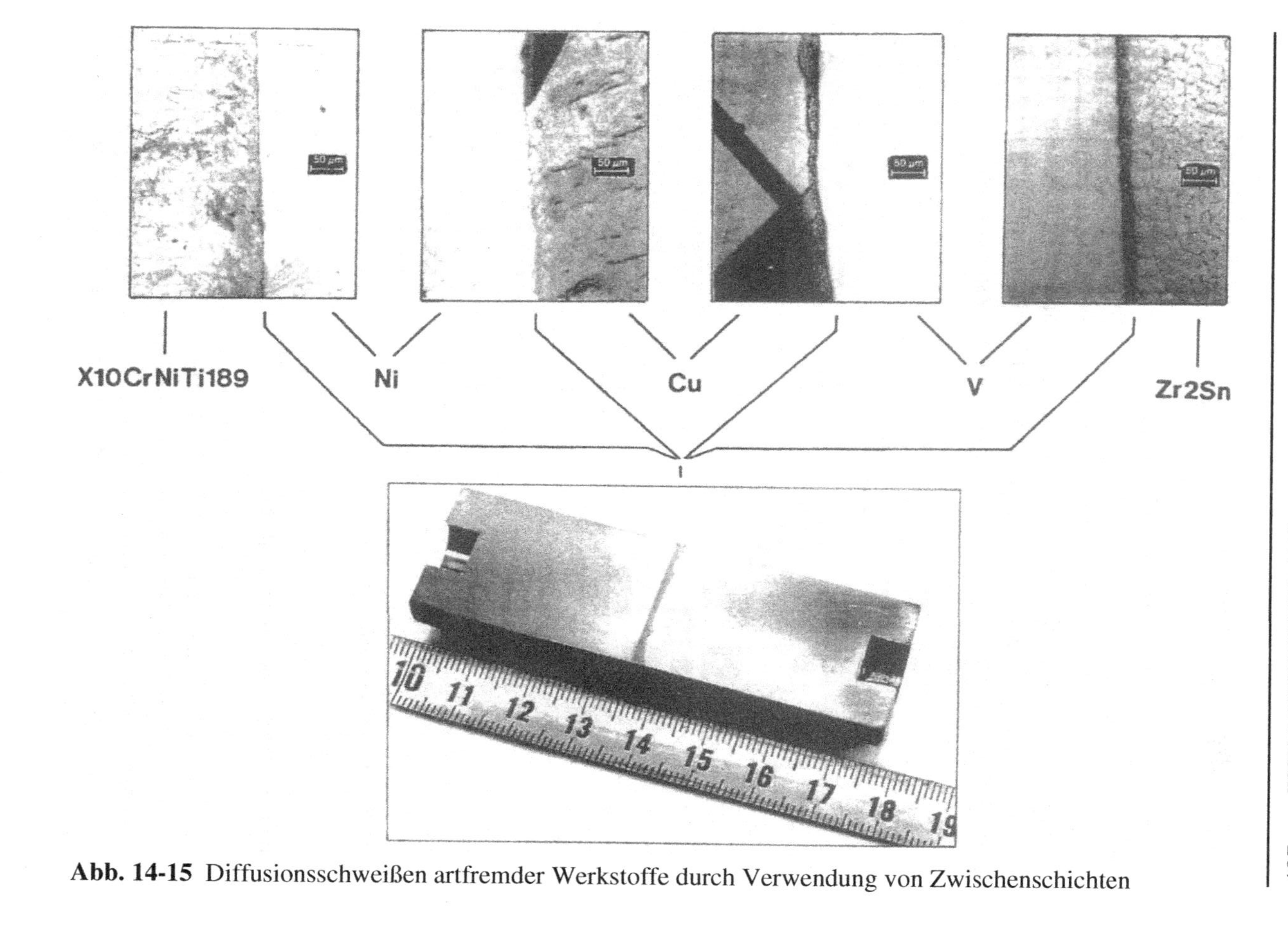

Abb. 14-15 Diffusionsschweißen artfremder Werkstoffe durch Verwendung von Zwischenschichten

14.5 Kaltpressschweißen

Im Gegensatz zum Diffusionsschweißen wird beim Kaltpressschweißen durch den hohen Anpressdruck eine Verformung im Bereich der Bindungsebene erzeugt (Abb. 14-16). Dabei wird in der Fügezone eine Annäherung der Schweißflächen auf atomaren Abstand erzielt, durch Platzwechselvorgänge sowie durch Kohäsions- und Adhäsionskräfte wird eine Verbindung gleichartiger oder ungleichartiger Werkstoffe erreicht.

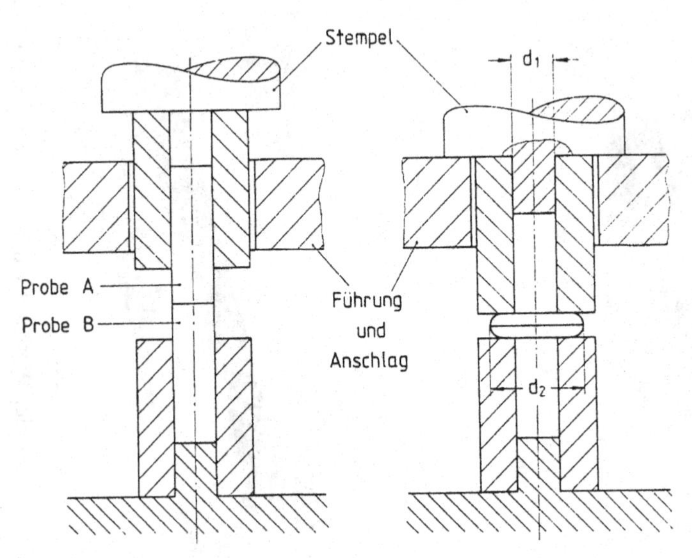

Abb. 14-16 Kaltpressschweißen

14.6 Ultraschallschweißen

Abbildung 14-17 zeigt das Verfahrensprinzip des Ultraschallschweißens. Mittels mechanischer Schwingungsenergie werden die festen Oberflächenbeläge überlappt angeordneter Bleche zerstört. Dabei werden die Fügeflächen unter lokal begrenzter, sehr kurzzeitiger Erwärmung verformt und punktförmig verbunden. Die Fügeteile werden unter Druck verschweißt, wobei mit Ultraschallfrequenz ein Teil mit kleinen Amplituden (bis 50 μm) relativ zum anderen Teil bewegt wird. Der Schwingungsvektor liegt im Gegensatz zum Ultraschallschweißen von Kunststoffen bei Metallen in der Verbindungsebene. Der durch einen magnetostriktiven Schwinger erzeugte und durch Sonotrode übertragene Ultraschall liegt im Frequenzbereich von 20 bis 60 kHz. In Abb. 14-18 sind mögliche Werk-

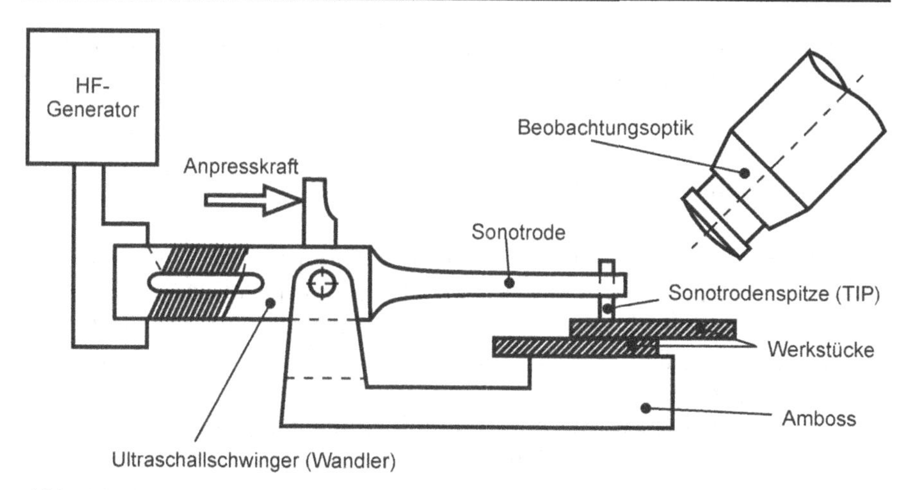

Abb. 14-17 Prinzip des Ultraschallschweißens

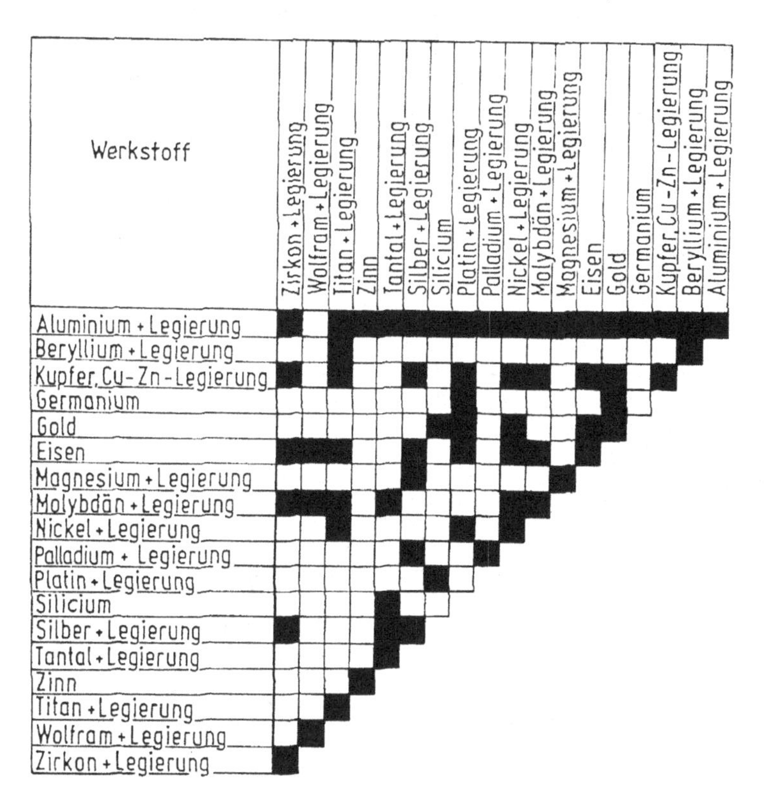

Abb. 14-18 Mögliche Werkstoffkombinationen für das Ultraschallschweißen

stoffkombinationen für das Ultraschallschweißen zusammengestellt. Das Verfahren wird häufig für Mikroschweißungen eingesetzt.

14.7 Heizelementschweißen

Weitere Mikroschweißverfahren sind die als Heizelementschweißen bezeichneten Verfahren wie das Nagelkopfschweißen und das Keilschweißen. Diese Verfahren werden in der Elektronikindustrie eingesetzt, um feinste Drähte, z.B. Golddrähte von Mikrochips, mit Aluminiumleiterbahnen zu verbinden.

Beim Keilschweißen wird ein Draht mit Hilfe einer Zuführungsdüse auf den Kontaktfleck gelegt und durch Absenken eines Schweißkeiles mit dem Aluminium-Dünnfilm verschweißt (Abb. 14-19). Das Abtrennen des Drahtes geschieht mit einem Schneidwerkzeug.

Beim Nagelkopfschweißen wird der aus einer Führungsdüse austretende Draht, der einen Durchmesser von 12 bis 100 μm haben kann, an seinem Ende durch Erhitzen mit einer reduzierend wirkendenden Wasserstoffflamme zu einer Kugel geschmolzen. Diese wird anschließend mit der Düse auf das zu kontaktierende Teil gedrückt und nagelkopfartig verformt.

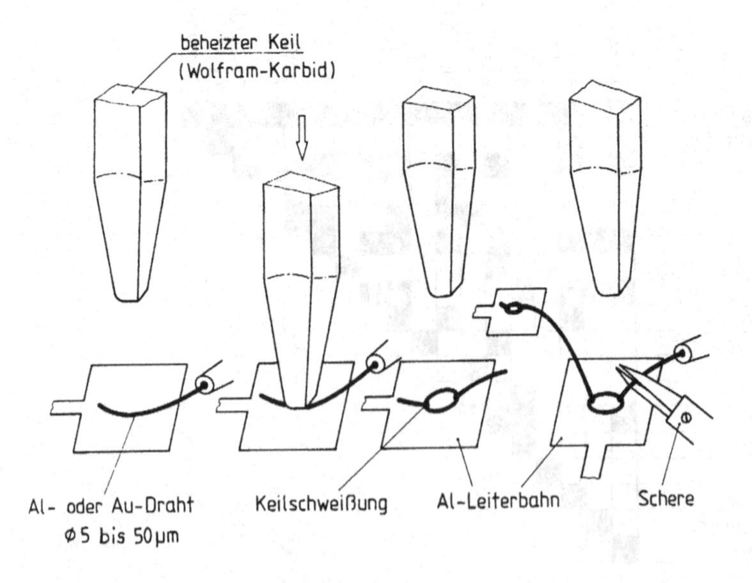

Abb. 14-19 Keilschweißen

14.8 Löten

Ein weiteres mit der Schweißtechnik verwandtes Verfahren ist das Löten, das dadurch gekennzeichnet ist, dass mit nicht artgleichem Zusatzwerkstoff (Lot) gearbeitet wird. Dabei werden artgleiche oder artfremde Metalle durch ein Lot verbunden, wobei es im Grenzbereich zwischen Lot und Grundwerkstoff zu Platzwechselvorgängen kommt und atomare Bindungskräfte wirksam werden.

Es wird grundsätzlich in Weichlöten (Schmelztemperatur des Lotes bis 450°C) und Hartlöten (Schmelztemperatur des Lotes bis 1100°C) sowie Hochtemperaturlöten (Schmelztemperatur des Lotes bis 1200°C) unterschieden.

Die einzelnen Lötverfahren werden nach der Art der Erwärmung gekennzeichnet. Zu nennen sind hier die Verfahren Flamm-, Kolben-, Block-, Ofen-, Salzbad-, Tauch-Schwallbad-, Widerstands- und Induktionslöten.

14.9 Kleben

Beim Kleben werden die Fügeteile mit einem meist organischen Zusatzwerkstoff, dem Klebstoff, verbunden. Der ausgehärtete Klebstoff überträgt die Kräfte über Grenzflächenhaftung (Adhäsion) und seine innere Festigkeit (Kohäsion), Abb. 14-20. Die Eigenschaften der Verbindung werden daher weitgehend vom Klebstoff und von der Oberflächenpräparation bestimmt. Die Aushärtung der Klebstoffe erfolgt nach verschiedenen Mechanismen, meist bei Raumtemperatur bis maximal 180°C bei warmhärtenden Klebstoffen. Da das Kleben somit ein vorwiegend „kaltes" Fügeverfahren ist, treten kaum Eigenspannungen auf. In Abb. 14-21 sind die Eigenspannungen von Schweiß-, Löt- und Klebverbindungen gegenübergestellt. Das Kleben ermöglicht das Fügen von sehr dünnen Bauteilen (Folien) und ist

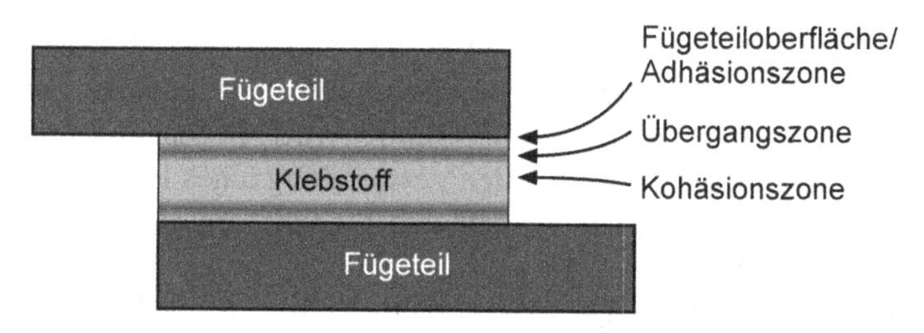

Abb. 14-20 Schematischer Aufbau einer Klebung

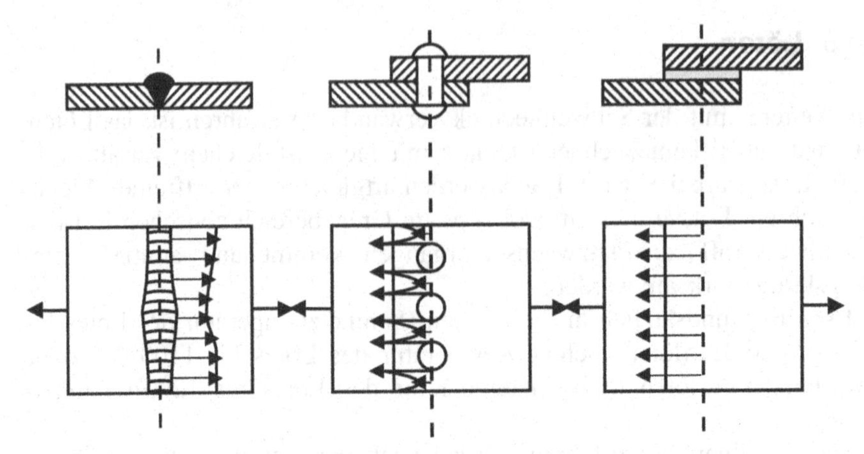

Abb. 14-21 Spannungsverteilung in: Schweißverbindungen (links), Nietverbindungen (mitte) und Klebverbindungen (rechts) (Quelle: Loctite)

in besonderem Maße geeignet, verschiedenartige Werkstoffe miteinander zu kombinieren.

Eingeschränkt verwendbar sind organische Klebverbindungen in Bereichen mit erhöhter Einsatztemperatur (>120 °C), da Klebstoffe dann wie die meisten Polymere erweichen. Weitere Einschränkungen können sich durch Umgebungseinflüsse (fluide Medien, UV-Strahlung, etc.) ergeben. Für eine dauerhafte Klebverbindung müssen daher bereits bei der Auslegung die Umgebungsmedien und Einflussbedingungen berücksichtigt werden.

14.10 Mechanisches Fügen

Zu den Verfahren des mechanischen Fügens zählen alle Varianten bei denen eine form- und/oder kraftschlüssige Verbindung erzeugt wird. Oft werden hierzu zusätzliche Bauteile verwendet (Nieten, Schrauben, etc.), aber auch Verbindungen ohne weitere Hilfsmittel sind möglich (Durchsetzfügen, Bördeln, etc.)

Ein industriell weit verbreitetes Verfahren ist das Stanznieten. Bei diesem Verfahren wird ein Niet mit einem Stempel durch die Fügeteile auf eine Matrize gepresst. Beim Stanznieten mit Vollniet wird ein Stanzbutzen in der Matrize abgeführt, Abb. 14-22. Bei der Verwendung eines Hohlniets spreizt der Niet und nimmt in seiner Kavität den Stanzbutzen selbst auf, Abb. 14-23 und 14-24.

Ebenfalls weit verbreitet ist das Durchsetzfügen. Hierbei wird ohne Zusatzbauteil eine Verbindung durch Umformung der Fügezone hergestellt.

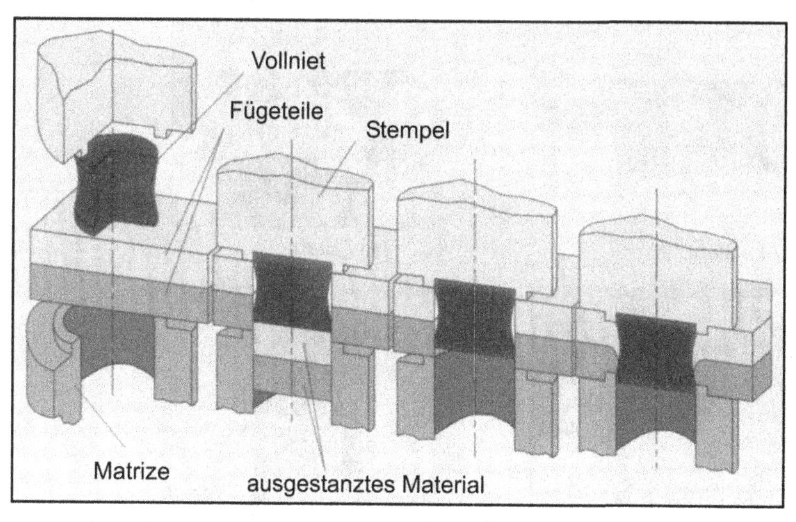

Abb. 14-22 Stanznieten mit Vollniet, Verfahrensablauf

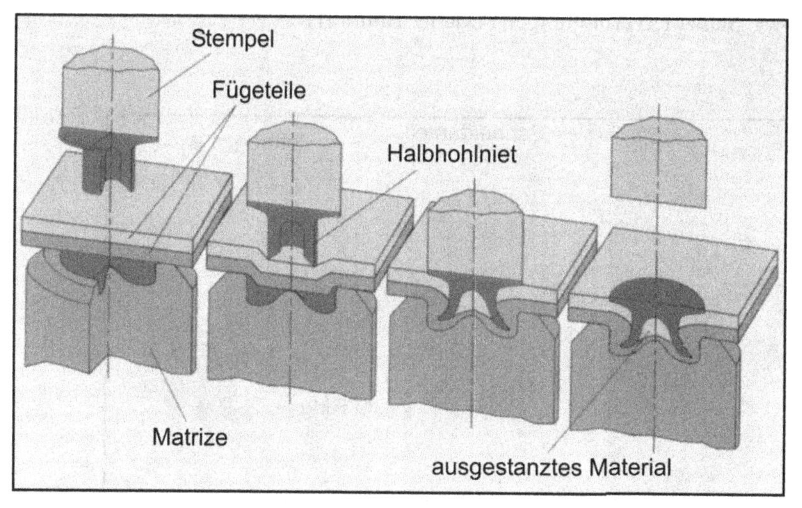

Abb. 14-23 Stanznieten mit Halbhohlniet, Verfahrensablauf

Ein Stempel wird in eine zweiteilige Matrize gepresst. Die Matrize gibt eine zylindrisch-, stern- oder quaderförmige Vertiefung frei, in die der verpresste Fügeteilwerkstoff gedrückt wird. Auf diese Weise entstehen kraft- und formschlüssige Verbindungen, Abb. 14-25.

Angewendet werden diese Verfahren bei vorwiegend dünnen Fügeteilen, die bereits Oberflächenbeschichtungen oder -veredelungen aufweisen.

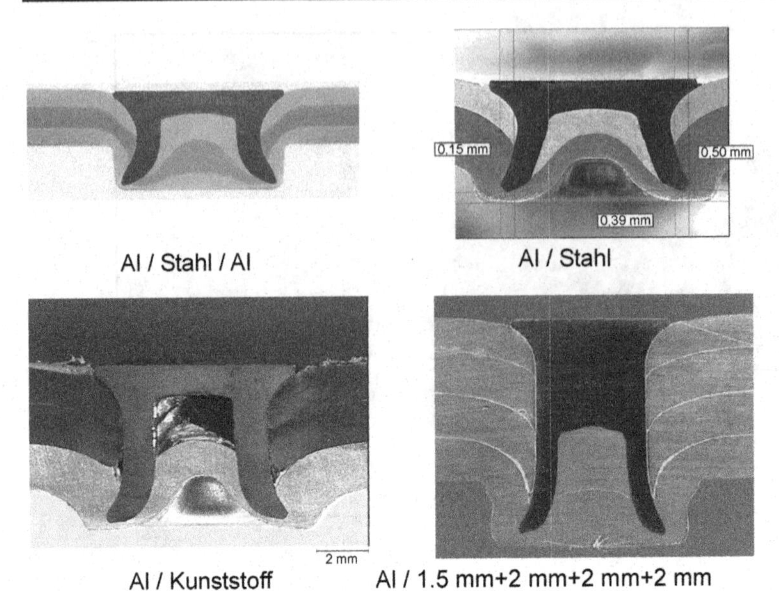

Abb. 14-24 Stanznietverbindungen (Quelle: Böllhoff)

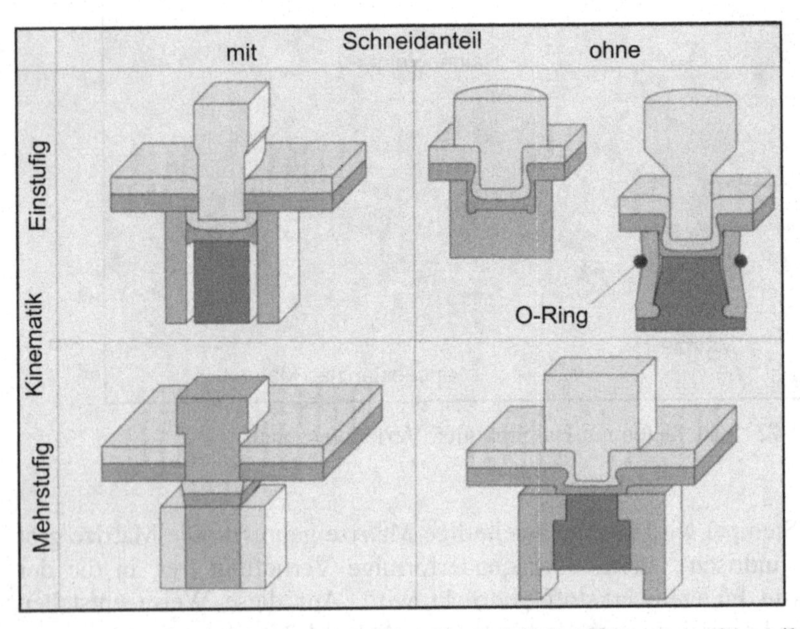

Abb. 14-25 Durchsetzfügen: mit Schneidanteil (links); ohne Schneidanteil (rechts)

15 Mechanisierung und Vorrichtungen in der Schweißtechnik

15.1 Mechanisierung

Der wachsende Anteil der Lohnkosten an den gesamten Produktionskosten, der an qualifizierten Schweißfachkräften sowie die Forderung an gleichbleibend hoher Qualität erfordern auch in der Schweißtechnik immer mehr mechanisierte Produktionsprozesse. Des weiteren sind viele Schweißverfahren verfahrensbedingt bereits höher mechanisiert. Hinzu kommt der Einsatz derartiger Technologien für große Stückzahlen und in der Massenfertigung, wodurch sich vollmechanisierte oder automatisierte Systeme auch bei den hierfür notwendigen höheren Investitionen lohnen.

Gesichtspunkte für eine zunehmende Mechanisierung sind:

- Mangelnde Verfügbarkeit qualifizierter Handschweißer (Gasschweißer, Lichtbogenschweißer, Schutzgasschweißer),
- Abhängigkeit von der Zuverlässigkeit der Schweißer (Konzentration, Ermüdung, Arbeitsmoral, hohe Prüf- und Nacharbeitskosten),
- Termintreue, da beim Handschweißen Unsicherheiten bei der Einhaltung von Fertigungsterminen aufgrund von Krankheitsausfällen, Fehlern und Reparaturen auftreten,
- hoher Lohnkostenanteil am Erzeugnis durch hohe Stundenlöhne und lange Fertigungszeiten wegen geringer Schweißgeschwindigkeiten (kleine Abschmelzleisungen), hoher Nebenzeiten und relativ großem Nahtvolumen bei dickeren Werkstücken, zusätzliche unproduktive Nebenzeiten durch Schulung und Prüfung,
- vermehrte Gefahr von Fehlstellen (Ansatzstellen und Endkrater) durch intermittierende Arbeitsweise beim Lichtbogenhandschweißen,
- großer Zusatzwerkstoff-Verbrauch (z.B. Elektrodenendstummel),
- teilweiser Ersatz belastender Arbeitsplätze durch überwachende, höherwertige Tätigkeiten (Humanisierung des Arbeitsplatzes).

Die Zusammenhänge sind in Abb. 15-1 dargestellt. In der Schweißtechnik werden nach DIN 1910 Teil 1 vier Mechanisierungsgrade unter-

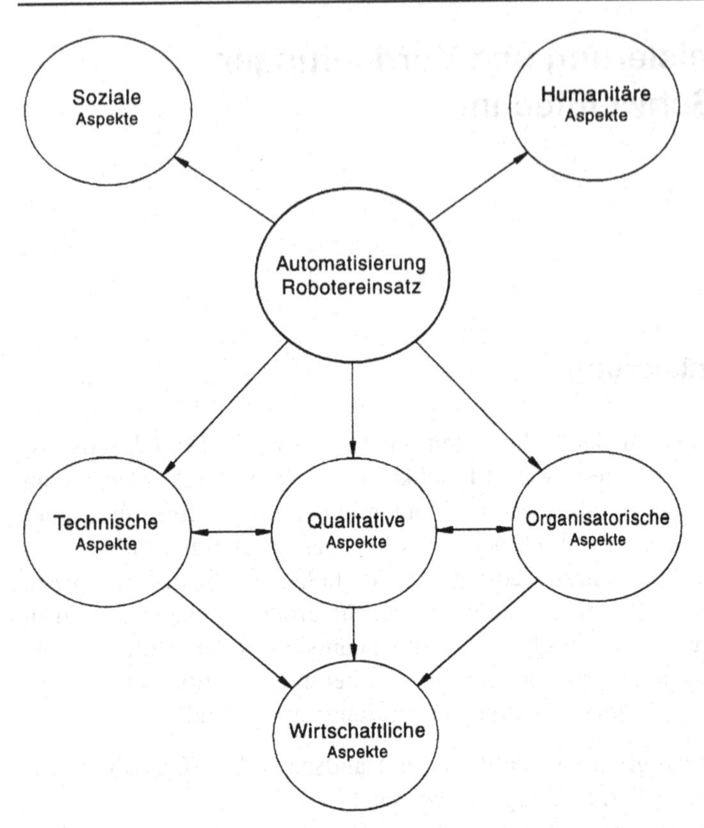

Abb. 15-1 Aspekte der Automatisierung der Schweißtechnik

schieden (Tabelle 15-1). Hierbei wird nach der Art der Zusatzwerkstoffzufuhr, der Brennerführung sowie des Werkstückwechsels eingeteilt.

Einer möglichst weitgehenden Mechanisierung sind jedoch wirtschaftliche und technische Grenzen gesetzt. Die hierfür notwendigen, teils erheblichen Aufwendungen müssen stets im Verhältnis zum möglichen technischen und wirtschaftlichen Nutzen gesehen werden. Je nach Verbindungsaufgabe, Losgröße und Qualitätsanforderungen an die geschweißten Werkstücke ergibt sich daraus ein sinnvoller und damit auch vertretbarer Mechanisierungsgrad. Wesentliche Gründe für den derzeit noch begrenzten Mechanisierungsgrad sind:

- zurückhaltende Investitionsbereitschaft wegen technischer, politischer und wirtschaftlicher Unsicherheiten,
- hohe Investitionskosten von vollmechanisierten oder automatisierten Systemen im Vergleich zu Handschweißanlagen,

Tabelle 15-1 Mechanisierungsgrade nach DIN 1910 Teil 1

Benennung Kurzzeichen	Beispiele für Schutzgasschweißen		Bewegungsvorgänge		
	WIG	MSG	Brennerführung	Zusatzvorschub	Ablaufarten, Nebentätigkeit, Nebennutzung
Handschweißen (manuelles Schweißen) m	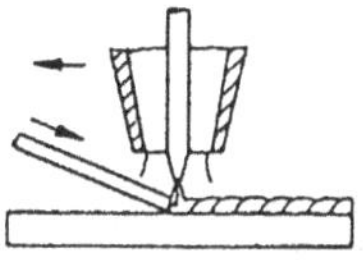 mWIG		von Hand	von Hand	von Hand
teilmechanisches Schweißen t	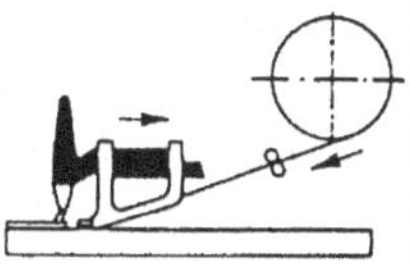 tWIG	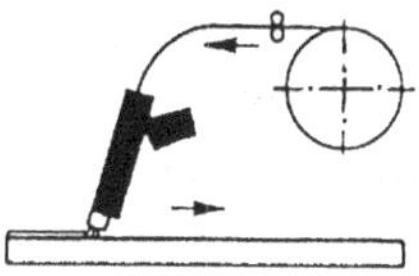 tMSG	von Hand	mechanisch	von Hand
vollmechanisches Schweißen v	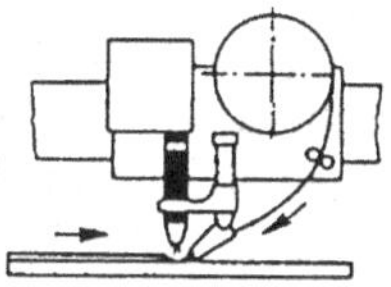 vWIG	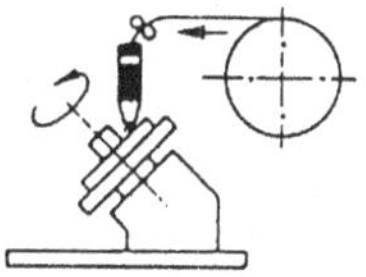 vMSG	mechanisch	mechanisch	von Hand
automatisches Schweißen a	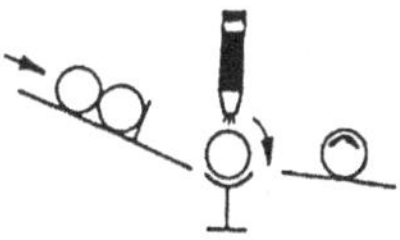 aWIG	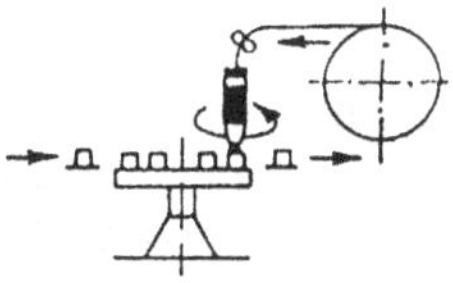 aMSG	mechanisch	mechanisch	mechanisch

- fehlende oder mangelhafte Anpassungsfähigkeit an veränderte Schweißbedingungen durch Störeinflüsse (z.B. Führungsgenauigkeit, abweichende Fugengeometrie, magnetische Blaswirkung),
- unzureichende Flexibilität bei Änderung der Schweißaufgabe,
- kurze Nähte, häufig in wechselnden Schweißpositionen,
- höhere Genauigkeitsanforderungen an vollmechanisierte Schweißanlagen,
- ungenaue Schweißnahtvorbereitung und Positionierung besonders bei langen Bauteilen und bei Baustellenschweißungen,

- beschränkte Zugänglichkeit der Schweißstelle, besonders bei Baustellenschweißungen an Großbauwerken,
- Betriebssicherheit und Bedienungsfreundlichkeit der Schweißanlage,
- Freisetzung von Arbeitskräften.

15.2 Vorrichtungen in der Schweißtechnik

15.2.1 Spannvorrichtungen

Für die notwendige exakte Positionierung der Fügeteile beim Schweißprozess sind geeignete Vorrichtungen erforderlich. Es existiert eine Vielzahl unterschiedlicher Einspannvorrichtungen, die es in Verbindung mit beweglichen Positioniereinheiten ermöglichen, das Bauteil optimal zu handhaben. Da die Einspannvorrichtung speziell für die jeweilige Schweißaufgabe konzipiert werden muss, wird an dieser Stelle nur ein einfaches Beispiel einer Einspannvorrichtung für Rohre gezeigt (Abb. 15-2). Im Folgenden werden die gebräuchlichsten beweglichen Positioniereinrichtungen kurz beschrieben.

Bei den Lichtbogenschweißverfahren ist eine Bauteilpositionierung günstig, bei der in Wannenlage oder in horizontaler Position geschweißt werden kann. In diesen Schweißpositionen wird die Schmelzbadbeherrschung erleichtert und es kann eine hohe Abschmelzleistung bei guter Nahtausbildung erzielt werden. Manche Schweißverfahren, z.B. das Unterpulverschweißen, sind nur in diesen Schweißpositionen durchführbar.

Für ein rotationssymmetrisches Bauteil ist eine einfache Lagerung auf zwei Rollen ausreichend. Um eine solche Lagerung möglichst variabel zu gestalten, sind verschiedene Konstruktionen denkbar. Abbildung 15-3 zeigt drei Rollenbockverdrehvorrichtungen. Oben im Bild sind Rollen verschiebbar angeordnet, in der Mitte passen sich die Rollen entsprechend

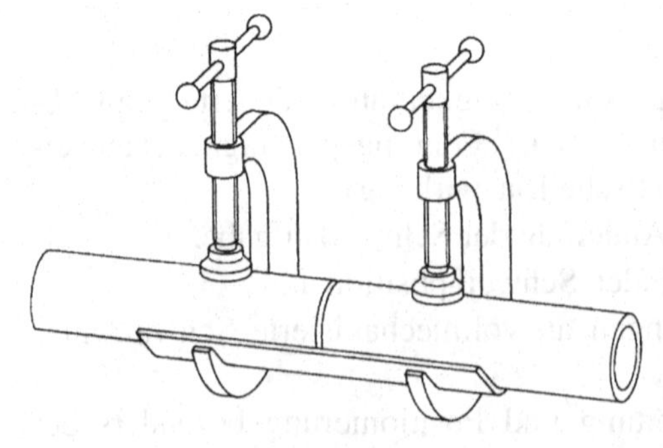

Abb. 15-2 Einfache Heftvorrichtung zum Heften von Rundnähten

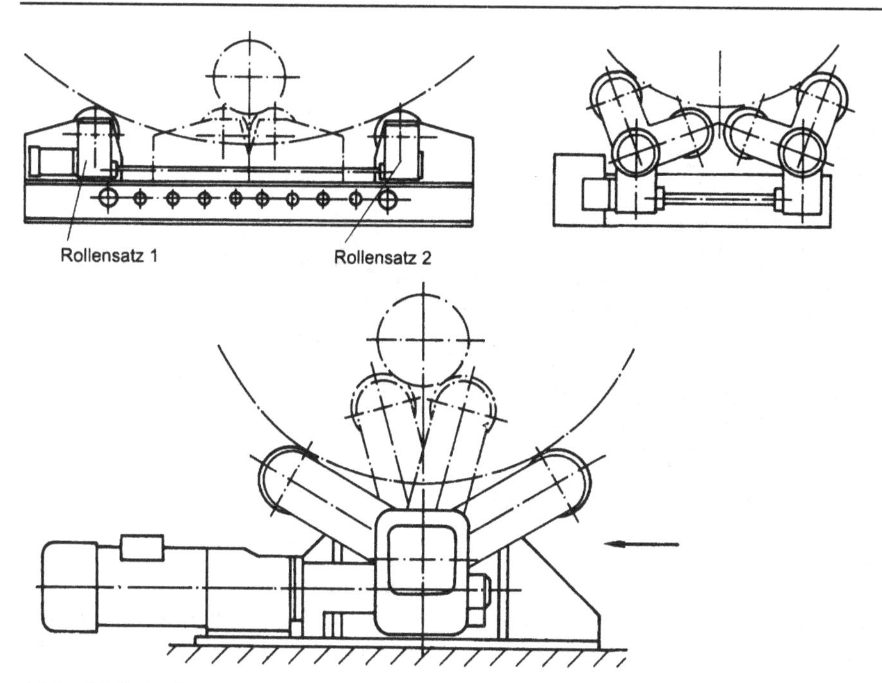

Abb. 15-3 Rollenbockdrehvorrichtung zum Schweißen rotationssymmetrischer Bauteile

dem Bauteildurchmesser automatisch an, im unteren Beispiel kann der Rollenabstand durch eine scherenähnliche Anordnung variiert werden. Solche Rollenböcke finden hauptsächlich im Apparate- und Behälterbau ihre Anwendung. Für die Positionierung schwerer Bauteil sind motorisch angetriebene Rollen erforderlich. Wird eine solche Positioniereinrichtung zum Schweißvorschub benutzt (feststehender Schweißkopf), sind servogeregelte Antriebe für eine gleichförmige Bewegung notwendig.

Eine Besonderheit für den oben genannten Anwendungsfall ist das Rhönrad. Mit seiner Hilfe können Bauteile von komplexer, nicht rotationssymmetrischer Struktur eingespannt werden. Die Drehung erfolgt durch die Bewegung des gesamten Rades in einer Rollenanordnung (Abb. 15-4).

Die häufigste Anwendung zur Bauteilpositionierung in der Schweißtechnik finden Dreh- bzw. Drehkipptische. Mit Hilfe dieser Positioniersysteme ist eine Bewegung des Werkstückes um eine rotatorische Drehachse und um eine Kippachse möglich. Im einfachsten Fall werden die Bauteile auf dem Drehtisch festgespannt, danach wird dieser von Hand in die entsprechende Lage gebracht und mit Bolzen fixiert.

Eine Bewegung des Tisches mit elektrischen oder hydraulischen Achsen ist dem oben beschriebenen System vorzuziehen. Auf diese Weise lassen

Abb. 15-4 Rhönrad-Drehvorrichtung

sich auch schwere Bauteile einfach handhaben. In Abb. 15-5 ist ein hydraulischer Drehkipptisch dargestellt, dessen Drehscheibe mit Spannuten zur Befestigung des Bauteils versehen ist. Dieser Positionierer kann

Abb. 15-5 Hydraulisch höhenverstellbarer Drehkipptisch mit Spann-Nuten und 5t Tragkraft

Schweißteile mit einem Gewicht von 5 t bewegen. Durch zusätzliche Linearachsen kann die Drehscheibe in der Höhe verfahren werden.

Für die verschiedenen Schweißaufgaben gibt es eine Vielzahl von Positioniervarianten wie z.B. Doppelständer-Drehkipptische oder Spindelreitstock-Drehtische (Abb. 15-6). Letztere ermöglichen es, Bauteile unterschiedlicher Länge mit verschiebbaren Drehtellern aufzunehmen.

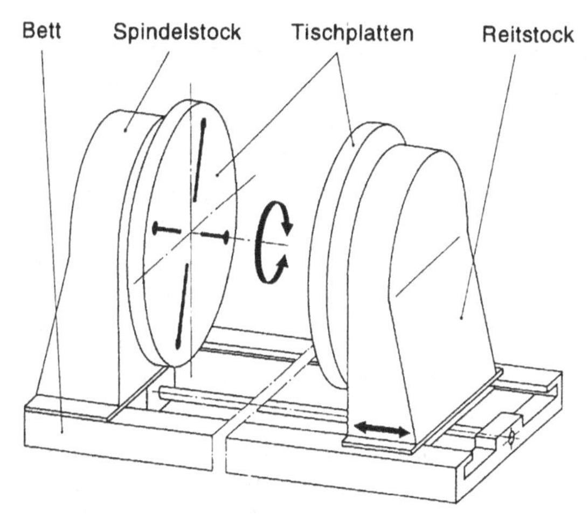

Abb. 15-6 Spindelreitstock-Drehtisch

15.2.2 Vorrichtungen für die Roboteranwendung

Der höchste Mechanisierungsgrad in der Schweißtechnik wird mit dem automatischen Schweißen erreicht, z.B. in einer Schweißzelle mit mechanisiertem Werkstückwechsel. Für diesen Einsatz haben sich Bahnschweißroboter bewährt, siehe Kapitel 16.

Die Anforderungen an die Peripherie eines Schweißroboters gestalten sich unterschiedlich zu herkömmlichen Positioniersystemen. Im einfachsten Fall genügt ein Rundschalttisch zur Aufnahme von zwei Einspannvorrichungen. Auf diese Weise kann zeitgleich zum Schweißprozess ein Bauteil in die Vorrichtung eingelegt bzw. aus ihr entnommen werden. Nachdem das Bauteil mit dem Roboter geschweißt wurde, wird der Rundschalttisch um eine vertikale Achse 180° gedreht und ein neues Bauteil zur Schweißstelle geführt.

Wird jedoch eine Bauteilpositionierung während des Schweißprozesses verlangt, muss ein Drehtisch oder Drehkipptisch zusätzlich auf einem Rundschalttisch montiert werden. Dabei werden die elektromotorisch angetriebenen Achsen von der Robotersteuerung angesteuert. Zur genauen

Positionierung sind servogeregelte Antriebe erforderlich; zur Lagebestimmung der Zusatzachsen müssen diese mit absoluten oder relativen Wegmeßsystemen ausgestattet sein.

Günstig für den Robotereinsatz sind Orbitaldrehkipptische (Abb. 15-7). Bei diesem Positioniersystem verläuft die Kippachse orbital, d.h. sie führt durch das aufgespannte Bauteil. Dadurch ist es möglich, das Werkstück in nahezu konstanter Höhe zu bewegen und damit im Arbeitsbereich des Roboters zu halten.

Wird darüber hinaus eine Konstanthaltung der Schweißgeschwindigkeit bei Einsatz von Positionierachsen verlangt, so müssen diese Zusatzachsen (Drehachse/Kippachse) mit dem Schweißroboter synchronisiert werden. Dabei entsteht ein nicht unerheblicher Rechenaufwand für die Robotersteuerung, so dass z.Z. maximal sechs zusätzliche Achsen zu den sechs internen Roboterachsen bahn- und zeitsynchron angesteuert werden können, d.h., die Relativgeschwindigkeit zwischen Werkzeug (Schweißbrenner) und Werkstück bleibt konstant.

Oftmals reicht eine Positionierung des Bauteils nicht aus, um alle Schweißnähte mit dem Roboterschweißbrenner zu erreichen. In diesem Fall muss der Roboter mit Linearfahrwerken horizontal, gegebenenfalls auch vertikal bewegt wird (Abb. 15-8). Hierbei ist eine Synchronisierung der Roboterachsen unbedingt erforderlich, da der Roboter durch unkoordinierte Bewegungen sonst mit dem Bauteil kollidiert. Der Arbeitsbereich des Roboters wird durch roboterführende Zusatzachsen erheblich vergrößert.

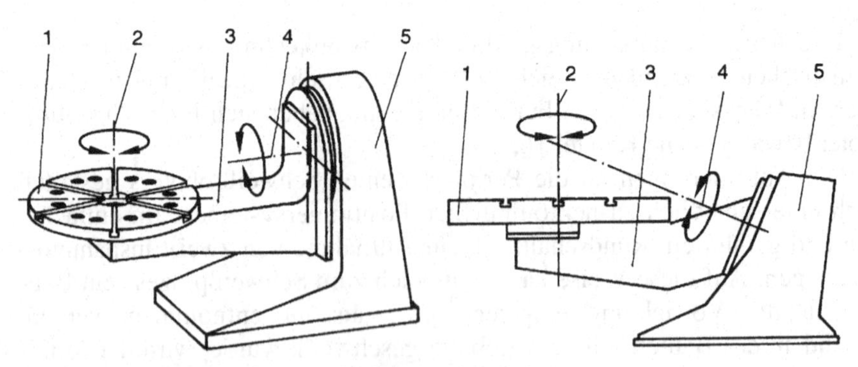

Abb. 15-7 Einständer- und Orbital-Drehkipptische

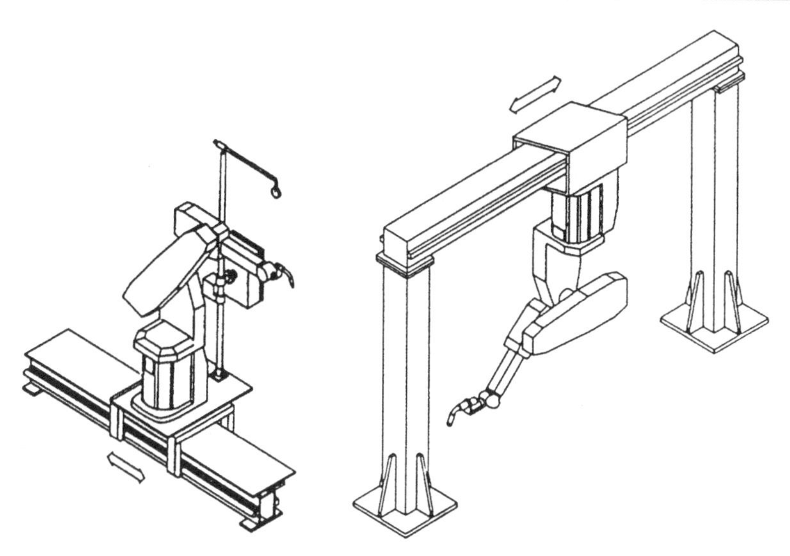

Abb. 15-8 Roboter mit Linearfahrwerk

16 Roboter

16.1 Einleitung

Erhöhte Ansprüche an die Qualität der Erzeugnisse und das Bestreben, Fertigungsabläufe zu automatisieren und damit die Wirtschaftlichkeit zu steigern, führen in modernen Fertigungen vermehrt zum Einsatz von Industrierobotern. Seit der industriellen Einführung von Robotern in den 70er Jahren zählten Anwendungen im Bereich des Bahnschweißens neben dem Punktschweißen und den Montageaufgaben immer zu den häufigsten Einsatzgebieten.

Gemäß Definition ist ein Industrieroboter zum Schutzgasschweißen ein universeller Bewegungsautomat mit mehr als drei Achsen, die in ihren Bewegungen frei programmierbar und gegebenenfalls sensorgeführt sind. Er ist mit einem Schweißbrenner ausgerüstet und führt Schweißaufgaben aus.

16.2 Schweißzellenaufbau und Robotermechanik

Kern einer modernen Roboterschweißzelle sind ein oder mehrere Bahnschweißroboter in Knickarmbauweise (Abb. 16-1). Sie verfügen in der Regel über sechs frei programmierbare Achsen und sind damit in der Lage, jeden Punkt innerhalb des Arbeitsbereiches in jeder beliebigen Orientierung des Schweißbrenners im Raum anzufahren. Zur Erweiterung des Arbeitsbereiches können sie überkopf montiert werden. Eine weitere Vergrößerung des Arbeitsbereiches lässt sich durch die Montage auf Linearfahrwerken mit kartesischen Achsen erreichen. Auch diese, als extern bezeichneten Achsen lassen sich frei programmieren.

Um das Werkstück in die schweißtechnisch günstige Wannenlage drehen zu können und die Erreichbarkeit aller Nähte zu gewährleisten, werden Werkstückpositionierer eingesetzt, die als externe Achsen von der Robotersteuerung kontrolliert werden, siehe Kapitel 15. Zur Steigerung der Produktivität der Gesamtanlage werden häufig Mehrstationen-Takttische eingesetzt, bei denen der Bediener auf der einen Seite das geschweißte

Abb. 16-1 Roboterschweißzellen mit Knickarmroboter (Werkfoto: Cloos)

Werkstück entnimmt und ein neues Werkstück einlegt, während der Roboter auf der zweiten Seite schweißt.

Für jede Achse ist ein eigener Antrieb erforderlich, der die notwendige Bewegung sowohl langsam (z.B. beim Schweißen) als auch sehr schnell (z.B. für Verfahrbewegungen zwischen den Nähten) ausführen kann. Dazu kommen hochdynamische, servogeregelte Getriebemotoren zum Einsatz, die zur Lage- und Geschwindigkeitsregelung mit inkrementalen Weg- oder Winkelmeßsystemen und Tachogeneratoren ausgerüstet sind. Die eigentliche Positionierung auf die von der Robotersteuerung ausgegebenen Sollwerte wird häufig durch zwei überlagerte Regelkreise durchgeführt. Der Drehzahlregelkreis arbeitet mit dem Tachogenerator als Sensor, dessen Ausgangspannung ein Signal für die Motordrehzahl ist. Im Antriebsverstärker wird die so gemessene Drehzahl mit dem Sollwert verglichen und (falls erforderlich) der Motorstrom entsprechend korrigiert. Der Lageregelkreis erfasst mittels der inkrementalen Winkelgeber die aktuelle Position. Diese wird mit dem Lagesollwert verglichen und bei Abweichungen nachgeregelt. Die auf diese Weise realisierbaren Genauigkeiten des Gesamtsystems liegen innerhalb weniger zehntel Millimeter.

Um den Sicherheitsvorschriften zu genügen, sind auf den Motorachsen elektrisch betätigte Bremsen montiert, die im stromlosen Zustand die Motorachse blockieren und so im Fehlerfall und bei Systemstillstand die jeweilige Roboterachse stillsetzen. Des Weiteren sind Schutzzäune, Lichtschranken oder Trittmatten in der Schweißzelle vorgesehen, die den automatischen Betrieb des Roboters bei Anwesenheit einer Person im Gefahrenbereich abbrechen. Die Sicherheit des Programmierers in der Schweißzelle wird durch den sog. Teach-Betrieb gewährleistet, in dem der Roboter mit reduzierten Geschwindigkeiten nur dann verfährt, wenn der Bediener den sogenannten Todmannschalter gedrückt hält.

16.3 Robotersteuerung

Zentrum eines Industrierobotersystems zum Lichtbogenschweißen ist die Robotersteuerung. Sie liefert und verarbeitet alle Informationen für die Robotermechanik, den Positionierer, die Schweißanlage, die Sicherheitseinrichtungen und die externen Sensoren. Anhand des Roboterprogramms werden diese in Signale zur Ansteuerung sowohl der Roboter- und Positionierermechanik als auch der Schweißstromquelle umgesetzt. Über einen Host- oder Leitrechner ist die Kommunikation mit externen Systemen möglich.

Moderne Industrierobotersteuerungen sind wegen der Vielzahl nebeneinander laufenden Berechnungs- und Steueraufgaben als Multi-Prozessorsteuerungen aufgebaut. Abbildung 16-2 zeigt die interne Struktur einer solchen Steuerung. Einzelne, auf die Erfüllung spezieller Aufgaben ausgelegte und mit einem eigenen Mikroprozessor ausgerüstete Baugruppen sind über den Systembus mit dem Führungsrechner verbunden. Anhand des Betriebssystems und des Roboterprogramms steuert und koordiniert dieser die Aktionen der Komponenten. Beispiele für solche Baugruppen, die meistens auch auf separaten Platinen sitzen, sind unter anderem die Achsrechner, die für die Berechnung der Bewegung und die Ansteuerung der Leistungsteile für die einzelnen Achsen zuständig sind. Zur Regelung der Antriebsmotoren stehen pro Achse zwei ineinander verschachtelte Regelkreise zur Verfügung, welche die Geschwindigkeit und die Lage der jeweiligen Achse kontrollieren.

Andere Baugruppen übernehmen die Ansteuerung des Bildschirmes, des Programmierhandgerätes (PHG), sind über digitale und analoge Ein- und Ausgänge sowie Feldbus-Systeme für die Kommunikation mit der Schweißstromquelle, externen Sensoren, und der Peripherie zuständig oder wickeln den Datenverkehr mit externen Steuersystemen ab. Zur Reduzierung von Stillstandszeiten bei Störungen können einige Robotersteuerungen via Internet mit Ferndiagnosesystemen beim Roboterhersteller verbunden werden, um die Serviceleute bei der Fehlersuche oder Inbetriebnahme zu unterstützen.

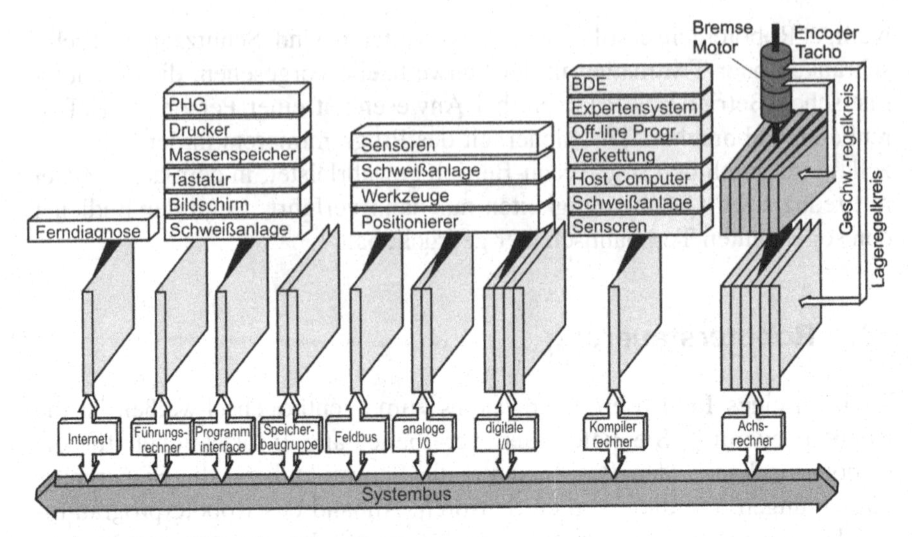

Abb. 16-2 Struktur einer Robotersteuerung

16.4 Programmierverfahren

Zur Programmierung von Schweißrobotern sind verschiedene Verfahrensweisen möglich, die sich in On-line (die Programmierung erfolgt am Roboter selbst) und Off-line Programmierverfahren (die Programmierung erfolgt außerhalb der Roboterzelle) unterteilen lassen (Abb. 16-3).

Bei der Play-Back-Programmierung wird der Roboter mit entkoppelten Antrieben manuell entlang der späteren Bahn geführt. Dabei wird der Bahnverlauf aufgezeichnet und in ein entsprechendes Robotersteuerungsprogramm umgewandelt. Dieses Verfahren wird bevorzugt bei Lackieraufgaben eingesetzt.

Die am weitesten verbreitete Technik, einen Roboter zu programmieren, ist das Teach-In-Verfahren. Bei der Teach-In-Programmierung werden mit Hilfe des Programmierhandgeräts markante Punkte der zu schweißenden Fuge angefahren und mit der jeweiligen Position sowie Orientierung abgespeichert. Zusätzlich müssen Bahnparameter, wie z.B. Verfahrart und Geschwindigkeit oder Schweißparametersätze eingegeben werden.

Bei der sensorunterstützten Programmierung wird der Bahnverlauf mit dem Teach-In-Verfahren durch Stützpunkte nur grob vorgegeben. Der genaue Bahnverlauf wird dann mit Hilfe von Sensorsuchläufen aufgenommen und in der Robotersteuerung automatisch berechnet. Anschließend wird das Bewegungsprogramm durch Zusatzinformationen, wie z.B. Schweißparametersätze, ergänzt.

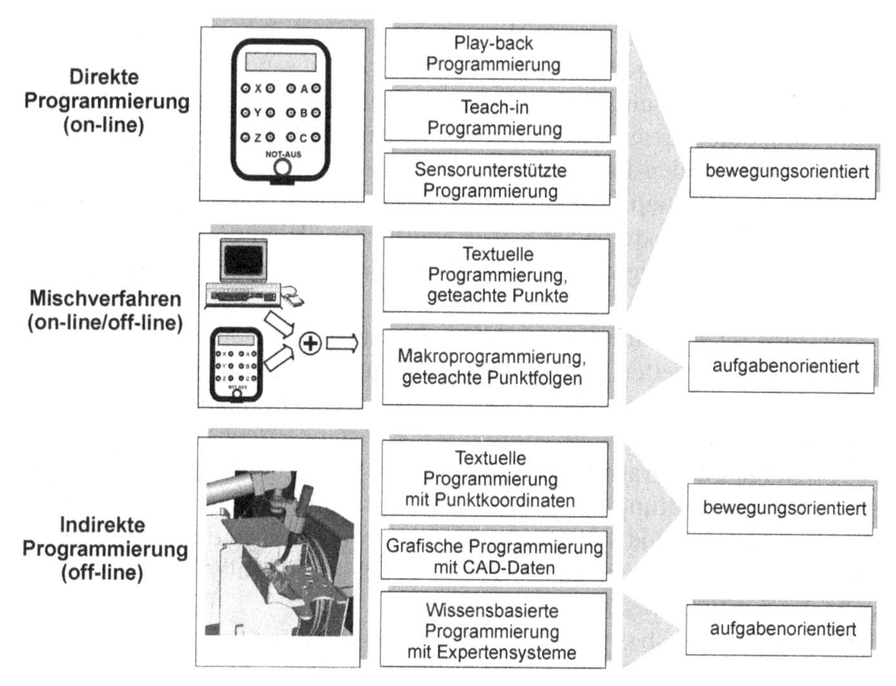

Abb. 16-3 Programmierverfahren für Industrieroboter

Zu den Mischverfahren gehört die textuelle Programmierung. Hier wird das Ablaufprogramm, das als Textdatei vorliegt, auf einem externen Rechner erstellt und dann in die Robotersteuerung übertragen. Das Erfassen der räumlichen Lage der Punkte erfolgt wie bei der Teach-In-Programmierung durch Anfahren und Abspeichern.

Die Makro-Programmierung ist ebenfalls ein zu den Mischverfahren zählendes Verfahren zur Verkürzung der Programmierzeit am Roboter. Makros sind strukturierte Bearbeitungssequenzen, die zur Erfüllung von Arbeitsaufgaben einmal Online erstellt werden und zur Erfüllung von weiterer, gleichartiger Arbeitsaufgaben wiederholt werden können. Geometrie-Makros enthalten die Information zur Brennerführung zur Erstellung bestimmter Nähte oder Nahtabschnitte. In den Schweißmakros sind die schweißtechnischen Technologieparameter für eine bestimmte Schweißsituation zusammengefasst. Dazu gehören die Brenneranstellung und -neigung, die relative Lage der Raupen zur Nahtwurzel und die Schweißparameter. Durch die Zusammenstellung dieser Makros, die sowohl Online als auch Offline erfolgen kann, lässt sich vor allem an Bauteilen mit häufig wiederkehrenden Schweißbildern, wie zum Beispiel im Stahlbau beim Einschweißen von Steifen und Kopfplatten, die Programmierzeit verkürzen.

Durch den Einsatz von Offline-Programmierverfahren wird die Programmiertätigkeit aus der produzierenden Schweißroboterzelle heraus verlagert. Dadurch lassen sich unproduktive Stillstandszeiten der Anlage vermeiden und die wirtschaftliche Grenzstückzahl senken.

Bei der textuellen Programmierung werden die Raumpunktkoordinaten und Brennerorientierungen in einer herstellerspezifischen Programmiersprache an einem externen Rechner eingegeben. Hierbei muss zur Erstellung eines vollständigen Programmablaufs jede Instruktion einzeln eingegeben werden.

Die grafische Offline-Programmierung nutzt CAD-Daten für die Modellierung der kompletten Roboterarbeitszelle und der zu schweißenden Bauteile. Die Bahnplanung erfolgt mit Hilfe von CAD-Funktionen direkt am Werkstückmodell auf dem Bildschirm. Meistens erlauben die Programmiersysteme eine grafische Simulation des Bewegungsablaufs, beispielsweise zur Überprüfung von Kollisionen zwischen Brenner und Werkstück. Für die anschließende Transformation des Programms in die Robotersteuerung muss eine Kalibrierung zwischen Modell und realer Roboterarbeitszelle durchgeführt werden.

Bei der wissensbasierten Offline-Programmierung wird der Bediener zur Generierung von Roboterschweißprogrammen durch eingebundene Expertensysteme, z.B. zur Ermittlung von aufgabenspezifischen Schweißparametern, unterstützt. Eine Überprüfung und Anpassung des Programms muss jedoch durch den Bediener durchgeführt werden.

16.5 Programmierfunktionen

Moderne Robotersteuerungen stellen dem Programmierer eine Reihe von Funktionen zur Bewegungssteuerung und zur Beeinflussung des Programmablaufes zur Verfügung.

Die PTP-Bewegung (point to point) dient zum Verfahren des Roboters im Raum. Dabei werden die einzelnen Achsen so angesteuert, dass sie gleichzeitig in ihrer Solllage ankommen. Der Weg des Brenners ist dabei von der Kinematik des Roboters und der aktuellen Achsstellung abhängig.

Für das exakte Verfahren entlang einer Geraden, zum Beispiel zum Anfahren des Nahtanfanges oder zum Schweißen, dient die Linearinterpolation (CP-Verfahren, continuous Path). Dabei wird der Wirkpunkt des „Werkzeuges" Lichtbogen (Tool-Center-Point, TCP) entlang einer Geraden zwischen zwei programmierten Punkten bewegt, wobei Änderungen von Brenneranstell- und Brennerneigungswinkel zwischen den Punkten angepasst werden.

Kreise und Teilkreise werden mit Hilfe von Kreisinterpolationsprogrammen eingegeben. Dabei kann die Orientierung des Brenners durch Mitdrehen der Handgelenk- oder 6. Achse des Roboters angepasst und das Maß der Überschweißung am Nahtende angegeben werden. Die Geschwindigkeit des Brenners ist frei programmierbar und kann erforderlichenfalls mit einer Pendelbewegung überlagert werden. Zur Steuerung des Programmablaufs stehen Befehle für Wiederholschleifen, bedingte und unbedingte Programmsprünge, Wartezeiten, Warten auf Eingänge sowie zum Arbeiten mit Unterprogrammen zur Verfügung.

Dreidimensionale Transformationen und Spiegelungen von Programmen und Programmteilen, Palletierfunktionen, die Verarbeitung von Sensordaten und Befehle zur Kommunikation mit anderen Robotersteuerungen (Master/Slave-Betrieb) und externen Rechnern gehören als Sonderfunktionen ebenfalls zur Software moderner Bahnschweißroboter.

16.6 Sensoren für Bahnschweißroboter

Auf den Schweißprozess wirken Störungen in Form von Fehlplatzierungen des Werkstückes, ungenauer Vorbereitung, Maschinen- und Vorrichtungstoleranzen und auch Prozessstörungen ein. Der Handschweißer registriert diese mit Hilfe seiner Augen und korrigiert sie manuell nach erlernten und durch Erfahrung gewonnenen Strategien. Eine vollmechanische Schweißanlage benötigt zur Erfassung von Prozessunregelmäßigkeiten und Bahnabweichungen Sensoren, auf deren Signale nach in der Steuerung implementierten Regeln reagiert wird. Über entsprechende Stellglieder schließt sich der Regelkreis zum Schweißprozess.

Die Aufgabengebiete der Sensoren lassen sich in Nahtanfangsfindung und Nahtverfolgung unterteilen. Der ideale Sensor für den Robotereinsatz sollte an der Schweißstelle messen (Vermeidung von Nachlauffehlern), vorausschauend arbeiten (Finden des Nahtanfanges, Erkennung von Ecken und Vermeidung von Kollisionen) und möglichst klein sein (keine Einschränkungen der Zugänglichkeit). Den idealen Sensor, der alle drei Forderungen in sich vereint, gibt es bisher nicht, so dass ein für den jeweiligen Einsatzzweck geeigneter ausgewählt werden muss. Abbildung 16-4 zeigt verschiedene Sensorprinzipien zum Einsatz in der Schweißtechnik. In der Praxis haben sich taktile, optische und lichtbogenbasierte Sensorsysteme mit mechanischer Lichtbogenauslenkung bewährt.

Mit Hilfe von taktilen Sensoren lassen sich Verschiebungen des Werkstückes im Raum erfassen. Durch Antasten von drei Ebenen lässt sich der Schnittpunkt der Ebenen im Raum berechnen, das Roboterprogramm zur

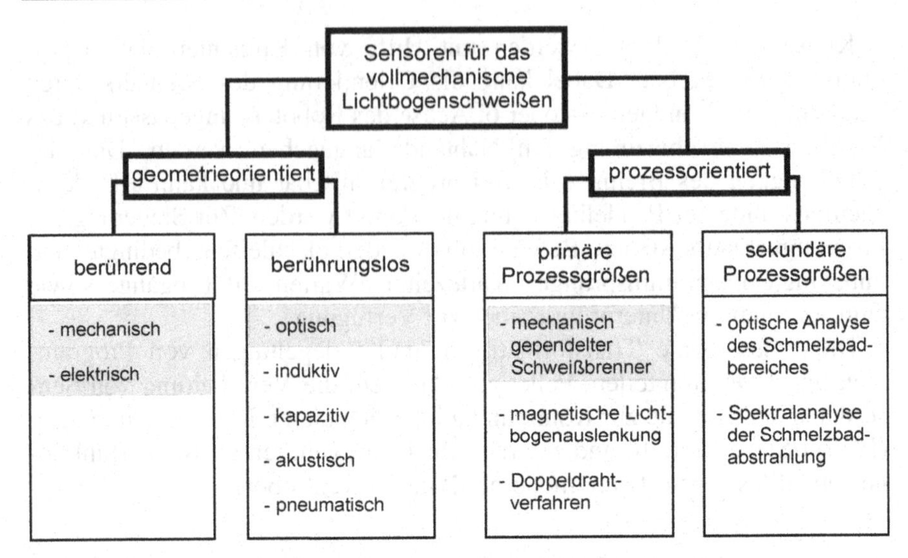

Abb. 16-4 Sensoren für das vollmechanische Lichtbogenschweißen

Korrektur der Abweichung entsprechend verschieben und damit der Nahtanfang finden. Als Sensor dient in diesem Fall (Abb. 16-5) die Gasdüse des Brenners, die mit einer Spannung beaufschlagt wird. Bei Kontakt mit dem Werkstück fließt ein Strom, der dann von der Robotersteuerung als Signal für das Erreichen der anzutastenden Ebene ausgewertet wird.

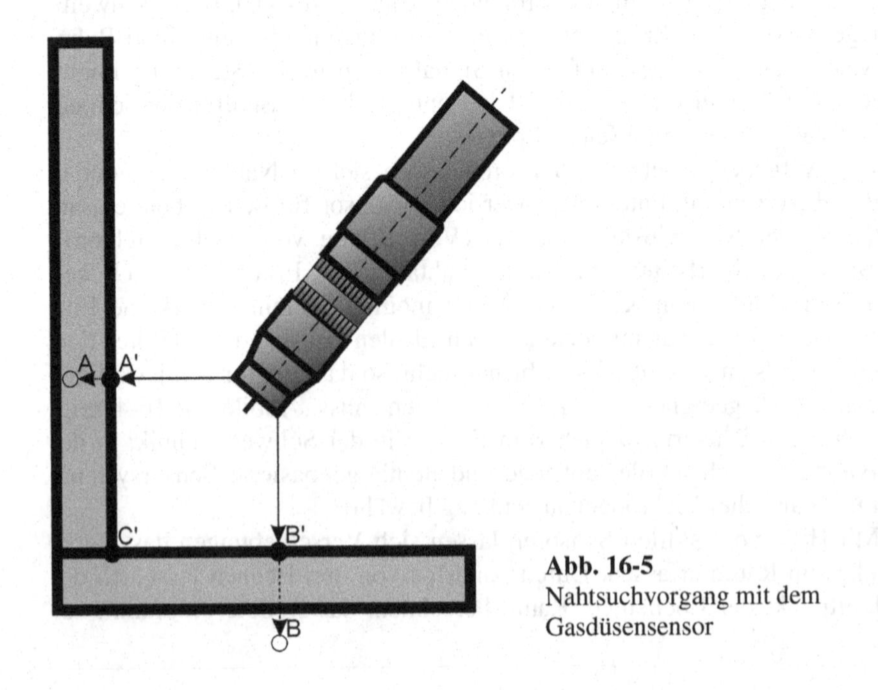

Abb. 16-5 Nahtsuchvorgang mit dem Gasdüsensensor

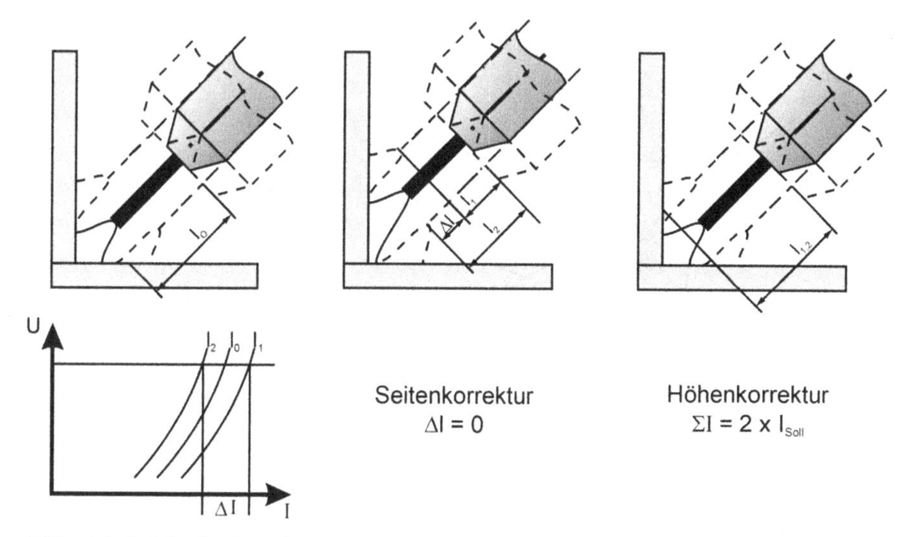

Abb. 16-6 Prinzip des Lichtbogensensors

Lichtbogensensoren werten die bleibende Änderung des Schweißstromes bei Veränderung des Kontaktrohrabstandes aus, Abb. 16-6. Durch Messung und Differenzbildung der Ströme auf den Flanken einer Fuge lässt sich ein Signal zur Seitenführung des Brenners gewinnen. Der Vergleich des Ist-Schweißstromes mit einem programmierten Sollwert liefert ein Signal zur Abstandsregelung des Schweißbrenners.

Ein nach dieser Methode aufgebautes Sensorsystem ist zur Kompensation von Abweichungen vom programmierten Nahtverlauf geeignet. Das Sensorprinzip ist auf Fugenformen mit deutlichen Flanken beschränkt. Zusammen mit dem taktilen Gasdüsensensor ist dieses eine häufig eingesetzte Kombination zur Nahtfindung und -verfolgung beim Roboterschweißen.

Optische Sensoren stellen Informationen zur Nahtanfangsfindung, zur Nahtverfolgung und zur Erfassung des Fugenprofils zur Verfügung und können deshalb auch zur Füllgradregelung genutzt werden. Optische Sensoren sind externe Systeme, die zur Erfassung immer vorlaufend vor dem Brenner angeordnet werden. Da sowohl der Brenner als auch der Sensor entlang der Fuge bewegt werden muss, ist es sinnvoll für den Sensor zusätzliche Achsen vorzusehen. Ohne zusätzliche Achsen wird der Roboter in seinem Arbeitsbereich und die Zugänglichkeit zum Bauteil eingeschränkt. Ein weiteres Problem stellt der enorme Aufwand zur steuerungstechnischen Integration in die Robotersteuerung dar. Hier müssen u.a. Informationen möglichst in Echtzeit ausgetauscht werden.

Die meisten optischen Sensoren nutzen das Triangulationsprinzip oder eine Variante dieses Messverfahrens. Das Triangulationsmessverfahren

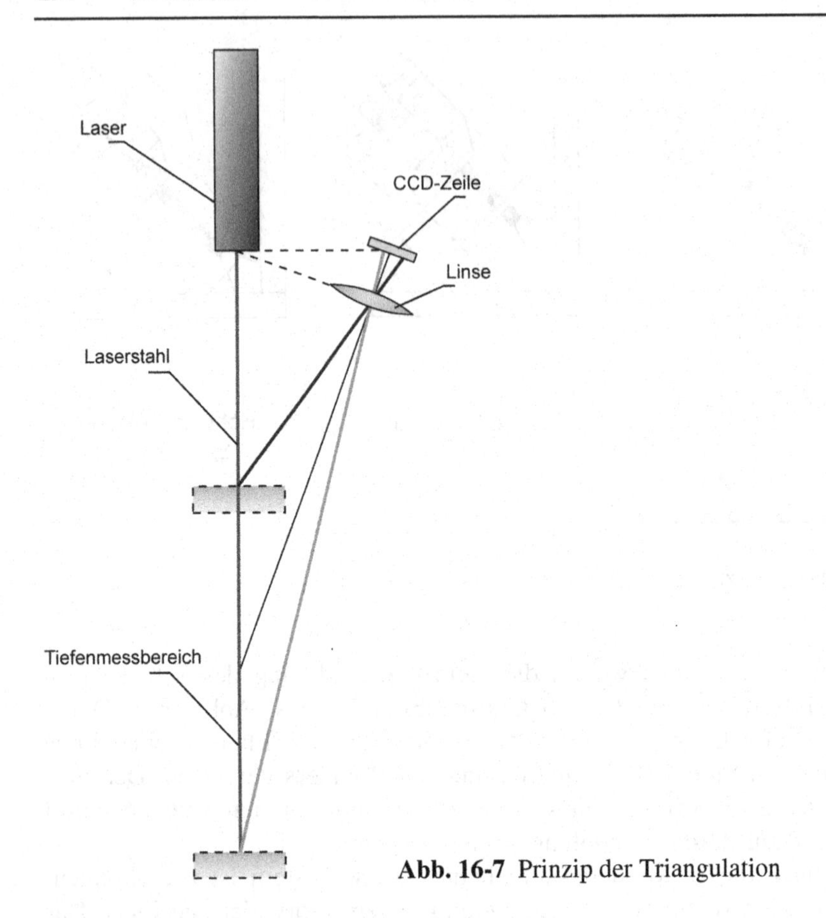

Abb. 16-7 Prinzip der Triangulation

liefert Informationen über den Abstand zur Werkstückoberfläche. Hierbei wird auf der Werkstückoberfläche ein Lichtpunkt projiziert und unter einem bestimmten Winkel auf ein zeilenförmiges Empfängerelement abgebildet. Bei Abstandsänderungen ergeben sich entsprechende Positionen auf dem Empfängerelement (Abb. 16-7).

Sowohl der Laserscanner als auch das Lichtschnittverfahren basieren auf dem Triangulationsmessprinzip. Bei dem in Abb. 16-8 gezeigten Laserscanner wird dieses Prinzip um eine parallel zur Fugenachse liegende Pendelachse ergänzt und erlaubt die Messung einer Folge von Abständen entlang einer Linie, wodurch eine zweidimensionale Erfassung und Auswertung der Fugenkontur ermöglicht wird. Nach dem Lichtschnittverfahren arbeitende Sensoren stellen ebenfalls Informationen über die zweidimensionale Lage der Fuge zur Verfügung. Beim Lichtschnittverfahren werden ein oder mehrere Lichtstreifen auf die Werkstückoberfläche projiziert und unter einem bestimmten Winkel auf eine CCD-Matrix abgebildet

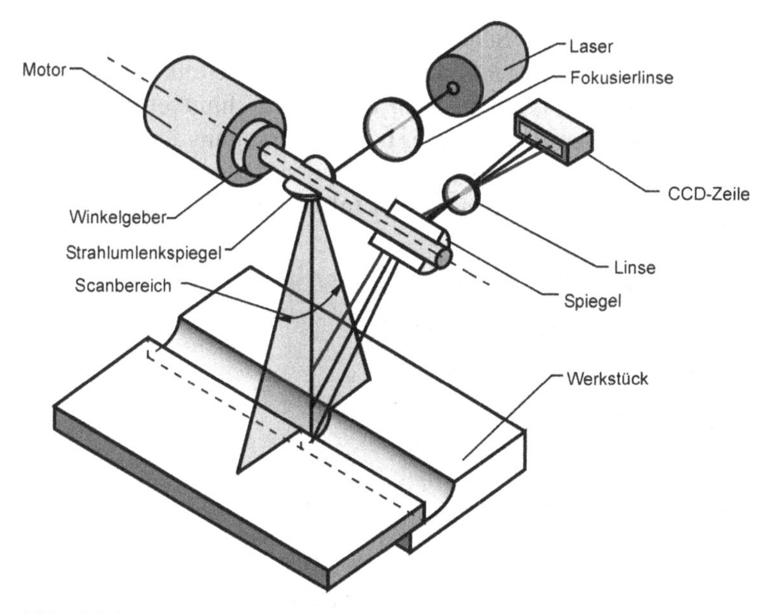

Abb. 16-8 Prinzip des Laserscanners

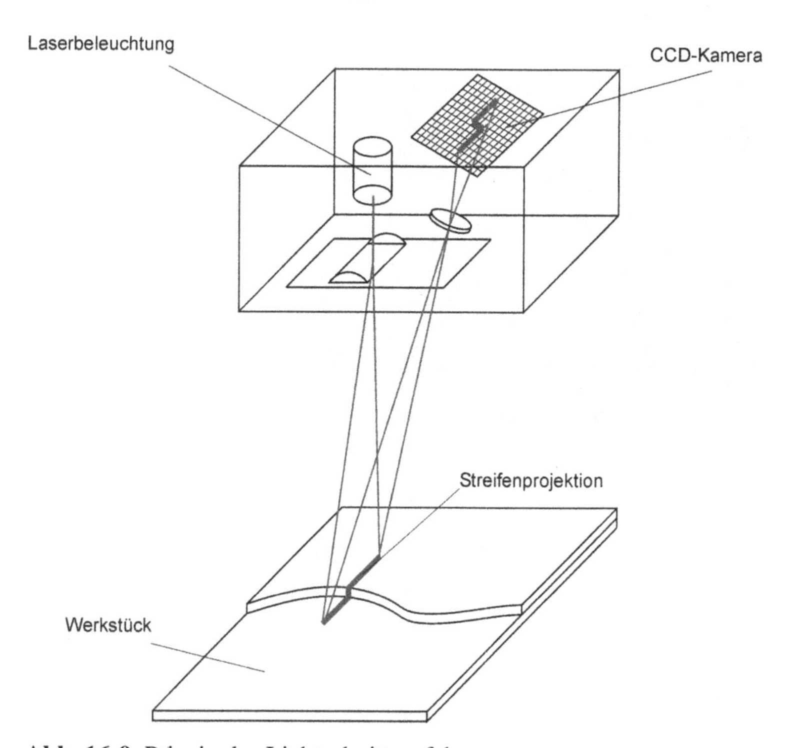

Abb. 16-9 Prinzip des Lichtschnittverfahrens

(Abb. 16-9). Im Gegensatz zu Scannern erfolgt hier die Informationsgewinnung bezüglich des Fugenprofils durch die Aufnahme einer Bildszene. In Abb. 16-10 ist ein Sensorsystem, nach dem Lichtschnittverfahren, abgebildet. Durch die Auswertung mehrerer bei der Bewegung über der Fuge nacheinander aufgenommener Bilder ist bei beiden Sensormessprinzipien zusätzlich die Gewinnung dreidimensionaler Informationen möglich.

Abb. 16-10 Lichtschnittsensor beim Doppeldrahtschweißen (Werkfoto: Cloos)

17 Methoden der künstlichen Intelligenz in der Schweißtechnik

Im Folgenden werden unterschiedliche Methoden der künstlichen Intelligenz (KI) vorgestellt. Neuronale Netze bilden das Gehirn von Säugetieren nach, Fuzzy-Logik bietet die Möglichkeit, Zusammenhänge, die mit Algorithmen der scharfen Logik nicht erkannt werden können, zu verarbeiten. Expertensysteme sind an sich kein Teil der künstlichen Intelligenz, allerdings werden in KI-Expertensystemen neuronale Netze und Fuzzy-Logik als Entscheidungshilfen implementiert.

17.1 Neuronale Backpropagation-Netzwerke

Neuronale Netze stellen den Versuch dar, die Funktionalität des Gehirns informationstechnisch nachzubilden und dabei seine Lernfähigkeit nutzbar zu machen. Das technische Neuron lässt sich gut mit dem biologischen Pendant vergleichen: Neuronen sind untereinander vernetzt, wobei jedes Neuron, abhängig von der Topologie, eine bestimmte Anzahl von Ein- und Ausgängen besitzt. Die Eingangsinformationen können dabei unterschiedlich sein, während alle Ausgänge eines Neurons mit dem gleichen Wert feuern. Dendriten entsprechen dem Eingangsvektor, der Zellkörper zur Reiz-Weiterleitung der Übertragungsfunktion und das Axon der Daten-Ausgabe. Über Synapsen, die den Verbindungsgewichten entsprechen, wird eine Verbindung zu benachbarten Neuronen hergestellt, Abb. 17-1. Damit enden allerdings die Ähnlichkeiten weitgehend.

In künstlichen Netzen werden einzelne Neuronen zu Schichten zusammengefasst, wobei die Eingangs- und Ausgangsschicht mit den Trainings- und Testdateien korrespondieren müssen. Mit einer steigenden Anzahl versteckter Schichten und der darin implementierten Neuronen steigt auch die Komplexität der verarbeitbaren Informationen, Abb. 17-2. Eine zuverlässige Vorhersage der optimalen Topologie ist nicht möglich. Für die Anwendungen beim Lichtbogen- und WPS-Schweißen hat sich jedoch herausgestellt, dass die Verwendung von einer oder zwei versteckten Schichten ausreichend ist.

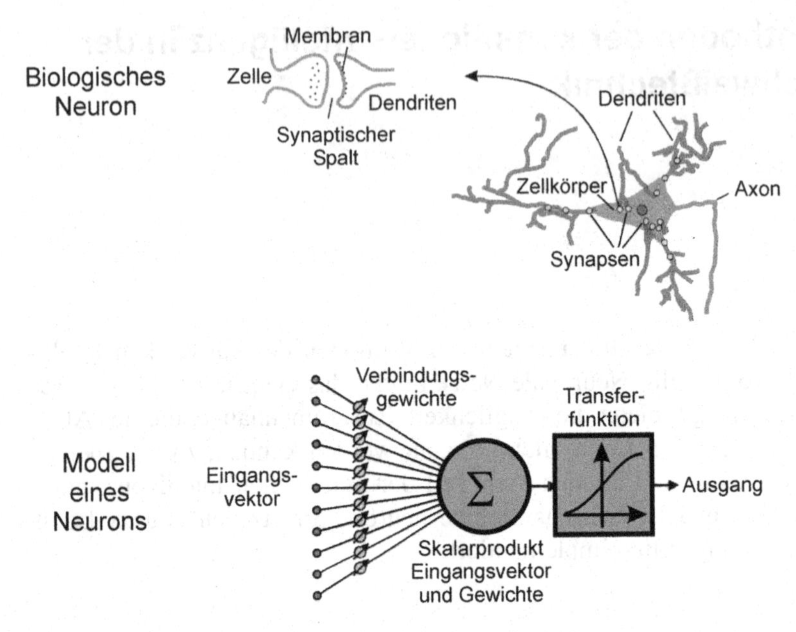

Abb. 17-1 Biologisches Neuron und Modell eines Neurons

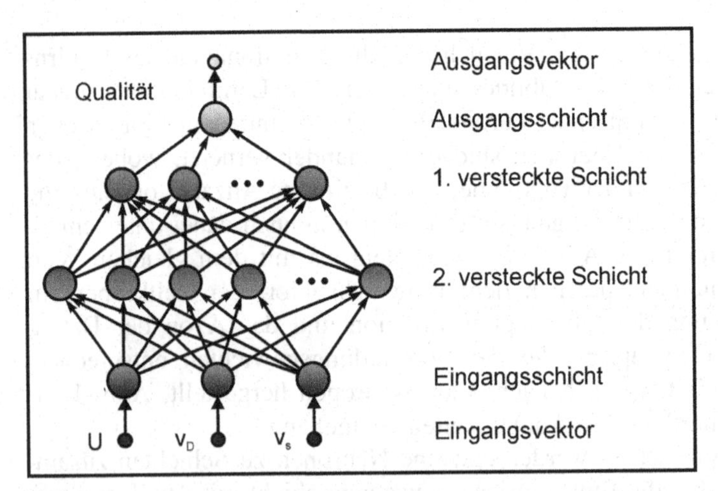

Abb. 17-2 Vorwärtsgerichtetes neuronales Netz zur Parameteroptimierung

Die Anpassung des neuronalen Netzes an das Problem geschieht über die Veränderung der Zahlenwerte in einer Gewichtsmatrix. Dabei werden die Verbindungsgewichte so eingestellt, dass das Minimum der Fehlerfläche erreicht wird. Als Lernregeln, für die Anpassung der Netzgewichte verantwortlich, werden beim überwachten Lernen Derivate des *Backpro-*

pagation-Algorithmus angewendet. In Abhängigkeit von der Differenz zwischen gewünschter und berechneter Ausgabe werden die numerischen Verbindungsgewichte über den Lernalgorithmus, ein Gradientenabstiegsverfahren, mit dem Ziel verändert, den Fehler des Ausgangsvektors zu minimieren.

Der Informationsfluss im Neuron geschieht über eine Transferfunktion, welche die Summe der Eingangswerte über eine Funktion auf den Neuron-Ausgang abbildet. Zu den wichtigen Übertragungsfunktionen gehören der *Tangens hyperbolicus* und die *Sigmoidalfunktion*.

Neuronale Backpropagation-Netzwerke werden inzwischen in sehr vielen unterschiedlichen Industriezweigen bei ingenieurstechnischen Fragestellungen angewendet. Gerade in der Schweißtechnik versprechen neuronale Netze die fehlenden exakten Modelle ganz oder teilweise ersetzen zu können.

Eine häufige Anwendung ist die Vorhersage von Nahtgeometrien und -qualitäten auf Basis der offline eingestellten Quellen-Parameter. Aufgrund der Nichtlinearität des Schweißprozesses ist ein mathematischer Zusammenhang für dieses Problem mit traditionellen Methoden bislang nicht vollständig ermittelt worden. Eine Geometrievorhersage wurde in diesem Fall auch online durch Berechnung der Mittelwerte transienter Größen (Strom, Spannung, Werkstoff, Gas etc.) erreicht.

Neben der Vorhersage hat in der Schweißtechnik auch die Überwachung von Qualität und Parametern eine entscheidende Bedeutung. Dabei wird häufig die Schmelzbad-Temperatur als Informationsquelle zur Weiterverarbeitung verwertet. In einem Neuro-Fuzzy-System wird über die Fuzzy-Komponente die Nahtqualität und über das neuronale Netz die Naht-Geometrie bestimmt. Für beide Anwendungen wird die Temperatur im Zentrum des Schmelzbads mit einem Pyrometer erfasst und als Modelleingang aufbereitet. In ähnlichen Systemen wird die Schmelzbad-Temperatur über CCD-Kameras für eine Vorhersage der Nahtwurzel-Ausbildung ermittelt.

Ein wichtiger Aspekt schweißtechnischer Regelungsaufgaben ist die Nahtverfolgung über den Lichtbogensensor. Dabei ist die Auswertung der Signalamplituden pendelnder Brennersysteme aufgrund des inneren Selbstausgleichs häufig schwierig. Die neuronalen Netze werden dabei entweder zur prozessorientierten Schweißkopfführung oder – über eine Quer- und Längspendelung des Brenners – zur Wurzelschweißung ohne Badabstützung verwendet.

Verschiedene Anwendungen neuronaler Netze finden in Verbindung mit Kameras zur Prozess-Überwachung statt. Dabei werden die Pixel-Informationen einer CCD-Kamera an die Eingangsneuronen angelegt und zur Bahnkorrektur eines Schweißroboters verwendet.

17.2 Fuzzy-Logik

Die von Prof. L.A. Zadeh 1965 veröffentlichte Fuzzy-Set-Theorie dient zur mathematischen Beschreibung unscharfer Zusammenhänge. Die Umsetzung ungenauer Darstellungen wie sie in der realen Welt häufig in Form von Bildern, Sprache oder subjektiver Schilderungen vorkommen, ist mit den Hilfsmitteln der scharfen Logik, welche lediglich die Zustände 0 oder 1 kennt, nur begrenzt möglich, Abb. 17-3.

Die Fuzzy-Technologie erlaubt fließende Zuordnungen von Elementen zu *Fuzzy-Sets*, wobei ein Element insgesamt auch mehreren Mengen angehören kann. Die Abstufung, der ein technischer Wert einem Fuzzy-Set entspricht, wird durch die Zugehörigkeitsfunktion μ bestimmt. Die Funktion ordnet dabei jedem Wert einer technischen Größe einen Zugehörigkeitsgrad aus dem Intervall [0,1] zu. Dabei wird der Wert 1 als ‚volle' und 0 als ‚keine Zugehörigkeit' interpretiert. Im angegebenen Beispiel für das Lichtbogenschweißen sind die Fuzzy-Sets für die Elemente ‚Spaltbreite', ‚Schweißgeschwindigkeit' und ‚Drahtzufuhr' vorgegeben, Abb. 17-4.

Die Fuzzy-Sets arbeiten mit *linguistischen Variablen*, über die reale Werte fuzzyfiziert werden. Normale Variable erfassen den numerischen Wert einer Größe, wogegen linguistische Variable mit ihrer Wertigkeit an den Sprachgebrauch angelehnt sind. Im Beispiel werden für das Element ‚Spaltbreite' die linguistischen Variablen ‚schmal', ‚mittel', ‚breit' und für die Elemente ‚Vorschub' und ‚Drahtzufuhr' ‚gering', ‚mittel', ‚schnell' eingeführt. Die an die Aufstellung der Fuzzy-Sets und linguistischen Variablen anschließende Bestimmung des Erfülltheitsgrades jedes Terms wird

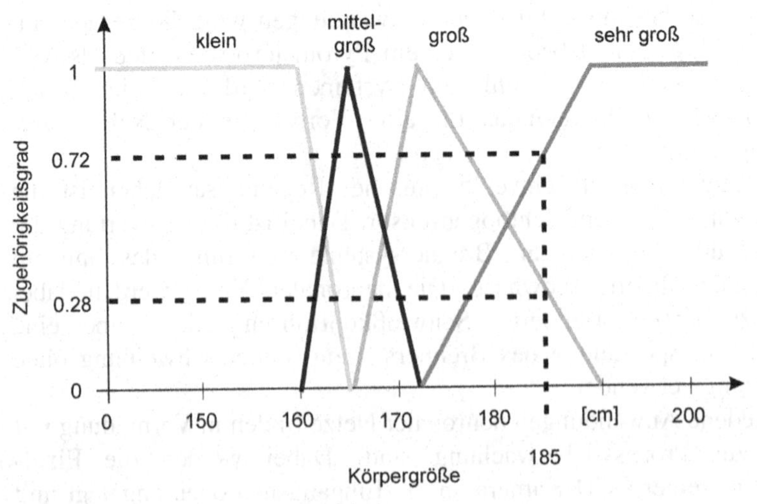

Abb. 17-3 Körpergröße als Fuzzy-Set

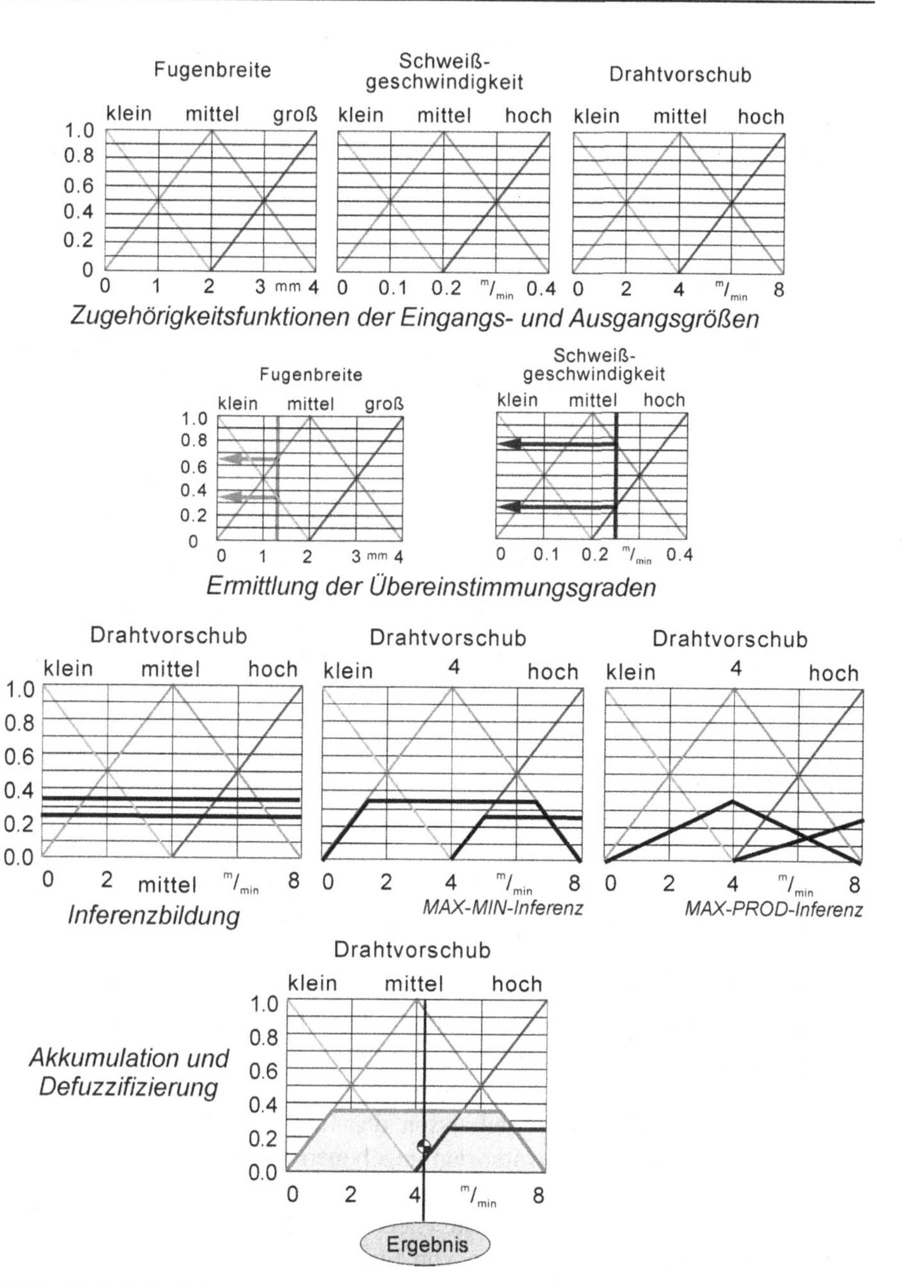

Abb. 17-4 Beispiel einer Fuzzy-Anwendung

Fuzzyfizierung genannt. So hat im Beispiel eine Spaltbreite von 0,4 mm eine Zugehörigkeit von $\mu = 0{,}65$ zur linguistischen Variable ‚mittlere Spaltbreite'.

Ein wesentlicher Aspekt der Fuzzy-Logik erlaubt Wissen, das in Form von Wenn-Dann-Regeln vorliegt, zu verarbeiten. Dieses Vorgehen wird in der Literatur als *unscharfes Schließen* oder *Fuzzy-Inferenz* bezeichnet. Die Inferenz ist ein Verfahren, dass aus zwei Schritten besteht: Aggregation und Komposition.

Die Aggregation bestimmt den Grad, zu dem der komplette Wenn-Teil erfüllt ist. Für den aus der Aggregation resultierende Wahrheitsgrad werden spezielle Fuzzy-Operatoren verwendet. Dabei sind als wichtigste Operatoren der Durchschnitt, die Vereinigung und das Komplement zu nennen. Als UND-Verknüpfung dient der Minimum-Operator ($\mu_C = \min\{\mu_A, \mu_B\}$) als Durchschnitt zweier Fuzzy-Sets, wogegen der Maximum-Operator die ODER-Verknüpfung ($\mu_C = \max\{\mu_A, \mu_B\}$) darstellt. Die seltener verwendete Komplementärmenge berechnet sich über $\mu_C = 1 - \mu_A$.

In Abb. 17-4 wird die Inferenz für eine Spaltbreite von 0,4 mm und einen Vorschub von 50 cm/min für beide Regeln dargestellt. Die Bedingung ‚Spalt = mittel' aus Regel 1 ist mit $\mu_A = 0{,}65$ und ‚Vorschub = schnell' mit $\mu_B = 0{,}25$ erfüllt. Da beide Regeln über den Minimum-Operator verknüpft sind, ergibt sich in der Aggregation ein $\mu_{\text{Regel 1}} = 0.25$ ($\mu_{\text{Regel 2}} = 0.35$).

Die Komposition verwendet den Wahrheitsgrad der Situationsbeschreibung, um den Wahrheitsgrad der Schlussfolgerung zu bestimmen. Auf eine Erklärung der komplexen Standard-Inferenzverfahren (Max-Min und Max-Prod) wird in diesem Zusammenhang verzichtet und auf die Literatur verwiesen, [1]. Über die Komposition werden mit den Ergebnissen der Fuzzy-Regelbasis die Zugehörigkeitsfunktionen der Ausgangsvariablen ausgewertet.

Das unscharfe Ergebnis der Fuzzy-Inferenz wird als Eingangsgröße der Defuzzyfikation verwendet. Es werden Methoden eingesetzt, die diesen Fuzzy-Ausgang in scharfe Werte übersetzt. Dabei wird in den meisten Anwendungen die Schwerpunkt-Methode verwendet, da sie den besten Kompromiss aus allen Teilergebnissen der Regelbasis abbildet. In dem vorgestellten Beispiel wird unter den gegebenen Bedingungen eine einzustellende Drahtgeschwindigkeit von 4,2 m/min ermittelt.

Anhand des Beispiels wurde die Theorie der Fuzzy-Logik anschaulich erklärt. Die spezielle Anwendung von Fuzzy-Logik in Expertensystemen der Schweißtechnik wird in Kapitel 17.3 beschrieben. Die Möglichkeit der Vorstrukturierung neuronaler Netze mit Fuzzy-Technologien erläutert.

17.3 Expertensysteme

Ein Schweißprozess ist gekennzeichnet durch eine große Anzahl von Einflussfaktoren, deren Wechselwirkungen vielfältig und zum Teil messtechnisch nicht erfassbar sind. Erschwert wird die Ermittlung eines optimalen Prozesses durch die komplexen Zusammenhänge zwischen den Randbedingungen und den einzustellenden Schweißparametern. Für eine sichere Prozess-Beherrschung ist also natur- und ingenieurwissenschaftliches sowie schweißtechnisches Fachwissen erforderlich. Dieses Wissen kann nur von qualifiziertem Personal bereitgestellt werden, das allerdings nicht immer verfügbar ist. Die Möglichkeit, im Computer Expertenwissen abrufbar zu halten, ist deshalb für Aufgaben der Schweißtechnik besonders vorteilhaft, [2], Abb. 17-5.

Daher werden seit Anfang der 90er Jahre verstärkt Expertensysteme zur Lösung schweißtechnischer Fragestellungen im Bereich Kostenrechnung und Ausbildung, Qualitätssicherung und Dokumentation sowie Fertigung und Diagnose entwickelt. Dabei handelt es sich überwiegend um Diagnose- und Beratungssysteme, die dem Benutzer bei einer definierten Aufgabenstellung Unterstützung bei der Auswahl eines geeigneten Fügeverfahrens oder optimierte Prozessparameter anbieten.

Bei Systemen, in denen die anfallenden Kosten unter Angabe einer konkreten Schweißaufgabe ermittelt werden sollen, werden in erster Linie Materialien und Personalkosten berücksichtigt. Auf dem Markt existieren dafür Tools, welche unterschiedlichen Schweißverfahren und Schweißnahtformen berücksichtigen. Darüber hinaus werden ausbildungsorientierte

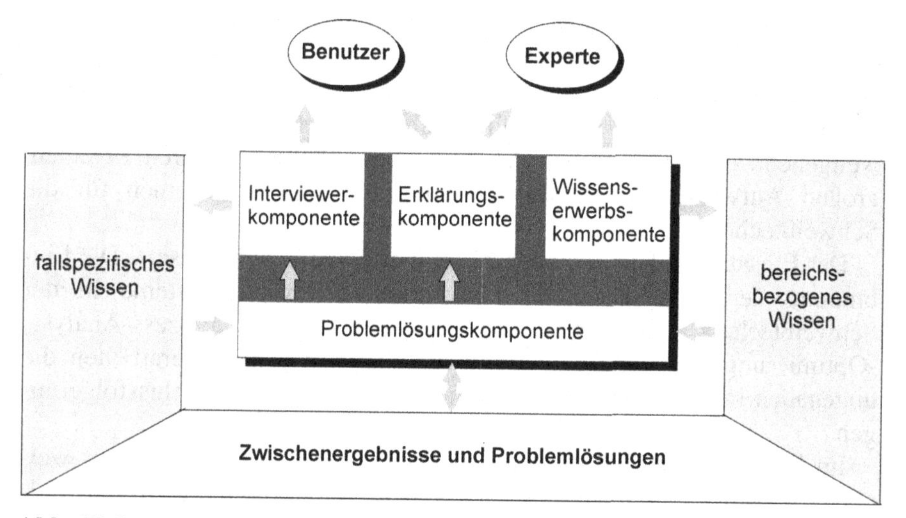

Abb. 17-5 Allgemeine Architektur eines Expertensystems

Datenbank-Systeme angeboten, die in der Regel interaktiv den Anwender in die Thematik der unterschiedlichen Schweißverfahren und Werkstoffe einführen.

Software-Entwicklungen auf dem Gebiet der Konstruktion beim Schweißen dienen meistens der festigkeitsmäßigen Auslegung und Nachberechnung von Strukturen, bevorzugt im Behälter- und Apparatebau. Grundlage sind meistens werkstoffkundliche Kennwerte wobei die Expertensystem-Komponente in dieser Anwendung häufig hinter die Datenbanken und Berechnungsprogramme zurück tritt. Allerdings konnten die Systeme in der praktischen Anwendung bislang noch nicht die erhoffte Bedeutung beim Einsatz in CAD-Software erlangen.

Ein wesentlicher Bestandteil der Qualitätssicherung durch Expertensysteme ist, die Anwendung von Normen bei den Vor- und Nacharbeiten von Schweißungen zu gewährleisten. Dazu gehören neben der Erstellung von Schweißanweisungen für die Fertigung auch die Verwaltung von Fertigungsinformationen (eingesetzter Schweißer, Schweißerzeugnis, Verfahrensprüfung u.a.). Qualitätsmanagement-Software ermöglicht teilweise sogar eine komplette Planung und Einführung sowie eine Zertifizierung nach ISO 9001.

Die Auswahl von Schweißparametern, Prozess-Optimierung und die Diagnose von Schweißfehlern sowie Qualitätssicherung sind weitere Schwerpunkte bei der Entwicklung von Expertensystemen, die auf eine Automatisierung der schweißtechnischen Fertigung zielen. Neben den verfahrensspezifischen Problemen treten in der Schweißtechnik auch werkstoffkundliche Fragen auf, so dass sich einige Expertensystem-Entwicklungen mit dieser Fragestellung befassen.

Der MSG-Schweißprozess zeichnet sich durch vielfältige Wechselwirkungen und hochgradige Stochastik aus. Dadurch sind die Informationen und das Wissen meist mit Unsicherheiten und Ungenauigkeiten verbunden. Die Prozessstruktur ist im Detail teilweise unbekannt und entzieht sich weitgehend der theoretischen Analyse. Diese Probleme führen zu einem großen Aufwand bei der Entwicklung von Expertensystemen für die Schweißtechnik.

Der Einsatz von KI-Methoden bietet hier einen Lösungsansatz. Die Einbindung der Fuzzy-Logik in konventionelle Expertensysteme in der Schweißtechnik zeigt ihre Stärke besonders bei der Prozess-Analyse, -Optimierung und Güte-Bewertung. KI-Expertensysteme verarbeiten die ungenauen Informationen plausibel und ziehen rationelle Schlussfolgerungen.

Im Ergebnis schweißtechnischer Versuche wird festgestellt, unter welchen Schweißbedingungen (Schweißdaten, Randbedingungen) mit welchen Erscheinungen zu rechnen sind (Einbrand, Spritzerbildung, Poren usw.). Neben klaren Wechselbeziehungen gibt es eine Reihe von Phänomenen, die nur durch Überdeckungen, Übergangszonen, Toleranzbänder (vgl. Übergangslichtbogen) und Ähnlichem dargestellt werden können, d.h. die Erscheinungen sind im Merkmalsraum nicht scharf voneinander trennbar. In diesen Fällen wird versucht, in Diagrammen Unschärfe durch sich überlagernde Bereiche zu veranschaulichen. Die unscharfe Betrachtungsweise ist in der Schweißtechnik also schon länger vertraut, wenn auch das mathematische Konzept mit Fuzzy-Expertensystemen erst in den 90er Jahren umgesetzt wurde, Abb. 17-6.

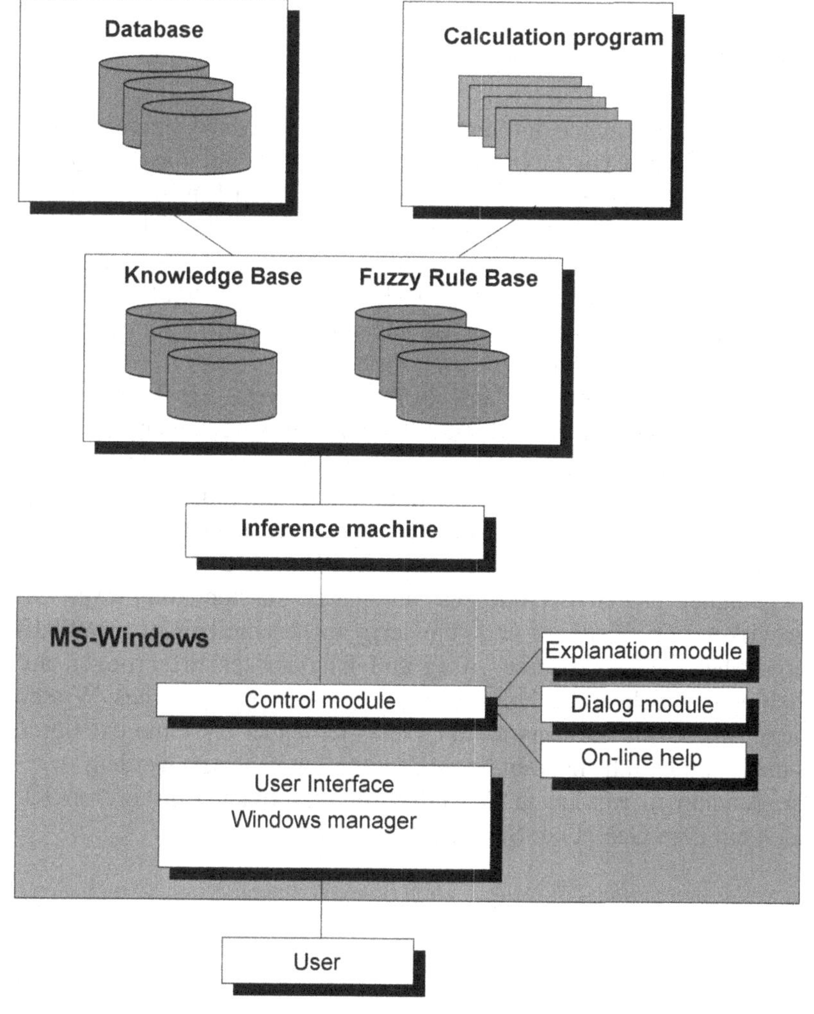

Abb. 17-6 Aufgaben eines Expertensystems für das MAG-Schweißen

Ein industriell eingesetztes Expertensystem ermöglicht z.B. eine automatisierte Prozessüberwachung und -beschreibung über Auswertung der Lichtbogen-Signale aufgrund statistischer Methoden. Dafür werden die elektrischen Prozess-Amplituden in Wahrscheinlichkeitsdichte-Funktionen und Klassenhäufigkeitsverteilungen analysiert. Im Fall des Kurzlichtbogenschweißens werden zusätzlich die charakteristischen Prozess-Zeiten (Kurzschluss- und Brennzeit) ausgewertet. In der Gegenüberstellung von gestörten und ungestörten Prozessen werden in Wahrscheinlichkeitsdichte- und Klassenhäufigkeitsverteilungen Unterschiede erkennbar, die u.a. für eine automatisierte Fehlererkennung herangezogen werden.

17.4 Ausblick

Der Einsatz der künstlichen Intelligenz ist in hohem Maße steigerungsfähig. Der zurzeit noch gar nicht absehbare Fortschritt auf diesem Gebiet wird die Welt grundsätzlich verändern und energischen Einfluss auf technische Entwicklungen ausüben. Schon heute existieren viele Anwendungsmöglichkeiten - Möglichkeiten, die durch die Entwicklung neuer Methoden und die Weiterentwicklung der Computertechnologie sowie auch durch die Leistungssteigerung von Kommunikationssystemen erheblich ausgeweitet werden können.

Die Möglichkeiten „klassischer“ Softwaresysteme, zur Lösung von Problemen mit steigender Komplexität beizutragen, sind wegen der exponentiell wachsenden Komplexität der Programme mittlerweile relativ begrenzt. Die Methoden der künstlichen Intelligenz zeigen den Weg zur Lösung dieser „Softwarekrise“, zumindest für einige Arbeitsgebiete.

Der Schweißprozess ist für den vorteilhaften Einsatz dieser Systeme besonders geeignet. Der Schweißprozess an sich ist ein hochkomplexes Zusammenwirken verschiedener und schwierig zu beschreibender physikalischer und chemischer Prozesse. Aufgrund langjähriger Erfahrungen auf dem Gebiet der Schweißtechnik ist andererseits umfangreiches Wissen vorhanden. Daten für die Entwicklung selbstlernender Systeme existieren bereits und können, falls notwendig, relativ schnell generiert werden.

Diese Annahmen werden in Zukunft zum verstärkten Einsatz von KI-Methoden auf dem Gebiet der Schweißtechnik führen.

Literatur

0 Kompendien

[0-1] *Dilthey:* Schweißtechnische Fertigungsverfahren 1
Schweiß und Schneidtechnologien, Springer Verlag Berlin, 2005

[0-2] *Dilthey:* Schweißtechnische Fertigungsverfahren 2
Verhalten der Werkstoffe beim Schweißen, Springer Verlag Berlin, 2005

[0-3] *Dilthey; Brandenburg:* Schweißtechnische Fertigungsverfahren 3
Gestaltung und Festigkeit von Schweißkonstruktionen, Springer Verlag Berlin, 2001

[0-4] *Killing:* Kompendium der Schweißtechnik
Band 1: Verfahren der Schweißtechnik, DVS Verlag Düsseldorf, 1997

[0-5] *Probst, Herold:* Kompendium der Schweißtechnik
Band 2: Schweißmetallurgie, DVS Verlag Düsseldorf, 1997

[0-6] *Beckert:* Kompendium der Schweißtechnik
Band 3: Eignung metallischer Werkstoffe zum Schweißen, DVS Verlag Düsseldorf, 1997

[0-7] *Neumann:* Kompendium der Schweißtechnik
Band 4: Berechnung und Gestaltung von Schweißkonstruktionen, DVS Verlag Düsseldorf, 1997

[0-8] *Matthes, Richter, (Hrsg.):* Schweißtechnik, Schweißen von metallischen Konstruktionswerkstoffen, Fachbuchverlag Leipzig, 2002

[0-9] *Schulze, Krafka, Neumann:* Schweißtechnik, Werkstoffe, Konstruieren, Prüfen, VDI Verlag Düsseldorf, 1992

[0-10] *Ruge:* Handbuch der Schweißtechnik, Werkstoffe, Verfahren, Fertigung, Springer Verlag Berlin, 1997

1 Gasschmelzschweißen

[1-1] *Verannemann:* Technische Gase, verlag moderne industrie
Landsberg/Lech, 1988

2 Lichtbogenhandschweißen

[2-1] *Lancaster:* The Physics of Welding, Pergamon Press Oxford, 1984

[2-2] *Killing, R.:* Handbuch der Schweißverfahren, Teil 1: Lichtbogenschweißverfahren. DVS-Fachbuchreihe Schweißtechnik Bd. 76/I
Deutscher Verlag für Schweißtechnik (DVS) GmbH, Düsseldorf 1999

[2-3] *Marfels, W.; Orth, L.:* Der Lichtbogenschweißer, Leitfaden für Ausbildung und Praxis. 9., überarbeitete und erweiterte Auflage 1997, Die Schweißtechnische Praxis Band 2, DVS-Verlag Düsseldorf

[2-4] *Beckert, M. und A. Neumann:* Grundlagen der Schweißtechnik-Schweißverfahren. VEB-Verlag Technik, Berlin 1971

[2-5] *Meißner, H.:* Praktische Anwendung des Lichtbogenhandschweißens. Der Praktiker 33 (1981), Nr. 8, S. 198/199

[2-6] *Krist, T.:* Schweißen,Schneiden, Löten, Kleben.
Technik-Tabellen-Verlag Fikentscher & Co., Darmstadt 1985

[2-7] N.N.: DIN EN 499 Umhüllte Stabelektroden zum Lichtbogenhandschweißen von unlegierten Stählen und Feinkornstählen, Januar 1995

[2-8] *Killing, R.:* Derzeitiger Stand des Lichtbogenhandschweißens. Der Praktiker, Heft 7/96, Seite 292 –297

[2-9] N.N.: Taschenbuch Lichtbogenschweißtechnik. DVS-Merkblätter/-Richtlinien ,Fachbuchreihe Schweißtechnik Band 109
Deutscher Verlag für Schweißen und verwandte Verfahren, Düsseldorf 1993

[2-10] N.N.: DIN/DVS Taschenbuch 290. Europäische Normung, Schweißtechnisches Personal, Verfahrensprüfung, Qualitätsanforderungen, DIN/DVS-Taschenbücher Band 290. Deutsches Institut für Normung e. V. und Deutscher Verband für Schweißen und verwandte Verfahren e. V., 1998, 464 Seiten

[2-11] DIN Taschenbuch 191, Schweißtechnik 4, Beuth-Verlag

[2-12] *Baum L.; Fichter, V.:* Der Schutzgasschweißer, Teil II,
MIG/MAG-Schweißen, Die Schweißtechnische Praxis, Band12 (1999), DVS-Verlag, Düsseldorf

[2-13] *Pomaska H. U.:* MAG-Schweißen "kein Buch mit sieben Siegeln",
Linde AG

[2-14] *Marfels, W.:* Der Lichtbogenschweißer, Schweißtechnische Praxis,
DVS-Verlag, Düsseldorf

[2-15] N.N.: URL: http://www.sk-hameln.de, Schweißtechnisches Basiswissen, Schweißtechnische Kursstätte Hameln

[2-16] *Messler, Robert W.:* Principles of Welding: Processes, Physics,
Chemistry, and Metallurgy, Wiley-Interscience, 1999

3 Unterpulverschweißen

[3-1] *Müller, P. und L. Wolff:* Handbuch des Unterpulverschweißens. DVS-Fachbuchreihe Schweißtechnik Bd. 63, Deutscher Verlag für Schweißtechnik (DVS) GmbH, Düsseldorf 1983

[3-2] *Taylor, D.S. und C.E. Thornton:* High Deposition Rate Submerged-Arc Welding. Welding Review, Aug. 1989

[3-3] *Steffens, H.-D.; Hartung, F. und M. Nolde:* Unterpulver-Verbindungsschweißen mit Füllbandelektroden. DVS-Berichte Bd. 146, Deutscher Verlag für Schweißtechnik (DVS) GmbH, Düsseldorf 1992

[3-4] *Ellis, D.J.:* Submerged-Arc Welding – An Update. Welding and Metal Fabrication, Oct. 1990

[3-5] *Dilthey, U. und J. Grobecker:* Unterpulverschweißen mit rechteckförmigem Wechselstrom – Vorteile und Einsatzmöglichkeiten. DVS-Berichte Bd. 154, Deutscher Verlag für Schweißtechnik (DVS) GmbH, Düsseldorf 1993

[3-6] *Engindeniz, E.:* Unterpulver-Hochleistungsschweißen mit Fülldrahtelektroden. DVS-Berichte Bd. 154, Deutscher Verlag für Schweißtechnik (DVS) GmbH, Düsseldorf 1993

[3-7] *de Payrebrune, J.:* Vermeidung von Kaltrissen beim Unterpulverschweißen von hochfesten Feinkornbaustählen der Qualität S890QL und S960 QL. Aachener Berichte Fügetechnik, Diss. RWTH-Aachen D 82, Shaker Verlag, Aachen 2000

[3-8] *Nies:* Lichtbogenschweißtechnik, verlag moderne industrie, Landsberg/Lech, 1992

[3-9] Messer Griesheim GmbH: Handbuch für das Unterpulver-Schweißen, C. Adelmann, Frankfurt am Main

[3-10] ESAB GmbH: Unterpulver-Schweißen. Verfahren, Schweißeinrichtungen, Arbeitstechniken, ESAB GmbH, Solingen 1995

[3-11] *Hochreiter, G.:* Unterpulverschweißen in der Praxis, Expert-Verlag, Renningen-Malmsheim, 1995

[3-12] *Lukkari, J.:* Abschmelzleistungen beim UP-Schweißen, ESAB OY, Helsinki, Finnland, 2001

[3-13] *Pekkari, B.:* Trends in joining, cutting and sustainable world, ESAB AB, Göthenburg, Schweden, 2000

[3-14] *Ridgal, S.; Karlsson L.; Östgren, L.:* Synergic Cold Wire Submerged Arc Welding of stainless steels, Stainless steel world 2001, S. 32-36

[3-15] *Tusek, J.; Suban, M.:* High-Productivity Multiple-Wire Submerged-Arc Welding and Cladding with Metal-Powder Addition, Institut za varilstvo, Ljubljana, Slovenien

4 Wolfram-Inertgasschweißen und Plasmaschweißen

[4-1] *Böhme, D.:* Plasmaschweißen – ein Fügeverfahren auch für dünne Bleche Proceedings 7· Internationales Aachener Schweißtechnik Kolloquium (iASTK) 2001

[4-2] *Kaulich, G.:* WIG-Orbitalschweißen – Prozeßvarianten, Geräte und Anwendung. Jahrbuch Schweißtechnik 2000, DVS-Verlag, Düsseldorf 1999

[4-3] *Dzelnitzki, D.:* Plasmaschweißen von Aluminiumwerkstoffen – Gleich- oder Wechselstrom? Jahrbuch Schweißtechnik 2000, DVS-Verlag, Düsseldorf 1999

[4-4] Merkblatt DVS 2707 Plasmaschweißen Verfahrensübersicht, Gasauswahl und Kennwerte zum Schweißen. April 1997

[4-5] Merkblatt DVS 0919 Wolfram-Plasmalichtbogenschweißen. Februar 1995

[4-6] DIN EN 26 848 Wolframelektroden für Wolfram-Schutzgasschweißen und für Plasmaschneiden und –schweißen. Oktober 1991

[4-7] *Baum, L. und H. Fischer:* Der Schutzgasschweißer Teil 1: WIG-/Plasma-Schweißen. Schweißtechnische Praxis Bd. 11, Deutscher Verlag für Schweißtechnik (DVS) GmbH, Düsseldorf 1985

[4-8] *Killing, R.:* Handbuch der Schweißverfahren, Teil 1: Lichtbogenschweißverfahren. DVS-Fachbuchreihe Schweißtechnik Bd. 76, Deutscher Verlag für Schweißtechnik (DVS) GmbH, Düsseldorf 1984

[4-9] *Lambert, J.A. und P.F. Gilston:* Hot-Wire GTAW for Nuclear Repairs Welding Journal, Sept. 1990

[4-10] *Braun, W.:* Mechanisches Schutzgasschweißen von Rohren. DVS-Berichte Bd. 67, Deutscher Verlag für Schweißtechnik (DVS) GmbH, Düsseldorf 1981

[4-11] *Aichele, G.:* Anwendung der Impulstechnik beim Schutzgasschweißen. Schweißtechnik (Wien) 32 (1978), Nr.12, S. 219-225

[4-12] *Krist, T.:* Schweißen,Schneiden, Löten, Kleben. Technik-Tabellen-Verlag Fikentscher & Co., Darmstadt 1985

5 Metall-Schutzgasschweißen

[5-1] *Baum, L. und V. Fichter:* Der Schutzgasschweißer Teil II: MIG-/MAG-Schweißen. Schweißtechnische Praxis Bd. 12, 4. Auflage 1999, Deutscher Verlag für Schweißtechnik (DVS) GmbH, Düsseldorf 1999

[5-2] *Matzner, H.:* Qualitätssteigerung beim spritzerarmen MAGM-Impulslichtbogenschweißen durch Regelung der Prozeßgrößen. DVS-Forschungsberichte Bd. 40, Deutscher Verlag für Schweißtechnik (DVS) GmbH, Düsseldorf 1991

[5-3] *Schellhase, M.:* Der Schweißlichtbogen – ein technologisches Werkzeug. DVS-Fachbuchreihe Schweißtechnik Bd. 84, Deutscher Verlag für Schweißtechnik (DVS) GmbH, Düsseldorf 1985

[5-4] *Aichele, G. und A.A. Smith:* MAG-Schweißen. DVS-Fachbuchreihe Schweißtechnik Bd. 65, Deutscher Verlag für Schweißtechnik (DVS) GmbH, Düsseldorf 1975

[5-5] *Blome, K. u.a.:* Metall-Schutzgasschweißen warmfester ferritischer Stähle mit Fülldrahtelektroden. Schweißen im Energieanlagen- und Apparatebau: Fortschritte, Erfahrungen, Tendenzen. 3. Aachener Schweißtechnik-Kolloquium, Aachen 1993

[5-6] *Lahnsteiner, R.:* T.I.M.E.-Process – ein neues Hochleistungs-MAG-Verfahren. DVS-Berichte Bd. 146, Deutscher Verlag für Schweißtechnik (DVS) GmbH, Düsseldorf 1992

[5-7] *Dilthey, U.; Reisgen, U. und M. Grave:* MIG-Impulslichtbogenschweißen von Dünnblechen verschiedener Aluminiumlegierungen. DVS-Berichte Bd. 146, Deutscher Verlag für Schweißtechnik (DVS) GmbH, Düsseldorf 1992

[5-8] *Groten, G.:* Beitrag zum MSG-Impulslichtbogenschweißen von unbeschichteten und verzinkten Feinblechen. Schweißtechnische Forschungsberichte Band 35, 1991, 224 Seiten, 116 Bilder und Tabellen

[5-9] *Dilthey, U.; Reisgen, U. u. Bachem,H.:* MSG-Zweidrahtschweißen als zukunftsweisende Fügetechnik für Stahl- und Al-Werkstoffe. DVS-Bericht Bd. 204, Deutscher Verlag für Schweißen und verwandte Verfahren, Düsseldorf 1999

[5-10] *Trube, S.:* Vollmechanisches Schweißen im Fahrzeugbau – Stromquellen und Automatisierung. 9. Aachener Schweißtechnik-Kolloquium, Aachen 2004

[5-11] *Trommer, G.:* Total Digital. SCOPE Heft 12, 2003

[5-12] *Brune, E.:* Wirtschaftliches MSG-Hochleistungsschweißen. SMM Schweizer Maschinenmarkt Bd 104 Heft 39, 2003

[5-13] *Bouaifi, B.; Ouaissa, B.; Scholz, E.; Scholz, R.:* MSG-Schweißen mit Flachdrahtelektrode. DVS-Bericht Bd. 216, Deutscher Verlag für Schweißen und verwandte Verfahren, Düsseldorf 2001

[5-13] *Dilthey, U.; Höcker, F.:* MSG-Löten von Dünnblechen: Eindraht-, Band- oder Tandemlöten? DVS-Bericht Bd. 231, Deutscher Verlag für Schweißen und verwandte Verfahren, Düsseldorf 2004

[5-14] *Brune, E.:* MSG-Hochleistungsschweißen mit Massivdrahtelektroden. Was ist zu beachten? Maschinenbau, Zürich Bd. 32 Heft 9, Zürich 2003

[5-15] *Dilthey, U.; Reisgen, U.; Bachem, H.:* Leistungssteigerung bei mechanisierten Verfahren. Schutzgasschweißen. Schiff und Hafen / Seewirtschaft Bd. 54 Heft 12, 2002

[5-16] N.N.: Technischer Nutzen digitaler Schweißstromquellen. Schweißen und Schneiden Bd. 55 Heft 6, 2003

[5-17] *Stein, L.:* Neue Entwicklungen beim Schutzgasschweißen. Schweißen und Schneiden Bd. 54 Heft 8, 2002

[5-18] *Johnson, M. R.; Cullison, A.:* What's new in production welding machines? Welding Journal Bd. 81 Heft 8, New York 2002

[5-19] *Aichele, G.:* Der Kontaktwiderstand beim Metall-Schutzgasschweißen. Wie funktioniert es? Der Praktiker, Schweißen und Schneiden Bd. 54 Heft 2, 2002

[5-20] *Ottersbach, O.:* Neue Generation von Schweißmaschinen für alle Aufgaben, SCOPE Heft 2, 2002

[5-21] *Weman, K.:* Development in welding power source improves weld quality. Svetsaren, English Edition Bd. 56 Heft 2/3, 2001

[5-24] Merkblatt DVS 0909-1 Grundlagen des MSG-Hochleistungsschweißens mit Massivdrahtelektroden – Definitionen und Begriffe. Verlag für Schweißen und verwandte Verfahren, Düsseldorf September 2000

[5-23] Grundlagen des MSG-Hochleistungsschweißen mit Massivdrahtelektroden – Anwendungstechnische Hinweise. Verlag für Schweißen und verwandte Verfahren, Düsseldorf Juni 2003

6 Engspaltschweißen, Elektrogasschweißen und Elektroschlackeschweißen

[6-1] *Dilthey, U. und H. Wietrzniok:* Elektroschlacke- und Elektrogas-Senkrechtschweißen mit Massiv- und Füllbandelektroden. DVS-Berichte Bd. 146, Deutscher Verlag für Schweißtechnik (DVS) GmbH, Düsseldorf 1992

[6-2] *Eichhorn, F.; Engindeniz, E.; Pyrasch, D. und J. Remmel:* Einsatzmöglichkeiten des Elektrogas- und Elektroschlackeschweißens von Kehlnähten. DVS-Berichte Bd. 100, Deutscher Verlag für Schweißtechnik (DVS) GmbH, Düsseldorf 1984

[6-3] *Gröger, P.; Groten, G.; Pyrasch, D. und H. Wietrzniok:* Neue Entwicklungen auf dem Gebiet des Schutzgas-Engspaltschweißens. DVS-Berichte Bd. 127, Deutscher Verlag für Schweißtechnik (DVS) GmbH, Düsseldorf 1989

[6-4] *Nies, H.:* Beitrag zur Weiterentwicklung des Unterpulver-Engspaltschweißens mit Bandelektroden und dünnen Doppeldrahtelektroden. Dissertation, RWTH Aachen 1989

[6-5] *Engindeniz, E.:* Beitrag zur Leistungssteigerung des Elektrogasschweißens bei gleichzeitiger Qualitätsverbesserung der Schweißverbindungen. Dissertation, RWTH Aachen 1983

[6-6] *Gröger, P.:* Beitrag zur Weiterentwicklung des Metallschutzgas-Engspaltschweißens. Dissertation, RWTH Aachen 1987

[6-7] *Wietrzniok, H.:* Beitrag zur Weiterentwicklung des Metallschutzgas-Engspaltschweißens in senkrechter Zwangslage. Dissertation, RWTH Aachen 1992

[6-8] *Hegner, W.:* Entwicklung des Unterpulver-Engspalt-Schweißens für den Werkstoff 2.4663. Dissertation, RWTH Aachen 1998

[6-9] N.N.: Unterpulver-Engspaltschweißen. Merkblatt DVS 0936, Deutscher Verband für Schweißtechnik e.V. 1988

7 Pressverbindungsschweißen

[7-1] N.N.: DVS-Merkblätter 2901, Teile 1-3: Abbrennstumpfschweißen. Deutscher Verlag für Schweißtechnik (DVS) GmbH, Düsseldorf

[7-2] N.N.: DVS-Merkblatt 1922, Prüfen von Abbrennstumpf-, Preßstumpf- und MBP-Schweißverbindungen. Entwurf 11.89, Deutscher Verlag für Schweißtechnik (DVS) GmbH, Düsseldorf

[7-3] *Grünauer, H.:* Reibschweißen von Metallen. Expert-Verlag, Ehningen 1987

[7-4] *Eichhorn, F.; Kes, P. und D. Maser:* Gefügeausbildung und Eigenschaften artgleicher Reibschweißverbindungen aus Titanwerkstoffen. Schweißen und Schneiden 42 (1990) H.4, S. 189

[7-5] *Kreye, H.und G. Reiners:* Gefüge und Eigenschaften von Kupfer-Stahl-Reibschweiß-verbindungen. Schweißen und Schneiden 40 (1988), H.1, S. 123

[7-6] *Grünauer, H.; Horn, H. und H. Weiß:* Keramik/Metall-Verbindungen durch Reibschweißen. Industrieanzeiger (1988), Nr.97, S.54

[7-7] N.N.: DVS-Merkblatt 2934: Preßschweißen mit magnetisch bewegtem Lichtbogen. Deutscher Verlag für Schweißtechnik (DVS) GmbH, Düsseldorf 1987

[7-8] N.N.: DVS-Merkblatt 2909, Teil 1, Reibschweißen von metallischen Werkstoffen. Deutscher Verlag für Schweißtechnik (DVS) GmbH, Düsseldorf 1989

8 Widerstandsschweißverfahren

[8-1] *Pfeifer, L.:* Fachkunde des Widerstandsschweißens. Girardet-Verlag, Essen 1969

[8-2] N.N.: Weld Quality – the role of computers. International Conference on improved weldment control, Published on behalf of the International Institute of welding, Oxford 1988

[8-3] N.N.: DVS-Merkblätter Widerstandsschweißtechnik. Deutscher Verlag für Schweißtechnik (DVS) GmbH, Düsseldorf 1992

[8-4] N.N.: Roboter '92: Roboterschweißen und Widerstandsschweißen. DVS-Berichte Bd. 143, Deutscher Verlag für Schweißtechnik (DVS) GmbH, Düsseldorf 1992

[8-5] N.N.: Widerstandsschweißen '89: Möglichkeiten und Grenzen. DVS-Berichte Bd. 124, Deutscher Verlag für Schweißtechnik (DVS) GmbH, Düsseldorf 1989

[8-6] *Zwolsman, J.O.:* Quality in resistance welding. Abington Publishing, Cambridge 1991

[8-7] *Lohbrandt, H. und A. Frings:* Widerstandspunktschweißen von verzinkten Stahlfeinblechen. Thyssen Technische Berichte Nr.2, 1989

[8-8] *Gruber:* Widerstandsschweißtechnik, verlag moderne industrie, Landsberg/Lech, 1997

[8-9] *Wesling, V.; Keitel, S.; Winkler, R.; Schreiber, S.:* Untersuchungen zum Widerstandspunktschweißen von neu entwickelten Feinblechen aus höher und höchst festen Stählen, „Schweißen und Schneiden“ Nr. 1, 2004

[8-10] *Wu, P.; Zhang, W.; Bay, N.:* Characterization of Dynamic Mechanical Properties of Resistance Welding Machines, „Welding Journal“ Nr. 1, 2005, Seite 17s-21s

[8-11] *Schreiber, S.; Winkler, R.:* Geräte zur Sicherung der Qualität beim Widerstandspunktschweißen – Überblick, Eigenschaften und Vergleich. „Tagungsband Treffpunkt Widerstandschweißen“, 2004, Seite 191-198

[8-12] *Kuchuk-Yatsenko, V.S.; Sakhatsky, A.G.; Nakonechny, A.A:* Resistance Welding of Silver. Copper Current-Carrying Busbars, “The Paton Welding Journal”, Nr. 1, 2004, Seite 46-48

[8-13] *Kulikov, V., P.; Bolotov, S.V.:* Magnetic – thermal method of inspection of the quality of resistance spot welding joints, “Welding International”, Nr. 2, 2004, Seite 135-138

[8-14] *Silny, J.; Aspacher, K.-G.; Dilthey, U.; Heidrich, J.; Ahrend, M.:* Elektromagnetische Umweltverträglichkeit von Widerstandspunktschweißanlagen, „Schweißen und Schneiden” Nr. 5, 2001, Seite 264-271

[8-15] *Otani, T.; Sasabe, K.:* Characteristics of resistance spot welds of ultrafine-grained high-strength steel sheets, “Welding International” Nr. 5, 2004, Seite 351-356

[8-16] *Dilthey, U.; Ohse, P.; Piontek, D.:* Welding of hollow structures made of high-temperature materials, “Welding and Cutting” Nr. 3, 2004

[8-17] *Senkara, J.; Zhang, H.; Hu, S.J.:* Expulsion Prediction in Resistance Spot Welding, “Welding Journal” Nr. 4, 2004, Seite 123s-132s

[8-18] *Vakatov, A., V.:* Special features of the formation of welded joints in resistance spot welding of zinc-plated steel, “Welding International” Nr. 15, 2001, Seite 563-565

9 Elektronenstrahlschweißen

[9-1] *Dobeneck v.:* Elektronenstrahlschweißen, Eigendruck im Selbstverlag, 2004

[9-2] *Meleka, A.H.:* Electron – Beam Welding. published for the Welding Institute by McGraw-Hill 1971

[9-3] *Schiller, S. et al.:* Elektronenstrahltechnologie. Wissenschaftliche Verlagsgesellschaft mbH, Stuttgart 1977

[9-4] *Schultz, H.:* Elektronenstrahlschweißen. Deutscher Verlag für Schweißtechnik (DVS) GmbH, Düsseldorf 2000

[9-5] *Ardenne, M. von:* Tabellen der Elektronenphysik, Ionenphysik und Übermikroskopie. VEB Deutscher Verlag der Wissenschaften, Berlin 1956

[9-6] *Dobner, M.:* Untersuchungen zum Elektronenstrahlschweißen dickwandiger Bauteile. Dissertation 1997, RWTH Aachen , Shaker Verlag

[9-7] *Weiser, J.:* Untersuchungen zu Strahlcharakteristika und deren Auswirkungen auf die Schweißergebnisse beim Elektronenstrahlschweißen. Dissertation 1994, RWTH Aachen, Shaker Verlag

[9-8] *Dilthey, U.; Behr, W.:* Elektronenstrahlschweißen an Atmosphäre. Fachbeitrag Schweißen und Schneiden 8/2000, DVS Verlag

[9-10] *Schulz, H.:* Elektronenstrahlschweißen, Fachbuchreihe Schweißtechnik; Band 93, DVS-Verlag; Düsseldorf 2000

[9-11] *von Dobeneck, D.; Löwer, T.; Adam, V.:* Elektronenstrahlschweißen; Das Verfahren und seine industrielle Anwendung für höchste Produktivität Die Bibliothek der Technik; Band 221, Verlag Moderne Industrie, Landsberg/Lech 2001

[9-12] *von Dobeneck, D.:* Elektronenstrahlschweißen; Anwendungsbeispiele aus 30 Jahren Lohnschweißpraxis, Pro-Beam AG & Co. KGaA; Eigendruck im Selbstverlag; Planegg/München 2004

[9-13] *Zenker, R.:* Elektronenstrahl-Randschichtbehandlung; Innovative Technologien für höchste industrielle Ansprüche, Pro-Beam AG & Co. KGaA; Eigendruck im Selbstverlag; Planegg/München 2003

[9-14] *Behr, W.:* Elektronenstrahlschweißen an Atmosphäre, Dissertation; RWTH Aachen, Shaker Verlag, Aachen 2003

[9-15] *Szelagowski, A.:* Beitrag zur Nonvakuum-Elektronenstrahlschweißtechnik, Dissertation, Universität Hannover, VDI Verlag Düsseldorf, 2003

[9-16] *Dilthey, U.; Masny, H.:* Hochgeschwindigkeitsschweißen mit dem Elektronenstrahl an Atmosphäre – Fertigung von Karosseriekomponenten, DVS-Berichte, Band 237, DVS-Verlag Düsseldorf 2005

[9-17] *Bach, Fr.-W.; Versemann, R.; Dr.-Ing. M. Niemeyer; Szelagowksi, A.; Zelt, M.:* Non-Vacuum-Elektronenstrahlschweißen an Al- und Mg-Feinblechen, 5. Konferenz der Strahltechnik, Halle 2001

[9-18] *Dilthey, U.; Behr, W.:* Elektronenstrahlschweißen an Atmosphäre; Ein bewährtes Verfahren neu im Wettbewerb, 5. Konferenz der Strahltechnik, Halle 2001

[9-19] *Schulze, K.-R.:* Nonvacuum-Elektronenstrahlschweißen in der Industrie: Mit Vielfalt der Anlagenkonzepte zu hoher Wirtschaftlichkeit, 5. Konferenz der Strahltechnik; Halle 2001

[9-20] *Löwer, T.; von Dobeneck, D.; Hofner, M.; Menhard, C.; Ptaszek, P.; Thiemer, S.:* Neue Verfahren in der thermischen Materialbehandlung mit dem Elektronenstrahl durch eine quasi trägheitslose Strahlbewegung 6. Konferenz der Strahltechnik; Halle 2004

[9-21] *Schulze, K.-R.:* Hochproduktive Massenfertigung mit Elektronenstrahlschweißmaschinen vom S-Typ, 6. Konferenz der Strahltechnik, Halle 2004

[9-22] *Ripper, G.; Schmelzeisen, K.:* Elektronenstrahlschweißen von Al-Bauteilen an Atmosphäre, Fügen im Fahrzeugbau; Verfahren, Fortschritte, Anwendungen, Shaker Verlag,
Aachen 2004

[9-23] *von Dobeneck, D.:* Elektronenstrahlschweißen von Serienteilen für die Automobilindustrie, Fügen im Fahrzeugbau; Verfahren, Fortschritte, Anwendungen, Shaker Verlag, Aachen 2004

10 Laserstrahlschweißen

[10-1] *Tradowsky, K.:* Laser: Grundlagen, Technik, Basisanwendungen. Kamprath-Reihe Technik, Vogel-Verlag, Würzburg 1988

[10-2] *Dilthey, U.; Hendricks, M. und A. Risch:* Laserstrahlschweißen von Werkstoffkombinationen. DVS-Berichte Bd. 146, Deutscher Verlag für Schweißtechnik (DVS) GmbH, Düsseldorf 1992

[10-3] *Dickmann, K.:* Lasertechnologie für die Materialbearbeitung. Technica, 10/1990

[10-4] *Schmidt, H. und K. Ludewig:* Hochleistungs-Festkörperlaser. Laser und Optoelektronik, 2/1988

[10-5] *Beyer, E. und L. Cleemann:* Schweißen mit CO_2-Hochleistungslasern. Technologie Aktuell 4

[10-6] *Herziger, G. und P. Loosen:* Werkstoffbearbeitung mit Laserstrahlung. Carl Hanser Verlag, München und Wien 1993

[10-7] *Wieschemann, A.:* Entwicklung des Hybrid- und Hydraschweißverfahrens am Beispiel des Schiffbaus. Dissertation der RWTH Aachen, Shaker-Verlag, 1/2001, ISBN 3-8265-8852-5

[10-8] *Rühl; Treusch:* Industrielaser, verlag moderne industrie, Landsberg/Lech, 1987

[10-9] *Poprawe, R.:* Lasertechnik für die Fertigung: Grundlagen, Perspektiven und Beispiele für den innovativen Ingenieur.
Berlin: Springer-Verlag 2005

[10-10] N.N.: Fachvorträge Faserlaser: Industrieanwender-Seminar.
Bremen: Bremer Institut für angewandte Strahltechnik, 2005

[10-11] *Vollertsen, F.; Seefeld, T.; Thomy, C.; Grupp, M.; Schilf, M.:*
Welding of aluminium and steel with high-power fibre lasers, Konferenz-Einzelbericht: ICALEO, Laser Materials Processing Conf., 23* (2005) Seite 1-7

[10-12] *Bratt, C.; Noel, J.:* Laser hybrid welding of advanced high strength steels for potential automotive applications, Konferenz-Einzelbericht: ICALEO, Laser Materials Processing Conf., 23* (2005) Seite 1-10

[10-13] *Dilthey, U.; Brandenburg, A.; Keller, H.:* Laser arc hybrid welding, Konferenz-Einzelbericht: Strahltechnik, bias Bremen, Band 19 (2002) Seite 149-155

[10-14] *Dilthey, U.; Wieschemann, A.; Keller, H.:* Hybrid-welding and the HyDRA MAG laser processes in shipbuilding, Zeitschriftenaufsatz: Welding International * Band 17 (2003) Heft 10, Seite 761-766
[10-15] N.N.: Stab, Scheibe oder Slab, S. 18-21. Laser-Praxis: Lasertechnik in der Produktion 2/2001
[10-16] *Dilthey, U.; Reich, F.:* Anwendungen der Laser-GMA-Hybridschweißtechnik im Stahl- und Aluminiumfahrzeugbau. Konferenz-Einzelbericht: LIM 2003. Stuttgart: AT-Verlag 2003
[10-17] N.N.: Optische Technologien, Band 2: Lasersysteme für den innovativen Leichtbau. Düsseldorf: VDI-Technologiezentrum 2003
[10-18] *Dilthey (Hrsg.):* Laserstrahlschweißen, DVS Verlag Düsseldorf, 2000

11 Auftragschweißen

[11-1] /1/ DIN 1910
[11-2] *H.Eschnauer, E.Schwarz:* Beschichtung durch thermisches Spritzen. VDI-Bildungswerk, Band 5289
[11-3] *O.Knotek, E.Lugscheider, H.Eschnauer:* Hartlegierungen zum Verschleißschutz. Verlag Stahleisen Düsseldorf 1975
[11-4] *E. Lugscheider:* Überwältigendes Anwendungspotential – Plasmaspritzen von Verschleißschutzschichten. Industrie-Anzeiger, Extraausgabe, S. 44-48
[11-5] *H.-D.Steffens, M.Dvorak:* Arc and Plasma Spraying Today and in the 90th, Transactions of JWRI Vol.17, No. 1 May 1988
[11-6] *P.Heinrich*: Neue Entwicklungen und Anwendungsmöglichkeiten beim Hochgeschwindigkeits-Flammspritzen. DVS-Berichte Band 123
[11-7] *A.A. Dan'kin, V.I.Svetlopolyanskii, A.K.Lifanov:* Electroslag Hardfacing Cutting Tools with Powder Materials. Welding International 1990 4 (8) 641-642
[11-8] *P.Müller, L.Wolff:* Handbuch des Unterpulverschweißens. DVS-Verlag Düsseldorf 1976
[11-9] *B.Bouaifi:* Neufertigung und Instandsetzung durch Auftragschweißen mit dem Plasma-Heißdraht-Verfahren. Stahl u. Eisen 110 (1990) Nr. 12, s.128-129
[11-10] *R.Killing, D.Böhme:* Leistungskennwerte des Elektroschlackeschweißplattierens mit Bandelektrode. Schweißen und Schneiden 40 (1988) Heft 6, S.283-288
[11-11] *C.Murray, A.Burley:* Electro-slag strip cladding of tubeplates. Welding & Metal Fabrication, November 1989
[11-12] *D.Capitanescu:* Weld Surfacing of Small Pipe Interiors. Welding Journal 8/89
[11-13] *H.Barth, E.Engindeniz, E.Scholz:* Instandsetzung rotationssymmetrischer Bauteile durch das UP-Füllbandauftragschweißen. OERLIKON-Schweißmitteilungen 108/109, S.5-17

[11-14] *H.Bartling, H.Fischer, G.Wellnitz:* Erfahrungen bei der Herstellung schweißplattierter Rohre für Hauptkühlmittelleitungen in Kernkraftwerken. ZIS-Report, Halle 1 (1990) 10

[11-15] N.N.: Powder rolled strip can boost surfacing productivity. Joining & Materials, August 1989

[11-16] *G.Foyer:* Wirtschaftliche und technische Vorteile des Plasma-Pulver-Auftragschweißens in Verbindung mit Neuentwicklungen. DVS-Berichte Band 109, 1987

[11-17] *H.Behnisch:* Mit Schweißbrenner und Spritzpistole gegen Verschleiß. Technica 19/1983

[11-18] *E.Pfeiffer, H.Zürn:* Schweißtechnische Oberflächenbeschichtung – Plasma-Pulver-Auftragschweißen im Vergleich mit anderen Verfahren. DVS-Berichte Band 81

[11-19] DVS-Berichte 131 "Schweißen und Schneiden 90":
U. Wende, Erkrath und R.Demuzere, Brüssel, Elektroschlackeplattieren mit Bandelektroden aus hochkorrosionsbeständigen Nickelbasislegierungen und hitzebeständigen Stählen
B.Bouaifi, Th. Plegge und und R.Reiter, Clausthal-Zellerfeld, Plasma-Pulver-Auftragschweißen mit zwei Pulverzuführungen
K.Blasig, München, Technologien zum Auftragschweißen von verschleißfesten Kobaltlegierungen auf Nickelbasiswerkstoffe
U. Draugelates, B. Bouaifi, V. Wesling, Clausthal-Zellerfeld, Plasma-Heißdraht-Auftragschweißen mit Titan und Titanlegierungen
K.Blasig, München, Technologien zum Auftragschweißen von verschleißfesten Kobaltlegierungen auf Nickelbasiswerkstoffe

[11-20] Anlage zum Plasma-Heißdraht-Auftragschweißen. Stahl u. Eisen 109 (1989) Nr.18, (weitere Info.: Valco Edelstahl u. Schweißtechnik, Düsseldorf)

[11-21] *K.Iversen, B.Schellong:* Plasma-MIG-Schweißen – Eine neue Verfahrensvariante. Vortragsband zum Plasma-Kolloquium "Stand und Entwicklungstendenzen der Plasmatechnik in Industrie und Forschung", 13./14.4.78,AC

[11-22] *J.Ruge, K.Trarbach:* Plasmaauftragschweißen mit Heißdrahtelektrode von Sonderwerkstoffen. Schweißen und Schneiden 34 (1982) Heft 8

[11-23] *J.Ruge, K.Trarbach,* Braunschweig: Untersuchungen an PHA-auftraggeschweißten Reaktorwerkstoffen. Investigations on nuclear materials weld cladded by the plasma hot wire process

[11-24] *U.Draugelates, J.Krohn,* Clausthal-Zellerfeld: Plasma-Heißdraht-Auftragschweißen von Hartlegierungen. DVS-Bericht 81

[11-25] *W.Ruckdeschel:* Plasma-Heißdraht-Auftragschweißen- Ein neues Plattierverfahren. DVS-Bericht Bd. 23/1972

[11-26] *A.A.Dankin, V.I.Svetlopolyanskii, A.K.Lifanov, I.A.Dankin:* Electroslag hardfacing cutting tools with powder materials. Welding International 1990 4 (8) 641-642

[11-27] *J.Surgean, Ch.Binkic, St.Morariu:* Ökonomisch legierte Elektroden zum Auftragschweißen und zur Regenerierung von Werkzeugen zur Warmbearbeitung. ZIS-Report, Halle 1 (1990) 3

[11-28] *W.Wahl,* Stuttgart: Verschleiß – Definition, Gliederung, grundsätzliche Einflüsse. DVS-Bericht 105 (Auftragschweißen zur Abwehr von Verschleiß und Korrosion) S. 202-205

[11-29] *A.Bäumel,* Darmstadt: Korrosion – Definition, Gliederung, grundsätzliche Einflüsse. DVS-Bericht 105 (Auftragschweißen zur Abwehr von Verschleiß und Korrosion) S. 206-209

[11-30] *R.Ortmann,* Bochum: Werkstoffe zum Verschleißschutz – Legierungsgruppen, Eigenschaften, bevorzugte Anwendung. DVS-Bericht 105 (Auftragschweißen zur Abwehr von Verschleiß und Korrosion) S. 210-213

[11-31] *G.Rabensteiner,Kapfenberg:* Werkstoffe zum Korrosionsschutz – Legierungsgruppen, Eigenschaften, bevorzugte Anwendung. DVS-Bericht 105 (Auftragschweißen zur Abwehr von Verschleiß und Korrosion) S. 214-218

[11-32] *G.Kosfeld,* Frankfurt/Main: Schweißverfahren – Überblick, Auswahlkriterien und Abgrenzung. DVS-Bericht 105 (Auftragschweißen zur Abwehr von Verschleiß und Korrosion) S. 219-222

[11-33] *H.Barth,* Dillingen: Verschleißminderung durch Auftragschweißen – Beispiele aus der Stahlindustrie. DVS-Bericht 105 (Auftragschweißen zur Abwehr von Verschleiß und Korrosion) S. 223-226

[11-34] *K. Million,* Oberhausen: Schweißplattieren im chemischen und nuklearen Apparatebau – Beispiele: Hydrocracker, Reaktordruckbehälter, Dampferzeuger. DVS-Bericht 105 (Auftragschweißen zur Abwehr von Verschleiß und Korrosion) S. 227-229

[11-35] *M.Ducos,* Bollène: Entretien par soudage des constructions mécanique et lutte contre la corrosion dans les moteurs thermiques. Exemples: trains de roulement, élements de machine, soupapes de moteurs.
Instandsetzungsschweißen im Maschinenbau und Korrosionsschutz im Motorenbau – Beispiele: Laufwerk-, Maschinenteile, Motorenventile. DVS-Bericht 105 (Auftragschweißen zur Abwehr von Verschleiß und Korrosion) S. 230-233

[11-36] *N.S.Zubkov, N.S.Fedorov, V.A.Terentev:* The hardfacing of a chromium tungsten steel without heat treatment. Avt.Svarka, 1980, No. 3, S.53-55

[11-37] *H.Zürn, E.Pfeiffer:* Zusatzwerkstoffe, Verfahren und Abgrenzungen beim Auftragschweißen. Maschinenmarkt Würzburg 87 (1981)

[11-38] *H.Zürn, E.Pfeiffer:* Das Auftragschweißen ergänzt, verändert und bestimmt die Funktion von Oberflächen. Maschinenmarkt Würzburg 87 (1981) 60

[11-39] *F.Neff,P.Scherl,K.Winter,H.Ornig:* Neue Verfahren zum Schweißplattieren dickwandiger Stahlbleche und –behälter. Schweißtechnik Berlin, 7/74

[11-40] *W.Wahl,* Stuttgart: Auftragschweißen – Standzeitverlängerung durch gezielten Werkstoffeinsatz und optimale Schweißverfahren. Schweißen und Schneiden Jg.31 (1979) Heft 6

[11-41] *H.Nies, H.Krebs:* UP-Formschweißen mit Bandelektrode. OERLIKON-Schweißmitteilungen Nr.116, 3/88 , 46.Jg.

[11-42] DVS-Merkblatt 0935: RES-Auftragschweißen

[11-43] *W.Amende*, München: Oberflächenbehandlung metallischer Werkstücke mit Laser. Technica 14/15 1988

[11-44] *W. Amende*, München: Die Veredelung metallischer Randschichten mit dem CO_2-Hochleistungslaser. Laser und Optoelectronic Nr.2/1988

[11-45] *W.König, C.Schmitz-Justen, L.Rozsnoki, F.Treppe*, Aachen: Oberflächenveredeln mit Laserstrahlen – Eine Abgrenzung der Verfahrensvarianten. Laser und Optoelectronic Nr.2/1988

[11-46] *J. Hausmann, F.Kuhn:* MIG-Auftragschweißen mit zusätzlichem stromlosen Schweißdraht. ZIS-Mitteilungen Halle 27 (1985) 6

[11-47] *M.Areskoug, E.Smårs:* Application of the Gas-Metal-Plasma-Arc process for weld cladding in nuclear manufacturing. Welding and Metal Fabrication 5/1976

[11-48] *N.Aleksejevitch u.a.*, Leningrad: Dünnschichtauftragschweißen mit den WIG- und Plasmaverfahren bei plusgepolter Elektrode. Schweißtechnik Berlin 33 (1983)

[11-49] H.Benninghoff: Panzerschichten durch Auftragschweißen und Plasmaspritzen. Metalloberfläche 35 (1981) 6

[11-50] *R.Gaßmann, A.Uelze, W.Löschau*, Dresden: Erfahrungen beim Auftragschweißen mit dem Laser. Tagungsband "Schweißtechnische Tagung 1988, ZIS Halle"

[11-51] *J.Blum, H.D.Steffens, E.R.Sievers*, Dortmund: Unterpulver- und Elektroschlacke-Auftragschweißen mit Füllbandelektroden. DVS-Band 123

[11-52] *U. Dilthey:* Leistungsfähig Schweißplattieren: UP-Band- und Plasma-Heißdraht-Technik. Maschinenmarkt Würzburg 83 (1977) 48

[11-53] *E.Kretzschmar, A.Dollinger:* Neue Varianten zum Auftragschweißen. Schweißtechnik Berlin 32 (1982) 4

[11-54] *E.Kretzschmar, A.Dollinger:* Neue Auftragschweißmethoden. Schweißtechnik Berlin 29 (1979) 8

[11-55] *H.-J. Kilian, R.Killing, F.Bültmann:* Auftragschweißen im Armaturenbau – Zusatzwerkstoffe, Prüfmethoden, Schweißverfahren. Schweißen und Schneiden Jg. 31, (1979) Heft 9

[11-56] *I.Frumin*, Kiew (SU): Neue Technologien zum Auftragschweißen im Maschinenbau. Schweißtechnik, Berlin 33 (1983) 9

[11-57] *J.Kiefer, J.Stuhl, F.Houfek*, Kapfenberg (A): Standzeitverbesserungen durch Oberflächenbeschichtung von Werkzeugen. (1985), Fachberichte Hüttenpraxis Metallweiterverarbeitung Vol.23, No.3,

[11-58] *G.Sitte:* Rollennaht-Auftragschweißen. ZIS-Mitteilungen Halle 30 (1988) 4

[11-59] *H.Lehmann:* Aufschweißen und Einschmelzen elastischer Metallpulverbänder – eine Möglichkeit zum Dünnschichtauftragen. ZIS-Mitteilungen Halle 30 (1988) 8

[11-60] *F.Kremsner:* Plasma-Auftragschweißen – ein Verfahren des Verschleißschutzes. Schweißtechnik 11/85

[11-61] *G.Foyer,* Frankfurt/Main: Wirtschaftliche und technische Vorteile des Plasma-Pulver-Auftragschweißens in Verbindung mit Neuentwicklungen. DVS-Berichte Bd.109 (S.u.S.'87)

[11-62] *M.Kunath, E.Pfeiffer:* Plasma-Pulver-Auftragschweißen – ein Anlagenkonzept für neue Anwendungen. trennen + fügen 19 (1987)

[11-63] *V.A.Malakhovskii:* Effect of the parameters, dimensions, and form of the plasma torch nozzle on the arc parameters. Svar Proiz, No.4 pp. 6-7 UDC 621.791.755.01-6

[11-64] *H.Behnisch:* Mit Schweißbrenner und Spritzpistole gegen Verschleiß Avec chalumeau et pistolet de projection à chaud contre l'usure. technica 19/1983

[11-65] *E.Pfeiffer, D.Weskott,* Frankfurt/Main: Durch Auftragschweißen mit dem Plasmalichtbogen lassen sich Kosten sparen. Der Praktiker 10/1981

[11-66] *G.R.Bell, L.J.Griffiths,* Pontardawe: The mechanized surfacing of large conveyor screws using Ni-base alloys. DVS-Berichte 81

[11-67] *P.V.Gladkij,* Kiew: Plasmaauftragschweißen von Kobaltlegierungen. Schweißen und Schneiden, Jg. 32 (1980) Heft 10

[11-68] *E.Pfeiffer, H.Zürn,* Frankfurt/Main: Schweißtechnische Oberflächenbeschichtung – Plasma-Pulver-Auftragschweißen im Vergleich mit anderen Verfahren. DVS-Berichte 81

[11-69] N.N.: Automatic Plasma Arc Hardfacing Smooths the Way for Valve Maker (Based on a story from Metallurgical Industries, Inc., Tinton Falls, N.J.)

[11-70] *H.-J.Kilian:* Auftragschweißen im Armaturenbau – Laufflächenpanzerungen. Schweißen und Schneiden 35 (1983) Heft 9

[11-71] *Zhan Zu-Bao:* Micro-beam Plasma Arc Powder Surfacing. Tagungsband Montreal '86

[11-72] *P.W.Gladky* u.a.: Mathematische Modellierung der Erwärmung des Pulvers im Lichtbogen beim Plasmaauftragschweißen. Automaticheskar Svarka No.11

[11-73] *F.Eichhorn, F.Walter,* Aachen: Untersuchungen über das Plasmaauftragschweißen. Schweißen und Schneiden Jg.19 (1967) Heft 12

[11-74] *J. Lukkari:* Strip Cladding replaces sheet lining. Oil & Gas, Svetsaren Vol.54, No. 3 1999, S. 33-35

[11-75] *G. Peters, R. Paschold,* Solingen: Elektroschlacke-Bandplattieren mit korrosionsbeständigen Werkstoffen. GST 2000, Nürnberg

[11-76] *Y. M. Kuskov:* Electroslag surfacing. Achievements and prospects (review). Welding international 14 (2000) 4, S. 327-330.

[11-77] *H. Kreye, A. Kirsten, R. Schwetzke:* Neue Entwicklungen beim thermischen Spritzen. Systeme, Spritzwerkstoffe und Anwendungen. United Thermal Spray Conference, Düsseldorf 1999 1, DVS-Verlag, S. 90-94

12 Formgebendes Schweißen

[12-1] *W.Wahl,* Stuttgart: Verschleiß – Definition, Gliederung, grundsätzliche Einflüsse. DVS-Bericht 105 (Auftragschweißen zur Abwehr von Verschleiß und Korrosion) S. 202-205

[12-2] *A.Bäumel,* Darmstadt: Korrosion – Definition, Gliederung, grundsätzliche Einflüsse. DVS-Bericht 105 (Auftragschweißen zur Abwehr von Verschleiß und Korrosion) S. 206-209

[12-3] *R.Ortmann,* Bochum: Werkstoffe zum Verschleißschutz – Legierungsgruppen, Eigenschaften, bevorzugte Anwendung. DVS-Bericht 105 (Auftragschweißen zur Abwehr von Verschleiß und Korrosion) S. 210-213

[12-4] *G.Rabensteiner,* Kapfenberg: Werkstoffe zum Korrosionsschutz – Legierungsgruppen, Eigenschaften, bevorzugte Anwendung. DVS-Bericht 105 (Auftragschweißen zur Abwehr von Verschleiß und Korrosion) S. 214-218

[12-5] *G.Kosfeld,* Frankfurt/Main: Schweißverfahren – Überblick, Auswahlkriterien und Abgrenzung. DVS-Bericht 105 (Auftragschweißen zur Abwehr von Verschleiß und Korrosion) S. 219-222

[12-6] *H.Nies, H..Krebs:* UP-Formschweißen mit Bandelektrode. OERLIKON-Schweißmitteilungen Nr.116, 3/88 , 46.Jg.

[12-7] *Klaus- Jürgen Mathes und Alaluss Khaled:* Formgebendes Schweißen mit Impulslichtbogen unter Beachtung minimaler Verformung. DVS Fachbeitrag Schweißen und Schneiden 48/1996

[12-8] *J. Schmidt, H. Dorner und E Tenckhoff:* Herstellung komplexer Formteile durch formgebendes Schweißen.

14 Sonderfügeverfahren

[14-1] *Endlich:* Kleben und Dichten – aber wie? Leitfaden für den Praktiker, DVS Verlag Düsseldorf, 2001

[14-2] *Budde; Pilgrim:* Stanznieten und Durchsetzfügen, verlag moderne industrie, Landsberg/Lech, 1999

[14-3] *Brandenburg:* Kleben metallischer Werkstoffe, DVS Verlag Düsseldorf, 2001

15 Mechanisierung und Vorrichtungen in der Schweißtechnik

[15-1] N.N.: DIN 1910 Teil 1 – Mechanisierungsgrade in der Schweißtechnik. Ausgabe Mai 1983

[15-2] *Dilthey, U. u. H.-J. Warnecke:* Programmierverfahren für Industrieroboter zum Metallschutzgasschweißen. Schweißen und Schneiden, Band 43, Nr. 12, S. 729-733, 1991

[15-3] Fa. Haane – Schweißvorrichtung, Schweißautomaten. Firmenprospekt Borken, 2000

[15-4] DVS-Merkblatt M 0922: Industrierobotersysteme zum Schutzgasschweißen: Positioniersysteme für Werkstücke und Industrieroboter. DVS-Verlag, Düsseldorf, 1992

[15-5] N.N.: Montage- und Handhabungstechnik; Handhabungsfunktionen, Handhabungseinrichtungen; Begriffe, Definitionen, Symbole. VDI-Richtlinie 2860, Blatt 1

[15-6] N.N.: Montage- und Handhabungstechnik; Kenngrößen für Industrieroboter; Achsbezeichnungen. VDI -Richtlinie 2861, Blatt 1

16 Roboter

[16-1] N.N.: Industrierobotersysteme zum Schutzgasschweißen, Steuerungs – und Programmierfunktionen. DVS-Merkblatt 0922 Teil 2, Juni 1991

[16-2] *Dilthey U., U. Kahrstedt, M. Oster:* Einsatz von Industrierobotern beim Metallschutzgasschweißen. Sudura 1 (1991), Nr. 3.

[16-3] *Dilthey U., U. Kahrstedt, W. Utner, H.-J. Warnecke:* Programmierverfahren für Industrieroboter zum Metall-Schutzgasschweißen. Schweißen und Schneiden Bd. 43, 1991, Nr. 12, S. 726–728.

[16-4] *Dilthey U., L. Stein:* Robotersysteme zum Lichtbogenschweißen – Stand und Entwicklungstendenzen. Schweißen und Schneiden Bd. 44, 1992, Nr. 8, S. 436–440.

[16-5] *Dilthey U., M. Oster, L. Stein:* Lichtbogensensor – ein vielseitiger, preisgünstiger Sensor für das automatische Lichtbogenschweißen. DVS-Bericht Bd. 170, 1995, S. 233–239.

[16-6] N.N.: Sensoren für das vollmechanische Lichtbogenschweißen. DVS-Merkblatt 0927 Teil 1, August 1996

[16-7] *Schraft R. D., E. Müller:* Robotertechnik – gestern, heute, morgen. DVS-Berichte Band 199 „Roboter '99", Fellbach 1999, S. 1–6.

[16-8] *Weller G., Herborn, C. Paul:* Prozess- und geometrieorientierte Sensoren zum Einsatz an Roboteranlagen beim MSG-Schweißen. DVS-Berichte Band 199 „Roboter '99", Fellbach 1999, S. 116–120.

[16-9] *Platz J.:* Erfahrungen mit Sensoren für das automatisierte MSG-Schweißen. Workshop „Sensoren für die Schweißautomatisierung", Stuttgart 2000.

[16-10] *Falldorf H.:* Geometrievermessung und Nahtverfolgung an Tailored Blanks. Workshop „Sensoren für die Schweißautomatisierung", Stuttgart 2000.

17 Methoden der künstlichen Intelligenz in der Schweißtechnik

[17-1] *Zell, A.:* Simulation neuronaler Netze. Addison-Wesley, Bonn-Paris, 1994

[17-2] *Dickersbach, J.:* Einsatz neuronaler Netze zur Qualitätssicherung beim Widerstandspunktschweißen. Dissertation, RWTH Aachen, 1998

[17-3] *Heidrich, J.:* Optimierung und Überwachung des MSG-Schweißprozesses mit Hilfe klassischer Modelle und KI-Methoden. Dissertation, RWTH Aachen, 2001

[17-4] *Cho, H.S.:* Application of AI to welding process automation. Japan/USA Symposium on Flexible Automation, Vol. 1, ASME, 1992

[17-5] *Scheller, W.:* Einsatz künstlicher neuronaler Netze in Schweißkopfführungssystemen für das Metallschutzgasschweißen. Dissertation, RWTH Aachen, 1994

[17-6] *Zimmermann, H.-J.:* Fuzzy-Technologien. VDI-Verlag, Düsseldorf, 1993

[17-7] *Eppler, W.:* Vorstrukturierung Neuronaler Netze mit Fuzzy-Logik. VDI-Verlag, Fortschrittsberichte, Reihe 10, Nr. 266, Düsseldorf, 1993

[17-8] *Mattke, L. u. S. Majunder:* Die Darstellung von Schweißtechnischem Wissen in Expertensystemen. DVS-Verlag, DVS-Berichte Band 156, Düsseldorf, 1993

[17-9] *Rehfeldt, D. u. T. Polte:* Systems for process monitoring and quality assurance in welding. 8th Int. Conf. Comp. Techn. in Welding, Pre-Prints 1, Liverpool, 1996

[17-10] *Radja:* Schweißprozeßsimulation, Grundlagen und Anwendungen, DVS Verlag Düsseldorf, 1999

Sachverzeichnis

Druck und Bindung: Strauss GmbH, Mörlenbach